国家职业技能鉴定培训用书
中等职业教育机械类专业系列教材

# 数控车工
## (基础、中级、高级)

主　编　周全华
副主编　贺红妮　罗运才
参　编　罗　海　凌　魁　谢应善
　　　　李舒林　刘冠庆　周旭洋
主　审　王　斌

机械工业出版社

本书是根据数控车工必须具备的加工中等复杂程度零件的能力，熟练掌握数控加工工艺和数控加工程序编制方法，熟练进行数控加工设备操作和维护以及生产一线技术骨干培养目标的要求，同时依据数控车工国家职业资格鉴定标准编写而成的。

本书共分四篇，分别为基础训练、中级综合训练、高级技能训练和高级综合训练。每篇下有多个项目（共31个），每个项目都有例题讲解并设置了难度逐步递进的拓展练习。本书能做到从初级工到中级工、高级工的技能鉴定阶梯训练，而且能适应不同中、高职院校数控实训过程指导性教学。

本书可作为职业院校数控技术专业、机电一体化专业和模具设计与制造专业的教材，也可作为国家职业技能鉴定考试培训教材。

**图书在版编目（CIP）数据**

数控车工：基础、中级、高级/周全华主编. —北京：机械工业出版社，2017.3（2023.9重印）

国家职业技能鉴定培训用书 中等职业教育机械类专业系列教材

ISBN 978-7-111-56538-3

Ⅰ.①数… Ⅱ.①周… Ⅲ.①数控机床-车床-车削-中等专业学校-教材 Ⅳ.①TG519.1

中国版本图书馆CIP数据核字（2017）第070675号

机械工业出版社（北京市百万庄大街22号 邮政编码100037）
策划编辑：齐志刚 责任编辑：齐志刚 李 超 责任校对：杜雨霏
封面设计：路恩中 责任印制：常天培
固安县铭成印刷有限公司印刷
2023年9月第1版第4次印刷
184mm×260mm · 17印张 · 417千字
标准书号：ISBN 978-7-111-56538-3
定价：48.00元

| 电话服务 | 网络服务 |
| --- | --- |
| 客服电话：010-88361066 | 机 工 官 网：www.cmpbook.com |
| 010-88379833 | 机 工 官 博：weibo.com/cmp1952 |
| 010-68326294 | 金 书 网：www.golden-book.com |
| **封底无防伪标均为盗版** | 机工教育服务网：www.cmpedu.com |

# 前　言

为贯彻《国务院关于大力发展职业教育的决定》的精神，落实《教育部关于进一步深化中等职业教育教学改革的若干意见》关于“加强职业教育教材建设，保证教学资源基本质量”的要求，确保新一轮职业院校教学改革顺利进行，全面提高教育教学质量，保证高质量教材进课堂；同时为了更好地适应我国新型的职业技术教育的发展和满足新型数控应用型人才的培养需求，方便师生在实训过程中阶段性、有目的性地教学与学习，经过长期的实践并对教学过程进行总结，按照人力资源和社会保障部制定的有关国家职业技能鉴定规范，编写了本书。

本书主要以 FANUC 0i 系统数控车床为例，介绍数控车床在实训过程中的实际教学和操作方法。本书采用项目和任务驱动的教学模式，注重教学过程的互动，让学生能自主参与相关的工艺分析、工艺卡的规范填写和自我评价。通过学生的学习笔记与教师的评价，能真实反映实训教学的全过程和实训教学的效果。本书有以下特点：

1）以中、高职院校对数控专业人才的培养目标和国家职业技能鉴定标准为准则，并把两者紧密结合，尽量使国家职业技能鉴定与数控车工实训过程全程紧密结合，让教学更具阶段性和目的性。

2）实训项目的难度逐步递进。每个项目的训练设置多个难度类似的题型，在这些题型中又尽量做到难度逐步增加、毛坯规格相同、所需刀具和量具相同，这样更能方便于教学的准备与教学过程的控制，使实训教学具有更多的选择性，使实训中的题型更加丰富多样。

3）注重课堂教学过程中的互动，让学生能进行相关的工艺分析、工艺卡的规范填写和自我评价。通过学生的学习笔记与教师的评价，能真实地反映实训教学全过程和实训教学效果。

本书分为基础训练、中级综合训练、高级技能训练和高级综合训练共四篇，建议学时为 300 学时，其中基础训练 90 学时、中级综合训练 60 学时、高级技能训练 64 学时、高级综合训练 86 学时。

本书由湖南工贸技师学院周全华担任主编，贺红妮、罗运才担任副主编，罗海、凌魁、谢应善、李舒林、刘冠庆、周旭洋、陈小娥参与编写。本书由资深专家王斌担任主审。

为便于教学，本书配套有电子教案、助教课件、教学视频等教学资源，选择本书作为教材的教师可来电（010-88379197）索取，或登录网站(www.cmpedu.cn)注册、免费下载。

在本书的编写过程中，编者参阅了已出版的有关教材和资料，在此对它们的作者一并表示衷心的感谢！

由于编者水平有限，书中不妥之处在所难免，恳请读者批评指正。

编　者

# 目　　录



## 第一篇　基础训练

## 第二篇　中级综合训练



## 第三篇　高级技能训练

## 第四篇　高级综合训练

# 绪　　论

学习目的与要求

1）初步掌握数控车床的基本理论知识。

2）掌握数控车编程的常用功能代码。

3）学会简单的手工编程方法。

## 一、数控车床的加工范围及特点、结构

数控车床是数字程序控制车床的简称，它具有通用性好、加工精度高、加工效率高的特点，是目前使用量最大、覆盖面最广的一种数控机床。

按主轴位置不同，数控车床可分为卧式数控车床和立式数控车床两大类。卧式数控车床主要分为水平导轨卧式数控车床（图 0-1）和倾斜导轨卧式数控车床（图 0-2）。卧式数控车床主要用于车削径向尺寸大、轴向尺寸相对较小的大型复杂零件；立式数控车床（图 0-3）主要用于车削轴向尺寸大、径向尺寸相对较小的大型复杂零件。

图 0-1　水平导轨卧式数控车床

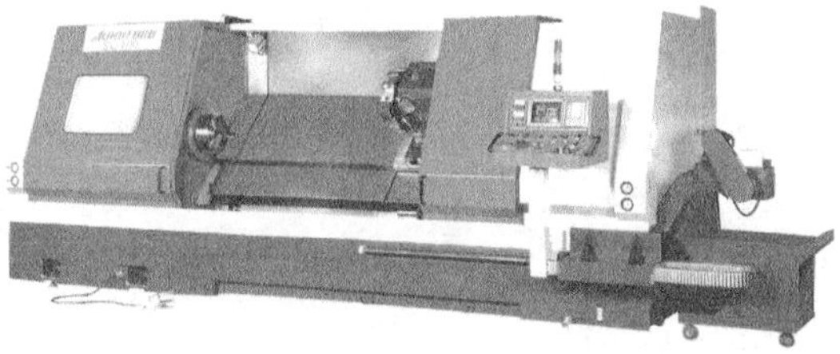

图 0-2　倾斜导轨卧式数控车床

图 0-3　立式数控车床

### （一）数控车床的加工范围及特点

1）适应能力强，适用于多品种、小批量零件（图 0-4）的加工。

2）加工精度高（图 0-5），加工质量稳定可靠。

图 0-4　多品种、小批量零件

图 0-5　精密零件

3）柔性高，能够加工复杂型面（表 0-6）。

4）生产率高。

5）减轻了操作工人的劳动强度。

**（二）数控车床的结构**

1. 卧式数控车床的整体结构

典型卧式数控车床的机械结构包括自动送料机构、主轴卡盘、刀架、尾座、主轴电动机或 $C$ 轴控制的主轴电动机、机内对刀仪、工件接收器、自动排屑装置、副主轴等，如图 0-7 所示。

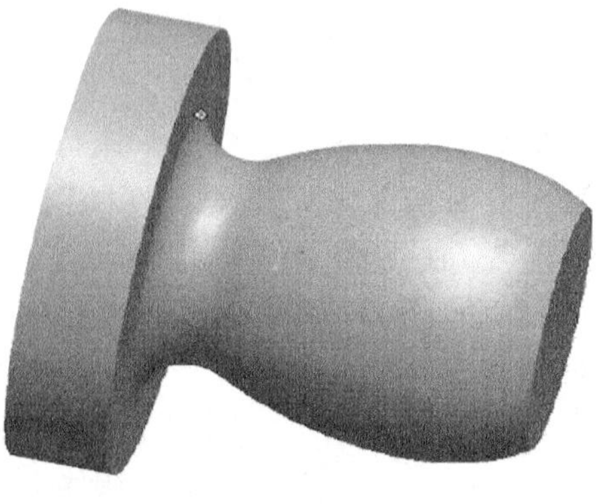

图 0-6　复杂型面

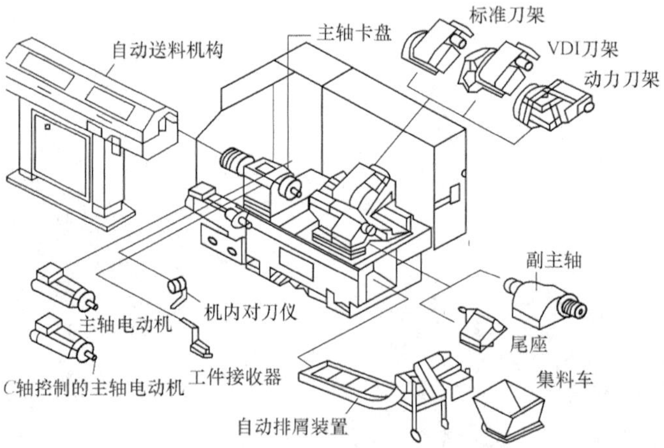


图 0-7　卧式数控车床的机械结构

根据床身与滑板的不同，数控车床整体布局形式可分为平床身-平滑板、斜床身-斜滑板、平床身-斜滑板、立床身-立滑板四种，如图 0-8 所示。

2. 刀架的结构形式及常见的数控车床

（1）刀架的结构形式　数控车床为适应不同的加工场合，刀架结构形式各有特点，大致可以分为排刀式刀架和转塔式刀架两大类。

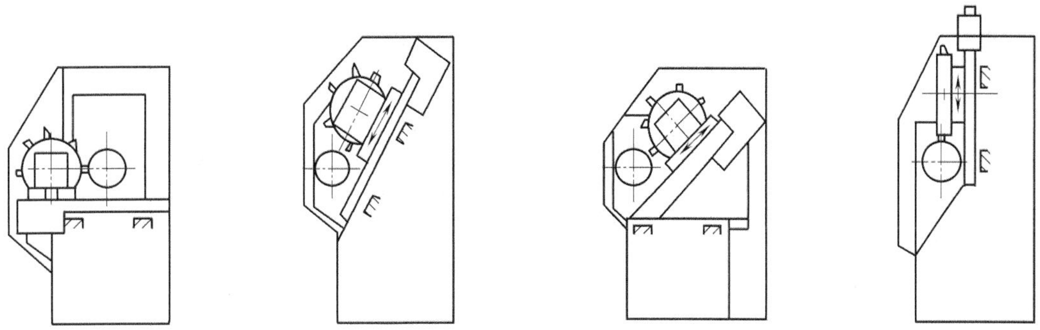


图 0-8　床身与滑板

a）平床身-平滑板　b）斜床身-斜滑板　c）平床身-斜滑板　d）立床身-立滑板

排刀式刀架一般用于小型数控车床。各种刀具排列并夹持在可移动的滑板上，换刀时可实现自动定位。

大多数数控车床使用回转式刀架，刀具沿圆周方向安装在刀架上，可以安装径向车刀、轴向车刀、钻头、镗刀等。车削加工中心还可以安装轴向铣刀、径向铣刀。

（2）常见的数控车床

1）经济型数控车床，如图 0-9 所示。

2）全功能数控车床，如图 0-10 所示。

图 0-9　经济型数控车床

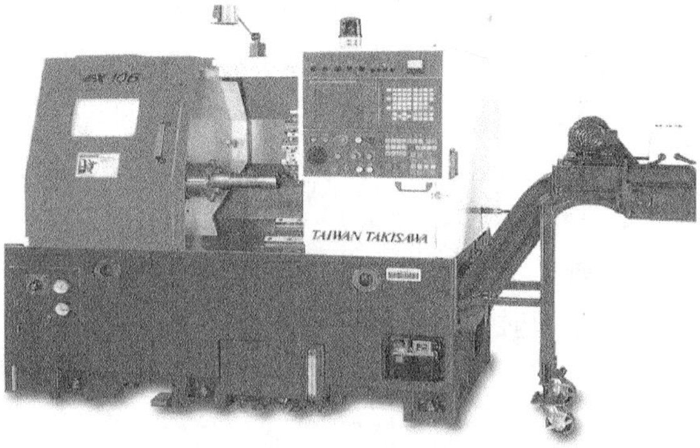


图 0-10　全功能数控车床

3）车削加工中心，如图 0-11 所示。

## 二、常用量具及其使用

为保证零件的加工精度，合理选用量具及正确测量至关重要。在数控加工中，常用的量具有钢直尺、游标卡尺、千分尺、百分表（千分表）、杠杆表、内径量表、表面粗糙度样块、螺纹样板、量规、万能角度尺等。

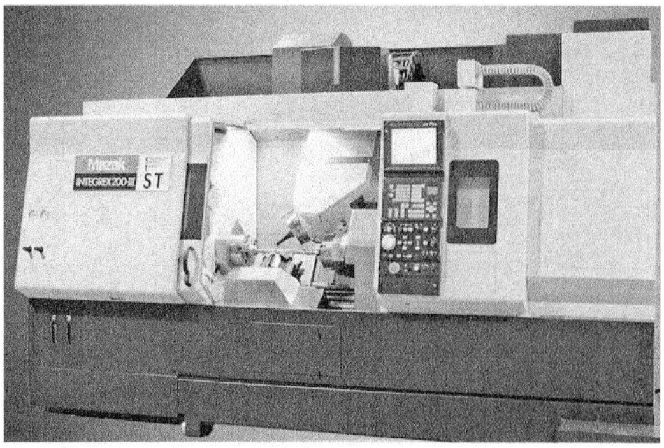


图 0-11　车削加工中心

**（一）钢直尺**

钢直尺（图 0-12）是用不锈钢制成的尺边平直的一种量具，用于测量工件的长度、宽度、高度、深度等。其分度值为 1mm，后可估读一位，如 50.3mm。

图 0-12　钢直尺

**（二）游标卡尺**（图 0-13）

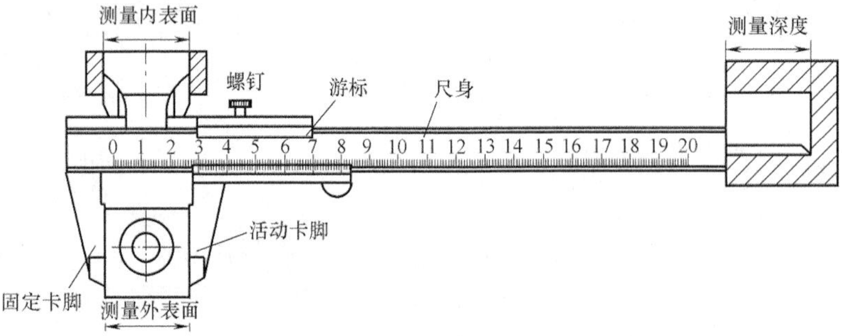


图 0-13　游标卡尺

1. 游标卡尺的刻线原理

游标卡尺的读数部分由尺身和游标组成，它利用尺身刻线间距和游标刻线间距之差进行小数读数。以分度值为 0.02mm 的游标卡尺为例，尺身每小格为 1mm，当两测量爪合并时，游标卡尺的第 50 格边线正好与尺身上的 49mm 对正。尺身与游标每格之差为 0.02mm，即 1mm−49mm÷50＝0.02mm，此差值 0.02mm 即为游标卡尺的分度值。

2. 游标卡尺的读数方法

用游标卡尺测量时，首先应知道游标卡尺的分度值和测量范围。游标的零线是读毫米的基准。读数时，应看清尺身和游标的刻线，两者结合起来读。具体读数步骤如下：

读整数：读出尺身上靠近游标零线左边最近的刻线数值，该数值即为被测量的整数值。

读小数：找出与尺身刻线相对准的游标刻线，将其顺序号乘以游标卡尺的分度值所得的积，即为被测量的小数值。

求和：将整数值和小数值相加，所得的数值即为测量结果，如图 0-14 所示。

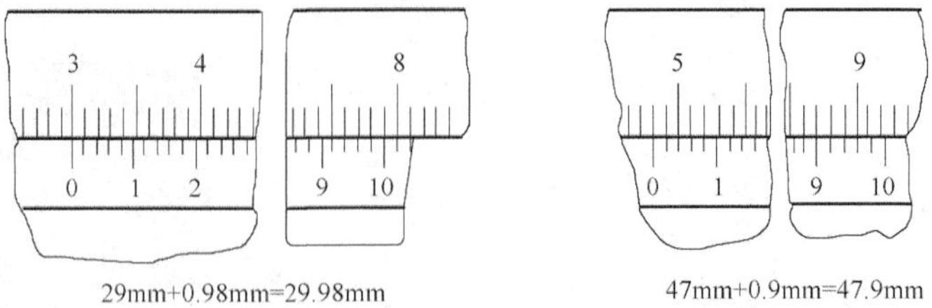


图 0-14　游标卡尺的读数方法

3. 注意事项

游标卡尺作为比较精密的量具，使用时应注意如下事项：

1）使用前，应先擦干净两测量爪测量面，合拢两测量爪，检查游标零线与尺身零线是否对齐，若未对齐，应根据原始误差修正测量读数。

2）测量工件时，测量爪测量面必须与工件的表面平行或垂直，不得歪斜，且用力不能过大，以免测量爪变形或磨损，影响测量精度。

3）读数时，视线要垂直于尺面，否则测量值不准确。

4）测量内径尺寸时，应轻轻摆动，以便找出最大值。

5）游标卡尺用完后，仔细擦净，抹上防护油，平放在盒内，以防生锈或变形。

**（三）千分尺**

千分尺即螺旋测微器，利用螺旋放大的原理（如旋转一周，轴向移动 0.5mm）制作而成。用千分尺测量不同对象时，其测头的结构也不同，因此，千分尺可分为外径千分尺（图 0-15a）、内径千分尺（图 0-15b）、深度千分尺（图 0-15c）、螺纹千分尺（图 0-15d）、公法线千分尺（图 0-15e）、叶片千分尺（图 0-15f）等。

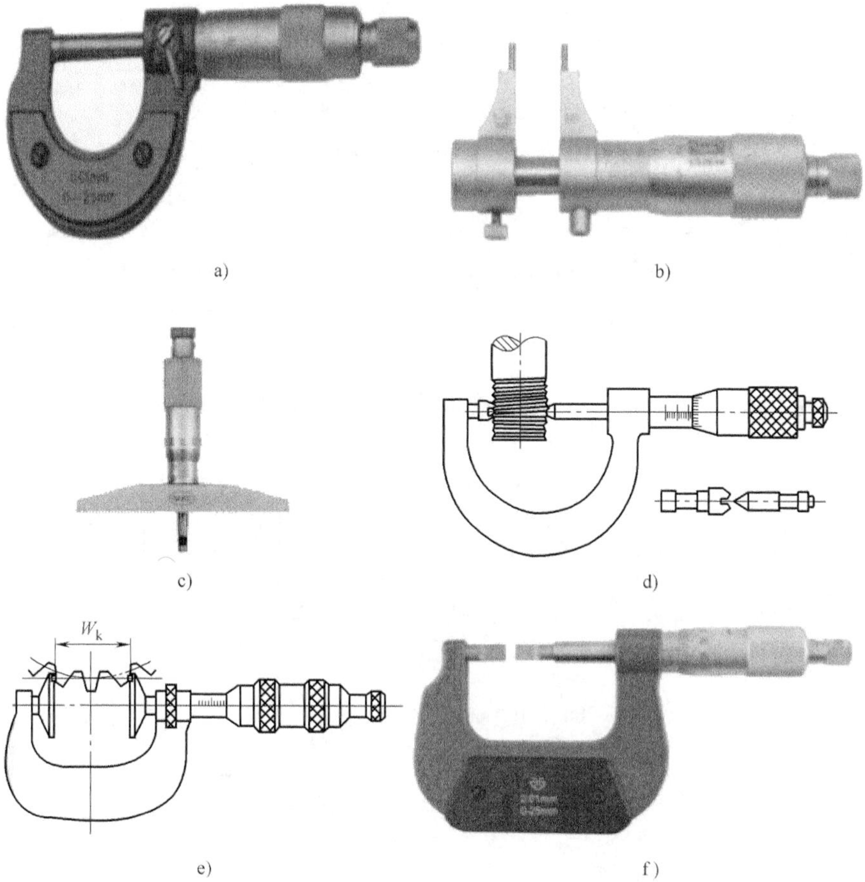


图 0-15　千分尺

a）外径千分尺　b）内径千分尺　c）深度千分尺　d）螺纹千分尺　e）公法线千分尺　f）叶片千分尺

下面以分度值为 0.01mm 的外径千分尺为例介绍外径千分尺。外径千分尺的结构如图 0-16所示。

1. 千分尺的刻线原理

千分尺测微螺杆的螺距为 0.5mm，当微分套筒转动一周时，测微螺杆就会沿轴线移动

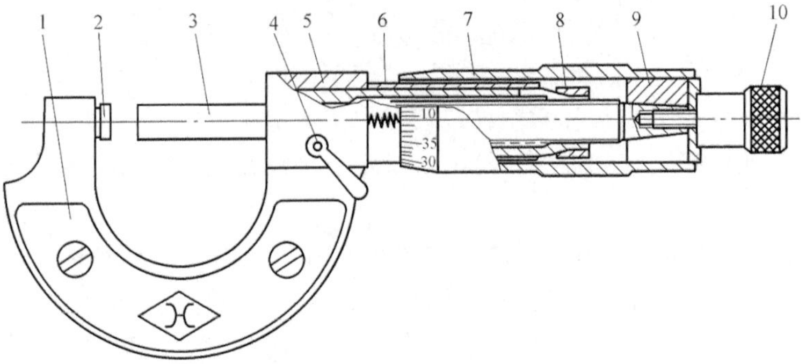


图 0-16　外径千分尺的结构

1—尺架　2—砧座　3—测微螺杆　4—锁紧装置　5—螺纹轴套
6—固定套管　7—微分筒　8—螺母　9—接头　10—棘轮

0.05mm。固定套筒上的刻线间隔为 0.5mm，微分套筒圆锥面上刻有 50 个格。当微分套筒转动一格时，测微螺杆就移动 0.01mm，即 0.5mm÷50=0.01mm，因此，该千分尺的分度值为 0.01mm。

2. 千分尺的读数方法

读毫米和半毫米数：读出微分套筒边缘固定在尺身的毫米和半毫米数。

读不足半毫米数：找出微分套筒上与固定套筒上基准线对齐的那一格，并读出相应的不足半毫米数。

求和：将两组读数相加，所得结果即为被测尺寸，如图 0-17 所示。

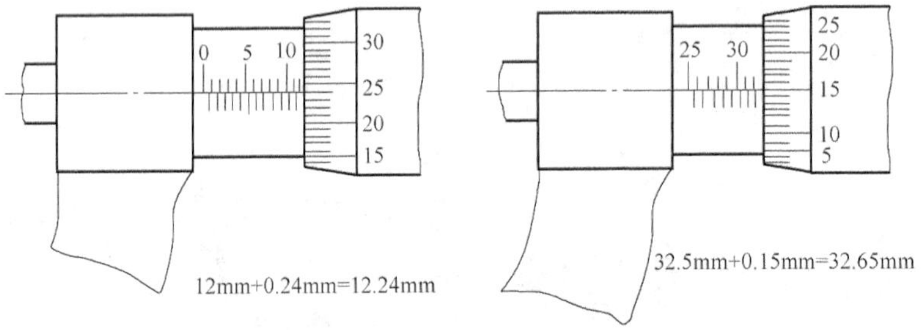


图 0-17　千分尺的读数

3. 千分尺的使用注意事项

1）测量前用标准件校正千分尺。微分套筒的端面与固定套筒上的零刻度线若不重合，用专用扳手调节套筒的位置，使两零线对齐。

2）千分尺是一种精密的量具，使用时应小心谨慎，动作轻缓，不要让它受到冲击和碰撞。

3）有些千分尺为了防止手温使尺架膨胀引起微小的误差，在尺架上装有隔热装置。使用时应手握隔热装置，而尽量少接触尺架的金属部分。

4）使用千分尺测同一长度时，一般应反复测量几次，取其平均值作为测量结果。

5）千分尺使用完毕，用纱布擦干净，在测砧与螺杆之间留出一点空隙，放入盒中。如长期不用需抹上润滑脂或机油，放置在干燥的地方。注意不要让它接触腐蚀性气体。

6）千分尺只适用于测量精度较高的尺寸，不能测量毛坯面，更不能在工件转动时进行测量。

7）从千分尺上读取尺寸时，应在工件未取下前进行，读完后，松开千分尺，再取下工件；也可将千分尺用锁紧钮锁紧后，把工件取下后读数。

**（四）百分表（千分表）**

1. 百分表（千分表）的结构和测量原理

百分表的结构与测量原理如图 0-18 所示。

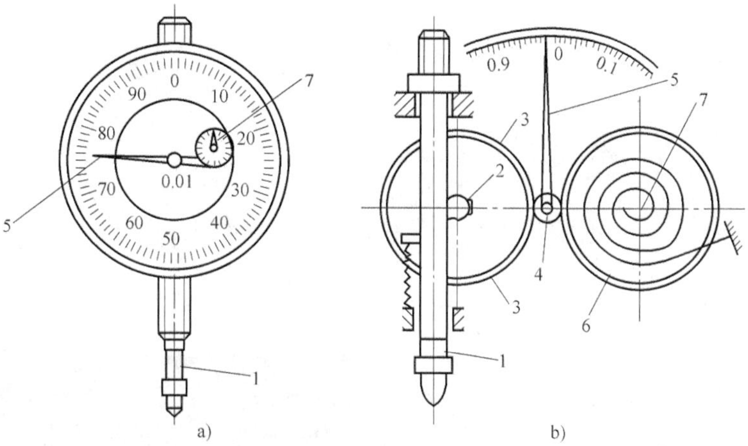


图 0-18　百分表的结构与测量原理

1—量杆（带齿条）　2—轴齿轮　3—齿轮　4—轴齿轮

5—长指针　6—齿轮　7—短指针

2. 百分表（千分表）使用注意事项

1）使用前，应检查测量杆活动的灵活性。

2）使用时，必须把表固定在可靠的夹持架上。

3）测量时，不要使测量杆的行程超过它的测量范围，不要使表头突然撞到工件上，也不要用百分表（千分表）测量表面粗糙或有显著凹凸不平的工件。

4）测量平面时，百分表（千分表）的测量杆要与平面垂直；测量圆柱形工件时，测量杆要与工件的中心线垂直。

5）为方便读数，在测量前一般都让大指针指到刻度盘的零位。

6）百分表（千分表）不用时，应使测量杆处于自由状态，以免使表内弹簧失效。

**（五）杠杆表**

杆杠表是利用杠杆-齿轮传动机构将长度尺寸转换为指针的角位移，并指示出长度尺寸数值的计量器具。它常用于一般百分表（千分表）难以测量的场合。杆杠表的结构与测量原理如图 0-19 所示。测杆 6、杠杆 5、齿条 4 为一整体，通过支座形成杠杆结构，测杆 6 在摆动时可通过杠杆 5 带动齿条 4 摆动，齿条 4 带动齿轮 2 转动，齿轮 2 上的指针 3 随之转动来指示刻度。

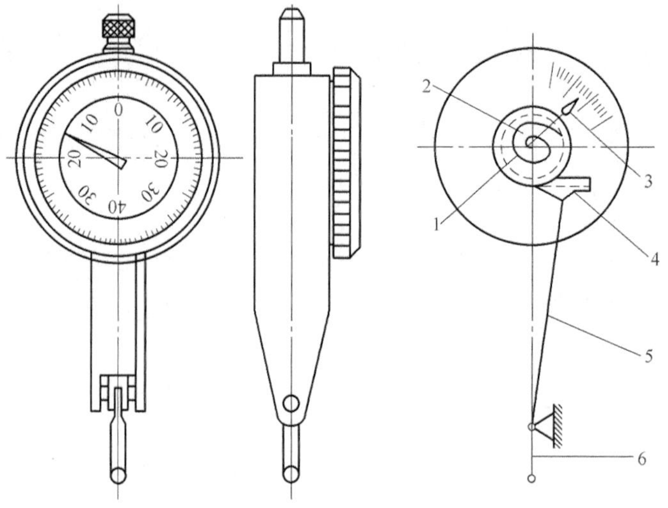


a)　　　　b)

图 0-19　杠杆表的结构与测量原理

1—弹簧　2—齿轮　3—指针　4—齿条　5—杠杆　6—测杆

**（六）内径量表**

内径量表（图 0-20）是内量杠杆式测量架和百分表的组合，用以测量或检验零件的内孔、深孔直径及其形状精度，如图 0-20 和图 0-21 所示。

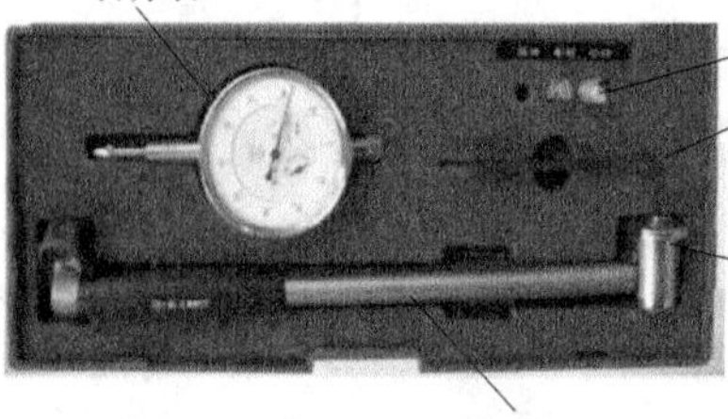


图 0-20　内径量表

内径量表的测量原理和使用方法如下：

1）内径量表的测量原理是用比较法测量内孔直径，它将测量头的直线位移转换成指示表的角位移并通过指示表显示读数。

2）测量前根据被测孔径的大小，选择合适的测量头，在专用的环规或千分尺上调整好尺寸范围后才能使用。

3）测量时，传动杆 2 的中心线与工件中心线平行，不得歪斜，同时应在圆周上多测几个点，找出孔径的实际尺寸，看是否在公差范围以内。

**（七）比较样块**（样板）

1. 表面粗糙度比较样块

表面粗糙度比较样块因工种的不同而有不同的系列，如车、铣、刨、平面磨、外圆磨、研磨等。图 0-22 所示为表面粗糙度比较样块，有 $Ra6.3\mu m$、$Ra3.2\mu m$、$Ra1.6\mu m$ 和 $Ra0.8\mu m$ 四种样块。

2. 螺纹样板

如图 0-23 所示，螺纹样板是一种带有不同螺距的基本牙型薄片，用来与被测螺纹进行比较，从而确定被测螺纹的形状与螺距。其使用如图 0-24 所示。

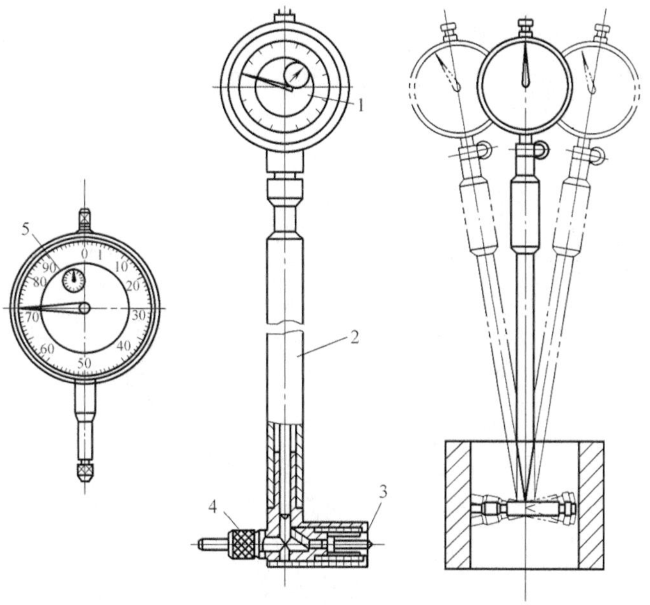


图 0-21　内径量表的结构

1、5—百分表　2—传动杆　3—活动测量头　4—可换测量头

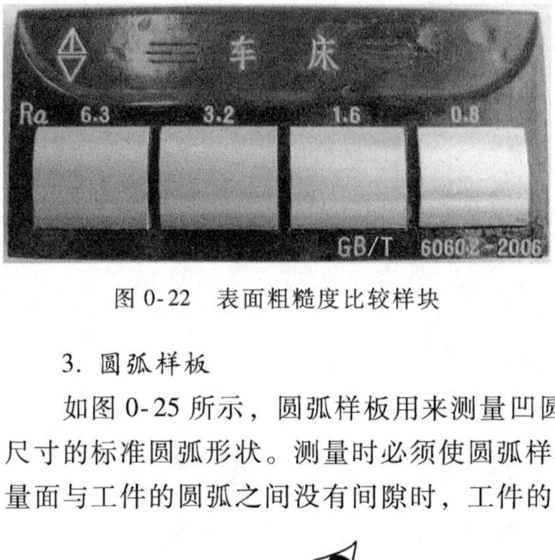


图 0-22　表面粗糙度比较样块

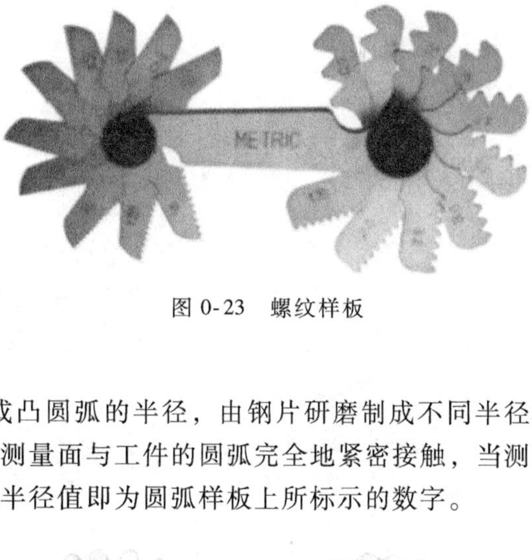


图 0-23　螺纹样板

3. 圆弧样板

如图 0-25 所示，圆弧样板用来测量凹圆弧或凸圆弧的半径，由钢片研磨制成不同半径尺寸的标准圆弧形状。测量时必须使圆弧样板的测量面与工件的圆弧完全地紧密接触，当测量面与工件的圆弧之间没有间隙时，工件的圆弧半径值即为圆弧样板上所标示的数字。

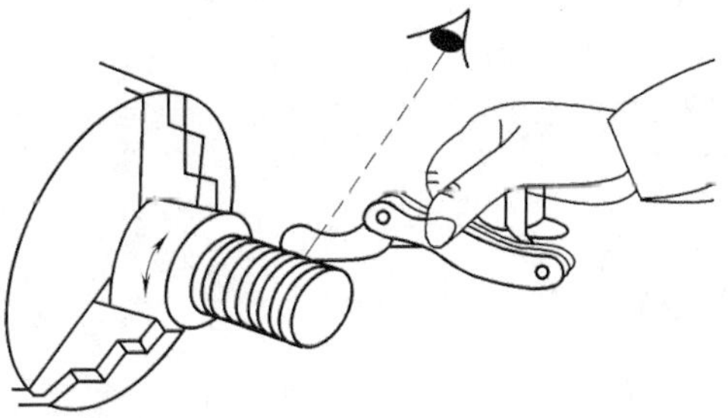

图 0-24　螺纹样板的使用

图 0-25　圆弧样板

**（八）量规**

量规是一种没有刻度的定值检验工具。目前我国机械行业中使用的量规种类很多，除有检验孔、轴尺寸的光滑极限量规外，还有螺纹量规、圆锥量规、花键量规、位置量规及直线尺寸量规等。

1. 光滑极限量规

（1）塞规　塞规两头各有一个圆柱体，长圆柱体一端为最小极限尺寸的一端，称为通端，短圆柱体一端为最大极限尺寸的一端，称为止端。检查工件时，通端能通过孔而止端不能通过，说明孔尺寸加工合格。

（2）环规　环规最小极限尺寸的一端称为止端，最大极限尺寸的一端称为通端。环规有双头结构和单头结构两种。检查工件时，通端能通过轴而止端不能通过，说明轴尺寸加工合格。

2. 螺纹量规

螺纹量规是用通端和止端综合检验螺纹的量规。螺纹塞规（图 0-26a）用于综合检验内螺纹，长螺纹一端为通端，标示“T”，短螺纹一端为止端，标示“Z”。螺纹环规（图 0-26b）用于综合检验外螺纹，通端为一件，标示“T”，止端为另一件，标示“Z”。

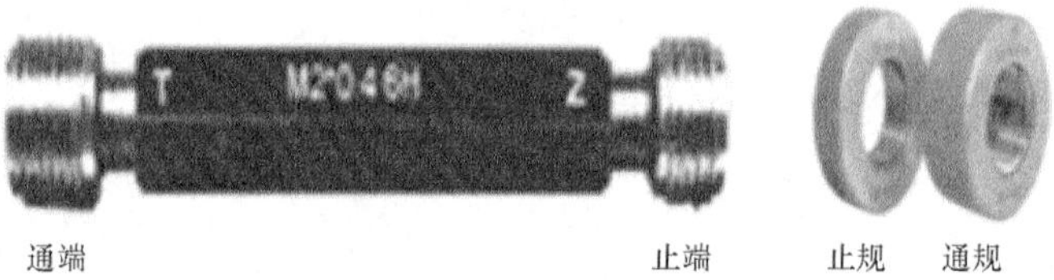


a)　　b)

图 0-26　螺纹量规

a）螺纹塞规　b）螺纹环规

螺纹环规的使用方法（图 0-27a）如下：

1）首先清理被测螺纹油污及杂质。

2）通规对正被测螺纹，在自由状态下全部旋入螺纹长度，则判定为合格。

3）止规对正被测螺纹旋入，旋入螺纹长度在两个螺距之内为合格。

螺纹量规的使用方法（图 0-27b）同螺纹环规。

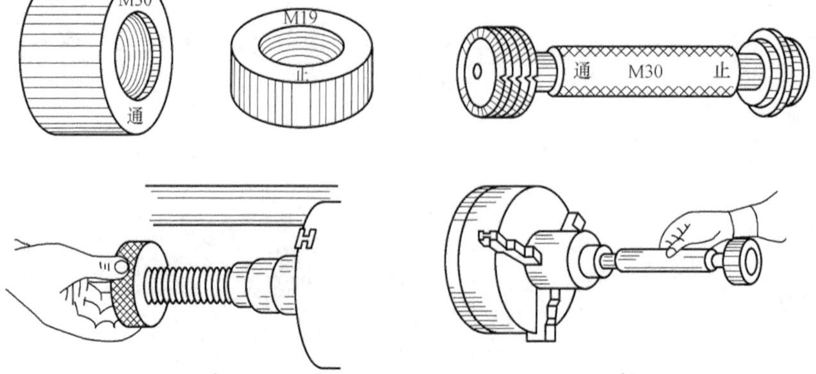


a)　　b)

图 0-27　螺纹量规的使用方法

### （九）游标万能角度尺

游标万能角度尺的基本结构如图0-28所示，它用于测量机械加工中的内、外角度。

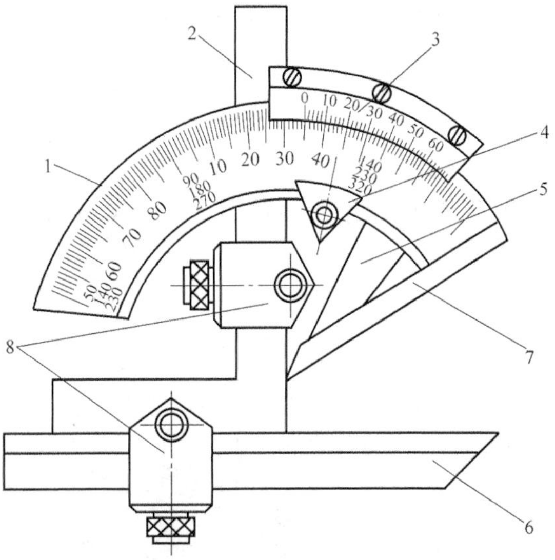


图 0-28　游标万能角度尺的基本结构

1—尺身　2—角尺　3—游标　4—制动器　5—扇形板　6—基尺　7—直尺　8—夹块

测量过程中需适当调整万能角度尺，可测量0°～320°的外角和40°～130°的内角，如图0-29所示。

游标万能角度尺的读数原理（图0-30）与游标卡尺相似，分三步进行：

1）先从尺身上读出游标零刻度线指示的整“度”的数值，示例中为16°。

2）判断游标上的第几格刻线与尺身上的刻线对齐，确定角度“分”的数值，示例中为12′。

3）把两者相加，即被测角度的数值，示例中的读数为16°+12′=16°12′。

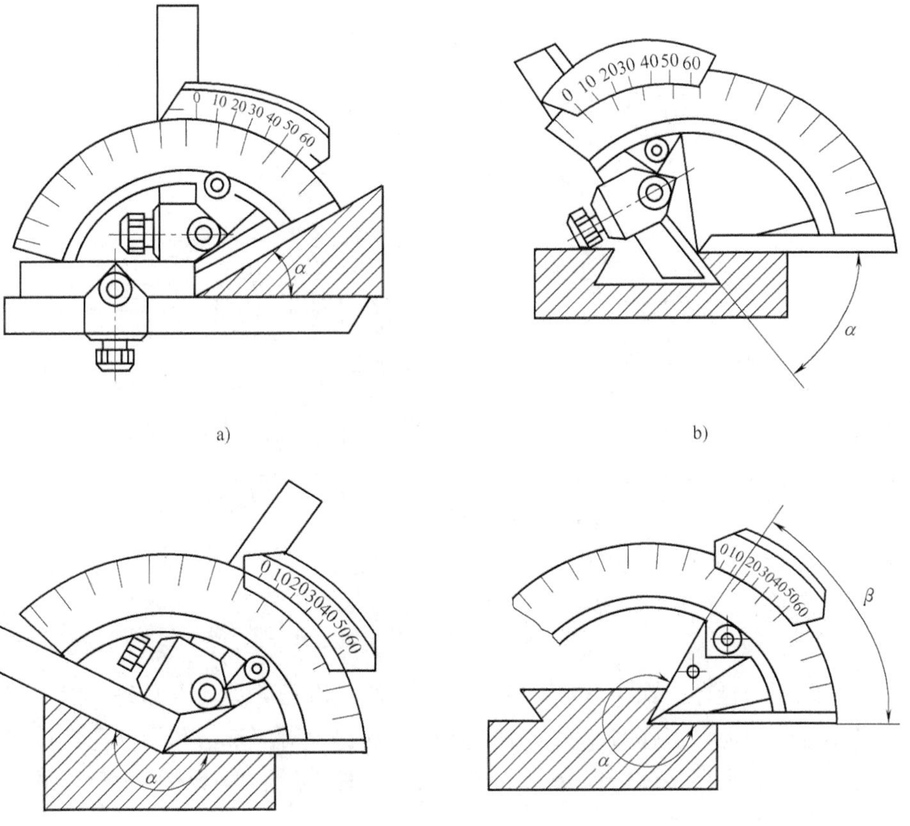


a)　b)　c)　d)

图 0-29　游标万能角度尺的使用

a）测量0°～50°　b）测量5°～140°　c）测量140°～230°　d）测量230°～320°

## 三、常用数控车床夹具及其使用

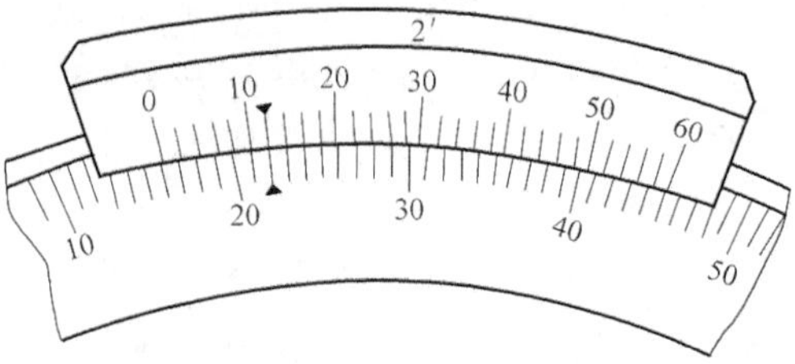


图 0-30　游标万能角度尺的读数原理

不同结构的零件在数控车床上的装夹形式不同，常用的夹具有卡盘、顶尖等。

### （一）卡盘装夹

卡盘的常见形式有自定心卡盘和单动卡盘，如图 0-31 所示。

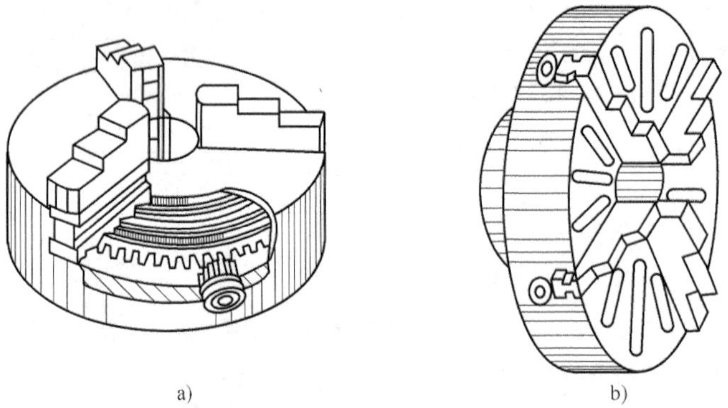


图 0-31　卡盘
a）自定心卡盘　b）单动卡盘

自定心卡盘装夹面与加工面同轴，能自动定心，夹持工件时一般不需要找正，安装工件快捷、方便。但定心精度不是很高，夹紧力不大，所以一般适用于装夹精度要求不是很高、质量较小、中小型尺寸、形状规则的轴类和盘套类零件。

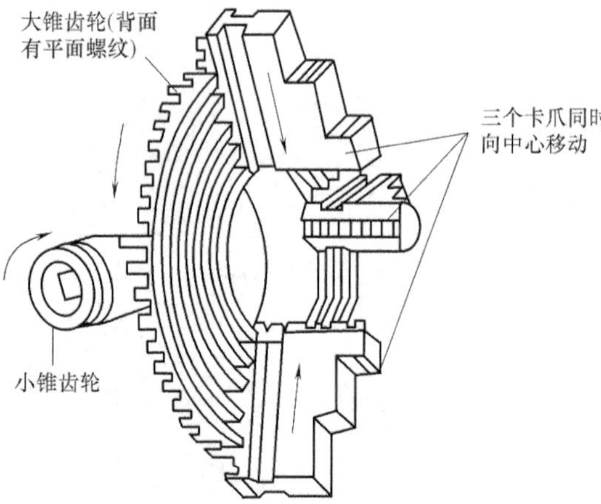


图 0-32　自定心卡盘装夹工件的工作原理

自定心卡盘一般由卡盘体、活动卡爪和卡爪驱动机构组成，自定心卡盘装夹工件的工作原理如图 0-32 所示。

用卡盘扳手插入任一小锥齿轮的方孔中转动时，大锥齿轮也随之转动；三个卡爪在大锥齿轮背面平面螺纹的作用下，同时向中心或背离中心移动，以夹紧或松开工件。

单动卡盘由一个盘体、四个丝杠、四个卡爪组成。常见的单动卡盘每个卡爪都可单独运动，没有自动定心功能，工作时用手分别转动四个丝杠，对应带动和调整四爪位置，夹紧力较大。单动卡盘除装夹回转体棒料外，还用于装夹各种方形、偏心、质量较大、不规则、尺寸较大、表面很粗糙的工件。

装夹较小工件时卡爪正装（图 0-33a），装夹较大工件时可将卡爪反装（图 0-33b 所示）。

卡爪有硬爪和软爪之分。硬爪经淬火处理，硬度大，难以被切削，可用来调整装夹定位；软爪选用低碳钢、铜或铝制成，硬度较小，不易夹伤工件。在安装卡盘的同时可车一下装夹面，以保证较高的装夹精度。卡爪安装时，要按卡爪上的号码1、2、3的顺序进行，对应卡盘体上的数字顺序号。

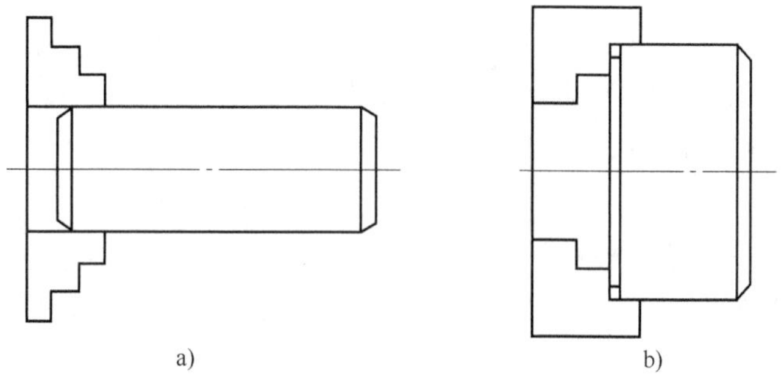

图0-33　卡盘的装夹

a）正装　b）反装

### （二）花盘装夹

花盘一端连接主轴，另一端为垂直于主轴轴线的大盘面，盘面上有若干条径向T形槽，工件可用螺栓和压板直接安装在花盘上，如图0-34所示。工件装夹后常会出现重心偏离中心的现象，这时必须在相对一侧加装配重块，避免车削时出现冲击和振动，确保安全。

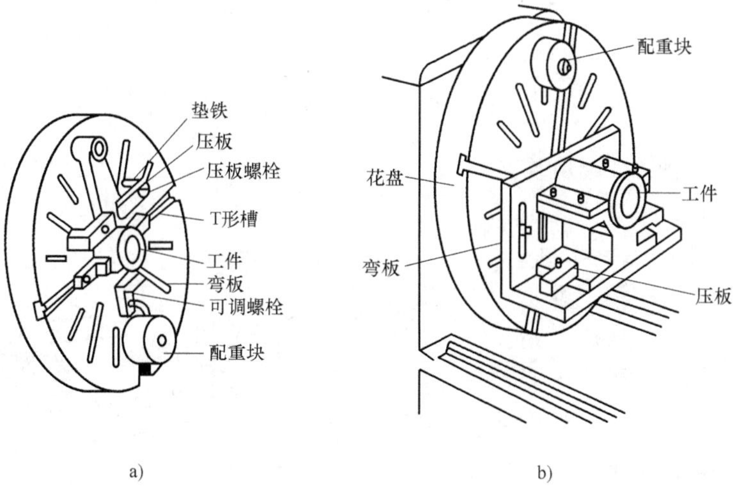


图0-34　花盘装夹

a）花盘与压板装夹工件　b）花盘与弯板配合装夹工件

### （三）一夹一顶装夹

对于夹持位置长度不够、尺寸较长的工件，不能用卡盘直接装夹，应使用一端卡盘夹持、另一端用尾座顶尖顶住的装夹方式，如图0-35所示。这种装夹提高了夹持的稳定性和刚度，车削时系统能承受较大的轴向车削力，从而增加切削用量。

**（四）两头顶尖装夹**

对于较长工件或在车削后还需要磨削的轴类工件，为保证各工序加工表面的位置精度，通常以工件两端的中心孔作为统一的定位基准，用前后顶尖定位工件，通过拨盘和卡箍（鸡心夹头）夹紧工件。工作时，主轴带动拨盘旋转（拨盘后端的内螺纹与主轴连接），拨盘带动卡箍旋转，卡箍带动工件旋转（卡箍及其锁紧螺钉夹紧工件），如图 0-36 所示。

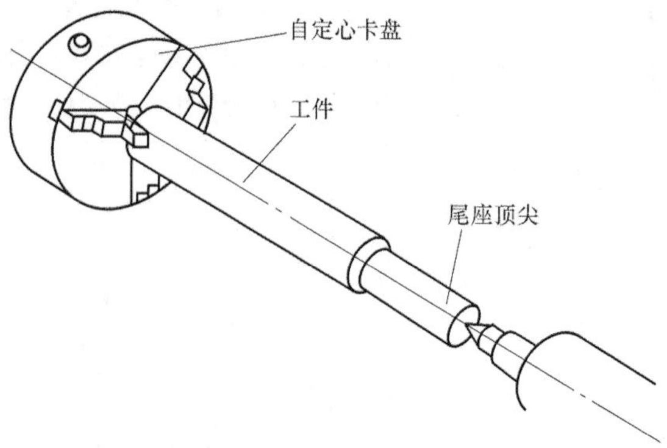

图 0-35　一夹一顶装夹

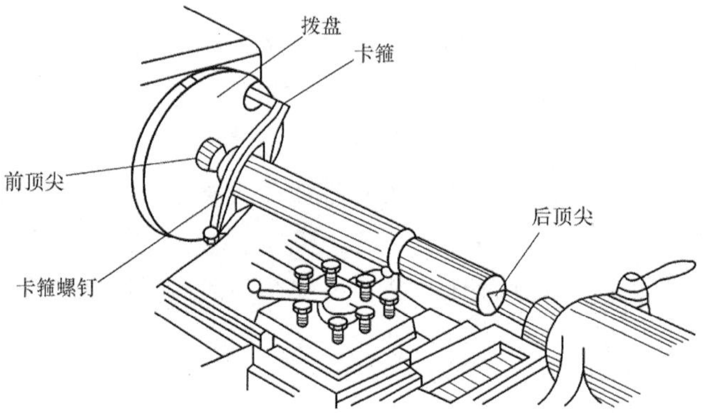

图 0-36　两头顶尖装夹

**（五）中心架和跟刀架辅助装夹**

当车削工件长度为工件直径的 25 倍以上时，工件受径向切削力、自重和旋转离心力的作用，容易产生弯曲和振动，严重影响加工精度和表面粗糙度。此时需要用中心架或跟刀架作为辅助支承，提高安装刚度，并采用低速进行车削。中心架由压板、螺栓紧固在床身导轨上，调节三个支承爪与工件均匀、轻微接触，以增加刚性，如图 0-37 所示。

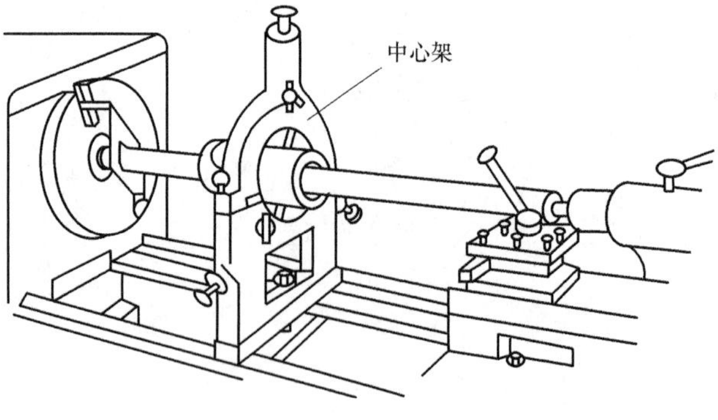

图 0-37　中心架辅助装夹

当工件不宜分段加工或调头加工时，应使用跟刀架作为辅助支承，跟刀架固定在车床纵拖板上，调节两个支承爪支承工件，并与刀架一起移动，如图 0-38 所示。

**（六）心轴装夹**

当套筒类或盘类零件以内孔作为定位基准，且要保证外圆轴线和内孔轴线的同轴度要求

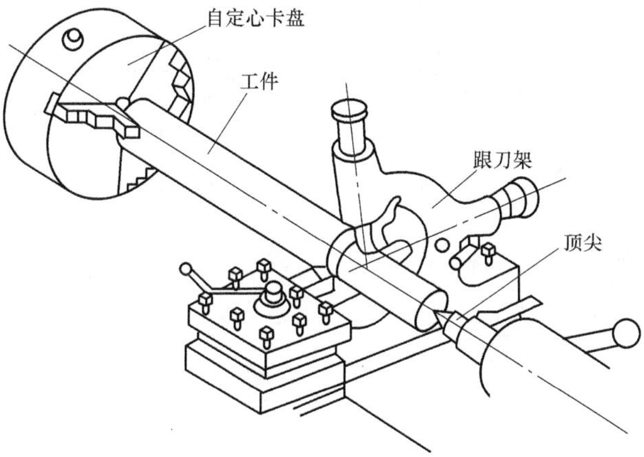


图 0-38　跟刀架辅助装夹

时可采用心轴定位，如图 0-39 所示。以工件的圆柱孔作为定位基准时，常采用圆柱心轴和小锥度心轴；以工件的锥孔、螺纹孔、花键孔作为定位基准时，常采用相应的锥体心轴、螺纹心轴和花键心轴。

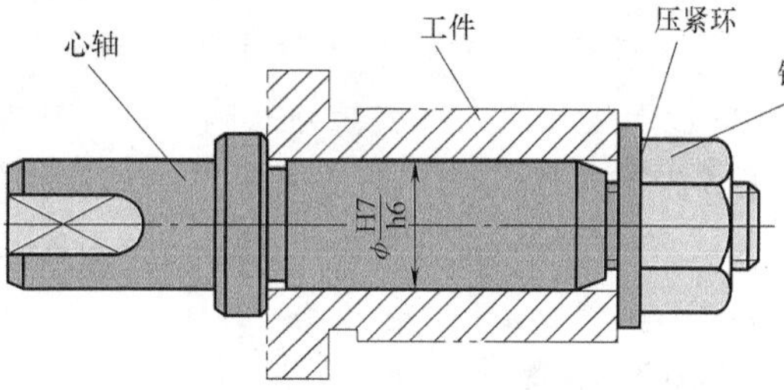


图 0-39　心轴装夹

## 四、常用数控车削刀具

### （一）车刀的类型

1. 按加工工艺类型分类

根据加工工艺类型不同，车刀可分为外圆车刀、切槽刀、螺纹车刀、内孔镗刀、端面车刀、成形车刀等，如图 0-40 所示。

2. 按加工方向分类

根据加工方向不同，车刀可分为右切车刀、左切车刀、双向车刀。主偏角为 90°的外圆车刀称为偏刀。偏刀分为左偏刀和右偏刀两种，常用的是右偏刀，它的切削刃向左，偏刀用于车削工件的端面、台阶、外圆等，偏刀车削细长工件的外圆时可以避免把工件顶弯。

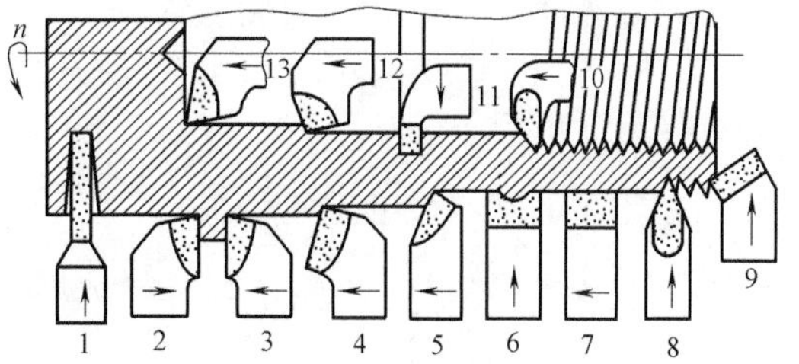


图 0-40　车刀的类型
1—切断、切槽车刀　2—90°外圆左偏车刀
3—90°外圆右偏车刀　4—弯头车刀
5—外圆车刀　6—成形车刀　7—宽刃车刀
8—外螺纹车刀　9—45°弯头车刀
10—内螺纹车刀　11—内槽车刀
12—通孔车刀　13—不通孔车刀

3. 按车刀结构分类

根据车刀结构不同，车刀可分为整体式车刀、焊接式车刀、机夹式车刀、可转位（机夹式）车刀，如图 0-41 所示。

（1）整体式车刀　通常整体用高速钢制成，刀头根据加工需要磨成相应的形状和几何角度。

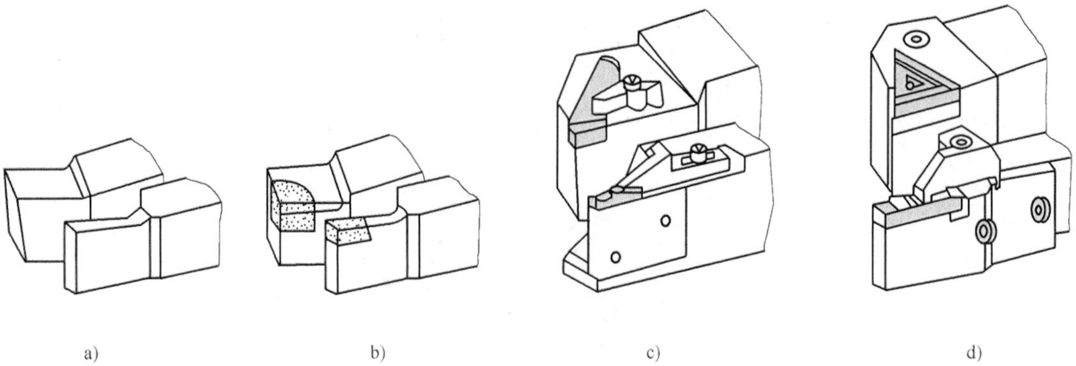


图 0-41　车刀结构

a）整体式　b）焊接式　c）机夹式　d）可转位机夹式

（2）焊接式车刀　将具有一定形状的标准硬质合金刀片焊在碳钢刀杆的刀槽上的车刀。

（3）机夹式车刀　将硬质合金刀片用机械紧固的方法固定在刀杆上的车刀，避免了焊接式车刀因焊接产生的应力、裂纹等缺陷，且刀杆可多次使用。

（4）可转位机夹车刀　将多边切削刃的标准硬质合金刀片，以机械夹固方式紧固在刀杆上的车刀。切削时当一边切削刃用钝后，将刀片转位可继续使用，全部切削刃用钝后，更换刀片即可。

**（二）车刀的几何结构**

车刀由刀杆部分（用于装夹车刀）和切削部分（完成切削工作）组成，其中切削部分由以下各部分组成，如图 0-42 所示。

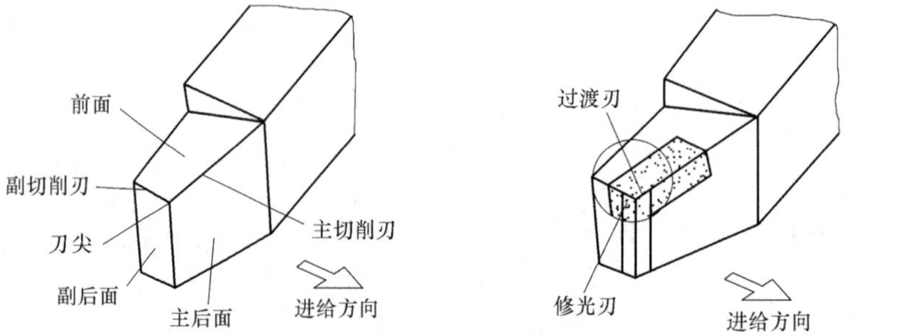


图 0-42　车刀的几何结构

前面：切削时切屑流过的表面。

主后面：切削时与过渡表面相对的刀面。

主切削刃：前面与主后面交线构成的切削刃。

副后面：切削时与已加工表面相对的刀面。

副切削刃：前面和副后面交线构成的切削刃。

刀尖：主切削刃与副切削刃连接处的交点或连接部位。

刃口：垂直于切削刃的法剖面内所表示的两刀面间的交线，如图 0-43 所示。

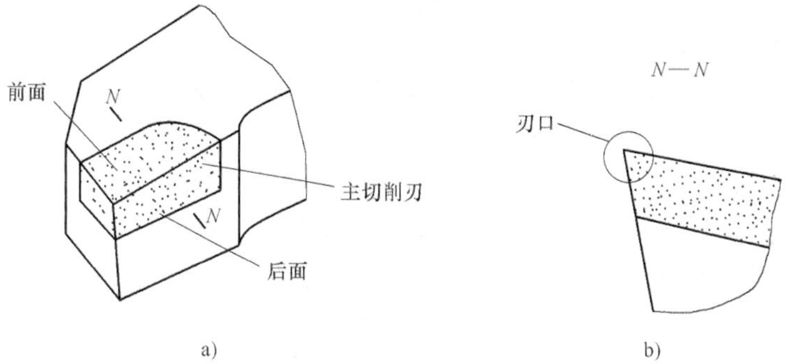


图 0-43　车刀刃口

## (三) 车刀的几何参数

为便于表达车刀的几何形状及其几何参数，引入三个用于参考的辅助基准平面：基面、切削平面、正交平面，如图 0-44 所示。

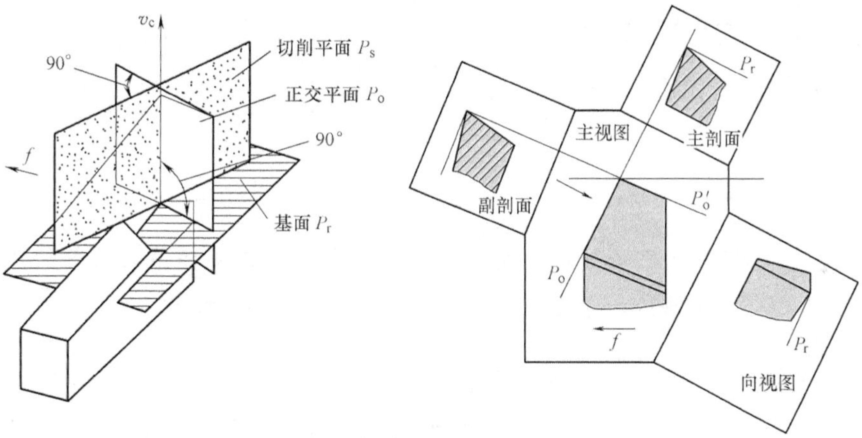


图 0-44　车刀辅助基准平面

1. 基面 $P_r$

过切削刃某选定点，且垂直于切削速度的平面。

2. 切削平面 $P_s$

过切削刃某选定点，相切于切削刃，并垂直于基面的平面。

3. 正交平面 $P_o$

过切削刃某选定点，并同时垂直于切削平面和基面的平面。

4. 车刀的主要几何参数

车刀起主要作用的几何参数包括前角（$\gamma_o$）、(后角 $\alpha_o$)、副后角（$\alpha'_o$）、主偏角（$\kappa_r$）、副偏角（$\kappa'_r$）、刃倾角（$\lambda_s$）。

(1) 前角（$\gamma_o$）　前角（$\gamma_o$）是正交平面内，前面和基面的夹角。

前角的大小影响切削刃的锋利程度、切削刃的强度、工件的切削变形、切削力、切屑和前面之间的摩擦、散热条件、工件的表面质量和刀具的受力性质等。增大前角可以使切削刃更锋利、切削变形小、切削力小、切屑与前面摩擦降低、切削热降低，使切削更加顺利。但前角过大会降低刀尖的强度，散热条件变差，容易发生崩刃。

（2）后角（$\alpha_o$）　后角（$\alpha_o$）是正交平面内，后面和切削平面的夹角。

在保证刀具有足够的散热能力和强度的基础上，为保证刀具锋利和减小与工件的摩擦，一般不宜过大，否则会加速刀具磨损，降低刀具强度而崩刃。

（3）主偏角（$\kappa_r$）　主偏角（$\kappa_r$）是切削刃与进给方向的夹角。

如图 0-45 所示，主偏角的大小影响刀尖强度、散热条件、切削分力大小、断屑性能。当工件材料越硬或切削量越大时，主偏角应越小，以减小切削刃单位长度上的平均负载，改善刀头散热条件，提高刀具寿命。粗加工时主偏角一般较小，精加工时主偏角应较大。

（4）副偏角（$\kappa'_r$）　副偏角（$\kappa'_r$）是副切削刃与进给负方向的夹角，如图 0-46 所示。副偏角的大小影响副切削刃与工件之间的摩擦、工件的表面质量、刀尖的强度、散热情况。

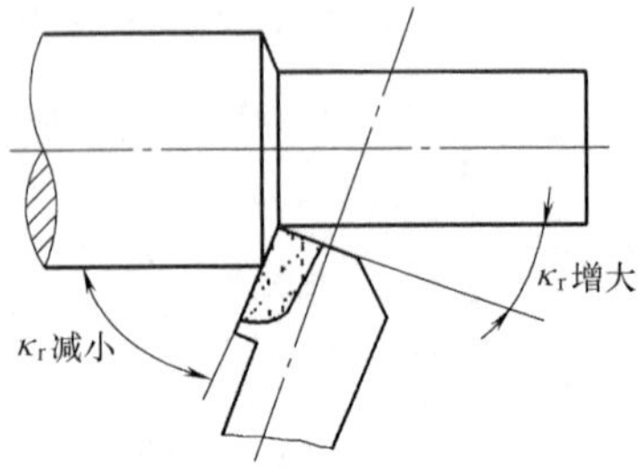


图 0-45　主偏角的大小影响

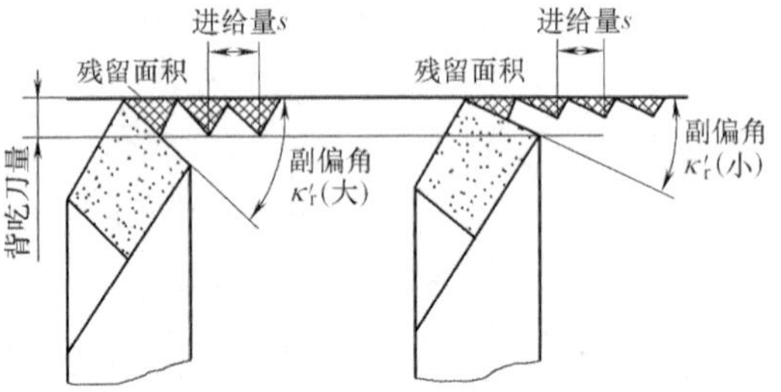


图 0-46　副偏角

（5）刃倾角（$\lambda_s$）　刃倾角（$\lambda_s$）是切削刃与切削方向的夹角。刃倾角的作用是改变切屑流动方向，改善刀尖强度。

**（四）车刀的材料**

1. 高速工具钢

高速工具钢简称 HSS、高速钢、白钢、锋钢等，常见牌号有 W18Cr4V、W6Mo5Cr4V2 等。

（1）W18Cr4V　W18Cr4V 含钨（W）18%（质量分数，后同）、铬（Cr）4%、钒（V）1%。由于钨价较高，在发达国家已逐步淘汰。W18Cr4V 具有良好的综合性能，可以用来制造各种复杂刀具。

W18Cr4V 的优点是淬火时过热倾向小，磨削加工性好，碳化物含量高，塑性变形抗力大；缺点是碳化物分布不均匀，影响薄刃刀具及小截面刀具的寿命，强度和韧性较差，热塑性差。

（2）W6Mo5Cr4V2　W6Mo5Cr4V2 是将 W18Cr4V 中的一部分钨以钼代替而得到的，价格便宜，已被各个国家广泛应用，约占我国高速钢用量的 70%。W6Mo5Cr4V2 具有良好的机械性能，热塑性特别好，可制做尺寸较小、承受冲击力较大的刀具，特别适用于制造热轧钻头等。

W6Mo5Cr4V2 的优点是碳化物细小、分布均匀、比重小，具有较高的硬度、热硬性、强度和优良的韧性；其缺点是过热和脱碳敏感性较大，磨削加工性稍次于 W18Cr4V。

2. 硬质合金

硬质合金是一种主要由硬质相和黏结相组成的粉末冶金产品。硬质相很硬，主要是各种碳化物，如碳化钨（WC）、碳化钛（TiC）、碳化钽（TaC）、碳化铌（NbC）；黏结相则多为钴（Co）、钼（Mo）等。硬质合金含有大量熔点高、硬度高、化学稳定性好、热稳定性好的金属碳化物，其硬度、耐磨性和耐热性都很高。

硬质合金中碳化物含量较高时，硬度高，但抗弯强度低；黏结剂含量较高时，抗弯强度高，但硬度低。硬质合金的抗弯强度较高速钢低，冲击韧性差，切削时不能承受大的振动和冲击负荷。

常用的硬质合金以 WC 为主要成分，根据是否加入其他碳化物而分为 YG、YT、YW 三类。

（1）YG 类硬质合金　YG 类硬质合金对应于 ISO 标准的 K 类（红色），即钨钴类（WC-Co）硬质合金，其硬化相为 WC，黏结相为 Co。

YG 类硬质合金常用牌号有 YG6、YG8、YG3X、YG6X，含钴量分别为 6%、8%、3%、6%。含钴量越多，韧性越好，越耐冲击和振动，但会降低硬度和耐磨性。

YG 类硬质合金组织结构有粗晶粒、中晶粒、细晶粒之分。YG 类硬质合金的韧性、磨削性、导热性较好，适于加工易产生崩碎切屑、有冲击切削力作用在刀具刃口附近的脆性材料等。

（2）YT 类硬质合金　YT 类硬质合金对应于 ISO 标准的 P 类（蓝色），即钨钛钴类（WC-TiC-Co）硬质合金，其硬质相除 WC 外，还含有 5%~30%（质量分数）的 TiC。

YT 类硬质合金的常用牌号有 YT5、YT14、YT15、YT30，对应的 TiC 含量（质量分数）分别为 5%、14%、15%、30%，对应的钴含量（质量分数）分别为 10%、8%、6%、4%，TiC 含量提高，Co 含量降低，硬度和耐磨性提高，但是冲击韧性显著降低。

YT 类硬质合金有较高的硬度和耐磨性，抗黏结扩散能力和抗氧化能力好，但抗弯强度、磨削性能和导热系数下降，低温脆性大，韧性差，适于高速切削钢料。YT 中的钛元素之间的亲合力会产生严重的黏刀现象，在高温切削及摩擦因数大的情况下会加剧刀具磨损。

（3）YW 类硬质合金　YW 类硬质合金对应于 ISO 标准的 M 类（黄色），即钨钛钽（铌）钴类（WC-TiC-TaC（NbC）-Co）硬质合金，硬质相除 WC、TiC 外，还加入少量的稀有金属碳化物 TaC 或 NbC。YW 类硬质合金综合了前两类硬质合金的优点，又称通用硬质合金。

用 YW 类硬质合金制造的刀具既能加工脆性材料（如铸铁），也能加工韧性材料（如钢）。YW 类硬质合金价格较贵，主要用于加工难加工材料，如高强度钢、耐热钢、不锈钢等。常用的牌号有 YW1 和 YW2。

3. 陶瓷

陶瓷材料以离子键和共价键结合，熔点高、硬度高，具有良好的绝缘性、化学稳定性和抗氧化性。与硬质合金比，陶瓷材料具有更高的硬度、热硬性和耐磨性，寿命为硬质合金的 10~20 倍，热硬性比硬质合金高 2~6 倍，在高温 1200℃ 以上仍能进行切削加工，且化学稳定性、抗氧化性均优于硬质合金，可用于加工钢、铸铁。

陶瓷材料作为连续切削用的车削刀具材料，有很好的发展前途。陶瓷材料的缺点是脆性大、横向断裂强度低、承受冲击载荷能力差、易崩刃，使其使用范围受到限制。

4. 立方氮化硼

立方氮化硼由软的六方氮化硼在高温高压下加入催化剂转变而成。

立方氮化硼有很高的硬度（可达 8000~9000HV，仅次于金刚石）及耐磨性，以及比金刚石高得多的热稳定性（1400℃），还具有良好的导热性、较低的摩擦因数。立方氮化硼化学惰性强，与黑色金属无亲和力，与铁族金属直至 1300℃ 时也不易起化学反应。

目前，立方氮化硼不仅用于磨具，也逐渐用于车、镗、铣、铰等加工，既能胜任淬硬钢（45~65HRC）、轴承钢（60~64HRC）、高速钢（63~66HRC）、冷硬铸铁的粗车和精车，又能胜任高温合金、热喷涂材料、硬质合金及其他难加工材料的高速切削加工。

5. 金刚石

金刚石是目前人工能够制造出的最硬的物质，硬度高达 10000HV，耐磨性好，可用于加工硬质合金、陶瓷、高硅铝合金及耐磨塑料等高硬度、高耐磨的材料，刀具寿命比硬质合金可提高几倍到几百倍。

金刚石刀具的切削刃锋利，能切下极薄的切屑，加工冷硬现象较少，有较低的摩擦因数，其切屑与刀具不易产生黏结，不产生积屑瘤，非常适合精密加工。

金刚石的缺点为热稳定性差，切削温度不宜超过 700~800℃；强度低、脆性大、对振动敏感，只宜微量切削；金刚石与铁有极强的化学亲合力，不适于加工黑色金属，只能用于加工有色金属和非金属材料。

6. 涂层材料

涂层硬质合金刀片是在韧性较好的刀具表面涂上一层耐磨损、耐熔着、耐反应的物质，使刀具在切削过程中具有既硬而又不易磨损的性能。常见涂层材料有 TiC、TiN、TiCN、$Al_2O_3$ 等陶瓷材料。

物理涂层（PVD）：在 550℃以下将金属和气体离子化后喷涂在刀具表面。

化学涂层（CVD）：各种化合物通过化学反应沉积在刀具上形成表面膜，反应温度一般都在 100~1100℃。

**（五）可转位车刀**

为了提高车削刀具的使用效率和加工精度以及减少辅助时间，数控加工广泛使用机夹式可转位车刀，其结构如图 0-47 所示。机夹式可转位车刀使用夹紧元件将刀片固定在刀杆上。当一个切削刃磨损后，松开夹紧机构，将刀片转位到另一切削刃后再夹紧，即可进行切削。当所有切削刃磨损后，则可取下并用新的同类刀片替换。

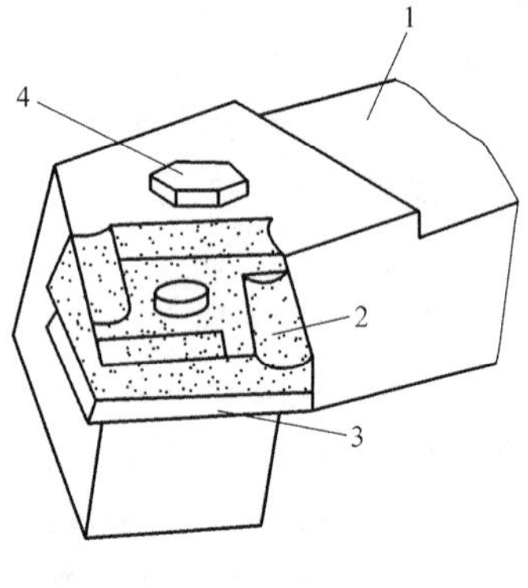


图 0-47　可转位车刀的结构

1—刀杆　2—刀片　3—刀垫　4—夹紧元件

可转位车刀夹紧刀片的形式如图 0-48 所示。

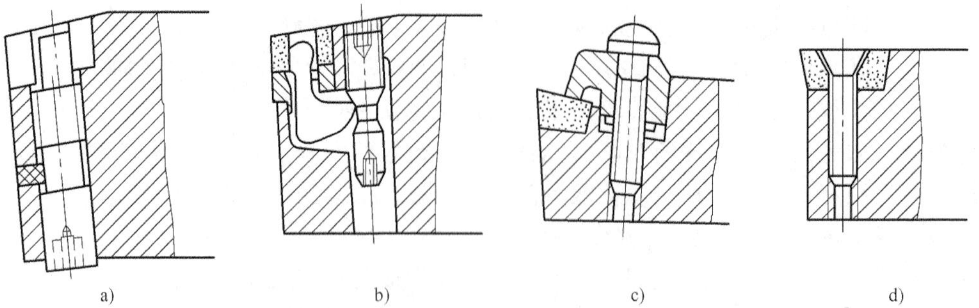


图 0-48　可转位车刀夹紧刀片的形式

a）偏心夹紧　b）杠杆夹紧　c）上压式夹紧　d）螺钉夹紧

# 第一篇　基础训练

## 项目一　数控车编程基础

学习目的与要求

1）初步掌握数控车基本编程指令。

2）掌握数控车编程的常用功能代码。

3）学会简单的手工编程方法。

### 一、基本概念

1）数字控制：简称 NC，是采用数字化信息实现加工自动化的控制技术。

2）数控机床：简称 CNC，是用数字化信号对机床的运动及其加工过程进行控制的机床。

### 二、机床坐标系

1. 机床坐标轴及运动方向的确定（图 1-1）

确定机床坐标轴的顺序是先 $Z$ 轴（动力轴），再 $X$ 轴，最后 $Y$ 轴。

$Z$ 轴——机床主轴。

$X$ 轴——装夹平面内的水平方向。

$Y$ 轴——在确定了 $X$ 轴、$Z$ 轴及其正方向后，按右手直角笛卡儿坐标系确定 $Y$ 轴及 $Y$ 轴的正方向。

2. 机床原点及参考点（图 1-2）

机床坐标系的原点又称为机床原点，它是机床上设置的一个固定点。

机床参考点可以与机床原点重合，也可以不重合（车床中一般不重合），通常位于车床溜板箱正向移动的极限位置。

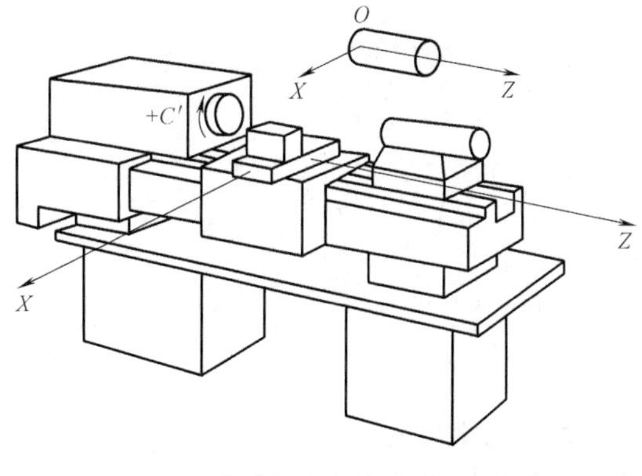


图 1-1　数控车床的机床坐标系

### 三、工件坐标系

1. 工件坐标系

工件坐标系是加工工件所使用的坐标系，也是编程时使用的坐标系，所以又称为编程坐标系。数控编程时，应该首先确定工件坐标系和工件原点。通常把零件的基准点作为工件原点，如图 1-3 所示。

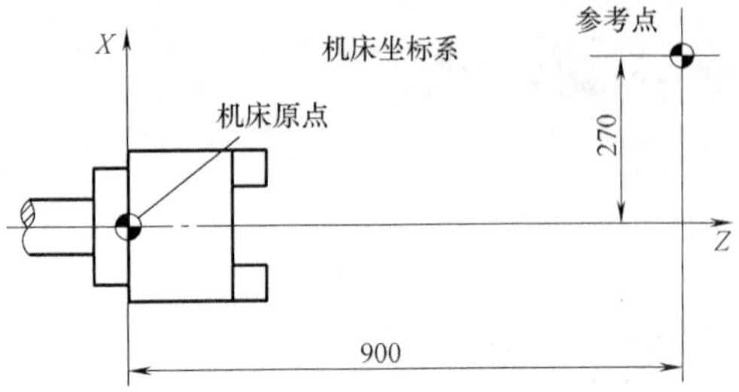


图 1-2　机床原点及参考点

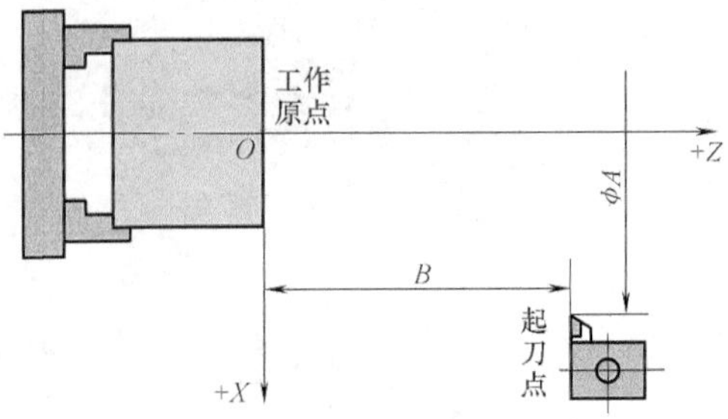


图 1-3　工件坐标系

2. 工件原点

工件原点（也称编程原点）是由编程人员在编程时根据零件图样及加工工艺要求选定的编程坐标系的原点，如图 1-4 所示。

3. 编程坐标

（1）绝对值编程　采用绝对值编程时，每个编程坐标轴上的编程值是相对于程序原点而言的。

（2）相对值编程　采用相对值编程时，每个编程坐标轴上的编程值是相对于前一位置而言的，该值等于沿轴移动的距离。

## 四、数控加工程序及其编制过程

1. 数控程序编制的内容及步骤（图 1-5）

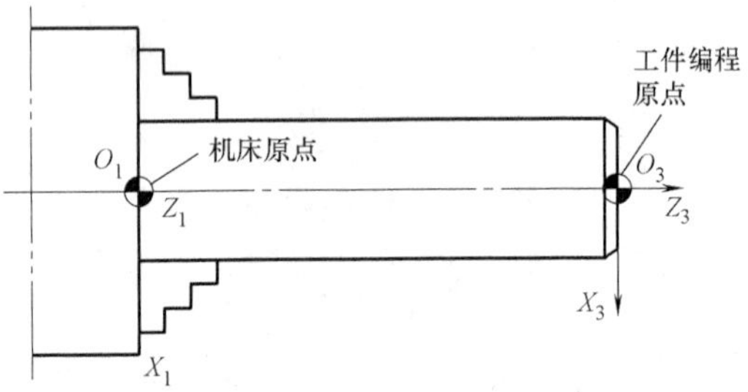


图 1-4　工件原点

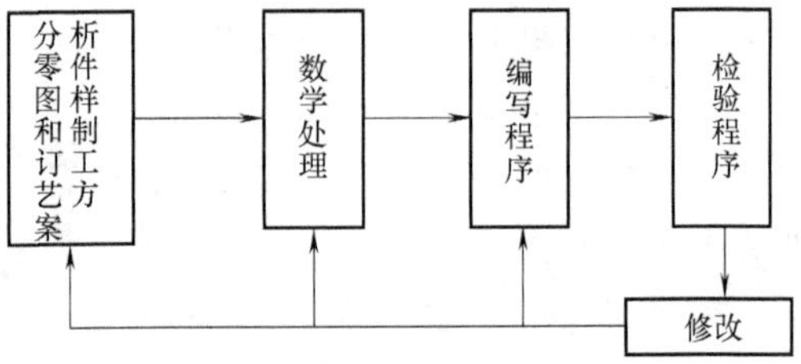


图 1-5　数控程序编制的内容及步骤

2. 数控程序编制的方法

（1）手工编程　手工编程的步骤如图 1-6 所示。

（2）自动编程　自动编程是指在编程过程中，除了分析零件图样和制订工艺方案由人工进行外，其余工作均由计算机辅助完成的编程过程。

采用计算机自动编程时，数学处理、编写程序、检验程序等工作是由计算机自动完成的。

根据输入方式的不同，可将自动编程分为图形数控自动编程、语言数控自动编程和语音数控自动编程等。

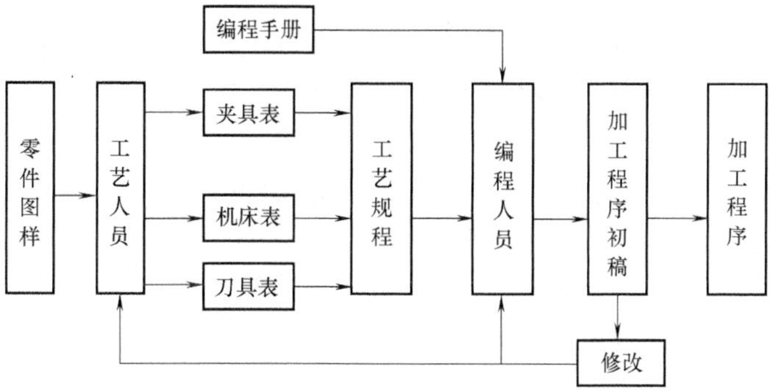


图 1-6　手工编程的步骤

## 五、基本代码介绍

### （一）准备功能

准备功能 G 又称“G 功能”或“G 代码”，是由地址字和后面的两位数字来表示的，它用来规定刀具和工件的相对运动轨迹、机床坐标系、坐标平面、刀具补偿、坐标偏置等多种加工操作。

1. 快速点定位指令 G00

该指令命令刀具以快速进给速度从刀具所在点移动到下一个目标位置。在机床上，G00 的具体速度一般是用参数来设定的，因此，不能用地址来指定进给速度。G00 为模态指令（即一经指定，便一直有效，直到出现同组另一指令，或被其他指令取消时才失效）。

程序格式：

G00 X(U)______ Z(W) __;

其中：

X、Z——刀具终点的绝对坐标值；

U、W——刀具终点相对于刀具当前点的位移量。

2. 直线插补指令 G01

该指令命令刀具按指定的进给速度直线运动到目标位置。可使机床沿 *X*、*Z* 方向执行单独运动，或在坐标平面内执行具有任意斜率的直线运动。G01 为模态指令。

程序格式：

G01 X(U) __ Z(W) __ F __;

其中：

X、Z——指定直线终点的绝对坐标值；

U、W——指定直线终点相对于刀具当前点的位移量；

F——指定刀具的进给速度。

3. 圆弧插补指令 G02/G03

圆弧插补指令是命令刀具在指定平面内按给定的进给速度 F 做圆弧运动，切削出圆弧轮廓。G02/G03 为模态指令。

在车床上加工圆弧时，不仅需要用 G02 或 G03 指出圆弧的顺逆方向，用 X(U)、Z(W)

指定圆弧的终点坐标，而且还要指定圆弧的中心位置。一般常用指定圆心位置的方法有以下两种：

1）用 I、K 指定圆心位置，其格式为：

G02/G03 X(U) __ Z(W) __ I __ K __ F __;

2）用圆弧半径及指定圆弧终点坐标位置，其格式为：

G02/G03 X(U) __ Z(W) __ R __ F __;

4. 单一形状固定循环（外圆/内径切削固定循环 G90）

该循环主要用于圆柱面和圆锥面的循环车削。

圆柱面固定循环程序格式：

G90 X(U)__ Z(W)__ F __;

锥面切削循环程序格式：

G90 X(U)__ Z(W)__ R __ F __;

5. 外径粗车循环指令 G71

该循环适用于圆柱毛坯料粗车外径和圆筒毛坯料粗镗内径。程序格式：

G0 X($\alpha$) Z($\beta$);

G71 U($\Delta d$) R($\Delta e$);

G71 P($ns$) Q($nf$) U($\Delta u$) W($\Delta w$) F($f$) S($s$) T($t$);

程序段中各地址的含义为：

$\alpha$、$\beta$——粗车循环起刀点位置坐标。$\alpha$ 值确定切削的起始直径。$\alpha$ 值在圆柱毛坯料粗车外径时，应比毛坯直径大 1~2mm；$\beta$ 值应保证距离毛坯右端面 2~3mm。在圆筒毛坯料粗镗内径时，$\alpha$ 值应比筒料内径小 1~2mm，$\beta$ 值应保证距离毛坯右端面 2~3mm。

$\Delta d$——循环切削过程中径向的背吃刀量（mm），半径值。

$\Delta e$——循环切削过程中径向的退刀量（mm），半径值。

$ns$——轮廓循环开始程序段的段号。

$nf$——轮廓循环结束程序段的段号。

$\Delta u$——$X$ 方向的精加工余量（mm），直径值。

$\Delta w$——$Z$ 方向的精加工余量（mm）。

$f$、$s$、$t$——F、S、T 代码所赋的值。

6. 端面循环 G72

程序格式：

G72 W($\Delta d$) R($e$);

G72 P($ns$) Q($nf$) U($\Delta u$) W($\Delta w$) F($f$) S($s$) T($t$);

其中：

P($ns$)——循环起点程序段；

P——从序号 $ns$ 至 $nf$ 的程序段，指定 A 及 B 间的移动指令；

S——主轴转速；

T——刀补和刀号；

Q($nf$)——循环终点程序段；

$\Delta d$——切削深度（$Z$ 方向）；

$e$——退刀行程（$Z$ 方向）；

$ns$——精加工形状程序的第一个段号；

$nf$——精加工形状程序的最后一个段号；

$\Delta u$——$X$ 方向精加工预留量的距离（直径/半径）及方向；

$\Delta w$——$Z$ 方向精加工预留量的距离及方向。

7. 封闭轮廓复合循环 G73

程序格式：

G73 U($\Delta i$) W($\Delta k$) R($\Delta d$)；

G73 P($ns$) Q($nf$) U（$\Delta u$）W($\Delta w$) F __ S __ T __；

其中：

$\Delta i$——$X$ 方向退出距离和方向（半径值）；

$\Delta k$——$Z$ 方向退出距离和方向；

$\Delta d$——粗车循环次数；

$ns$——精加工路线中第一个程序段的顺序号；

$nf$——精加工路线中最后一个程序段的顺序号；

$\Delta u$——$X$ 方向精加工余量（直径值）；

$\Delta w$——$Z$ 方向精加工余量。

当用 G73 指令粗加工车削工件后，用 G70 指令来指定精车循环，切除粗加工中留下的余量。

8. 精加工循环指令 G70

程序格式：

G70 P($ns$) Q($nf$)；

其中：

$ns$——精加工形状程序的第一个段号；

$nf$——精加工形状程序的最后一个段号。

由 G71、G72、G73 指令粗加工后，可以用 G70 指令进行精加工。

程序格式：G70 P($ns$) Q($nf$)；

其中：$ns$ 和 $nf$ 与前述含义相同。

9. 单行程螺纹切削指令 G32

程序格式：

G32 X(U) __ Z(W) __ F __；

其中：

X、Z——螺纹终点坐标值；

U、W——螺纹终点相对起点的增量值；

F——螺纹导程。

10. 螺纹切削单一循环指令 G92

程序格式：

G92 X(U) __ Z(W) __ R __ F __；

其中：

X、Z——绝对编程时螺纹终点坐标值；

U、W——相对编程时，螺纹终点相对起点的增量值；

R——加工圆锥螺纹时，螺纹起点与终点的半径差，加工圆柱螺纹时，R 值为 0，可省略；

F——螺纹导程。

11. 螺纹切削复合循环指令 G76

程序格式

G0 X($\alpha_1$) Z($\beta_1$);

G76 P($m\gamma\theta$) Q($\Delta d_{min}$) R ($\Delta c$);

G76 X($\alpha_2$) $Z$($\beta_2$) R($I$) P($h$) Q($\Delta d$) F($l$);

程序段中各地址的含义为：

$\alpha_1$、$\beta_1$——螺纹切削循环起始点坐标。$X$ 方向上，在切削外螺纹时，应比螺纹大径大 1~2mm；在切削内螺纹时，应比螺纹小径小 1~2mm。在 $Z$ 方向上必须考虑空刀导入量。

$m$——精加工重复次数，可以重复 1~99 次。

$\gamma$——螺纹尾部倒角量（斜向退刀）(mm)，00~99 个单位，取 01 则退 0.11×导程。

$\theta$——螺纹刀尖的角度（螺纹牙型角），可选择 80°、60°、55°、30°、29°、0°六个种类。

$\Delta d_{min}$——切削时的最小背吃刀量（mm），半径值。

$\Delta c$——精加工余量（mm），半径值。

$\alpha_2$——螺纹底径值（外螺纹为小径值，内螺纹为大径值）(mm)，直径值。

$\beta_2$——螺纹的 $Z$ 向终点位置坐标，必须考虑空刀导出量。

$I$——螺纹部分的半径差，与 G92 指令中的 $I$ 相同。$I$ 为 0 时，为直螺纹切削。

$h$——螺纹的牙深（mm），按 $h=0.65P$ 进行计算，半径值。

$\Delta d$——第一次切深（mm），半径值。

$l$——螺纹导程（mm）。

12. 其他常用准备功能指令（表 1-1）

**表 1-1　其他常用准备功能指令**

| G 代码 | 组别 | 功能 | 程序格式及说明 |
|---|---|---|---|
| G00 | 01 | 快速点定位 | G00 X __ Z __; |
| G01 | | 直线插补 | G01 X __ Z __ F __; |
| G02 | | 顺时针圆弧插补 | G02 X __ Z __ R __ F __; |
| G03 | | 逆时针圆弧插补 | G03 X __ Z __ R __ F __; |
| G04 | 00 | 暂停 | G04 X2;或 G04 U2;或 G04 P2000; |
| G20 | 06 | 英寸输入 | G20; |
| G21 | | 毫米输入 | G21; |
| G32 | 01 | 螺纹切削 | G32 X __ Z __ F __; |
| G34 | 01 | 变距螺纹切削 | G32 X __ Z __ F __ K __; |
| G40 | 07 | 刀尖圆弧半径补偿取消 | G40; |
| G41 | | 刀尖圆弧半径左补偿 | G41 G01 X __ Z __; |
| G42 | | 刀尖圆弧半径右补偿 | G42 G01 X __ Z __; |

（续）

| G代码 | 组别 | 功能 | 程序格及说明 |
| --- | --- | --- | --- |
| G70 | 00 | 精加工循环 | G70 P(*ns*) Q(*nf*) |
| G71 | | 粗车内外径循环 | G71 U __ R __;<br>G71 P __ Q __ U __ W __ F(*f*) S __ T __; |
| G72 | | 粗车端面循环 | G72W __ R __;<br>G72P __ Q __ U __ W __ F __ S __ T __; |
| G73 | | 封闭轮廓复合循环 | G73U __ W __ R __;<br>G73P __ Q __ U __ W __ F __ S __ T __; |
| G74 | | 端面切槽循环 | G74 R __;<br>G74 X(U) Z(W) P __ Q __ R __ F __; |
| G75 | | 外圆切槽循环 | G75 R __;<br>G75 X(U) Z(W) P __ Q __ R __ F __; |
| G76 | | 螺纹切削复合循环 | G76 Pmra Q __ R __;<br>G76 X(U) Z(W) R __ P __ Q __ F __; |
| G90 | 01 | 单一外圆循环 | G90 X __ Z __ R __ F __; |
| G92 | | 螺纹切削单一循环 | G92 X __ Z __ R __ F __; |
| G96 | 02 | 恒线速度 | G96 S200; |
| G97 | | 每分钟转数 | G97 S800; |
| G98 | 05 | 每分钟进给 | G98 F100; |
| G99 | | 每转进给 | G99 F0.1; |

表1-1中的G功能以组别可区分为两类：属于“00”组别者，为非模态指令；属于“非00”组别者，为模态指令。

编写程序时，与上段相同的模态指令可省略不写。不同组模态指令编在同一程序段内，不影响其续效。非模态指令又称非续效指令，其功能仅在出现的程序段中有效。

**（二）辅助功能**

辅助功能也称M功能，它是用于控制零件程序的走向，以及指令机床辅助动作及状态的功能。M指令有模态与非模态之分，常用M指令的功能及应用如下：

1. 程序停止

指令：M00。

功能：执行包含M00指令的程序段后，机床停止自动运行，此时所有存在的模态信息保持不变，用循环启动使自动运行重新开始。

2. 选择停止

指令：M01。

功能：与M00指令类似，执行包含M01指令的程序段后，机床停止自动运行，只是当机床操作面板上的选择停开关压下时，这个代码才有效。

3. 主轴正转、反转、停止

指令：M03、M04、M05。

功能：M03、M04 指令可使主轴正、反转，与同段程序其他指令一起开始执行。M05 指令可使主轴在该程序段其他指令执行完成后停止转动。

格式：M03 S __；

M04 S __；

M05；

4. 切削液开、关

指令：M08、M09。

功能：M08 指令表示开启切削液，M09 指令表示关闭切削液。

5. 子程序调用及返回

指令：M98、M99。

功能：M98 指令用于调用子程序，执行 M99 指令后控制返回到主程序。

6. 程序结束

指令：M02 或 M30。

功能：该指令表示主程序结束，同时机床停止自动运行，CNC 装置复位。M30 指令还可使控制返回到程序的开始位置，故程序结束使用 M30 指令比 M02 指令要方便些。

说明：该指令必须编在最后一个程序段中。

**（三）主轴功能**

主轴功能 S 用于控制主轴转速，其后的数值表示主轴转速（r/min）。

**（四）刀具功能**

刀具功能也称为 T 功能，T 代码主要用来选择刀具。

T0101 表示选择 1 号刀并调用 1 号刀具补偿值。

T0000 表示取消刀具选择及刀补选择。

**（五）进给功能**

进给功能也称 F 功能，F 指令表示坐标轴的进给速度，它的单位取决于 G98 或 G99 指令。

G98：每分钟进给量（mm/min）。

G99：每转进给量（mm/r）。

F 指令也是模态指令。

# 项目二　安全文明生产和8S管理

学习目的与要求

1）掌握数控车安全文明生产知识。

2）了解和学习企业生产“8S”管理的含义。

3）严格遵守实训室的管理制度和数控车安全操作规程。

4）掌握数控车维护和保养知识。

5）学会如何对数控车床进行日常保养。

## 一、任务引入

数控车床是自动化程度高、结构复杂且又昂贵的先进加工设备，数控车床使用寿命的长短和效率的高低，不仅取决于机床的精度和性能，很大程度上也取决于它的正确使用及维护。正确的使用能防止机床非正常磨损，避免突发事故；精心的维护可使机床保持良好的技术状态，降低数控车床的故障率，从而充分发挥数控车床的功效。操作人员必须严格按照数控车床的操作规程进行操作，并按照数控车床定期维护的内容和要求对机床进行维护和保养。

## 二、数控车床安全操作规程

### （一）基本注意事项

1）工作时应穿好工作服、安全鞋。注意：不允许戴手套操作机床。

2）注意不要移动或损坏安装在机床上的警告标牌。

3）不允许采用压缩空气清洗机床、电气柜及NC单元。

### （二）准备工作

1）操作人员必须熟悉机床使用说明书等有关资料，如主要技术参数、传动原理、主要结构、润滑部位及维护保养等一般知识。

2）开机前应对机床进行全面细致的检查，确认无误后方可操作。

3）机床开始工作前要有预热，认真检查润滑系统工作是否正常，如机床长时间未开动，可先采用手动方式向各部分供油润滑。

4）机床通电后，检查各开关、按钮和按键是否正常、灵活，机床有无异常现象。检查电压、油压是否正常，有手动润滑的部位先要进行手动润滑。各坐标轴手动回零（机床参考点）。

5）程序输入后，应仔细核对，其中包括代码、地址、数值、正负号、小数点及程序格式。正确测量和计算工件坐标系，并对所得结果进行检查。

6）输入工件坐标系，并对坐标、坐标值、正负号及小数点进行认真核对。

7）未装工件前，空运行一次程序，看程序能否顺利运行，刀具和夹具安装是否合理，有无超程现象。

8）无论是首次加工的零件，还是重复加工的零件，首件都必须对照图样、工艺规程、加工程序和刀具调整卡，进行试切。

9）试切时，快速进给倍率开关必须打到较低档位。

10）每把刀具首次使用时，必须先验证它的实际长度与所给刀补值是否相符。

11）试切进刀时，在刀具运行至离工件表面 30~50mm 处时，必须在进行进给保持下，验证 $Z$ 轴和 $X$ 轴坐标剩余值与加工程序是否一致。

12）试切和加工中，刃磨刀具并更换后，要重新测量刀具位置并修改刀补值和刀补号。

13）程序修改后，对修改部分要仔细核对。

14）手动进给连续操作时，必须检查各种开关所选择的位置是否正确，运动方向是否正确，然后进行操作。

15）必须在确认工件夹紧后才能起动机床，严禁工件转动时测量、触摸工件。

16）操作中出现工件跳动、打抖、异常声音、夹具松动等异常情况时必须立即停车处理。

17）使用的刀具应与机床允许的规格相符，有严重破损的刀具要及时更换。

18）调整刀具所用的工具不要遗忘在机床内。

19）检查大尺寸轴类零件的中心孔是否合适，中心孔如太小，工作中易发生危险。

20）刀具安装好后应进行一两次试切削。

21）检查卡盘夹紧工作的状态。

22）机床开动前，必须关好机床防护门。

### （三）工作中注意事项

1）禁止用手接触刀尖和铁屑，铁屑必须要用铁钩子或毛刷来清理。

2）禁止用手或其他任何方式接触正在旋转的主轴、工件或其他运动部位。

3）禁止在加工过程中测量、变速，更不能用棉丝擦拭工件，也不能清扫机床。

4）车床运转中，操作者不得离开岗位，若发现异常现象应立即停车。

5）经常检查轴承温度，过高时应找有关人员进行检查。

6）在加工过程中，不允许打开机床防护门。

7）严格遵守岗位责任制，机床由专人使用，他人使用须经本人同意。

8）工件伸出车床 100mm 以上时，须在伸出位置设防护物。

### （四）工作后注意事项

1）清除切屑、擦拭机床，使机床与环境保持清洁状态。

2）注意检查或更换磨损坏了的机床导轨上的油察板。

3）检查润滑油、切削液的状态，及时添加或更换。

4）依次关掉机床操作面板上的电源和总电源。

## 三、企业生产 8S 管理的含义

企业生产 8S 管理的含义为：整理（SEIRI）、整顿（SEITON）、清扫（SEISO）、清洁（SETKETSU）、安全（SAFETY）、素养（SHTSUKE）、节约（SAVE）、学习（STUDY）

（1）整理（SEIRI） 区分常用和不常用的，不常用和不要用的清除掉。这样做的目的是：

1）改善和增大作业面积。

2）现场无杂物，行道通畅，提高工作效率。

3）减少磕碰的机会，保障安全，提高质量。

4）消除管理上的混放、混料等差错事故。

5）有利于减少库存量，节约资金。

6）改变作风，提高工作情绪。

（2）整顿（SEITON）　要用的工具依规定定位、定量摆放整齐，明确标示。整顿活动的要点是：

1）物品摆放要有固定的地点和区域，以便于寻找和消除因混放而造成的差错。

2）物品摆放地点要科学合理。例如：根据物品使用的频率，经常使用的东西放得近些（如放在作业区内），偶尔使用或不常用的东西则应放得远些（如集中放在车间某处）。

3）物品摆放目视化，使定量装载的物品做到过目知数，不同物品摆放区域采用不同的色彩和标记。

4）生产现场物品的合理摆放有利于提高工作效率，提高产品质量，保障生产安全。

（3）清扫（SEISO）　对实训场地和设备进行清扫，并防止污染的发生。清扫活动的要点是：

1）自己使用的物品，如设备、工具等，要自己清扫，而不是依赖他人，不增加专门的清扫工。

2）对设备的清扫，着眼于对设备的维护保养。清扫设备同设备的点检结合起来，清扫即点检；清扫设备要同时做设备的润滑工作，清扫也是保养。

3）清扫也是为了改善。当清扫地面发现有飞屑和油水泄漏时，要查明原因并采取措施加以改进。

（4）清洁（SETKETSU）　将上面 3S 实施的做法制度化、规范化，并维持成果。清洁活动的要点是：

1）车间环境不仅要整齐，而且要做到清洁卫生，保证工人身体健康，增加工人劳动热情。

2）不仅物品要清洁，而且整个工作环境要清洁，进一步消除混浊的空气、粉尘、噪声和污染源。

3）不仅物品、环境要清洁，而且工人本身也要做到清洁，如工作服要清洁，仪表要整洁，及时理发、刮须、修指甲、洗澡等。

4）工人不仅要做到形体上的清洁，而且要做到精神上的“清洁”，待人要讲礼貌，要尊重别人。

（5）安全（SAFETY）　管理上制订正确的作业流程，配置适当的工作人员进行监督指示；对不合安全规定的因素及时举报消除；加强作业人员安全意识教育；签订安全责任书。

（6）素养（SHTSUKE）　人人按照规定做事，从心态上养成好习惯。素养即教养，努力提高人员的素质，养成严格遵守规章制度的习惯和作风。

（7）节约（SAVE）　以节约为荣、浪费为耻。

（8）学习（STUDY）　学习长处，提升素质。

## 四、数控车床的保养与维护

1. 数控系统的保养与维护

1）制定严格的设备管理制度，定岗、定人、定机，严禁无证人员随便开机。

2）制定数控系统日常维护的规章制度。

3）严格执行机床说明书中的通、断电顺序。

4）应尽量少开数控柜和强电柜的门。

5）定时清理数控装置的散热通风系统。

6）定期维护数控系统的输入、输出装置。

7）经常监视数控装置用的电网电压。

8）定期更换存储器电池。

9）数控系统长期不用时的维护。

10）备用印制电路板的维护。

2. 数控车床的维护（表 2-1）

**表 2-1　数控车床的维护**

| 维护时间 | 具体要求 |
|---|---|
| 每日保养 | 1)整理、整顿、清扫机床四周，特别是地面，检查机床有无漏油、漏水 |
| | 2)清理铁屑(包括刀架、导轨等) |
| | 3)清洁移动门玻璃窗 |
| | 4)检查润滑泵油箱油位，每班加油一次，并使用标准合格润滑油 |
| | 5)机床传动部件及机械手等位置应经常检查并加注润滑油，对进气处油水分离器进行检查并加油 |
| | 6)对各传动电动机检查是否过热(排屑电动机、平送电动机等) |
| | 7)废油汇集箱应每天清除废油 |
| | 8)加工前各传动部分需预热 10~30min |
| | 9)排屑机减速器轴承座注油杯每班加注润滑脂 |
| | 10)液压卡盘注油杯每天加注一次润滑油 |
| | 11)按使用要求尾座注油杯每 4h 加注一次润滑油 |
| 每周保养 | 1)热交换器清洁每星期一次 |
| | 2)检查液压站油箱油位 |
| | 3)检查空气滤清器，每周清洁一次空气滤清器 |
| | 4)检查切削液液位是否在正常的范围内，低于液位线应增加切削液 |
| | 5)检查操作面板上的指示灯是否显示正常 |
| | 6)检查机械手、料道、拨叉等位置的紧固螺钉，并重新紧固一次 |
| 每月保养 | 1)清洁、清洗卡盘 |
| | 2)切断机床电源，检查变压器及电柜箱各接线端子是否有松动 |
| | 3)确认急停按钮的功能 |
| | 4)润滑泵过滤器每月清洗一次 |
| | 5)更换干燥剂或待干燥剂烘干后再使用(包括主电柜箱、操纵台及其他电柜箱) |
| | 6)清洁机床内部防护，保持机床清洁 |

## 五、实训操作步骤

1）学习并牢记数控车工安全操作规程。

2）学习企业生产 8S 管理的含义。

3）严格按照 8S 管理标准对实训场地进行清理。

4）对设备进行打扫和整理。

## 六、实训项目考核

1）对实训场地和设备的打扫和整理情况进行考核。

2）进行数控车工安全考试。

## 数控机床实训安全文明生产教育专题

姓名：　　　　　　　　班级：　　　　　　　　评分：

**一、填空题**（28 分）

1. 进入车间须穿工作服，女生应戴__________，不准穿__________进入车间。

2. 要按照指导老师的要求实训，不得________________，不准在车间吃东西、玩游戏，不得在车间聊天、闲坐。

3. 严格遵守机床操作规程，发现事故隐患应及时报告老师，如遇机床危险情况，应立即________________。

4. 当天实训结束时，先填写________________，然后将量具擦拭干净，放入盒内，交还老师登记。

5. 当天实训结束后，由班长安排值日生扫地，打扫干净后，应__________检查__________是否关闭。

6. 数控机床的操作中，__________安全是第一位的。

7. 程序输入后，应仔细核对，包括代码、地址、数值、__________、__________及__________。

8. 试切削进给时，在刀具运行至离工件表面__________ mm 处时，验证各坐标轴坐标剩余与加工程序是否一致。

9. 必须确认工件__________后才能起动机床，严禁工件转动时__________工件。

10. 紧急停车或程序校验后，应重新对机床进行__________操作，才能再次运行程序。

**二、简答**（60 分）

1. 简述数控车床安全操作规程。

2. 简述学生实训守则。

3. 简述8S管理制度的内容。你是如何在这次实训中培养良好的工作习惯的？

**三、实训小结**（12分）

请对本次实训项目进行总结。

# 项目三　数控车床的基本操作

学习目的与要求

1）熟悉机床操作面板上各键的名称、位置及作用。

2）正确操作和使用各功能键，了解各种方式的操作方法。

## 一、任务引入

数控机床的操作是数控加工的重要环节。数控车床的操作是通过系统操作面板和机床操作面板来完成的，不同类型的数控车床，其操作面板也各不相同，现在以 FANUC 0i 数控车系统为例学习操作面板的各种操作方法。

## 二、相关知识要点

以数控车床（FANUC 0i 系统）操作面板为例介绍数控车床的基本操作，如图 3-1 所示。

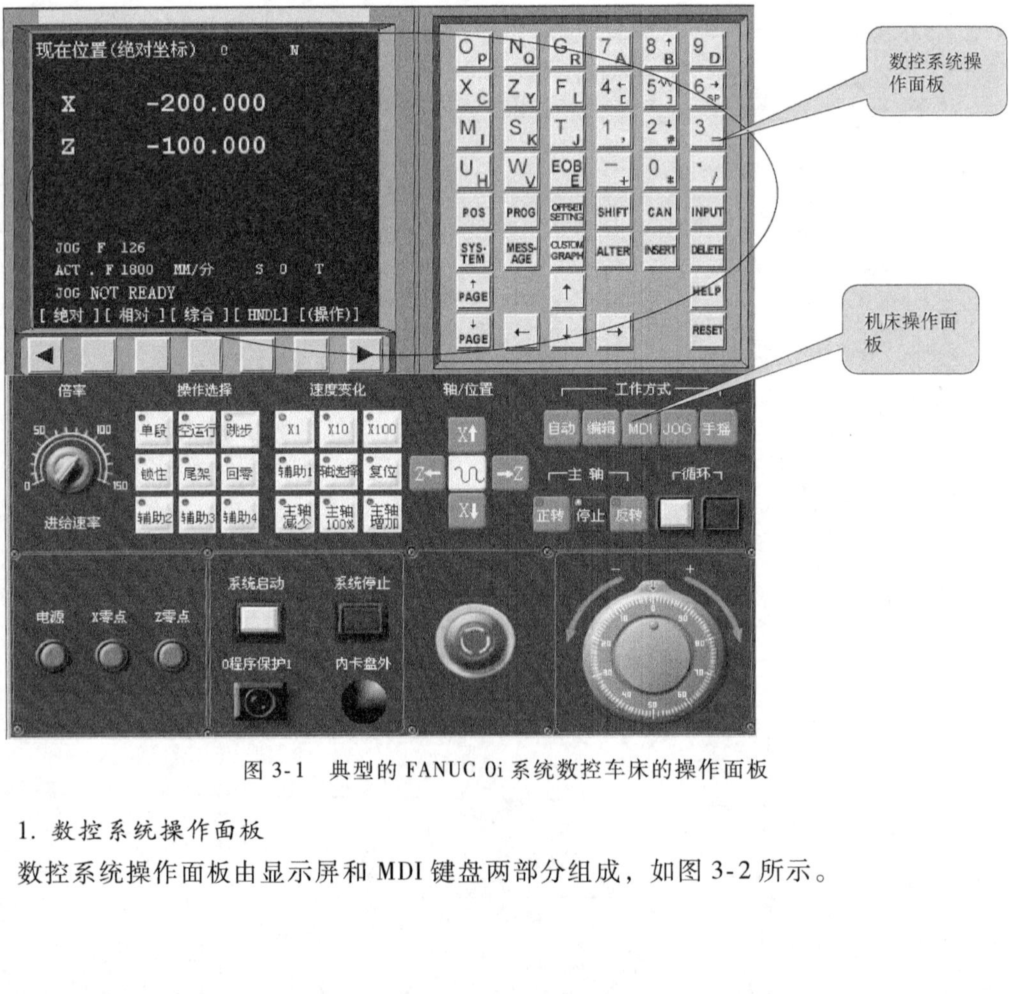


图 3-1　典型的 FANUC 0i 系统数控车床的操作面板

### 1. 数控系统操作面板

数控系统操作面板由显示屏和 MDI 键盘两部分组成，如图 3-2 所示。

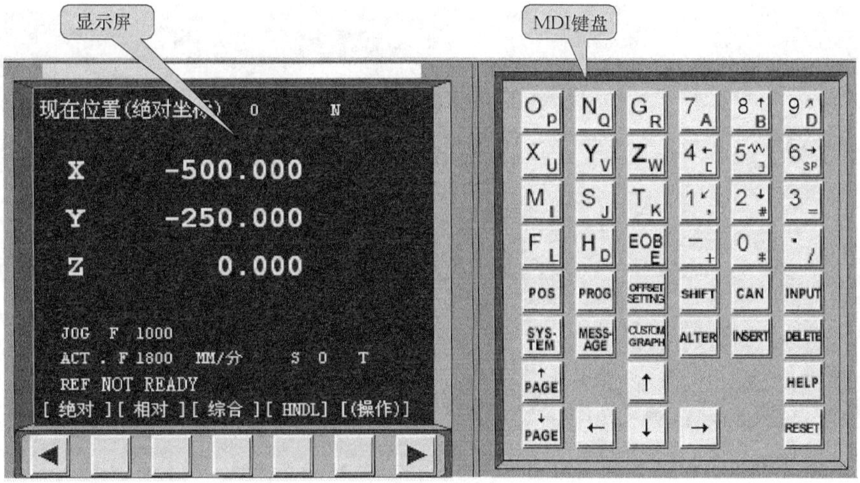


图 3-2　数控系统操作面板

MDI 键盘上各键介绍如图 3-3 所示。

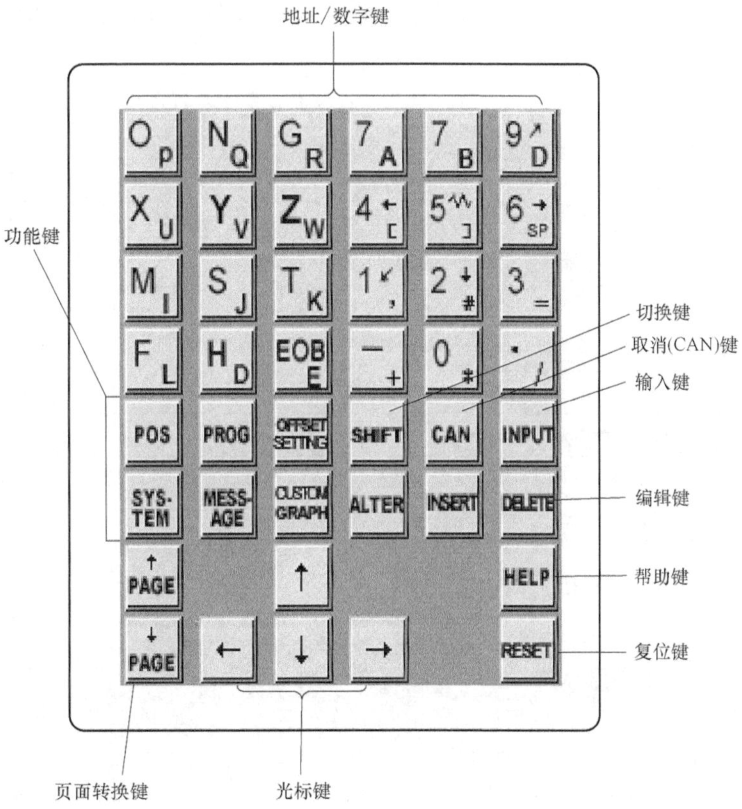


图 3-3　MDI 键盘上各键介绍

2. 机床操作面板

机床操作面板如图 3-4 所示。

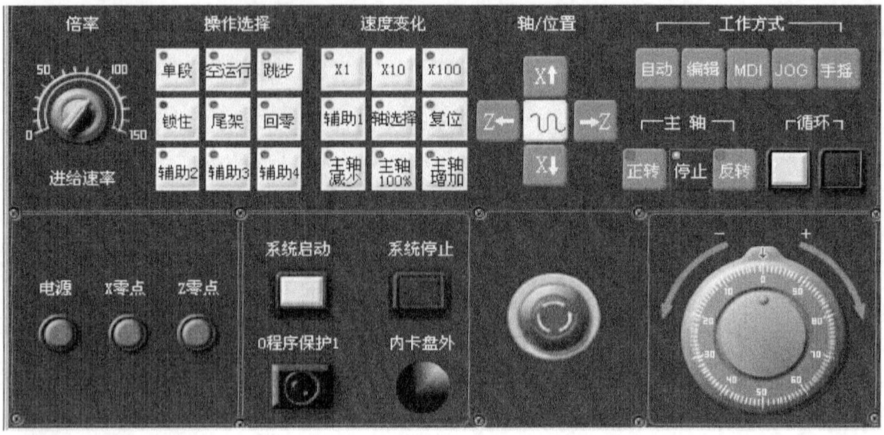


图 3-4　机床操作面板

数控系统操作面板上的主功能键的功能见表 3-1。

**表 3-1　主功能键的功能**

| 键 | 名称 | 功能说明 |
|---|---|---|
| RESET | 复位键 | 按下此键，复位 CNC 系统。包括取消报警、主轴故障复位、中途退出自动操作循环和中途退出输入、输出过程等 |
| HELP | 帮助键 | 按此键用来显示如何操作机床，可在 CNC 发生报警时提供报警的详细信息 |
| PAGE | 页面转换键 | 显示屏画面向前变换页面，显示屏画面向后变换页面 |
| 地址和数字键 | | 按下这些键，输入字母、数字和其他字符 |
| POS | 位置显示键 | 在显示屏上显示机床现在的位置 |
| PROG | 程序键 | 在编辑方式下，编辑和显示内存中的程序；在 MDI 方式下，输入和显示 MDI 数据；在自动方式下，指令值显示 |
| OFFSET SETING | 偏移键 | 偏置值设定和显示 |
| SYSTEM | 自诊断参数键 | 参数设定和显示，诊断数据显示 |
| MESSAGE | 报警号显示键 | 报警号显示及软件操作面板的设定和显示 |
| CUSTOM GRAPH | 图形显示键 | 图形显示功能 |
| INPUT | 输入键 | 用于参数或偏置值的输入；启动 I/O 设备的输入；MDI 方式下指令数据的输入 |
| ALTER | 修改键 | 修改存储器中程序的字符或符号 |
| INSERT | 插入键 | 在光标后插入字符或符号 |
| CAN | 取消键 | 取消已键入缓冲器的字符或符号 |
| DELETE | 删除键 | 删除存储器中程序的字符或符号 |

### （一）车床开机顺序

1）电源：打开机床电源，打开操作面板电源。

2）打开气源（压缩空气）。

3）手动润滑机床导轨。

4）机床原点回归：在操作面板上按下“回零”键，在相应的倍率下按下X或Z方向键（一般在回零时应先X方向回零，后Z方向回零）。

**（二）车床关机顺序**

1）清扫整理机床。

2）关电源、压缩空气：依次关闭操作面板电源、NC机床电源、压缩空气电源。

**（三）手动返回参考点**

1）按机床面板上的“回参考点”键，选择“回参考点”方式。

2）选择坐标轴“X”。

3）按方向键“+X”，X轴即回参考点，对应的LED灯闪烁。

4）选择坐标轴“Z”。

5）按方向键“+Z”，Z轴即回参考点，对应的LED灯闪烁。

**（四）手动连续进给**（JOG）

1）按机床面板上的“手动”键。

2）调整进给修调开关，选择合理的进给速度。

3）根据需要选择相应坐标轴（X或Z）。

4）按住方向键“+”或“-”不放，机床将在对应的坐标轴和方向上产生连续移动。

5）在按某一方向键的同时按下“快移”键，机床将在对应方向上快速移动，其速度也可通过快速进给修调开关调整。

**（五）手轮增量进给**

1）按机床面板上的“手轮”键，选择手轮方式。

2）选择所需要的坐标轴（X或Z）。

3）选择增量倍率单位（×1、×10、×100）。

4）按所需方向旋转手轮。

按下手轮键→选好移动方向（X或Z）→选好移动倍率→准确判断手轮旋向→转动手轮移动刀具。

**（六）程序编辑**

1. 新建程序

新建程序的操作步骤如下：

1）选择“编辑”工作方式，按“程序”键进入程序，按“上翻页”或“下翻页”键选择程序内容显示页面。

2）以创建O0001为例，依次键入地址键O、数字键0001→按“插入（INSERT）”键→按“换行（EOB）”键→按“插入（INSERT）”键，建立新的程序。

3）依次输入编好的程序。

2. 程序查找

选择“程序编辑”方式→按MDI键盘上的“程序（PROG）”键→输入需查找的程序文件名（O××××）→按“上翻页”或“下翻页”键。

3. 程序修改

选择“程序编辑”工作方式→按MDI键盘上的“程序（PROG）”键→通过MDI键盘输入需查找的程序文件名（O××××）→按MDI键盘上的“换行（EOB）”键就可在屏幕上

显示程序→使用 MDI 键盘上的光标移动键和翻页键，将光标移至要修改的字符处→通过 MDI 键盘输入要修改的内容→按 MDI 键盘上的程序编辑键——“插入和修改（INS+ALT）”“取消（CAN）”“删除（DEL）”来进行删除和插入操作。

4. 程序删除

选择“程序编辑”工作方式→按 MDI 键盘上的“程序（PROG）”键→通过 MDI 键盘输入要删除的程序文件名（O××××）→按 MDI 键盘上的“删除（DEL）”键，即可删除该程序文件。

5. 程序字符查找

选择“程序编辑”工作方式→按 MDI 键盘上的“程序（PROG）”键→通过 MDI 键盘输入要查找的程序文件名（O××××）→按 MDI 键盘“换行（EOB）”键，屏幕上即可显示要查找的程序内容→通过 MDI 键盘输入要查找的字符→按屏幕右方的上下左右键，按要求向上、向下、向左或向右检索要找的字符。

6. MDI——手动数据输入

在此状态下可以输入程序段并执行自动加工，通常是简单的单一动作。手动方式主要执行手动切削、移动、选换刀、变档调速等内容。

## 三、实训操作步骤

在实训过程中，应完成以下操作：

1）熟悉机床操作面板。

2）熟悉机床输入面板。

3）主轴运转控制。

4）坐标轴手动控制。

5）刀架运转控制。

6）关机。

## 四、实训注意事项

在实际操作过程中，应注意以下几点：

1）操作练习前必须认真阅读机床操作说明书，并严格按照操作说明书的操作顺序练习。

2）车削外圆、端面所用的刀具、零件由指导教师事先安装好。

3）刀具接近工件时要调节进给倍率开关，降低前进速度。

4）操作过程中若出现故障，应立即向指导教师反映，切忌盲目操作。

5）操作数控车床时应确保安全，包括人身和设备的安全。

6）禁止多人同时操作机床。

7）禁止让机床在同一方向连续“超程”。

## 五、实训思考题

1）机床的开启、运行、停止有哪些注意事项？

2）急停机床主要有哪些方法？

3）手动操作机床的主要内容有哪些？

4）机床“回零”的主要作用是什么？

5）MDI 运行的作用主要有哪些？怎样操作？

## 六、实训小结

完成本实训项目的实训报告。实训报告也就是实训的总结，对所学的知识、所接触的机床、所操作的内容加以归纳、总结、提高。实训报告应包含以下内容：

1）实训目的。

2）实训设备。

3）实训内容。

4）分析总结在数控车床上进行起动、停止、手动操作、程序的编辑和管理及 MDI 运行的步骤。

# 项目四　建立工件坐标系（对刀）

学习目的与要求

1）掌握刀具的正确安装方法。

2）掌握工件的正确安装方法。

3）掌握数控车床的对刀操作及步骤。

4）培养良好的职业道德和操作规范。

## 一、任务引入

在数控车床上加工工件时，为了保证刀具能按要求的轨迹进行加工，必须建立工件坐标系，使刀具与工件坐标系重合。本次任务就是建立工件坐标系并完成对刀。

## 二、相关知识要点

### （一）刀具安装要求

1）刀尖一定要与工件轴线等高。

2）刀杆不可伸出太长，一般伸出为刀具厚度的1~1.5倍。

3）刀具主偏角应装正，90°车刀主偏角应尽可能装成91°~93°。

### （二）试切对刀法

试切对刀法的操作步骤如下：

1）开机→回零→在MDI方式下输入M03 S600，按下“循环启动”键。

2）选择基准刀，使刀具沿端面切削。

3）在$Z$轴不动的情况下沿$X$轴退出刀具，并且使主轴停止旋转。

4）按“刀补”键进入偏置页面，选择“刀具偏置”页面，按“向上”键、“向下”键移动光标选择该刀具对应的偏置号。

5）依次键入“Z”和“0”，再按软键“测量”。

6）使刀具沿外圆表面切削（背吃刀量为0.2mm左右）。

7）在$X$轴不动的情况下，沿$Z$轴退出刀具，并且使主轴停止旋转。

8）测量车削后的外圆表面直径$D$（假定$D=20$mm）。

9）按“刀补”键进入偏置界面，选择“刀具偏置”页面，按“向上”键、“向下”键移动光标选择该刀具对应的偏置号。

10）依次键入“X”和“20”，再按软键“测量”。

11）移动刀具到安全位置，更换刀具。

12）移动更换后的刀具到车削过后的端面和外圆表面的交界处。

13）按“刀补”键进入偏置页面，选择“刀具偏置”页面，按“向上”或“向下”键移动光标选择刀具对应的偏置号。

14）依次键入“Z”和“0”，再依次键入“X”和“20”。

15）其他刀具对刀方法重复步骤 11）~14）。

**（三）程序的输入与编辑**

1. 显示程序存储器的内容

1）按编辑键选择编辑工作方式。

2）按PROG键显示程序画面。

3）按［LIB］软键显示存储器内容。

2. 输入新的加工程序

1）按编辑键选择编辑工作方式。

2）按PROG键显示程序画面。

3）在 MDI 操作面板上输入“O0100”，按INSERT键确认，再按EOB E键插入分隔号，按INSERT键确认，这样就建立了一个新的程序号，然后可输入程序的内容。

4）每输入一段程序后按EOB E键表示语句结束，然后将该语句输入。

3. 编辑程序

（1）检索需要编辑的程序

1）按编辑键选择编辑工作方式。

2）按PROG键，显示屏上显示程序画面。

3）输入要检索的程序号（如 O0100）。

4）按［O 检索］软键，即可调出所要检索的程序，或按“光标向下”键。

（2）检索程序段（语句）

1）按HELP键，光标回到程序号所在的位置，如 O0100。

2）输入要检索的程序段号，如 N3。

3）按［检索↓］软键，光标即移至所检索的程序段 N3 所在的位置。

（3）检索程序中的字

1）输入所需检索的字，如 X52.0。

2）以光标当前的位置为准，向前面的程序检索时，按［检索↑］软键；向后面的程序检索时，按［检索↓］软键。光标移至所检索的字第一次出现的位置。

（4）字的修改　如将 X52.0 修改为 X54.0，修改方法如下。

1）将光标移至 X52.0 位置（可用检索方法）。

2）输入要改变的字 X54.0。

3）按ALTER键，X54.0 将 X52.0 替换。

（5）删除字　如在程序段“N4 G00 X62.0 Z0.0;”中，欲删除其中的 X62.0，修改方法如下。

1）将光标移至要删除的字 X62.0 位置。

2）按DELETE键，X62.0 被删除，光标自动向后移。

（6）删除程序段　如欲删除下列程序中的 N2 程序段，操作过程如下。

O0100；

N1 M04 S800；

N2 T0101；

……

1）将光标移至要删除的程序段第一个字 N2 处。

2）按EOB E键。

3）按DELETE键，即删除了整个程序段。

（7）插入字　如在程序段“G00 Z1.0;”中插入 X62.0 改为“G00 X62.0 Z1.0;”，操作过程如下。

1）将光标移至要插入的字前一个字的位置“Z1.0”处。

2）键入“X62.0”。

3）按INPUT键，插入完成，程序段变为“G00 X62.0 Z1.0;”。

（8）删除程序　如欲删除程序号为 O0100 的程序，操作过程如下。

1）模式选择开关定为编辑状态。

2）按PROG键显示程序画面。

3）输入要删除的程序号 O0100。

4）确认要删除的程序号。

5）按DELETE键后程序 O0100 被删除。

**（四）自动加工**

1）按自动键，系统进入自动加工状态。

2）按PROG键，输入要运行的程序号，检索加工程序并按 INSERT键确认程序。

3）按RESET键，程序复位，光标指向程序的开头。

4）按“循环启动”键启动自动循环运行。

## 三、实训操作步骤

在实训过程中，应完成以下操作：

1）按照量具的使用及读数规则，完成相关尺寸测量。

2）安装外圆车刀，注意车刀的悬伸长度及中心高。

3）安装工件，注意牢、紧、正的要求。

4）试切对刀。

5）练习程序的编辑和输入方法。

6）打扫机床卫生，关机。

## 四、实训注意事项

在实际操作过程中，应注意以下几点：

1）安全第一。实训必须在教师的指导下，严格按照数控车床的安全操作规程，有步骤地进行。

2）禁止多人同时操作机床。

3）禁止使机床在同一方向连续“超程”。

4）工件、刀具要夹紧、夹牢，换刀时，要注意安全位置。

5）机床在试运行前必须进行图形模拟加工，避免程序错误、刀具碰撞工件或卡盘。

## 五、实训项目考核

教师对每位学生依次进行对刀操作的考核。

## 六、实训思考题

1）数控车床上如何正确安装刀具？

2）如何正确对刀？怎样设定刀尖圆弧半径补偿？怎样检验对刀的正确性？

3）如何修改刀偏量？在什么时候修改最好？

4）怎样进行工件原点的偏置？

5）怎样进行工件坐标系的偏置？

6）简述数控加工对刀的步骤。

## 七、实训小结

完成本实训项目的实训报告。

# 项目五　车削外圆、端面和台阶

学习目的与要求

1）根据数控车削安全操作规程掌握文明、安全生产的要求，注意操作姿势，养成良好的操作习惯，全面执行8S现场管理。

2）进一步熟悉机床操作面板的操作。

3）进一步熟悉数控车床的对刀操作方法。

4）掌握程序的输入、检查、修改的操作方法。

5）掌握刀具的装夹和试切对刀的方法。

6）掌握利用G00、G01车削外圆、端面的程序编制。

7）初步掌握在数控车床上加工零件、控制尺寸的方法及切削用量的选择。

## 一、任务引入

图5-1所示为台阶轴零件，编写加工程序，填写加工工艺卡，并完成零件的加工。材料及规格：铝合金，$\phi$40mm×150mm。

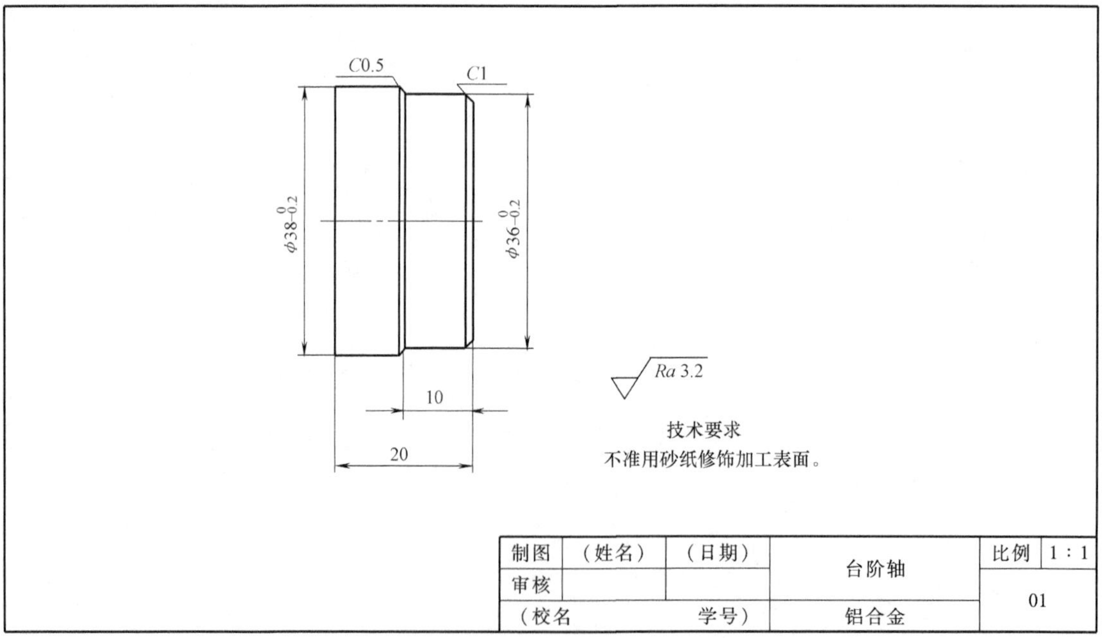


图5-1　台阶轴零件

## 二、任务分析

1. 工艺分析

该零件的加工包括端面和外圆的加工，因为材料很长，还需要进行切断。零件外形简单，用 G00、G01 指令的方式就能完成加工。

2. 工、量具及材料准备

1）工具：93°外圆硬质合金车刀、3mm 切断刀各一把。

2）量具：0~200mm 游标卡尺、25~50mm 千分尺各一套。

3）材料及规格：铝合金，$\phi$40mm×150mm。

## 三、相关知识要点

### （一）编程要求

1. 快速定位指令 G00

G00 指令可使刀具相对于工件以各轴预先设定的速度，从当前位置快速移动到程序段指令的定位目标点。

指令格式：G00 X(U) __ Z(W) __;

如图 5-2 所示，用 G00 指令将刀具从 b1 快速定位至 b2，如果 b2 的坐标为（X30, Z10），则编程表示为：G00 X30 Z10;

应当注意的是，在执行 G00 指令时，由于各轴以各自速度移动，不能保证各轴同时到达终点，因而联动直线轴的合成轨迹不一定是直线。操作者必须格外小心，以免刀具与工件发生碰撞。常见的做法是，将 *X* 轴移动到安全位置，再执行 G00 指令。

2. 直线插补指令 G01

如图 5-3 所示，直线插补以直线方式和指令给定的移动速率从当前位置移动到指令位置。

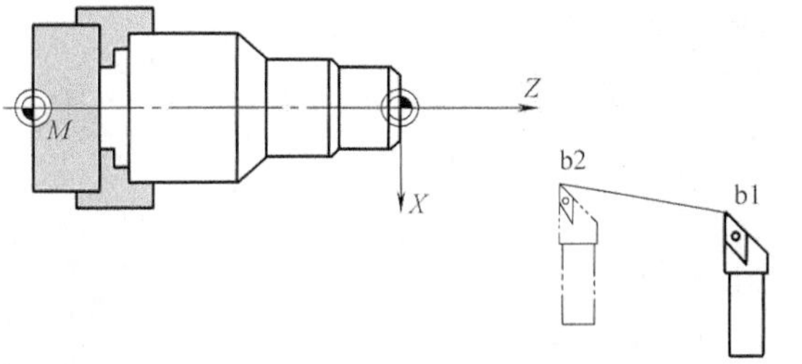

图 5-2 快速定位指令 G00

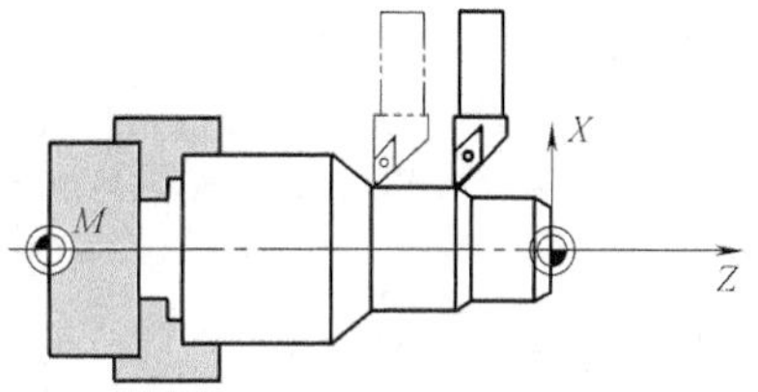

图 5-3 直线插补 G01

指令格式：

G01 X(U) __ Z(W) __ F __;

其中：

X、Z：要求移动到的位置的绝对坐标值。

U、W：要求移动到的位置的增量坐标值。

例如：图 5-4 所示的加工零件示意图对刀具从 *A* 点至 *B* 点再至 *C* 点的加工路线进行编程。

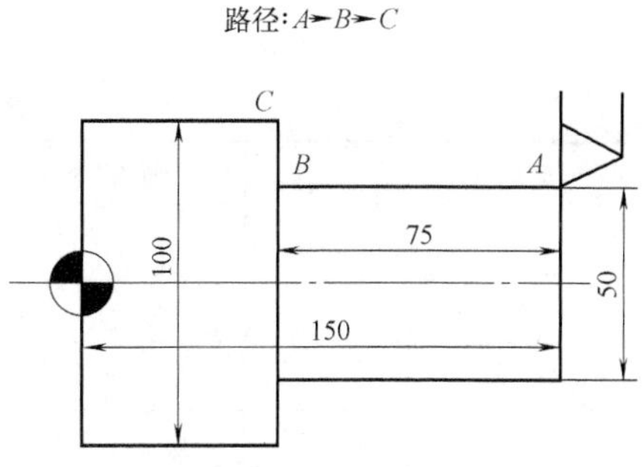

图 5-4 加工零件示意图

1）绝对坐标程序：

G01 X50 Z75 F0.2;

X100;

2）增量坐标程序：

G01 U0.0 W-75 F0.2;

U50;

3. 主轴正转（顺时针）指令 M03

指令格式：

M03 S500;

表示主轴正转，转速为 500r/min。

4. 主轴停转指令 M05

5. 程序结束并返回程序号指令 M30

**（二）粗车、精车的概念**

1）粗车是指将毛坯尺寸向需要尺寸切削的过程，因为留有余量，故不考虑精度。切削时，转速不宜太高，背吃刀量大，进给速度快，以求在尽量短的时间内尽快把工件余量车掉。粗车对切削表面没有严格要求，只需留一定的精车余量即可，加工中要求装夹牢靠。

2）精车是车削的末道工序，可使工件获得准确的尺寸和规定的表面粗糙度。此时，刀具应较锋利，切削速度较快，进给速度应小一些。

## 四、任务实施

1. 确定加工步骤，填写加工工艺卡（表 5-1）

**表 5-1　加工工艺卡**

<table>
<tr><td colspan="2">零件图号</td><td>01</td><td colspan="2">材料</td><td colspan="2">铝合金</td><td>毛坯尺寸</td><td>φ40mm×150mm</td></tr>
<tr><td colspan="2">零件名称</td><td>台阶轴</td><td rowspan="2">刀具</td><td rowspan="2">背吃刀量 $a_p$/mm</td><td rowspan="2">主轴转速 n/(r/min)</td><td rowspan="2">进给量 f/(mm/r)</td><td>设备型号</td><td>CK6140A</td></tr>
<tr><td>工步</td><td colspan="2">工步内容</td><td colspan="2">工艺简图</td></tr>
<tr><td>1</td><td colspan="2">车端面</td><td>T01</td><td>1</td><td>400</td><td>0.2</td><td colspan="2" rowspan="5">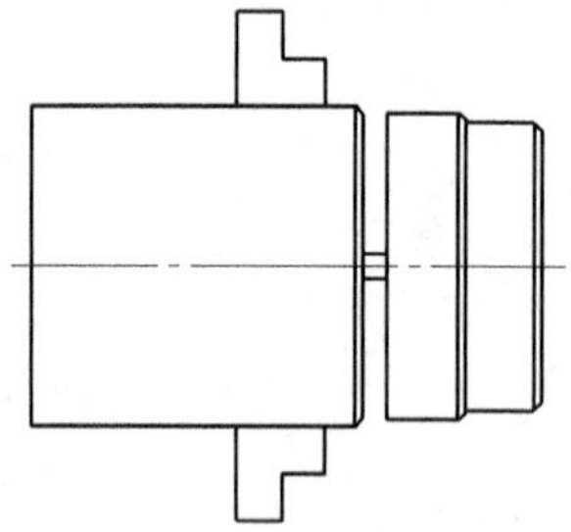</td></tr>
<tr><td>2</td><td colspan="2">粗加工零件外轮廓各部，留余量 0.5mm</td><td>T01</td><td>1.5</td><td>400</td><td>0.2</td></tr>
<tr><td>3</td><td colspan="2">精加工零件外轮廓至尺寸要求</td><td>T01</td><td>0.25</td><td>600</td><td>0.1</td></tr>
<tr><td>4</td><td colspan="2">切断</td><td>T03</td><td></td><td>400</td><td>0.05</td></tr>
<tr><td>5</td><td colspan="2">自检</td><td></td><td></td><td></td><td></td></tr>
</table>

2. 编写加工程序（表 5-2）

**表 5-2　加工程序**

| | |
|---|---|
| O0001; | 程序名 |
| G99; | 每转进给量 |
| T0101 M08; | 调 1 号车刀 1 号刀补，开切削液 |
| M03 S400; | 主轴正转，转速为 400r/min |
| G00 X42 Z2; | 快速定位 |
| G01 Z0 F0.3; | 直线插补 |

（续）

| | |
|---|---|
| O0001; | 程序名 |
| X-1 F0.2; | 车平端面 |
| G00 Z1; | 快速退刀 |
| X38.5; | |
| G01 Z-24 F0.2; | 粗车 $\phi38_{-0.2}^{0}$mm 外圆至 $\phi38.5$mm |
| X41; | |
| G00 Z1; | 快速退刀 |
| G01X36.5 F0.3 S600; | |
| Z-10 F0.2; | 粗车 $\phi36_{-0.2}^{0}$mm 外圆至 $\phi36.5$mm |
| X39; | |
| G00 Z1; | 快速退刀 |
| G01 X34 F0.3 S600; | 精车转速 600r/min |
| Z0; | |
| X36 Z-1 F0.1; | 倒角 *C*1 |
| Z-10; | 精车 $\phi36_{-0.2}^{0}$mm |
| X37; | |
| X38 W-0.5; | 倒角 *C*0.5 |
| Z-24; | 精车 $\phi38_{-0.2}^{0}$mm |
| X41; | |
| G00 X50; | 快速退至安全点 |
| Z100; | |
| T0303; | 换 3 号刀调 3 号刀补 |
| M03 S400; | 主轴正转，转速为 400r/min |
| G00 X42 Z-23; | 快速定位 |
| G01 X2 F0.05; | 切断，进给量为 0.05mm/r |
| X42 F0.3; | |
| M05; | 主轴停止 |
| M09; | 关切削液 |
| G00 X100 Z100; | 快速退刀 |
| T0101; | |
| M30; | 程序结束 |

3. 注意事项

在实际操作过程中，应注意以下几点：

1）安全第一。实训必须在教师的指导下，严格按照数控车床的安全操作规程，有步骤地进行。

2）编程时注意 *Z* 方向数值的正负号，否则可能撞坏工件和刀具。*X* 方向采用直径编程。

3）程序中的刀具起始位置要考虑到毛坯尺寸的大小，换刀位置应考虑刀架与工件及机床尾座之间的距离足够大，否则将发生严重事故。

4）采用G00指令编程时，尽量沿X轴、Z轴分别退刀。

5）程序调试必须有指导教师在现场指导下进行，不得擅自操作。

6）工件装夹时，夹持部分长短适度。

7）车锥面时，刀尖一定要与工件轴线等高，否则车出工件圆锥素线不直，呈双曲线形。

8）在自动加工前应由实习指导教师检查各项调试是否正确。

9）加工零件过程中一定要提高警惕，将手放在“进给暂停”按钮上，如遇紧急情况迅速按下“进给暂停”按钮，防止意外事故发生。

4. 加工零件的质量检查及评分（表5-3）

**表5-3 质量检查及评分**

| 序号 | 项目 | 检测尺寸 | 配分 | 评分标准 | 自检 | 复检 | 得分 |
|---|---|---|---|---|---|---|---|
| 1 | 外圆 | $\phi 38_{-0.2}^{0}$mm | 15 | 超差不得分 | | | |
| 2 | 外圆 | $\phi 36_{-0.2}^{0}$mm | 15 | 超差不得分 | | | |
| 3 | 长度 | 10mm | 10 | 超差不得分 | | | |
| 4 | 长度 | 20mm | 10 | 超差不得分 | | | |
| 5 | 倒角 | C0.5、C1 | 10 | 不合格不得分 | | | |
| 6 | 表面粗糙度值 | Ra3.2μm | 10 | 不合格不得分 | | | |
| 7 | 安全文明生产 | | 30 | | | | |
| 学生签名： | | | 教师签名： | | 总分： | | |

## 五、拓展练习

编写图5-5所示台阶轴的加工程序，在数控车床上完成零件的加工，填写加工工艺卡并进行质量检查及评分。

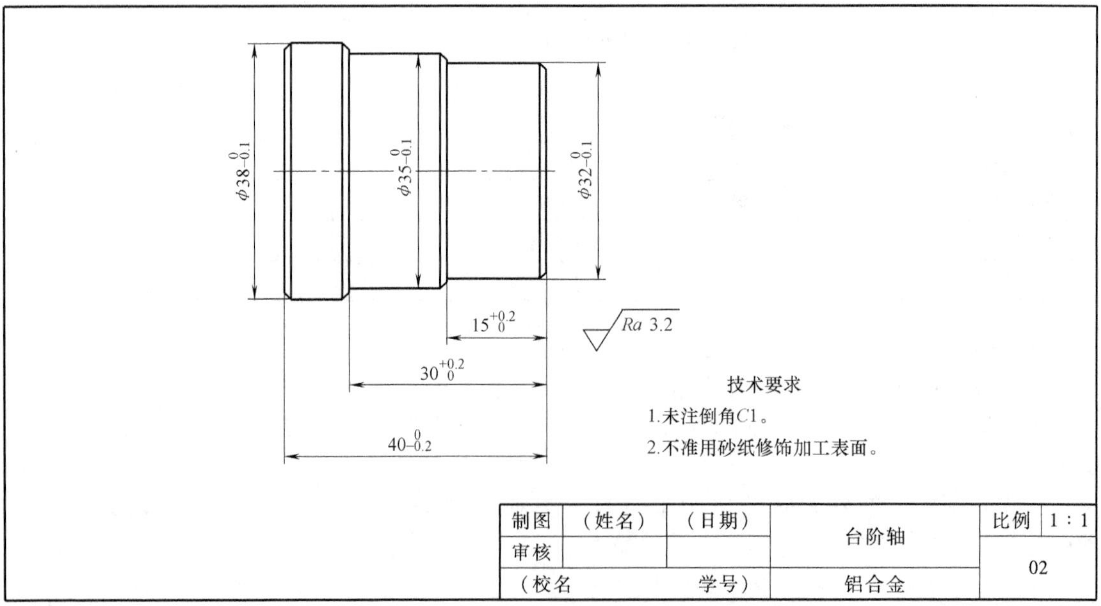


图5-5 台阶轴

1. 确定加工步骤，填写加工工艺卡（表 5-4）

**表 5-4　加工工艺卡**

<table>
<tr><td colspan="2">零件图号</td><td></td><td colspan="2">材料</td><td colspan="2"></td><td>毛坯尺寸</td><td></td></tr>
<tr><td colspan="2">零件名称</td><td></td><td rowspan="2">刀具</td><td rowspan="2">背吃刀量 $a_p$/mm</td><td rowspan="2">主轴转速 $n$/(r/min)</td><td rowspan="2">进给量 $f$/(mm/r)</td><td>设备型号</td><td></td></tr>
<tr><td>工步</td><td colspan="2">工步内容</td><td colspan="2">工艺简图</td></tr>
<tr><td>1</td><td colspan="2"></td><td></td><td></td><td></td><td></td><td colspan="2" rowspan="6"></td></tr>
<tr><td>2</td><td colspan="2"></td><td></td><td></td><td></td><td></td></tr>
<tr><td>3</td><td colspan="2"></td><td></td><td></td><td></td><td></td></tr>
<tr><td>4</td><td colspan="2"></td><td></td><td></td><td></td><td></td></tr>
<tr><td>5</td><td colspan="2"></td><td></td><td></td><td></td><td></td></tr>
<tr><td>6</td><td colspan="2"></td><td></td><td></td><td></td><td></td></tr>
</table>

2. 加工零件的质量检查及评分（表 5-5）

**表 5-5　质量检查及评分**

| 序号 | 项目 | 检测尺寸 | 配分 | 评分标准 | 自检 | 复检 | 得分 |
|---|---|---|---|---|---|---|---|
| 1 | 外圆 | $\phi38_{-0.1}^{0}$mm | 10 | 超差不得分 | | | |
| 2 | 外圆 | $\phi35_{-0.1}^{0}$mm | 10 | 超差不得分 | | | |
| 3 | 外圆 | $\phi32_{-0.1}^{0}$mm | 10 | 超差不得分 | | | |
| 4 | 长度 | $15_{0}^{+0.2}$mm | 10 | 超差不得分 | | | |
| 5 | 长度 | $30_{0}^{+0.2}$mm | 10 | 超差不得分 | | | |
| 6 | 总长 | $40_{-0.2}^{0}$mm | 10 | 超差不得分 | | | |
| 7 | 倒角 | $C1$ | 10 | 不合格不得分 | | | |
| 8 | 表面粗糙度值 | $Ra3.2\mu m$ | 10 | 不合格不得分 | | | |
| 9 | 安全文明生产 | | 20 | | | | |
| 学生签名： | | | 教师签名： | | 总分： | | |

## 六、实训思考题

1）简述数控车床常用刀具的特点。

2）什么是直线插补？

3）何谓增量编程与绝对编程？

## 七、实训小结

完成本实训项目的实训报告。

# 项目六　车削圆弧

学习目的与要求

1）掌握刀具的装夹和试切对刀的方法。

2）掌握利用 G02、G03 指令车削外圆、端面，编制程序。

3）初步学习和掌握 G41、G42、G40 指令在加工程序中的应用。

4）初步掌握在数控车床上加工零件、控制尺寸的方法及切削用量的选择。

## 一、任务引入

图 6-1 所示为台阶轴零件，编写加工程序，并完成零件的加工。材料及规格：铝合金，$\phi$40mm×150mm。

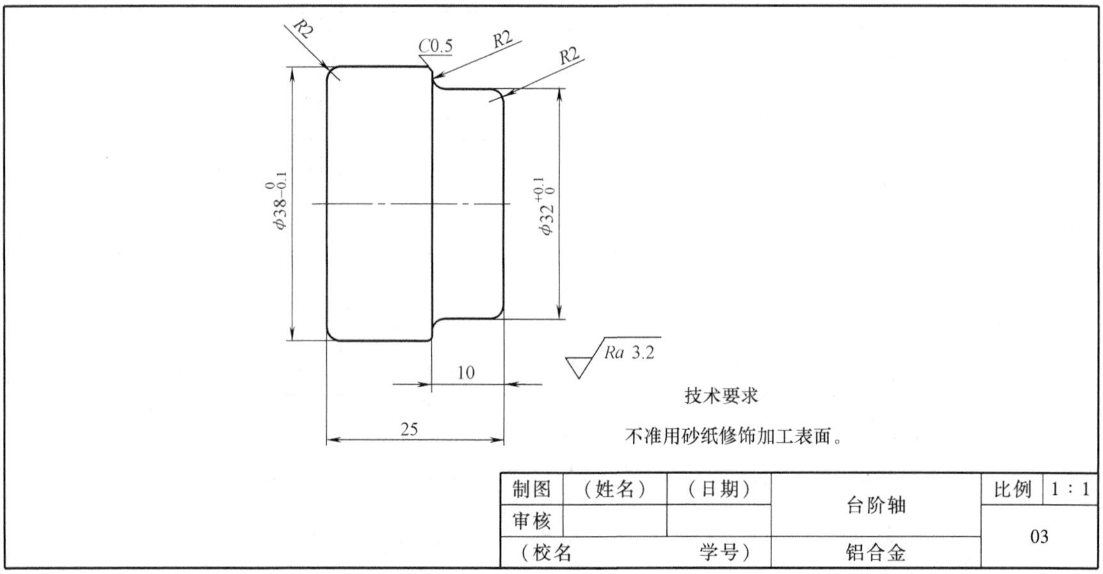


图 6-1　台阶轴

## 二、任务分析

1. 工艺分析

该零件的加工包括端面和外圆的加工，外圆上有 $R$2mm 的圆弧，材料很长，还需进行切断。零件外形简单，除了 G00、G01 指令，还需用 G02 和 G03 指令才能进行加工。因为有刀尖圆弧半经的存在，为了能车出正确的零件形状，还需进行刀尖圆弧半经的补偿，即应用 G40、G41 和 G42 指令进行加工。

2. 工、量具及材料准备

1）刀具：93°外圆硬质合金车刀、3mm 切刀每组各一把。

2）量具：0~200mm 游标卡尺，0~25mm 千分尺、25~50mm 千分尺，$R$2mm 半径样板

各一套。

3）材料及规格：铝合金，$\phi$40mm×150mm。

## 三、相关知识要点

### （一）圆弧插补指令（G02 和 G03）

1. 指令书写格式

圆弧插补指令是命令刀具在指定平面内按给定的进给速度做圆弧运动，切削出圆弧轮廓。G02/G03 指令为模态指令。

在车床上加工圆弧时，不仅需要用 G02 或 G03 指令指出圆弧的顺逆方向，用 X(U)、Z(W) 指定圆弧的终点坐标，而且还要指定圆弧的中心位置。一般常用指定圆心位置的方法有以下两种：

1）用 I、K 指定圆心位置，其格式为：

G02/G03 X(U)Z(W)I K F;

2）用圆弧半径及指定圆弧终点坐标位置，其格式为：

G02/G03 X(U)Z(W)R F;

说明：

X、Z——绝对编程时圆弧终点在工件坐标系中的坐标值。

U、W——相对编程时圆弧终点相对于起点的位移量。

I、K——圆弧中心坐标，即圆心在 $X$ 轴、$Z$ 轴方向上相对圆弧起点位置的增量坐标。

R——圆弧半径。

F——进给量。

2. G02、G03 顺逆方向判断

在使用 G02、G03 指令进行圆弧插补编程时，必须做好顺圆弧插补和逆圆弧插补刀具路径的判断，判断方法如图 6-2 所示；此外还要考虑前置刀架进行后置处理。

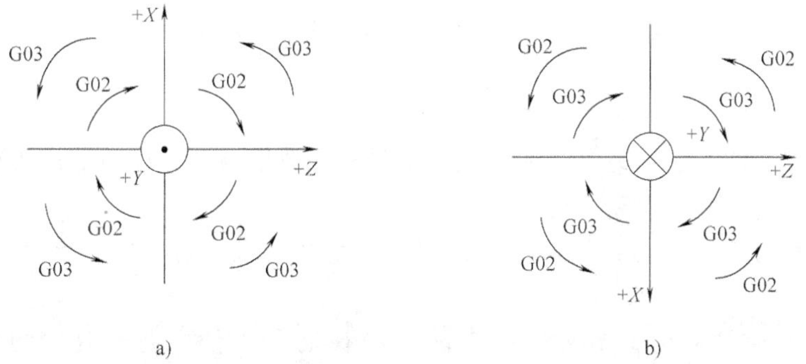


图 6-2　G02 和 G03 插补方向
a）后置刀架　b）前置刀架

### （二）刀尖圆弧半径补偿的应用

1. 刀尖圆弧半径补偿概述

编制数控车床加工程序时，将车刀刀尖看作一个点。但是为了提高刀具寿命和降低加工表面的表面粗糙度值，通常将车刀刀尖磨成半径不大的圆弧，一般圆弧半径 $R$ 在 0.4~1.6mm。如图 6-3 所示，编程时以理论刀尖 $P$ 来编程，数控系统控制 $P$ 点的运动轨迹。而切削时，实际起作用的切削刃是圆弧的各切点，这势必会产生加工表面的形状误差，而刀尖圆弧半径补偿就是用来补偿由于刀尖圆弧半径引起的工件形状误差。

切削工件右端面时，圆弧切点 $A$ 与理论刀尖 $P$ 的 $Z$ 坐标值相同，车外圆时车刀圆弧的切点 $B$ 与 $P$ 点的 $X$ 坐标值相同，切出的工件没有形状误差和尺寸误差，因此可以不考虑刀尖圆弧半径补偿。如果切削外圆后继续切削图 6-3 所示的端面，则在外圆与端面的连接处，存在加工误差（误差大小为刀尖圆弧半径），这一加工误差是不能靠刀尖半径补偿方法来修正的。

如图 6-4 所示，切削圆锥和圆弧部分时，仍然以理论刀尖 $P$ 来编程，刀具运动过程中，与工件接触的各切点轨迹为无刀具补偿时的轨迹。该轨迹与工件加工要求的轨迹之间存在着图中斜线部分的误差，直接影响到工件的加工精度，且刀尖圆弧半径越大，加工误差越大。可见，对刀尖圆弧半径进行补偿是十分必要的。当采用刀尖圆弧半径补偿时，切出的工件轮廓就是加工要求的轨迹。

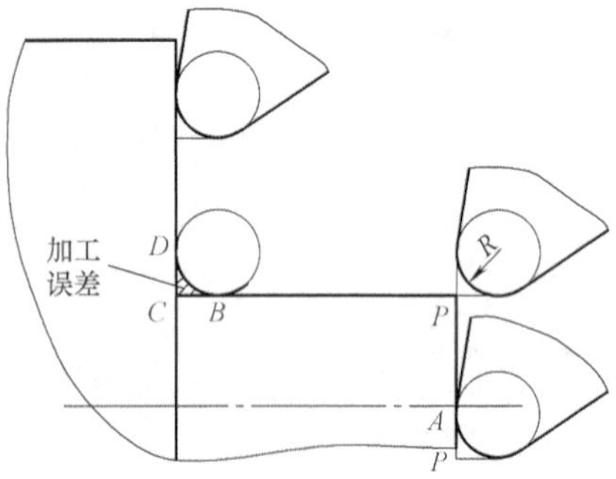


图 6-3　刀尖圆弧半径对加工精度的影响（一）

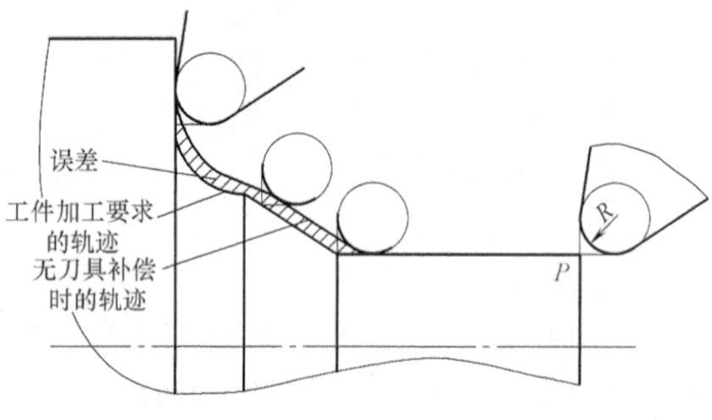


图 6-4　刀尖圆弧半径对加工精度的影响（二）

2. 实现刀尖圆弧半径补偿的准备工作

在加工工件之前，要把刀尖圆弧半径补偿的有关数据输入到存储器中，以便使数控系统对刀尖圆弧半径所引起的误差进行自动补偿。

（1）刀尖圆弧半径　工件的形状与刀尖圆弧半径的大小有直接关系，必须将刀尖圆弧半径输入到存储器中。

（2）车刀的形状和位置参数　车刀的形状有很多，它能决定刀尖圆弧所处的位置，因此也要把代表车刀形状和位置的参数输入到存储器中。将车刀的形状和位置参数称为刀尖方位 $T$。刀尖方位号如图 6-5 所示，分别用参数 0~9 表示，$P$ 点（图 6-4）为理论刀尖点。

（3）参数的输入　与每个刀具补偿号相对应的有一组 X 和 Z 的刀具位置补偿值、刀尖圆弧半径 R，以及刀尖方位 T 值。输入刀尖圆弧半径补偿值时，就是要将参数 R 和 T 输入到存储器中。刀具补偿界面如图 6-6 所示。

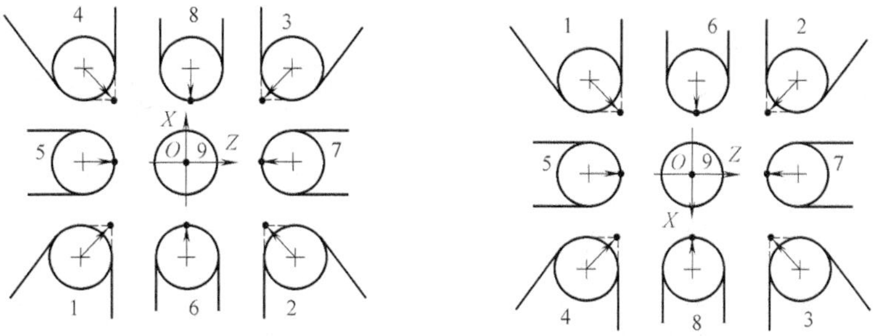

a)　b)

图 6-5　刀尖方位号
a）后置刀架　b）前置刀架

3. 刀尖圆弧半径补偿的方向

G41：刀尖圆弧半径左补偿。

G42：刀尖圆弧半径右补偿。

G40：取消刀尖圆弧半径补偿。

进行刀尖圆弧半径补偿时，刀具和工件的相对位置不同，刀尖圆弧半径补偿的指令也不同。

后置刀架的判断：顺着刀具运动方向看，刀具在工件的左边为左补偿，用 G41 代码；刀具在工件的右边为右补偿，用 G42 代码。

如果用前置刀架的判断，按照刀具轨迹判断后还要进行后置处理，如果判断 G41 则反过来用 G42。图 6-7 所示为刀尖圆弧半径补偿的两种不同方向。

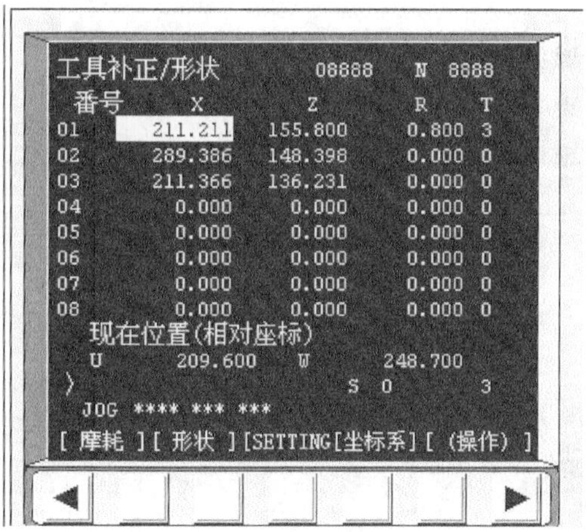


图 6-6　刀具补偿界面

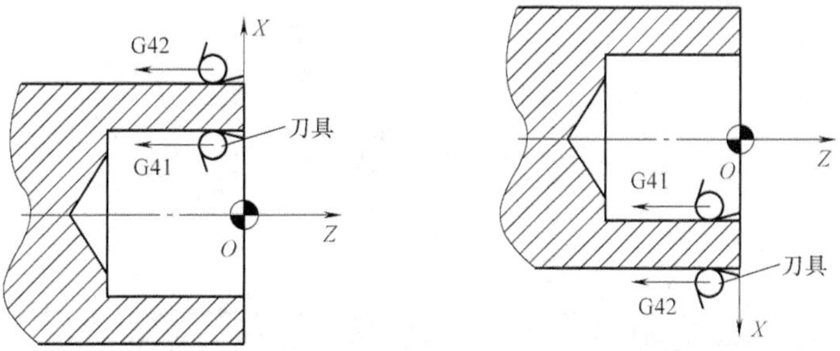

a)　b)

图 6-7　刀尖圆弧半径补偿的两种不同方向
a）后置刀架　b）前置刀架

4. 刀尖圆弧半径补偿指令（G40、G41、G42）的格式

指令书写格式：

G41；

G42 G00（G01）X（U）__ Z（W）__；

G40；

其中，X（U）__ Z（W）__——建立或取消刀具补偿段中刀具移动终点坐标。

## 四、任务实施

### 1. 确定加工步骤，填写加工工艺卡（表 6-1）

表 6-1　加工工艺卡

<table>
<tr><td>零件图号</td><td>03</td><td colspan="2">材料</td><td colspan="2">铝合金</td><td>毛坯尺寸</td><td>$\phi$40mm×150mm</td></tr>
<tr><td>零件名称</td><td>台阶轴</td><td rowspan="2">刀具</td><td rowspan="2">背吃刀量 $a_p$ /mm</td><td rowspan="2">主轴转速 $n$ /(r/min)</td><td rowspan="2">进给量 $f$ /(mm/r)</td><td>设备型号</td><td>CK6140A</td></tr>
<tr><td>工步</td><td>工步内容</td><td colspan="2">工艺简图</td></tr>
<tr><td>1</td><td>车端面</td><td>T01</td><td>1</td><td>600</td><td>0.2</td><td colspan="2" rowspan="5">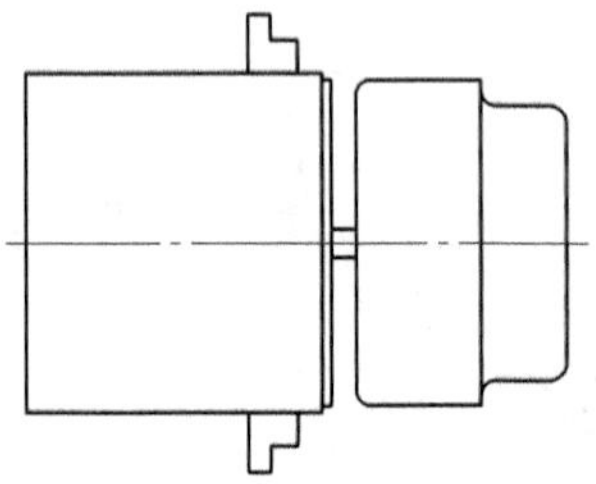</td></tr>
<tr><td>2</td><td>粗加工零件外轮廓各部，留余量 0.5mm</td><td>T01</td><td>1.5</td><td>600</td><td>0.2</td></tr>
<tr><td>3</td><td>精加工零件外轮廓至尺寸要求</td><td>T01</td><td>0.25</td><td>800</td><td>0.1</td></tr>
<tr><td>4</td><td>切断</td><td>T03</td><td></td><td>400</td><td>0.05</td></tr>
<tr><td>5</td><td>自检</td><td></td><td></td><td></td><td></td></tr>
</table>

### 2. 编写加工程序（表 6-2）

表 6-2　加工程序

| | |
|---|---|
| O0001； | 程序名 |
| G99； | 每转进给量 |
| T0101 M08； | 调 1 号车刀 1 号刀补，开切削液 |
| M03 S600； | 主轴正转，转速为 600r/min |
| G00 X42 Z2； | 快速定位 |
| G01 Z0 F0.3； | 直线插补 |
| X-1 F0.2； | 车平端面 |
| G00 Z1； | 快速退刀 |
| X38.5； | 粗车 $\phi$38mm 外圆至 $\phi$38.5mm |
| G01 Z-29 F0.2； | |
| X41； | |
| G00 Z1； | 快速退刀 |
| G01 X35 F0.2； | |
| Z-8； | |
| X36 Z-10； | $R$2mm 上倒斜角 |
| X39； | |
| G00 Z1； | 快速退刀 |
| G01 X32.5 F0.2； | 粗车 $\phi$32mm 外圆至 $\phi$32.5mm |

（续）

| | |
|---|---|
| O0001； | 程序名 |
| Z-8； | |
| X36 Z-10； | $R$2mm 上倒斜角 |
| X38； | |
| G00 Z1； | |
| G01 X28 F0.2 S800； | 精加工转速 800r/min |
| G01 G42 Z0； | |
| G03 X32 Z-2 R2 F0.1； | 切逆时针圆弧 |
| G01 Z-8； | 精车 $\phi$32mm 外圆 |
| G02 X36 Z-10 R2； | 切顺时针圆弧 |
| G01 X37； | |
| X38W-0.5； | |
| Z-29； | 精车 $\phi$38mm 外圆 |
| X41； | |
| G00 G40 X50； | |
| Z100； | |
| T0303； | 换 3 号车刀调 3 号刀补 |
| M03 S400； | 主轴正转，转速为 400r/min |
| G00 X42 Z-28； | 快速定位 |
| G01 X34 F0.06； | |
| X41 F0.2； | |
| Z-26； | |
| X38.1； | |
| G03 X34 Z-28 R2 F0.06； | 切逆时针圆弧 |
| G01 X2； | 切断 |
| X41 F0.2； | |
| M05； | 停主轴 |
| M09； | 关切削液 |
| G00 X100 Z100； | 快速退刀 |
| T0101； | 换 1 号刀 |
| M30； | 程序结束 |

3. 注意事项

在实际操作过程中，应注意以下几点：

1）安全第一。实训必须在教师的指导下，严格按照数控车床的安全操作规程，有步骤地进行。

2）编程时注意 $Z$ 方向数值的正负号，否则可能撞坏工件和刀具。$X$ 方向采用直径编程。

3）程序中的刀具起始位置要考虑到毛坯尺寸的大小，换刀位置应考虑刀架与工件及机床尾座之间的距离足够大，否则将发生严重事故。

4）采用 G00 指令编程时，尽量沿 $X$ 轴、$Z$ 轴分别退刀。

5）程序调试必须有指导教师在现场指导下进行，不得擅自操作。

6）工件装夹时，夹持部分长短适度。

7）车锥面时刀尖一定要与工件轴线等高，否则车出工件圆锥素线不直，呈双曲线形。

8）在自动加工前应由实习指导教师检查各项调试是否正确。

9）工件加工过程中，要注意中间检验工件质量，如果加工质量出现异常，应停止加工，并采取相应措施。

10）加工零件过程中一定要提高警惕，将手放在“进给暂停”按钮上，如遇紧急情况，迅速按下“进给暂停”按钮，防止意外事故发生。

4. 加工零件的质量检查及评分（表 6-3）

**表 6-3　质量检查及评分**

| 序号 | 项目 | 检测尺寸 | 配分 | 评分标准 | 自检 | 复检 | 得分 |
|---|---|---|---|---|---|---|---|
| 1 | 外圆 | $\phi 38_{-0.1}^{0}$ mm | 10 | 超差不得分 | | | |
| 2 | 外圆 | $\phi 32_{0}^{+0.1}$ mm | 10 | 超差不得分 | | | |
| 3 | 长度 | 10mm | 5 | 超差不得分 | | | |
| 4 | 长度 | 25mm | 5 | 超差不得分 | | | |
| 5 | 倒角 | $C0.5$ | 5 | 不合格不得分 | | | |
| 6 | 表面粗糙度值 | $Ra3.2\mu m$ | 5 | 不合格不得分 | | | |
| 7 | 圆弧 | $R2$mm 三处 | 30 | 不合格不得分 | | | |
| 8 | 安全文明生产 | | 30 | | | | |
| 学生签名： | | | 教师签名： | | 总分： | | |

## 五、拓展练习

编写图 6-8 所示台阶轴的加工程序，在数控车床上完成零件的加工，填写加工工艺卡并进行质量检查及评分。

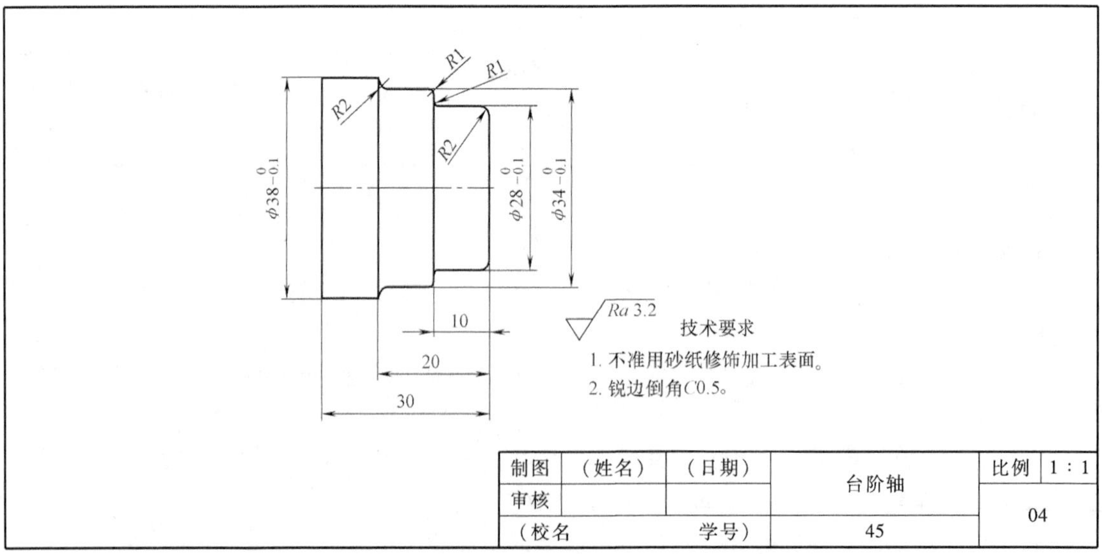


图 6-8　台阶轴

1. 确定加工步骤，填写加工工艺卡（表 6-4）

**表 6-4　加工工艺卡**

| 零件图号 | | 材料 | | | | 毛坯尺寸 | |
|---|---|---|---|---|---|---|---|
| 零件名称 | | 刀具 | 背吃刀量 $a_p$ /mm | 主轴转速 $n$ /(r/min) | 进给量 $f$ /(mm/r) | 设备型号 | |
| 工步 | 工步内容 | | | | | 工艺简图 | |
| 1 | | | | | | | |
| 2 | | | | | | | |
| 3 | | | | | | | |
| 4 | | | | | | | |
| 5 | | | | | | | |
| 6 | | | | | | | |

2. 加工零件的质量检查及评分（表 6-5）

**表 6-5　质量检查及评分**

| 序号 | 项目 | 检测尺寸 | 配分 | 评分标准 | 自检 | 复检 | 得分 |
|---|---|---|---|---|---|---|---|
| 1 | 外圆 | $\phi 38_{-0.1}^{0}$ mm | 10 | 超差不得分 | | | |
| 2 | 外圆 | $\phi 34_{-0.1}^{0}$ mm | 10 | 超差不得分 | | | |
| 3 | 外圆 | $\phi 28_{-0.1}^{0}$ mm | 10 | 超差不得分 | | | |
| 4 | 长度 | 10mm | 5 | 不合格不得分 | | | |
| 5 | 长度 | 20mm | 5 | 不合格不得分 | | | |
| 6 | 长度 | 30mm | 5 | 不合格不得分 | | | |
| 7 | 倒角 | *C*0.5 | 5 | 不合格不得分 | | | |
| 8 | 表面粗糙度值 | *Ra*3.2μm | 5 | 不合格不得分 | | | |
| 9 | 圆弧 | *R*2mm 两处、*R*1mm 两处 | 20 | 不合格不得分 | | | |
| 10 | 安全文明生产 | | 25 | | | | |
| 学生签名： | | | 教师签名： | | 总分： | | |

## 六、实训思考题

1）为什么要进行刀尖圆弧半径补偿？刀尖圆弧半径补偿有哪些？

2）车圆弧工件时，方向如何判别？圆弧中心 I、K、R 的含义是什么？

## 七、实训小结

完成实训项目的实训报告。

# 项目七　单一形状固定循环

学习目的与要求

1）掌握 G90、G94 等相关的编程代码并编写简单程序。

2）熟悉并掌握数控机床的基本操作。

3）掌握外轮廓的加工工艺路线、刀具选用和切削用量的确定。

4）掌握零件加工的尺寸控制和测量方法。

## 一、任务引入

编写图 7-1 所示台阶轴的加工程序，填写加工工艺卡并完成零件的加工。材料及规格：45 钢，$\phi$50mm×50mm。

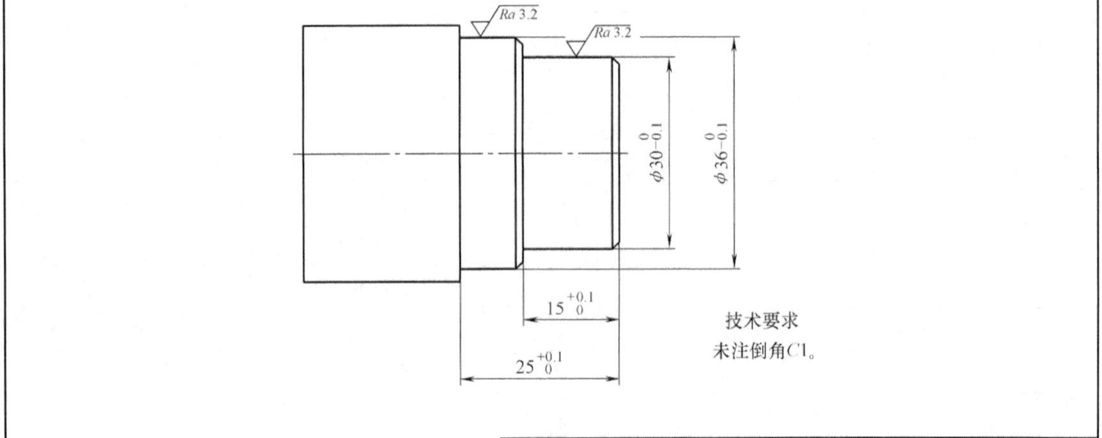


| 制图 | （姓名） | （日期） | 台阶轴 | 比例 | 1∶1 |
|---|---|---|---|---|---|
| 审核 | | | | 05 | |
| （校名　　学号） | | | 45 | | |

图 7-1　台阶轴

## 二、任务分析

1. 工艺分析

该零件由外圆和端面组成，尺寸精度要求较高，加工时应分粗车和精车工序。由于加工余量较多，如果用 G00、G01 指令来进行编程，则 G01 编程烦琐，容易出错，因此为了简化程序，减少编程出错，可考虑用 G90 单一形状固定循环进行编程。

2. 工、量具及材料准备

1）刀具：90°外圆车刀一把。

2）量具：0~200mm 游标卡尺、25~50mm 外径千分尺各一套。

3）材料及规格：45 钢，$\phi$50mm×50mm。

## 三、相关知识要点

1. 外圆切削循环（G90）

该循环主要用于圆柱面和圆锥面的循环切削。

（1）圆柱面固定循环

程序段格式：

G90 X（U）__ Z（W）__ F __；

如图 7-2 所示，刀尖从循环起点开始，按矩形循环，最后又回到循环起点。图中虚线表示刀具快速移动，实线表示按 F 指令指宽的工作进给速度运动。X、Z 为圆柱面的切削终点坐标值；U、W 为圆柱面的切削终点相对循环起点的增量值。

（2）圆锥面切削循环

程序段格式：

G90 X（U）__ Z（W）__ R __ F __；

如图 7-3 所示，刀尖从循环起点开始，快速移动到切削起点，然后按 F 指令指定的进给速度沿圆锥面运动，到圆锥面的另一端后沿径向以进给速度退出，最后快速回到循环起点。式中，X、Z 为圆锥面的切削终点坐标值；U、W 为圆锥面的切削终点相对循环起点的增量值；R 为切削始点与圆锥面切削终点的半径差。由于刀具沿径向移动是快速移动，为避免打刀，刀具在 Z 方向应有一定的安全距离，所以在考虑 R 时，应按延伸后的值进行考虑。编程时，应注意 R 的符号，确定的方法是：圆锥面起点坐标大于终点坐标时取正，反之取负。

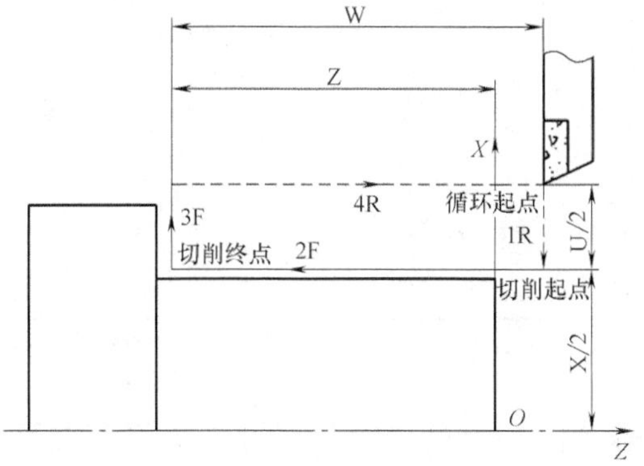


图 7-2　圆柱面切削循环路径

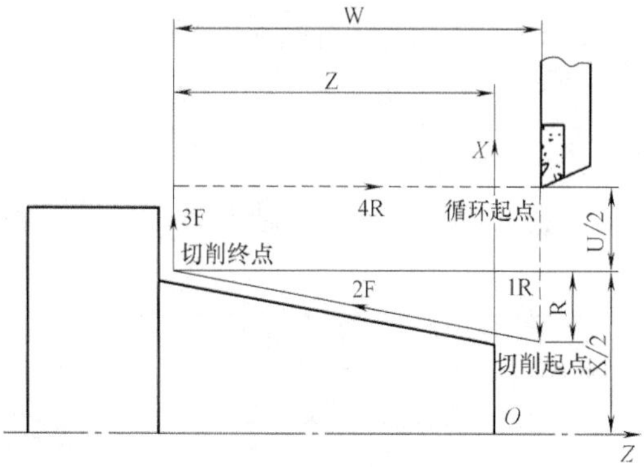


图 7-3　圆锥面切削循环路径

2. 端面切削循环（G94）

（1）圆柱端面固定循环

程序段格式：

G94 X（U）__ Z（W）__ F __；

其中：

X、Z——绝对编程时圆柱终点坐标值。

U、W——相对编程时圆柱终点坐标值。

F——进给量。

如图 7-4 所示，刀具从循环起点开始按矩形循环，最后又回到循环起点，图中 R 为快速移动。

（2）圆锥端面切削循环

程序段格式：

G94 X（U）__ Z（W）__ K __ F __；

其中：

X、Z——绝对编程时圆锥终点坐标值。

U、W——相对编程时圆锥终点坐标值。

K——端面切削始点至终点位移在 *Z* 方向的坐标增量。

F——进给量。

圆锥端面切削循环路径如图 7-5 所示。

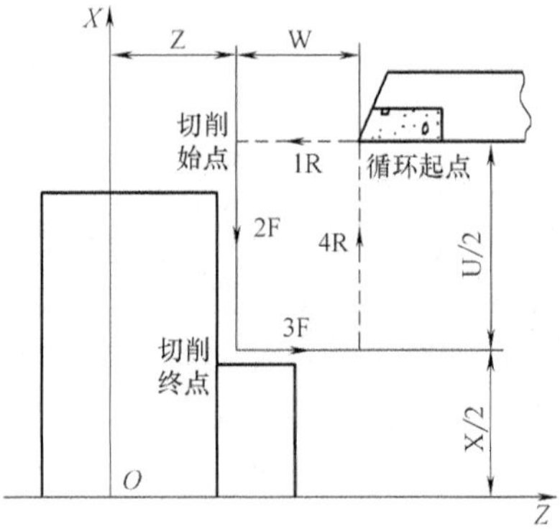


图 7-4　圆柱端面切削循环路径

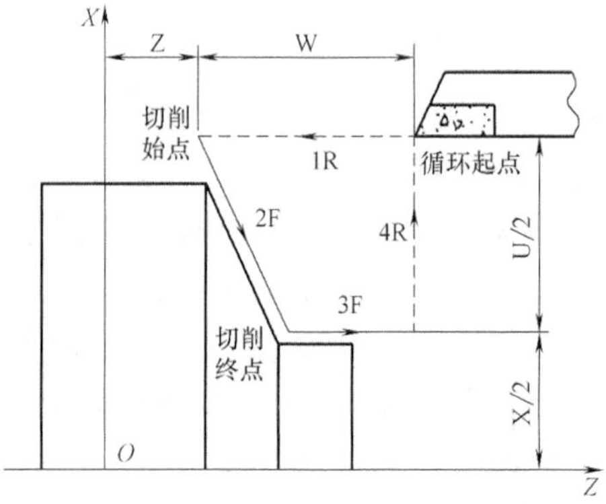


图 7-5　圆锥端面切削循环路径

## 四、任务实施

### 1. 确定加工步骤，填写加工工艺卡（表 7-1）

表 7-1　加工工艺卡

<table>
<tr><td colspan="2">零件图号</td><td>05</td><td colspan="2">材料</td><td colspan="2">45 钢</td><td>毛坯尺寸</td><td>φ50mm×50mm</td></tr>
<tr><td colspan="2">零件名称</td><td>轴</td><td rowspan="2">刀具</td><td rowspan="2">背吃刀量 $a_p$ /mm</td><td rowspan="2">主轴转速 $n$ /(r/min)</td><td rowspan="2">进给量 $f$ /(mm/r)</td><td>设备型号</td><td>CK6140A</td></tr>
<tr><td>工步</td><td colspan="2">工步内容</td><td colspan="2">工艺简图</td></tr>
<tr><td>1</td><td colspan="2">零件伸出 30mm 夹紧</td><td></td><td></td><td></td><td></td><td colspan="2" rowspan="6">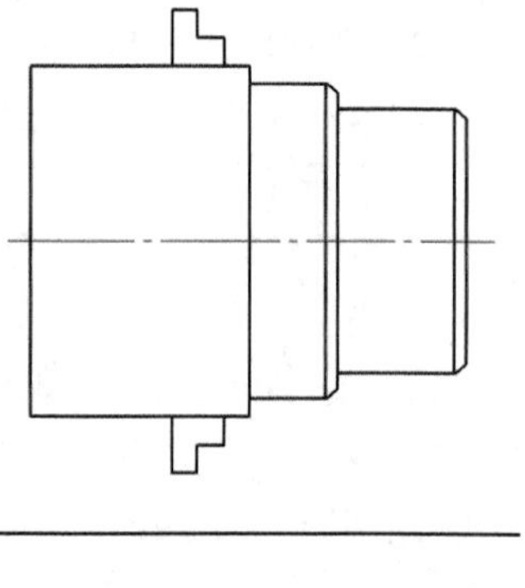</td></tr>
<tr><td>2</td><td colspan="2">车端面</td><td>T01</td><td>1</td><td>600</td><td>0.2</td></tr>
<tr><td>3</td><td colspan="2">粗加工零件外圆轮廓各部，留余量 0.5mm</td><td>T01</td><td>1.5</td><td>600</td><td>0.2</td></tr>
<tr><td>4</td><td colspan="2">精加工零件外圆轮廓至尺寸要求</td><td>T01</td><td>0.25</td><td>800</td><td>0.1</td></tr>
<tr><td>5</td><td colspan="2">自检</td><td></td><td></td><td></td><td></td></tr>
<tr><td>6</td><td colspan="2"></td><td></td><td></td><td></td><td></td></tr>
</table>

2. 编写加工程序（表 7-2）

表 7-2 加工程序

| O0001;(G01 编程) | O0002;(G90 编程) | O0003;(G94 编程) |
| --- | --- | --- |
| G99; | G99; | G99; |
| T0101 M08; | T0101 M08; | T0101 M08; |
| M03 S600; | M03 S600; | M03 S600; |
| G00 X41 Z1; | G00 X41 Z1; | G00 X41 Z1; |
| G01 X36.5 F0.3; | G90 X36.5 Z-25 F0.2; | G94 X30.5 Z-2 F0.2; |
| Z-25 F0.2; | X33 Z-15; | Z-4 |
| X40; | X30.5; | Z-6; |
| G00 Z2; | T0101; | Z-8; |
| G01 X33 F0.3; | M03 S800; | Z-10; |
| Z-15 F0.2; | G00 X42 Z1; | Z-12; |
| X37; | G01 X28 F0.3; | Z-14; |
| G00 Z2; | Z0; | Z-14.9; |
| G01 X30.5 F0.2; | X30 Z-1 F0.1; | G94 X36.1 Z-16 F0.2; |
| Z-15; | Z-15.05; | Z-18; |
| G00 Z2; | X34; | Z-20; |
| T0101; | X36 W-1; | Z-22; |
| M03 S800; | Z-25.05; | Z-24; |
| G00 X42 Z1; | X41; | Z-24.9; |
| G01 X28 F0.3; | G00 X100; | T0101; |
| Z0; | Z100; | M03 S800; |
| X30 Z-1 F0.1; | M30; | G00 X41 Z1; |
| Z-15.05; | | G01 X28 F0.3; |
| X34; | | Z0; |
| X36 W-1; | | X30 Z-1 F0.1; |
| Z-25.05; | | Z-15.05; |
| X41; | | X34; |
| G00 X100; | | X36 W-1; |
| Z100; | | Z-25.05; |
| M30; | | X41; |
| | | G00 X100; |
| | | Z100; |
| | | M30; |

从表 7-2 所列程序分析可得出，G90 指令适合长度尺寸较大的轴类零件，G94 指令适合长度尺寸较小的盘类零件及 *X* 方向上的余量较多的零件。

3. 注意事项

1）在固定循环切削过程中，M、S、T功能都不能改变。

2）要按照操作步骤逐一进行相关训练，实习中对未涉及的问题及不明白之处要询问指导教师，切忌盲目加工。

3）尺寸及表面粗糙度达不到要求时，要找出原因，知道正确的操作方法及注意事项。

4. 加工零件的质量检查及评分（表7-3）

表7-3　质量检查及评分

| 序号 | 项目 | 检测尺寸 | 配分 | 评分标准 | 自检 | 复检 | 得分 |
|---|---|---|---|---|---|---|---|
| 1 | 外圆 | $\phi 36_{-0.1}^{0}$ mm | 15 | 超差不得分 | | | |
| 2 | 外圆 | $\phi 30_{-0.1}^{0}$ mm | 15 | 超差不得分 | | | |
| 3 | 长度 | $15_{0}^{+0.1}$ mm | 10 | 超差不得分 | | | |
| 4 | 长度 | $25_{0}^{+0.1}$ mm | 10 | 超差不得分 | | | |
| 5 | 倒角 | $C1$ | 10 | 不合格不得分 | | | |
| 6 | 表面粗糙度值 | $Ra3.2\mu m$ 两处 | 10 | 不合格不得分 | | | |
| 7 | 安全文明生产 | | 30 | | | | |
| 学生签名： | | | 教师签名： | | 总分： | | |

## 五、拓展练习

本拓展练习要求正确地确定零件的加工工艺，合理选择G90或G94指令编写该零件的加工程序，并完成零件的加工，自检后填写评分表。

### （一）拓展练习1

根据图7-6所示台阶轴完成拓展练习。

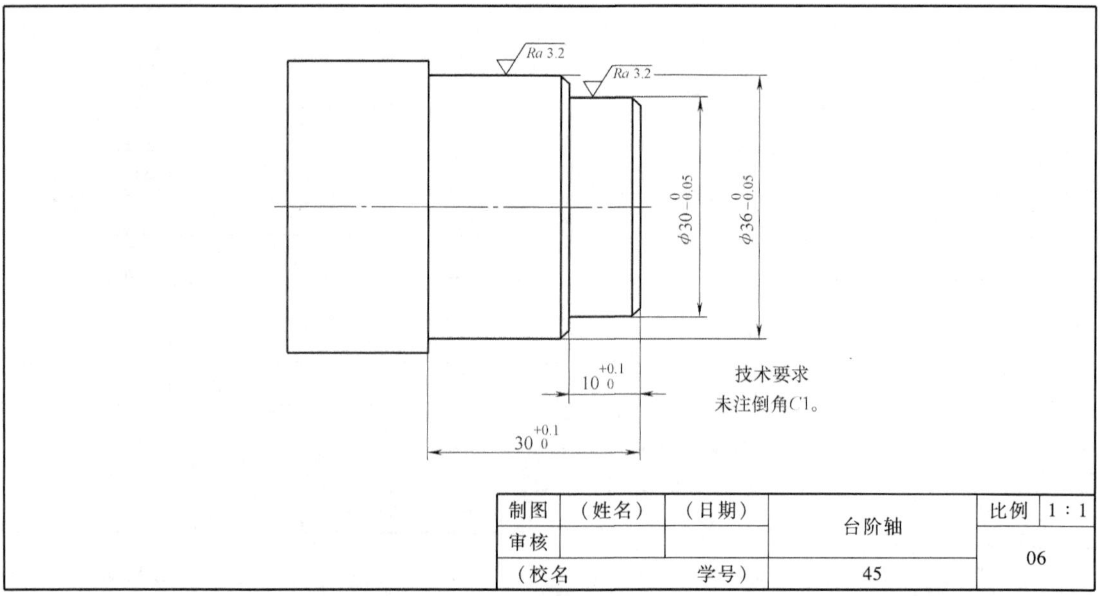


图7-6　台阶轴

1. 确定加工步骤，填写加工工艺卡（表 7-4）

表 7-4　加工工艺卡

| | | | | | | | |
|---|---|---|---|---|---|---|---|
| 零件图号 | | 材料 | | 45 钢 | | 毛坯尺寸 | |
| 零件名称 | | | | | | 设备型号 | |
| 工步 | 工步内容 | 刀具 | 背吃刀量 $a_p$ /mm | 主轴转速 $n$ /(r/min) | 进给量 $f$ /(mm/r) | 工艺简图 | |
| 1 | | | | | | | |
| 2 | | | | | | | |
| 3 | | | | | | | |
| 4 | | | | | | | |
| 5 | | | | | | | |
| 6 | | | | | | | |

2. 加工零件的质量检查及评分（表 7-5）

表 7-5　质量检查及评分

| 序号 | 项目 | 检测尺寸 | 配分 | 评分标准 | 自检 | 复检 | 得分 |
|---|---|---|---|---|---|---|---|
| 1 | 外圆 | $\phi 36_{-0.05}^{0}$ mm | 15 | 超差不得分 | | | |
| 2 | 外圆 | $\phi 30_{-0.05}^{0}$ mm | 15 | 超差不得分 | | | |
| 3 | 长度 | $10_{0}^{+0.1}$ mm | 10 | 超差不得分 | | | |
| 4 | 长度 | $30_{0}^{+0.1}$ mm | 10 | 超差不得分 | | | |
| 5 | 倒角 | $C1$ | 10 | 不合格不得分 | | | |
| 6 | 表面粗糙度值 | $Ra3.2\mu m$ 两处 | 10 | 不合格不得分 | | | |
| 7 | 安全文明生产 | | 30 | | | | |
| 学生签名： | | | 教师签名： | | 总分： | | |

### （二）拓展练习 2

根据图 7-7 所示锥度轴完成拓展练习。

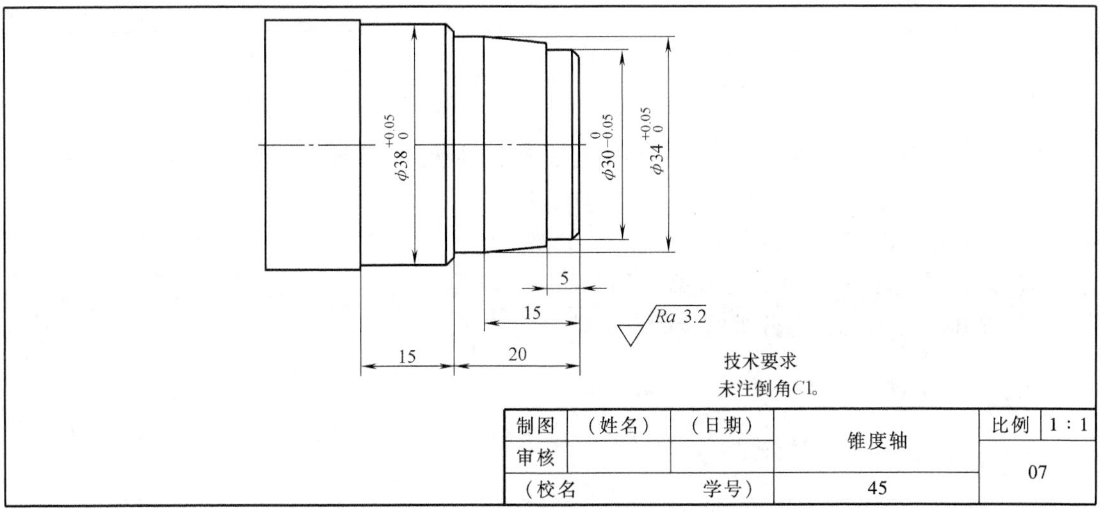


图 7-7　锥度轴

1. 确定加工步骤，填写加工工艺卡（表 7-6）

**表 7-6　加工工艺卡**

<table>
<tr><td colspan="2">零件图号</td><td></td><td colspan="2">材料</td><td colspan="2"></td><td>毛坯尺寸</td><td></td></tr>
<tr><td colspan="2">零件名称</td><td></td><td rowspan="2">刀具</td><td rowspan="2">背吃刀量 $a_p$ /mm</td><td rowspan="2">主轴转速 $n$ /(r/min)</td><td rowspan="2">进给量 $f$ /(mm/r)</td><td>设备型号</td><td></td></tr>
<tr><td>工步</td><td colspan="2">工步内容</td><td colspan="2">工艺简图</td></tr>
<tr><td>1</td><td colspan="2"></td><td></td><td></td><td></td><td></td><td colspan="2" rowspan="6"></td></tr>
<tr><td>2</td><td colspan="2"></td><td></td><td></td><td></td><td></td></tr>
<tr><td>3</td><td colspan="2"></td><td></td><td></td><td></td><td></td></tr>
<tr><td>4</td><td colspan="2"></td><td></td><td></td><td></td><td></td></tr>
<tr><td>5</td><td colspan="2"></td><td></td><td></td><td></td><td></td></tr>
<tr><td>6</td><td colspan="2"></td><td></td><td></td><td></td><td></td></tr>
</table>

2. 加工零件的质量检查及评分（表 7-7）

**表 7-7　质量检查及评分**

| 序号 | 项目 | 检测尺寸 | 配分 | 评分标准 | 自检 | 复检 | 得分 |
|---|---|---|---|---|---|---|---|
| 1 | 外圆 | $\phi 38^{+0.05}_{0}$mm | 15 | 超差不得分 | | | |
| 2 | 外圆 | $\phi 34^{+0.05}_{0}$mm | 15 | 超差不得分 | | | |
| 3 | 外圆 | $\phi 30^{0}_{-0.05}$mm | 15 | 超差不得分 | | | |
| 4 | 长度 | 5mm | 5 | 不合格不得分 | | | |
| 5 | 长度 | 15mm | 10 | 不合格不得分 | | | |
| 6 | 长度 | 15mm | 5 | 不合格不得分 | | | |
| 7 | 长度 | 20mm | 10 | 不合格不得分 | | | |
| 8 | 倒角 | $C1$ | 5 | 不合格不得分 | | | |
| 9 | 表面粗糙度值 | $Ra3.2\mu m$ | 5 | 不合格不得分 | | | |
| 10 | 安全文明生产 | | 15 | | | | |
| 学生签名： | | | 教师签名： | | 总分： | | |

## 六、实训思考题

1）车削圆锥面时，车刀装得不正对中心，对工件加工质量有什么影响？

2）什么是锥度？什么是斜度？两者有什么区别？

3）单一固定循环指令的特点是什么？在使用单一固定循环指令 G90 和 G94 加工过程中，刀具运动轨迹的工作方式有什么区别？

4）简述零件加工工艺分析的步骤。

## 七、实训小结

完成实训项目的实训报告。

# 项目八　外（内）径复合循环

学习目的与要求

1）掌握 G71、G70、S、F、T 等相关的编程代码并编写简单程序。

2）掌握外轮廓的加工工艺路线、刀具选用和切削用量的确定。

3）掌握零件加工的尺寸控制和测量方法。

4）掌握 G41、G42、G40 指令在 G71、G70 指令中的应用。

## 一、任务引入

编写图 8-1 所示球头轴的加工程序，填写加工工艺卡并完成零件的加工。材料及规格：45 钢，$\phi$40mm×60mm。

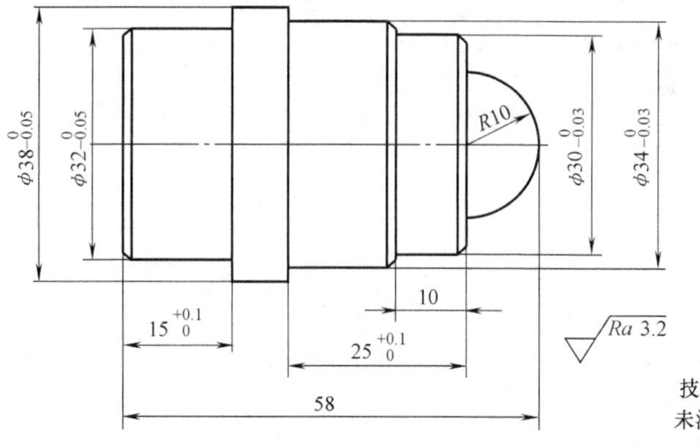


| 制图 | （姓名） | （日期） | 球头轴 | 比例 | 1∶1 |
|---|---|---|---|---|---|
| 审核 | | | | 08 | |
| （校名 | | 学号） | 45 | | |

图 8-1　球头轴

## 二、任务分析

1. 工艺分析

该零件轴由左端台阶轴和右端台阶轴组成。左端比较简单，右端由外圆、端面和半圆球组成，尺寸精度较高，加工时应分粗车和精车进行。由于加工余量较多，而且形状较复杂，如果用 G00、G01 和 G90 指令来进行编程，则编程难度很大，容易出错，因此，为了简化程序、减少编程出错，可考虑用外（内）径循环指令 G71 进行编程。

2. 工、量具及材料准备

1）刀具：90°外圆车刀一把。

2）量具：0~200mm 游标卡尺、25~50mm 外径千分尺各一套。

3）材料及规格：45 钢，$\phi$40mm×60mm。

## 三、相关知识要点

1. G71 粗车循环指令介绍

格式：

G71 U（Δ$d$）R（$e$）；

G71 P（$ns$）Q（$nf$）U（Δ$u$）W（Δ$w$）F（$f$）S（$s$）T（$t$）；

其中：

$ns$——循环起点程序段。

$s$——主轴转速。

$t$——刀补和刀号。

$nf$——循环终点程序段。

Δ$d$——背吃刀量（半径指定）。

$e$——退刀行程。

$ns$——精加工形状程序的第一个段号。

$nf$——精加工形状程序的最后一个段号。

Δ$u$——$X$ 方向精加工预留量的距离及方向（直径/半径）。

Δ$w$——$Z$ 方向精加工预留量的距离及方向。

G71 粗车循环的运动轨迹如图 8-2 所示。

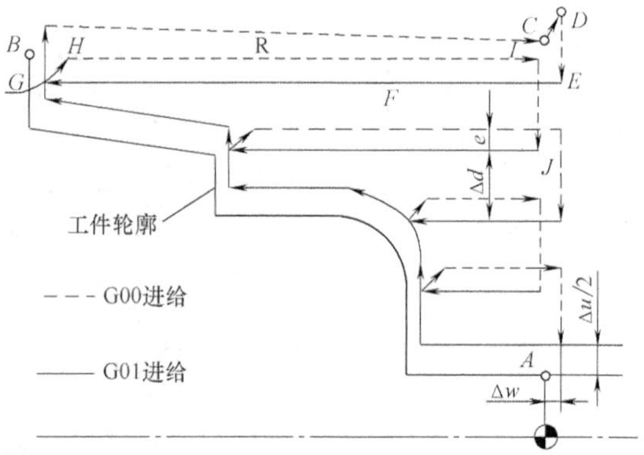


图 8-2　G71 粗车循环的运动轨迹

2. G70 精车循环指令介绍

格式：

G70 P（$ns$）Q（$nf$）F（$f$）；

其中：

$ns$——循环起点程序段。

$nf$——循环终点程序段。

$f$——精加工时的进给量。

## 四、任务实施

1. 确定加工步骤，填写加工工艺卡（表 8-1）

**表 8-1　加工工艺卡**

<table>
<tr><td colspan="2">零件图号</td><td>08</td><td colspan="2">材料</td><td colspan="2">45 钢</td><td>毛坯尺寸</td><td>φ40mm×60mm</td></tr>
<tr><td colspan="2">零件名称</td><td>轴</td><td rowspan="2">刀具</td><td rowspan="2">背吃刀量 $a_p$ /mm</td><td rowspan="2">主轴转速 $n$ /(r/min)</td><td rowspan="2">进给量 $f$ /(mm/r)</td><td>设备型号</td><td>CK6140A</td></tr>
<tr><td>工步</td><td colspan="2">工步内容</td><td colspan="2">工艺简图</td></tr>
<tr><td>1</td><td colspan="2">车左端端面</td><td>T01</td><td>1</td><td>600</td><td></td><td colspan="2" rowspan="3">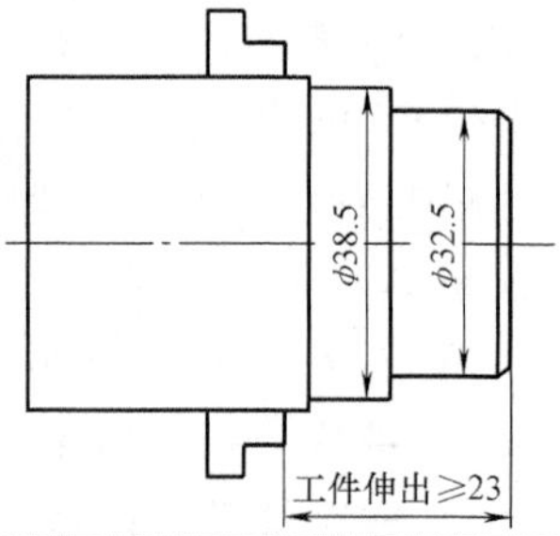
</td></tr>
<tr><td>2</td><td colspan="2">粗车至 φ38.5mm×22mm、φ32.5mm×15mm</td><td>T01</td><td>1.5</td><td>600</td><td>0.2</td></tr>
<tr><td>3</td><td colspan="2">精加工外圆轮廓至尺寸要求</td><td>T01</td><td>0.25</td><td>800</td><td>0.1</td></tr>
</table>

（续）

| 零件图号 | 08 | 材料 | | 45 钢 | | 毛坯尺寸 $\phi$40mm×60mm |
|---|---|---|---|---|---|---|
| 零件名称 | 轴 | 刀具 | 背吃刀量 $a_p$ /mm | 主轴转速 $n$ /(r/min) | 进给量 $f$ /(mm/r) | 设备型号 CK6140A |
| 工步 | 工步内容 | | | | | 工艺简图 |
| 4 | 调头装夹已加工 $\phi$32mm 外圆 | | | | | 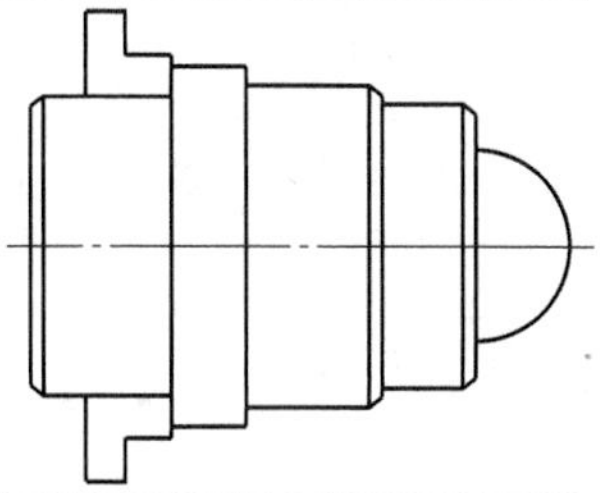 |
| 5 | 车全长，控制全长尺寸 58mm | T01 | 1 | 600 | 0.2 | |
| 6 | 粗加工右端外圆轮廓各部，外径留 0.5mm 余量 | T01 | 1.5 | 600 | 0.2 | |
| 7 | 精加工右端外圆轮廓至尺寸要求 | T01 | 0.25 | 800 | 0.1 | |
| 8 | 自检 | | | | | |

2. 编写加工程序（表 8-2）

**表 8-2　加工程序**

| | |
|---|---|
| O0001；（左端） | O0002；（右端） |
| G99； | G99； |
| T0101 M08； | T0101 M08； |
| M03 S600； | M03 S600； |
| G00 X41 Z2； | G00 X41 Z2； |
| G71 U1.5 R1； | G71 U1.5 R1； |
| G71 P10 Q20 U0.5 W0.1 F0.2； | G71 P10 Q20 U0.5 W0.1 F0.2； |
| N10 G00 X30； | N10 G00 X0； |
| G01 G42 Z0 F0.2； | G01 G42 Z0 F0.2； |
| X32 Z-1 F0.1； | G03 X20 Z-10 R10 F0.1； |
| Z-15.05； | G01 X28； |
| X37； | X30 W-1； |
| X38 W-0.5； | Z-20； |
| Z-22； | X32； |
| X40； | X34 W-1； |
| N20 G00 G40 X41； | Z-35； |
| T0101； | X37； |
| M03 S800； | X39 W-1； |
| G00 X41 Z2； | X40； |
| G70 P10 Q20； | N20 G00 G40 X41； |
| G00 X100 Z200； | T0101； |
| M30； | M03 S800； |
| | G00 X41 Z2； |
| | G70 P10 Q20； |
| | G00 X100 Z100； |
| | M30； |

3. 加工零件的质量检查及评分（表 8-3）

表 8-3　质量检查及评分

| 序号 | 项目 | 检测尺寸 | 配分 | 评分标准 | 自检 | 复检 | 得分 |
|---|---|---|---|---|---|---|---|
| 1 | 外圆 | $\phi 38_{-0.05}^{0}$mm | 10 | 超差不得分 | | | |
| 2 | 外圆 | $\phi 32_{-0.05}^{0}$mm | 10 | 超差不得分 | | | |
| 3 | 外圆 | $\phi 34_{-0.03}^{0}$mm | 10 | 超差不得分 | | | |
| 4 | 外圆 | $\phi 30_{-0.03}^{0}$mm | 10 | 超差不得分 | | | |
| 5 | 长度 | $15_{0}^{+0.1}$mm | 10 | 超差不得分 | | | |
| 6 | 长度 | $25_{0}^{+0.1}$mm | 10 | 超差不得分 | | | |
| 7 | 总长 | 58mm | 5 | 不合格不得分 | | | |
| 8 | 长度 | 10mm | 5 | 不合格不得分 | | | |
| 9 | 圆球 | *R*10mm | 5 | 不合格不得分 | | | |
| 10 | 倒角 | *C*1 | 5 | 不合格不得分 | | | |
| 11 | 表面粗糙度值 | *Ra*3.2μm | 5 | 不合格不得分 | | | |
| 12 | 安全文明生产 | | 15 | | | | |
| 学生签名： | | | 教师签名： | | 总分： | | |

4. 注意事项

在实际操作过程中，应注意以下几点：

1）切削用量选择不合理、刀具刃磨不当会导致铁屑不断屑，因此应合理选择切削用量及刃磨刀具。

2）G71 指令编程时，N10 起点循环程序段不能有 *Z* 方向移动指令。

3）按照操作步骤逐一进行相关训练，实习中对未涉及的问题及不明白之处要询问指导教师，切忌盲目加工。

4）尺寸及表面粗糙度值达不到要求时，要找出原因，知道正确的操作方法及注意事项。

5）严格按照数控车床的操作规程进行操作，防止人身、设备事故的发生。

6）在自动加工前应由实习指导教师检查各项调试是否正确。

## 五、拓展练习

本拓展练习要求正确地确定零件的加工工艺，正确地编写加工程序，并完成零件的加工，自检后填写评分表。

### （一）拓展练习 1

根据图 8-3 所示锥度轴完成拓展练习。

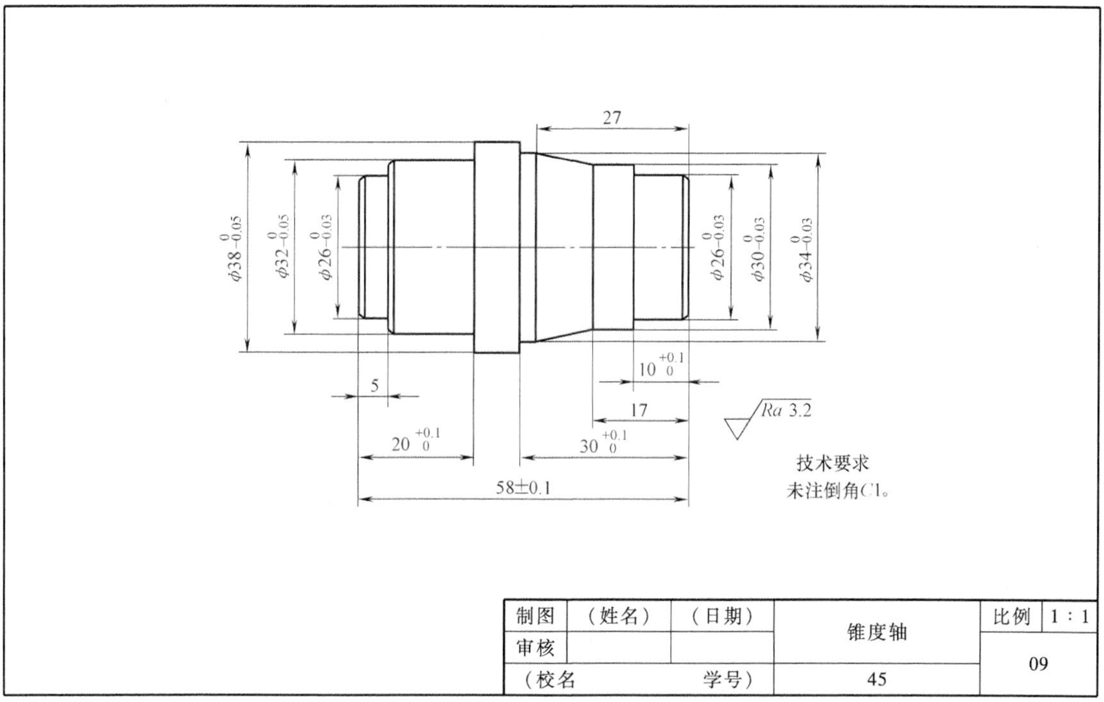


图 8-3　锥度轴（一）

1. 确定加工步骤，填写加工工艺卡（表 8-4）

**表 8-4　加工工艺卡**

| 零件图号 | | 材料 | | | | 毛坯尺寸 | |
|---|---|---|---|---|---|---|---|
| 零件名称 | | 刀具 | 背吃刀量 $a_p$ /mm | 主轴转速 $n$ /(r/min) | 进给量 $f$ /(mm/r) | 设备型号 | |
| 工步 | 工步内容 | | | | | 工艺简图 | |
| 1 | | | | | | | |
| 2 | | | | | | | |
| 3 | | | | | | | |
| 4 | | | | | | | |
| 5 | | | | | | | |
| 6 | | | | | | | |
| 7 | | | | | | | |
| 8 | | | | | | | |
| 9 | | | | | | | |
| 10 | | | | | | | |
| 11 | | | | | | | |
| 12 | | | | | | | |

2. 加工零件的质量检查及评分（表 8-5）

**表 8-5　质量检查及评分**

| 序号 | 项目 | 检测尺寸 | 配分 | 评分标准 | 自检 | 复检 | 得分 |
|---|---|---|---|---|---|---|---|
| 1 | 外圆 | $\phi 38_{-0.05}^{0}$mm | 7 | 超差不得分 | | | |
| 2 | 外圆 | $\phi 32_{-0.03}^{0}$mm | 7 | 超差不得分 | | | |
| 3 | 外圆 | $\phi 26_{-0.03}^{0}$mm | 7 | 超差不得分 | | | |
| 4 | 外圆 | $\phi 34_{-0.03}^{0}$mm | 7 | 超差不得分 | | | |
| 5 | 外圆 | $\phi 30_{-0.03}^{0}$mm | 7 | 超差不得分 | | | |
| 6 | 外圆 | $\phi 26_{-0.03}^{0}$mm | 7 | 超差不得分 | | | |
| 7 | 长度 | $10_{0}^{+0.1}$mm | 7 | 超差不得分 | | | |
| 8 | 长度 | $20_{0}^{+0.1}$mm | 7 | 超差不得分 | | | |
| 9 | 长度 | $30_{0}^{+0.1}$mm | 7 | 超差不得分 | | | |
| 10 | 总长 | (58±0.1)mm | 7 | 超差不得分 | | | |
| 11 | 长度 | 5mm、17mm、27mm | 6 | 不合格不得分 | | | |
| 12 | 倒角 | *C*1 | 4 | 不合格不得分 | | | |
| 13 | 表面粗糙度值 | *Ra*3.2μm | 5 | 不合格不得分 | | | |
| 14 | 安全文明生产 | | 15 | | | | |
| 学生签名： | | | 教师签名： | | 总分： | | |

### （二）拓展练习 2

根据图 8-4 所示锥度轴完成拓展练习。

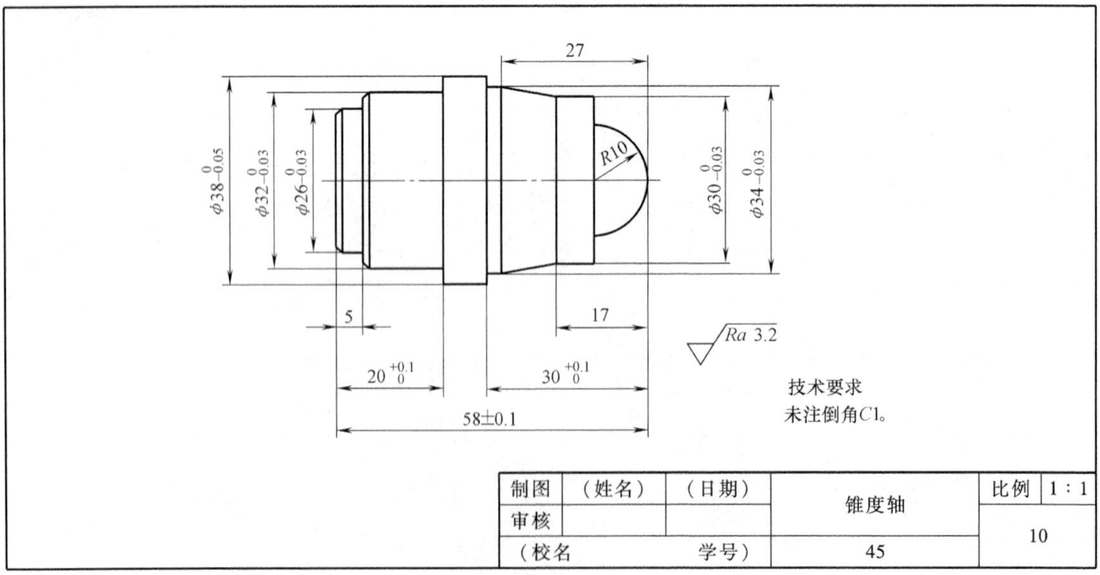


图 8-4　锥度轴（二）

1. 确定加工步骤，填写加工工艺卡（表 8-6）

**表 8-6 加工工艺卡**

| 零件图号 | | 材料 | | | | 毛坯尺寸 | |
|---|---|---|---|---|---|---|---|
| 零件名称 | | 刀具 | 背吃刀量 $a_p$ /mm | 主轴转速 $n$ /(r/min) | 进给量 $f$ /(mm/r) | 设备型号 | |
| 工步 | 工步内容 | | | | | 工艺简图 | |
| 1 | | | | | | | |
| 2 | | | | | | | |
| 3 | | | | | | | |
| 4 | | | | | | | |
| 5 | | | | | | | |
| 6 | | | | | | | |
| 7 | | | | | | | |
| 8 | | | | | | | |
| 9 | | | | | | | |
| 10 | | | | | | | |
| 11 | | | | | | | |
| 12 | | | | | | | |

2. 加工零件的质量检查及评分（表 8-7）

**表 8-7 质量检查及评分**

| 序号 | 项目 | 检测尺寸 | 配分 | 评分标准 | 自检 | 复检 | 得分 |
|---|---|---|---|---|---|---|---|
| 1 | 外圆 | $\phi 38_{-0.05}^{0}$mm | 8 | 超差不得分 | | | |
| 2 | 外圆 | $\phi 32_{-0.03}^{0}$mm | 8 | 超差不得分 | | | |
| 3 | 外圆 | $\phi 34_{-0.03}^{0}$mm | 8 | 超差不得分 | | | |
| 4 | 外圆 | $\phi 30_{-0.03}^{0}$mm | 8 | 超差不得分 | | | |
| 5 | 外圆 | $\phi 26_{-0.03}^{0}$mm | 8 | 超差不得分 | | | |
| 6 | 长度 | $20_{0}^{+0.1}$mm | 8 | 超差不得分 | | | |
| 7 | 长度 | $30_{0}^{+0.1}$mm | 8 | 超差不得分 | | | |
| 8 | 总长 | (58±0.1)mm | 8 | 超差不得分 | | | |
| 9 | 圆球 | $R$10mm | 8 | 不合格不得分 | | | |
| 10 | 长度 | 5mm、17mm、27mm | 10 | 不合格不得分 | | | |
| 11 | 倒角 | $C1$ | 4 | 不合格不得分 | | | |
| 12 | 表面粗糙度值 | $Ra3.2\mu m$ | 4 | 不合格不得分 | | | |
| 13 | 安全文明生产 | | 10 | | | | |
| 学生签名： | | | 教师签名： | | 总分： | | |

## 六、实训思考题

1）简述 G71 复合循环指令的使用方法和优点。

2）简述在利用 G70 指令精加工零件时，如何利用刀具磨耗控制尺寸精度。

## 七、实训小结

完成实训项目的实训报告。

# 项目九　端面复合循环

学习目的与要求

1）掌握G72、G70、S、F、T等相关的编程代码并能编写简单程序。

2）掌握外轮廓的加工工艺路线、刀具选用和切削用量的确定。

3）掌握零件加工的尺寸控制和测量方法。

4）掌握G41、G42、G40指令在G72、G70指令中的应用。

## 一、任务引入

图9-1所示为台阶轴零件，编写加工程序，填写加工工艺卡，并完成零件的加工。材料及规格：45钢，$\phi$50mm×50mm（用项目七的材料反面）。

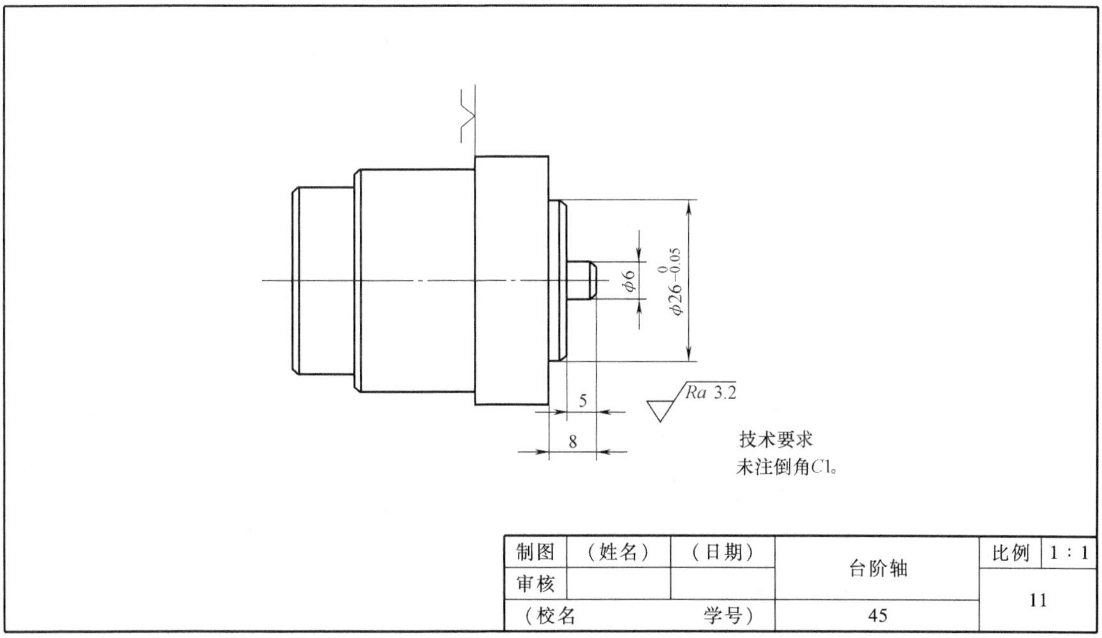


图9-1　台阶轴

## 二、任务分析

1. 工艺分析

该零件右端由外圆、端面组成，尺寸精度较高，台阶在长度方向比较短，台阶直径大小相差较大。加工时，如果用G71循环指令进行加工，粗加工时会反复进刀和退刀，加工轨迹不合理，因此可考虑用G72、G70端面循环指令进行编程加工。

2. 工、量具及材料准备

1）刀具：90°外圆车刀一把。

2）量具：0~200mm 游标卡尺、25~50mm 外径千分尺各一套。

3）材料及规格：45 钢，$\phi$50mm×50mm（项目七的材料反面）。

## 三、相关知识要点

### 1. G72 指令介绍

格式：

G72 W（$\Delta d$）R（$e$）；

G72 P（$ns$）Q（$nf$）U（$\Delta u$）W（$\Delta w$）F（$f$）S（$s$）T（$t$）；

其中：

N（$ns$）——循环起点程序段

P（$ns$）、Q（$nf$）——从序号 $ns$ 至 $nf$ 的程序段，指定 A 及 B 间的移动指令。

S——主轴转速。

T——刀补和刀号。

N（$nf$）——循环终点程序段。

$\Delta d$——切削深度（$Z$ 方向）。

$e$——退刀行程（$Z$ 方向）。

$ns$——精加工形状程序的第一个段号。

$nf$——精加工形状程序的最后一个段号。

$\Delta u$——$X$ 方向精加工预留量的距离及方向（直径/半径）。

$\Delta w$——$Z$ 方向精加工预留量的距离及方向。

G72 循环示意图如图 9-2 所示。

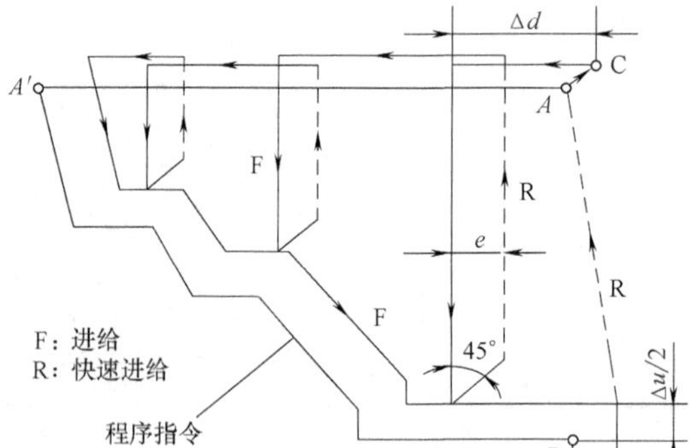


图 9-2　G72 循环示意图

### 2. G70 精车循环指令介绍

格式：

G70P（$ns$）Q（$nf$）；

其中：

N（$ns$）——循环起点程序段。

N（$nf$）——循环终点程序段。

## 四、任务实施

1. 确定加工步骤，填写加工工艺卡（表 9-1）

**表 9-1　加工工艺卡**

| 零件图号 | 11 | 材料 | | 45 钢 | | 毛坯尺寸 | $\phi$50mm×50mm |
|---|---|---|---|---|---|---|---|
| 零件名称 | 轴 | 刀具 | 背吃刀量 $a_p$ /mm | 主轴转速 $n$ /(r/min) | 进给量 $f$ /(mm/r) | 设备型号 | CK6140A |
| 工步 | 工步内容 | | | | | 工艺简图 | |
| 1 | 车端面 | T01 | 1 | 600 | 0.2 | 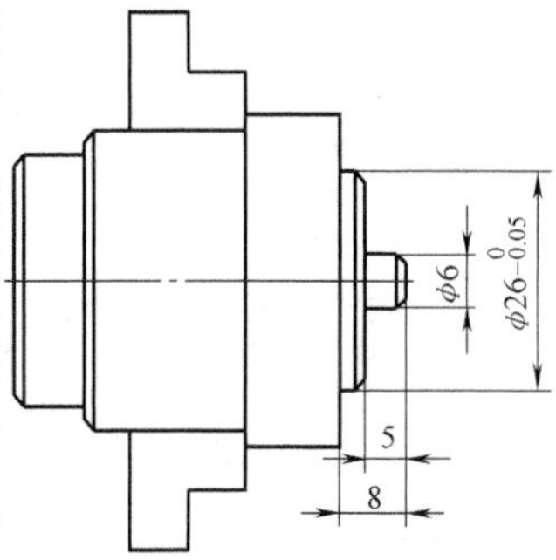 | |
| 2 | 粗车外圆轮廓各部，外径留余量 0.1mm，长度留 0.5mm | T01 | 1.5 | 600 | 0.2 | | |
| 3 | 精加工外圆轮廓至尺寸要求 | T01 | 0.5 | 800 | 0.1 | | |
| 4 | 自检 | | | | | | |

2. 编写加工程序（表 9-2）

**表 9-2　加工程序**

| | |
|---|---|
| O0001; | X6; |
| G99; | Z-1; |
| T0101 M08; | X4 Z0; |
| M03 S600; | X0; |
| G00 X42 Z1; | N20 G00 G40 Z1; |
| G72 W1.3 R1; | T0101; |
| G72 P10 Q20 U0.1 W0.5 F0.2; | M03 S800; |
| N10 G00 Z-8; | G00 X42 Z1; |
| G01 G41 X 26 F0.1; | G70 P10 Q20; |
| Z-6; | G00 X100 Z100; |
| X24 Z-5; | M30; |

3. 注意事项

在实际操作过程中，应注意以下几点：

1）切削用量选择不合理、排屑不通畅会导致崩刃，刀具刃磨不当会导致铁屑不断屑，因此应合理选择切削用量及刀具。

2）G72 指令加工时 N10 起点循环程序段不能有向 $X$ 方向移动的指令。

3）尺寸及表面粗糙度达不到要求时，要找出原因，知道正确的操作方法及注意事项。

4）严格按照数控车床的操作规程进行操作，防止人身、设备事故的发生。

5）在自动加工前应由实习指导教师检查各项调试是否正确。

4. 加工零件的质量检查及评分（表 9-3）

**表 9-3　质量检查及评分**

| 序号 | 项目 | 检测尺寸 | 配分 | 评分标准 | 自检 | 复检 | 得分 |
|---|---|---|---|---|---|---|---|
| 1 | 外圆 | $\phi 26_{-0.05}^{0}$mm | 20 | 超差不得分 | | | |
| 2 | 外圆 | $\phi$6mm | 20 | 超差不得分 | | | |
| 3 | 长度 | 5mm | 10 | 超差不得分 | | | |
| 4 | 长度 | 8mm | 10 | 超差不得分 | | | |
| 5 | 倒角 | $C1$ | 5 | 不合格不得分 | | | |
| 6 | 表面粗糙度值 | $Ra3.2\mu m$ | 5 | 不合格不得分 | | | |
| 7 | 安全文明生产 | | 30 | | | | |
| 学生签名： | | | 教师签名： | | 总分： | | |

## 五、拓展练习

本拓展练习要求正确地确定零件的加工工艺，正确地编写加工程序，并完成零件的加工，自检后填写评分表。

### （一）拓展练习 1

根据图 9-3 所示的锥度轴完成拓展练习。

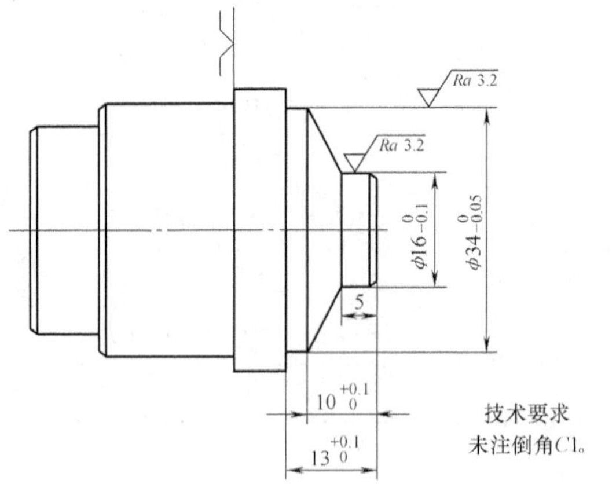


| 制图 | （姓名） | （日期） | 锥度轴 | 比例 | 1∶1 |
|---|---|---|---|---|---|
| 审核 | | | | 12 | |
| （校名 | | 学号） | 45 | | |

图 9-3　锥度轴

1. 确定加工步骤，填写加工工艺卡（表 9-4）

**表 9-4　加工工艺卡**

| 零件图号 | | 材料 | | | 毛坯尺寸 | |
|---|---|---|---|---|---|---|
| 零件名称 | | 刀具 | 背吃刀量 $a_p$ /mm | 主轴转速 $n$ /(r/min) | 进给量 $f$ /(mm/r) | 设备型号 |
| 工步 | 工步内容 | | | | | 工艺简图 |
| 1 | | | | | | |
| 2 | | | | | | |
| 3 | | | | | | |
| 4 | | | | | | |
| 5 | | | | | | |

2. 加工零件的质量检查及评分（表 9-5）

**表 9-5　质量检查及评分**

| 序号 | 项目 | 检测尺寸 | 配分 | 评分标准 | 自检 | 复检 | 得分 |
|---|---|---|---|---|---|---|---|
| 1 | 外圆 | $\phi 34_{-0.05}^{0}$ mm | 15 | 超差不得分 | | | |
| 2 | 外圆 | $\phi 16_{-0.1}^{0}$ mm | 15 | 超差不得分 | | | |
| 3 | 长度 | $10_{0}^{+0.1}$ mm | 15 | 超差不得分 | | | |
| 4 | 长度 | $13_{0}^{+0.1}$ mm | 15 | 超差不得分 | | | |
| 5 | 倒角 | $C1$ | 5 | 不合格不得分 | | | |
| 6 | 表面粗糙度值 | $Ra3.2\mu m$ 两处 | 5 | 不合格不得分 | | | |
| 7 | 安全文明生产 | | 30 | | | | |
| 学生签名： | | | 教师签名： | | 总分： | | |

### （二）拓展练习 2

根据图 9-4 所示圆弧轴完成拓展练习。

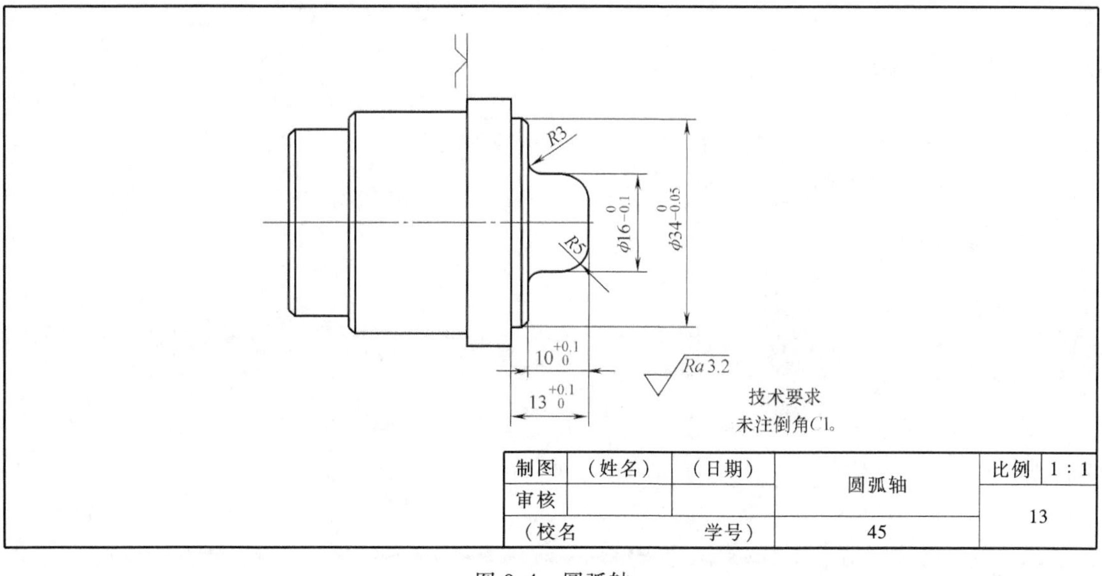


图 9-4　圆弧轴

1. 确定加工步骤，填写加工工艺卡（表 9-6）

**表 9-6 加工工艺卡**

<table>
<tr><td>零件图号</td><td></td><td colspan="2">材料</td><td colspan="2"></td><td>毛坯尺寸</td><td></td></tr>
<tr><td>零件名称</td><td></td><td rowspan="2">刀具</td><td rowspan="2">背吃刀量 $a_p$ /mm</td><td rowspan="2">主轴转速 $n$ /(r/min)</td><td rowspan="2">进给量 $f$ /(mm/r)</td><td>设备型号</td><td></td></tr>
<tr><td>工步</td><td>工步内容</td><td colspan="2">工艺简图</td></tr>
<tr><td>1</td><td></td><td></td><td></td><td></td><td></td><td colspan="2" rowspan="5"></td></tr>
<tr><td>2</td><td></td><td></td><td></td><td></td><td></td></tr>
<tr><td>3</td><td></td><td></td><td></td><td></td><td></td></tr>
<tr><td>4</td><td></td><td></td><td></td><td></td><td></td></tr>
<tr><td>5</td><td></td><td></td><td></td><td></td><td></td></tr>
</table>

2. 加工零件的质量检查及评分（表 9-7）

**表 9-7 质量检查及评分**

| 序号 | 项目 | 检测尺寸 | 配分 | 评分标准 | 自检 | 复检 | 得分 |
|---|---|---|---|---|---|---|---|
| 1 | 外圆 | $\phi 34_{-0.05}^{0}$mm | 10 | 超差不得分 | | | |
| 2 | 外圆 | $\phi 16_{-0.1}^{0}$mm | 10 | 超差不得分 | | | |
| 3 | 长度 | $10_{0}^{+0.1}$mm | 10 | 超差不得分 | | | |
| 4 | 长度 | $13_{0}^{+0.1}$mm | 10 | 超差不得分 | | | |
| 5 | 圆弧 | $R$3mm | 10 | 超差不得分 | | | |
| 6 | 圆弧 | $R$5mm | 10 | 超差不得分 | | | |
| 7 | 倒角 | $C$1 | 5 | 不合格不得分 | | | |
| 8 | 表面粗糙度值 | $Ra$3.2μm | 5 | 不合格不得分 | | | |
| 9 | 安全文明生产 | | 30 | | | | |
| 学生签名： | | | 教师签名： | | 总分： | | |

## 六、实训思考题

1）简述 G72 端面循环指令的使用方法和优点。

2）常见的圆锥和圆弧加工误差有哪些？

## 七、实训小结

完成实训项目的实训报告。

# 项目十　切槽与切断

学习目的与要求

1）掌握切槽加工的工艺特点和相关知识。

2）掌握用 G75、G01 指令编写切槽程序的方法。

3）能选择合适的指令进行切槽编程加工。

## 一、任务引入

图 10-1 所示为台阶轴零件，编写加工程序，填写加工工艺卡，并完成零件的加工。材料及规格：45 钢，$\phi$40mm×50mm。

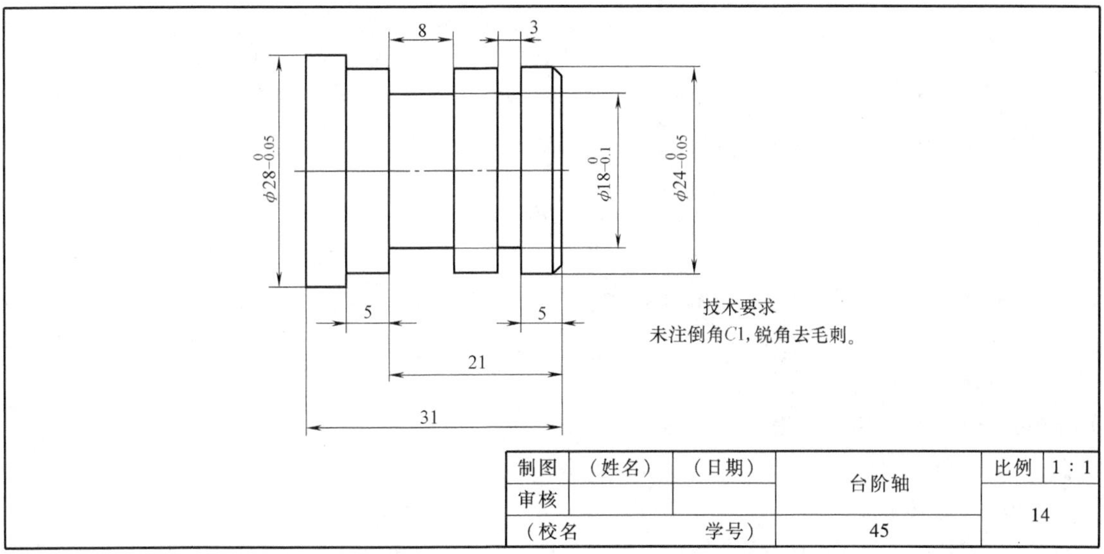


图 10-1　台阶轴（一）

## 二、任务分析

1. 工艺分析

该零件需加工宽 3mm、深 3mm 的槽和宽 8mm、深 3mm 的槽，宽 3mm 的槽可以用 3mm 切槽刀一刀切出来，但宽 8mm 的槽如果用 3mm 切槽刀直接加工，则需要反复在 $Z$ 方向平移多次车削才能加工出来，这样会导致编程复杂，容易出错。如果用 G75 切槽循环进行编程加工，则可简化程序，避免编程出错。

2. 工、量具及材料准备

1）刀具：90°外圆车刀、3mm 切槽刀各一把。

2）量具：0~200mm 游标卡尺、25~50mm 外径千分尺各一套。

3）材料及规格：45 钢，$\phi$40mm×50mm。

## 三、相关知识要点

1. 切槽的分类

切槽常分为：切外沟槽、切内沟槽、切端面槽，如图 10-2 所示。

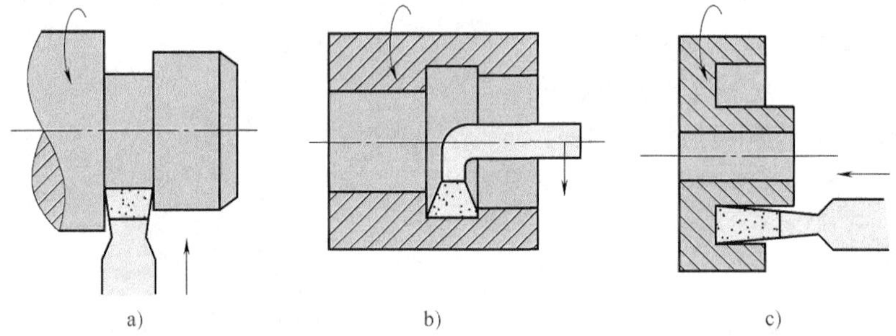


图 10-2　切槽的分类

a）车外沟槽　b）车内沟槽　c）车端面槽

2. G75 指令（内外径切槽循环）

格式：

G75 R（$e$）；

G75 X（$u$）Z（$w$）P（$\Delta i$）Q（$\Delta k$）R（$\Delta d$）F（$f$）；

其中：

$e$——后退量（作用为断屑和减振）。

X（$u$）——切槽终点 $X$ 坐标。

Z（$w$）——切槽终点 $Z$ 坐标。

P（$\Delta i$）——$X$ 方向切深再退“R（$e$）”的量。

Q（$\Delta k$）——$Z$ 方向的平动量。

$f$——进给率。

G75 循环示意图如图 10-3 所示。

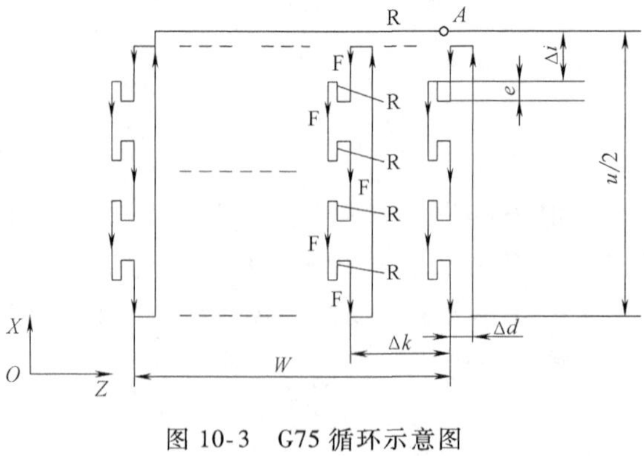


图 10-3　G75 循环示意图

3. G74 指令（端面切槽循环）

格式：

G74 R ($e$);

G74 X ($u$) Z ($w$) P ($\Delta i$) Q ($\Delta k$) R ($\Delta d$) F ($f$);

其中：

$e$——后退量（作用为断屑和减振）。

X ($u$)——切槽终点 $X$ 坐标。

Z ($w$)——切槽终点 $Z$ 坐标。

P ($\Delta i$)——$X$ 方向的平动量。

Q ($\Delta k$)——$Z$ 方向切深再退 "R ($e$)" 的量。

$f$——进给率。

G74 循环示意图如图 10-4 所示。

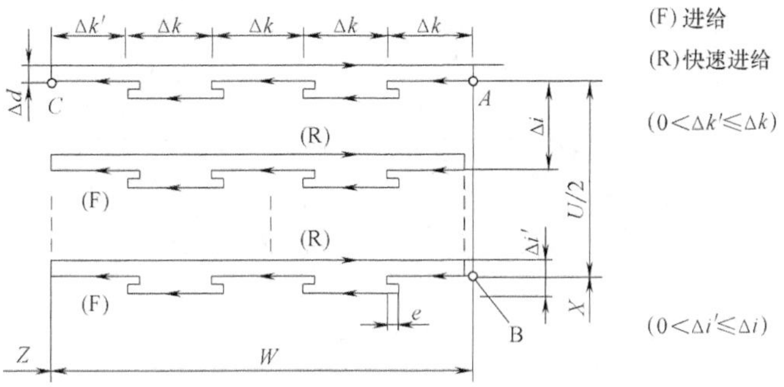


图 10-4　G74 循环示意图

## 四、任务实施

### 1. 确定加工步骤，填写加工工艺卡（表 10-1）

**表 10-1　加工工艺卡**

| 零件图号 | 14 | 材料 | | 45 钢 | | 毛坯尺寸 | $\phi$40mm×50mm |
|---|---|---|---|---|---|---|---|
| 零件名称 | 台阶轴 | 刀具 | 背吃刀量 $a_p$ /mm | 主轴转速 $n$ /(r/min) | 进给量 $f$ /(mm/r) | 设备型号 | CK6140A |
| 工步 | 工步内容 | | | | | 工艺简图 | |
| 1 | 车端面 | T01 | 1 | 600 | 0. 2 | 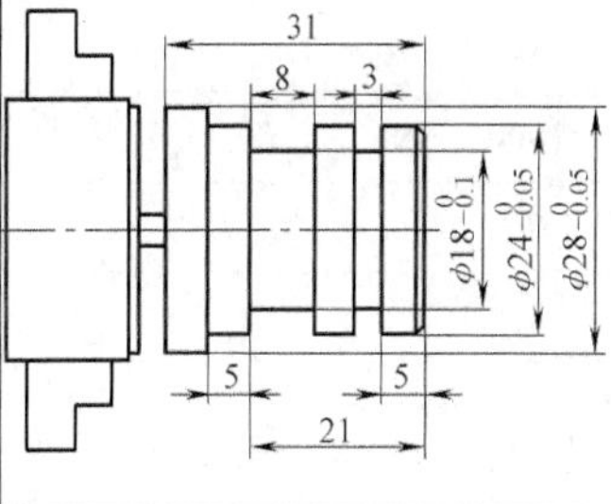 | |
| 2 | 粗车外圆轮廓各部，外径留 0. 5mm 余量 | T01 | 1. 5 | 600 | 0. 2 | | |
| 3 | 精加工外圆轮廓至尺寸要求 | T01 | 0. 25 | 800 | 0. 1 | | |
| 4 | 切槽 3mm、8mm | T03 | | 400 | 0. 05 | | |
| 5 | 切断 | T03 | | 400 | 0. 05 | | |
| 6 | 自检 | | | | | | |

2. 编写加工程序（表 10-2）

表 10-2　加工程序

| | |
|---|---|
| O0001;(G01 方式切槽) | O0002;(G75 方式切槽) |
| G99; | G99; |
| T0101 M08; | T0101 M08; |
| M03 S600; | M03 S600; |
| G00 X42 Z1; | G00 X42 Z1; |
| G71 U1.3 R 1; | G71 U1.3 R 1; |
| G71 P10 Q20 U0.5 F0.2; | G71 P10 Q20 U0.5 F0.2; |
| N10 G00 X22; | N10 G00 X22; |
| G01 G42 Z0 F0.2; | G01 G42 Z0 F0.2; |
| X24 Z-1 F0.1; | X24. Z-1 F0.1; |
| Z-26; | Z-26; |
| X27; | X27; |
| X28 W-0.5; | X28 W-0.5; |
| Z-35; | Z-35; |
| X40; | X40; |
| N20 G00 G40 X42; | N20 G00 G40 X42; |
| T0101; | T0101; |
| M03 S800; | M03 S800; |
| G00 X42 Z1; | G00 X42 Z1; |
| G70 P10 Q20; | G70 P10 Q20; |
| G00 X100 Z100; | G00 X100 Z100; |
| T0303; | T0303; |
| M03 S400; | M03 S400; |
| G00 X26 Z-8; | G00 X25 Z-8; |
| G01 X24.5 F0.3; | G75 R0.5; |
| X18 F0.05; | G75 X18 Z-8 P2000 Q100 F0.05;(Q 如果设为 0 会报警) |
| X25 F0.3; | T0303; |
| G00 Z-16; | M03 S400; |
| G01 X24.5 F0.3; | G00 X25 Z-16; |
| X18 F0.05; | G75 R0.5; |
| X24.5 F0.3; | G75 X18 Z-21 P2000 Q2000 F0.05; |
| Z-18.5 F1; | G00 X30; |

（续）

| | |
|---|---|
| X18 F0.05; | Z-34; |
| X24.5 F0.3; | T0303; |
| Z-20.5; | M03 S400; |
| X18 F0.05; | G00 X28.5 Z-34; |
| X24.5 F0.3; | G75 R0.5; |
| Z-21; | G75 X3 Z-34 P2000 Q100 F0.05; |
| X18 F0.05; | G00 X100 Z100; |
| X25 F0.3; | M30; |
| G00 X30; | |
| Z-34; | |
| G01 X28.5 F0.3; | |
| X3 F0.05; | |
| X29 F0.3; | |
| G00 X100 Z100; | |
| M30; | |

3. 注意事项

在实际操作过程中，应注意以下几点：

1）切削用量选择不合理、排屑不通畅会导致崩刃，刀具刃磨不当会导致铁屑不断屑，因此应合理选择切削用量及刀具。

2）G75 切断时，由于 $Z$ 方向不平移，如果 Q 设为 0，有的系统会报警。

3）对刀时，注意切槽刀的编程刀位点为左刀尖。

4）内孔加工时，应注意换刀点的位置应远离工件，否则会在换刀和快速靠近工件时撞到工件。

5）切削用量的选取要考虑车床、刀具的刚性，避免加工时引起振动或在工件表面产生振纹，不能达到工件表面质量要求。

6）加工零件过程中一定要提高警惕，将手放在“进给暂停”按钮上，如遇紧急情况，迅速按下“进给暂停”按钮，防止意外事故发生。

7）执行 G75 循环指令加工时，指令程序段前循环点的位置，就是加工起始位置，也是 G75 循环加工结束时刀具返回的终点位置。

8）$X$ 方向和 $Z$ 方向间断切削时，如最后余量小于指定长度值，就按余量值进行间断切削加工。

9）$\Delta d$ 为切削至终点的退刀量。退刀方向与 $Z$ 方向的进给方向相反。通常情况下，因加工槽时，刀具两侧无间隙，无退让距离，所以一般 $\Delta d$ 取零值或省略。

4. 加工零件的质量检查及评分（表 10-3）

**表 10-3　质量检查及评分**

| 序号 | 项目 | 检测尺寸 | 配分 | 评分标准 | 自检 | 复检 | 得分 |
|---|---|---|---|---|---|---|---|
| 1 | 外圆 | $\phi 28_{-0.05}^{\ 0}$mm | 10 | 超差不得分 | | | |
| 2 | 外圆 | $\phi 24_{-0.05}^{\ 0}$mm | 10 | 超差不得分 | | | |
| 3 | 外圆 | $\phi 18_{-0.1}^{\ 0}$mm | 10 | 超差不得分 | | | |
| 4 | 长度 | 5mm 两处 | 10 | 不合格不得分 | | | |
| 5 | 槽宽 | 8mm | 10 | 不合格不得分 | | | |
| 6 | 槽宽 | 3mm | 10 | 不合格不得分 | | | |
| 7 | 长度 | 21mm | 5 | 不合格不得分 | | | |
| 8 | 长度 | 31mm | 5 | 不合格不得分 | | | |
| 9 | 倒角 | $C1$ | 5 | 不合格不得分 | | | |
| 10 | 安全文明生产 | | 25 | | | | |
| 学生签名： | | | 教师签名： | | 总分： | | |

## 五、拓展练习

本拓展练习要求正确地确定零件的加工工艺，正确地编写加工程序，并完成零件的加工，自检后填写评分表。

### （一）拓展练习 1

根据图 10-5 所示台阶轴完成拓展训练。

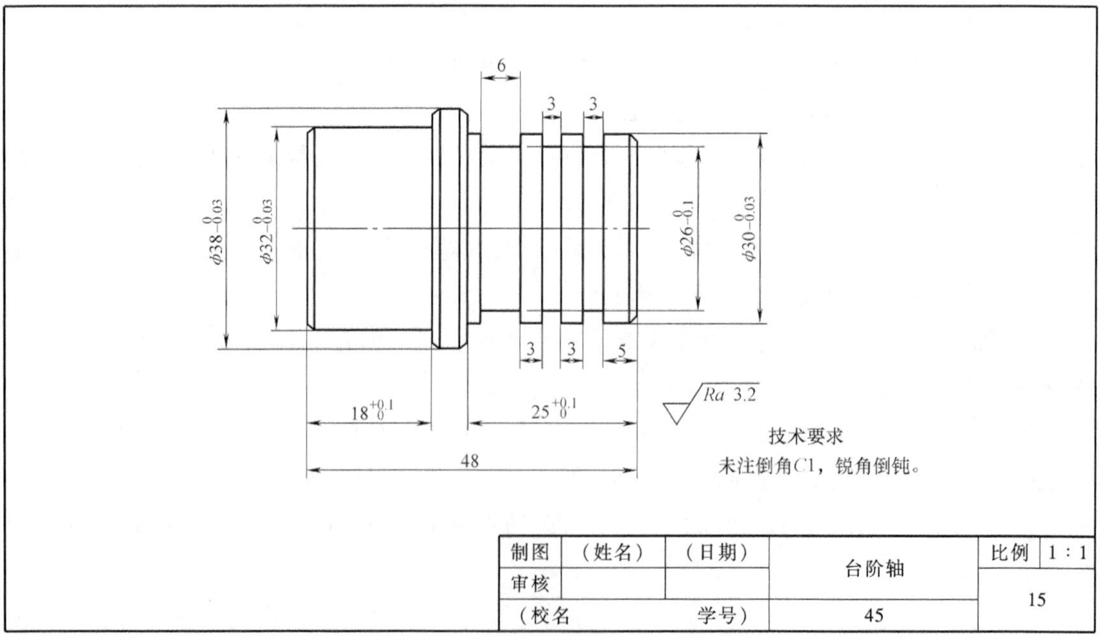


图 10-5　台阶轴（二）

1. 确定加工步骤，填写加工工艺卡（表10-4）

**表10-4　加工工艺卡**

| 零件图号 | | 材料 | | | | 毛坯尺寸 | |
|---|---|---|---|---|---|---|---|
| 零件名称 | | 刀具 | 背吃刀量 $a_p$ /mm | 主轴转速 $n$ /(r/min) | 进给量 $f$ /(mm/r) | 设备型号 | |
| 工步 | 工步内容 | | | | | 工艺简图 | |
| 1 | | | | | | | |
| 2 | | | | | | | |
| 3 | | | | | | | |
| 4 | | | | | | | |
| 5 | | | | | | | |
| 6 | | | | | | | |
| 7 | | | | | | | |
| 8 | | | | | | | |
| 9 | | | | | | | |
| 10 | | | | | | | |
| 11 | | | | | | | |
| 12 | | | | | | | |
| 13 | | | | | | | |
| 14 | | | | | | | |

2. 加工零件的质量检查及评分（表10-5）

**表10-5　质量检查及评分**

| 序号 | 项目 | 检测尺寸 | 配分 | 评分标准 | 自检 | 复检 | 得分 |
|---|---|---|---|---|---|---|---|
| 1 | 外圆 | $\phi 38_{-0.03}^{0}$ mm | 6 | 超差不得分 | | | |
| 2 | 外圆 | $\phi 32_{-0.03}^{0}$ mm | 6 | 超差不得分 | | | |
| 3 | 外圆 | $\phi 30_{-0.03}^{0}$ mm | 6 | 超差不得分 | | | |
| 4 | 外圆 | $\phi 26_{-0.1}^{0}$ mm | 6 | 超差不得分 | | | |
| 5 | 长度 | $18_{0}^{+0.1}$ mm | 6 | 超差不得分 | | | |
| 6 | 长度 | $25_{0}^{+0.1}$ mm | 6 | 超差不得分 | | | |
| 7 | 总长 | 48mm | 6 | 不合格不得分 | | | |
| 8 | 槽宽 | 3mm | 10 | 不合格不得分 | | | |
| 9 | 槽宽 | 3mm | 10 | 不合格不得分 | | | |
| 10 | 槽宽 | 6mm | 10 | 不合格不得分 | | | |
| 11 | 厚度 | 3mm、3mm、5mm | 6 | 不合格不得分 | | | |
| 12 | 倒角 | $C1$ | 3 | 不合格不得分 | | | |
| 13 | 表面粗糙度值 | $Ra3.2\mu m$ | 4 | 不合格不得分 | | | |
| 14 | 安全文明生产 | | 15 | | | | |
| 学生签名： | | | 教师签名： | | 总分： | | |

### （二）拓展练习 2

根据图 10-6 所示台阶轴完成拓展练习。

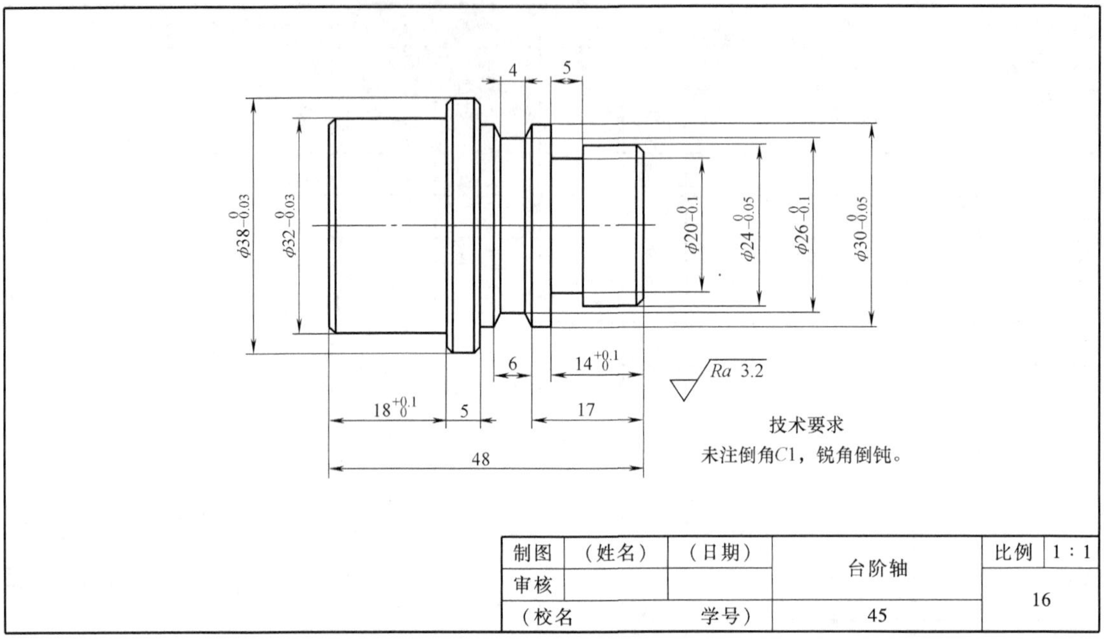


图 10-6　台阶轴（三）

1. 确定加工步骤，填写加工工艺卡（表 10-6）

**表 10-6　加工工艺卡**

| 零件图号 | | 材料 | | | | 毛坯尺寸 | |
|---|---|---|---|---|---|---|---|
| 零件名称 | | 刀具 | 背吃刀量 $a_p$ /mm | 主轴转速 $n$ /(r/min) | 进给量 $f$ /(mm/r) | 设备型号 | |
| 工步 | 工步内容 | | | | | 工艺简图 | |
| 1 | | | | | | | |
| 2 | | | | | | | |
| 3 | | | | | | | |
| 4 | | | | | | | |
| 5 | | | | | | | |
| 6 | | | | | | | |
| 7 | | | | | | | |
| 8 | | | | | | | |
| 9 | | | | | | | |
| 10 | | | | | | | |
| 11 | | | | | | | |
| 12 | | | | | | | |
| 13 | | | | | | | |
| 14 | | | | | | | |

2. 加工零件的质量检查及评分（表 10-7）

表 10-7　质量检查及评分

| 序号 | 项目 | 检测尺寸 | 配分 | 评分标准 | 自检 | 复检 | 得分 |
|---|---|---|---|---|---|---|---|
| 1 | 外圆 | $\phi 38_{-0.03}^{0}$mm | 6 | 超差不得分 | | | |
| 2 | 外圆 | $\phi 32_{-0.03}^{0}$mm | 6 | 超差不得分 | | | |
| 3 | 外圆 | $\phi 30_{-0.05}^{0}$mm | 6 | 超差不得分 | | | |
| 4 | 外圆 | $\phi 26_{-0.1}^{0}$mm | 6 | 超差不得分 | | | |
| 5 | 外圆 | $\phi 24_{-0.05}^{0}$mm | 6 | 超差不得分 | | | |
| 6 | 外圆 | $\phi 20_{-0.1}^{0}$mm | 6 | 超差不得分 | | | |
| 7 | 长度 | $18_{0}^{+0.1}$mm | 6 | 超差不得分 | | | |
| 8 | 长度 | $14_{0}^{+0.1}$mm | 6 | 超差不得分 | | | |
| 9 | 总长 | 48mm | 6 | 不合格不得分 | | | |
| 10 | 槽宽 | 5mm | 10 | 不合格不得分 | | | |
| 11 | 槽宽 | 6mm、4mm | 10 | 不合格不得分 | | | |
| 12 | 厚度 | 5mm | 2 | 不合格不得分 | | | |
| 13 | 长度 | 17mm | 2 | 不合格不得分 | | | |
| 14 | 倒角 | $C1$ | 2 | 不合格不得分 | | | |
| 15 | 表面粗糙度值 | $Ra3.2\mu m$ | 5 | 不合格不得分 | | | |
| 16 | 安全文明生产 | | 15 | | | | |
| 学生签名： | | | 教师签名： | | 总分： | | |

## 六、实训思考题

1）简述切断加工的特点。

2）切断实心或空心零件时，切断刀的刀头宽度及刀头长度应怎样计算？

3）切断时有哪些注意事项？

4）简述内切槽刀的安装方法及注意事项。

## 七、实训小结

完成实训项目的实训报告。

# 项目十一　车普通外螺纹

学习目的与要求

1）熟练掌握在数控车床上车削螺纹的基本方法。

2）掌握螺纹加工的工艺特点和切削参数。

3）掌握常用的编程指令并能合理地选择合适的指令编制加工程序。

4）掌握常用螺纹加工指令的适用范围及编程技能、技巧。

## 一、任务引入

图 11-1 所示为螺纹轴，编写加工程序，填写加工工艺卡，并完成零件的加工。材料及规格：45 钢，$\phi$40mm×50mm。

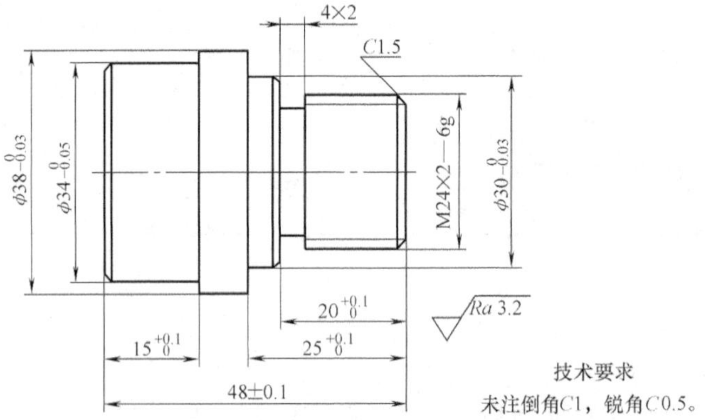


| 制图 | （姓名） | （日期） | 螺纹轴 | 比例 | 1∶1 |
|---|---|---|---|---|---|
| 审核 | | | | 17 | |
| （校名　学号） | | | 45 | | |

图 11-1　螺纹轴（一）

## 二、任务分析

1. 工艺分析

该零件为螺纹轴，先加工左端台阶，再调头加工右端台阶，还需加工 4mm×2mm 螺纹退刀槽，并加工 M24×2 的普通螺纹。该螺纹适合用等距螺纹切削指令 G32、螺纹切削固定循环 G92 和螺纹复合加工指令 G76 进行加工。

2. 工、量具及材料准备

1）刀具：90°外圆车刀、3mm 切槽刀、60°外螺纹车刀各一把。

2）量具：0~200mm 游标卡尺、25~50mm 外径千分尺、螺纹千分尺、螺纹环规各一套。

3）材料及规格：45 钢，$\phi$40mm×50mm。

## 三、相关知识要点

### （一）螺纹车刀的选择和螺纹加工的进给方式

数控螺纹车刀及加工的零件如图 11-2 所示，螺纹加工的进给方式如图 11-3 所示。

a)

b)

图 11-2　数控螺纹车刀及加工的零件

a）外螺纹车刀及零件　b）内螺纹车刀及零件

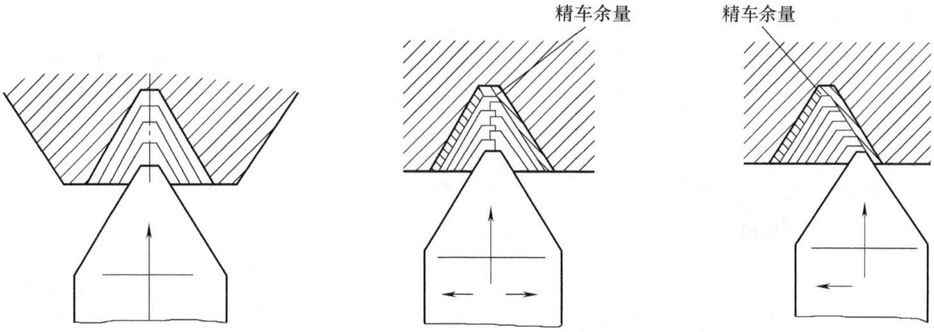


a)　　b)　　c)

图 11-3　螺纹加工的进给方式

a）直进法　b）左右切削法　c）斜进法

### （二）螺纹车刀的装夹

装夹螺纹车刀时应注意以下几点：

1）装夹车刀时，刀尖高度一般应对准工件中心。

2）刀头不应伸出过长，一般为 20~25mm（约为刀杆厚度的 1.5 倍）；内螺纹车刀的刀头加上刀杆后的径向长度应比螺纹底孔直径小 3~5mm，以免退刀时碰伤牙顶。

3）车刀刀尖角的对称中心必须与工件轴线垂直。

图 11-4 所示为螺纹车刀的安装。

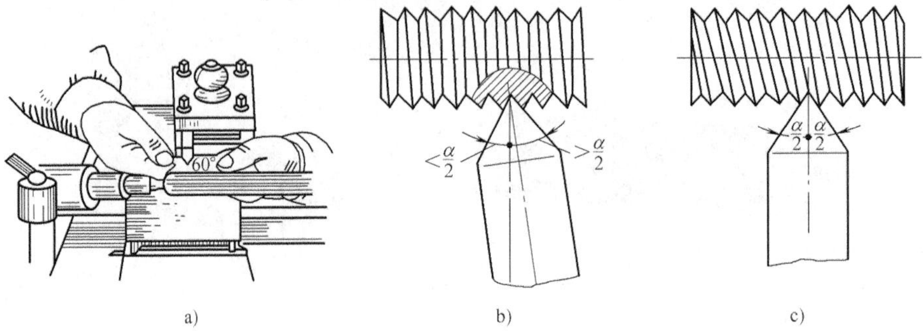


图 11-4　螺纹车刀的安装

a）用样板校对刀型与工件垂直　b）刀具装歪　c）刀尖齿形对称并垂直于工件轴线

**（三）螺纹的测量和检查**

1. 大径的测量

螺纹大径的公差较大，一般可用游标卡尺或千分尺测量。

2. 螺距的测量

螺距一般可用钢直尺测量。如果螺距较小，可先量 10 个螺距，然后除以 10 得出一个螺距的大小。螺距较大的可以只量 2~4 个，然后求一个螺距。

3. 中径的测量

精度较高的普通螺纹，可用螺纹千分尺测量，所测得的值就是该螺纹的中径实际尺寸。

4. 综合测量

用螺纹环规综合检查普通外螺纹。首先对螺纹的直径、螺距、牙型和表面粗糙度进行检查，然后用螺纹环规测量外螺纹的尺寸精度。如果环规通端正好旋入，而止端不能旋入，则说明螺纹精度符合要求。

**（四）编程理论**

1. 等距螺纹切削 G32

格式：

G32 X（U）__ Z（W）__ F__；

其中：

X、Z——绝对坐标编程时螺纹终点坐标值；

U、W——相对坐标编程时，螺纹终点相对起点的增量值；

F——螺纹导程。

2. 多线螺纹切削 G33

格式：

G33 X（U）__ Z（W）__ F__ P__；

其中：

X、Z——绝对坐标编程时螺纹终点坐标值；

U、W——相对坐标编程时，螺纹终点相对起点的增量值；

*F*——螺纹导程；

P——螺纹线数和起始角，非模态值，每次使用必须指定，起始角度为 0.001°，不能指定小数。

3. 变螺距螺纹切削 G34

格式：

G34 X（U）__ Z（W）__ F __ K __；

其中：

X、Z——绝对坐标编程时螺纹终点坐标值；

U、W——相对坐标编程时，螺纹终点相对起点的增量值；

F——螺纹导程；

K——主轴每转螺距的增量或减量

4. 螺纹切削固定循环指令 G92

格式：

G92 X（U）__ Z（W）__ R __ F __；

其中：

X、Z——绝对坐标编程时螺纹终点坐标值；

U、W——相对坐标编程时，螺纹终点相对起点的增量值；

R——加工圆锥螺纹时，螺纹起点与终点的半径差，加工圆柱螺纹时 R 值为 0，可省略；

F——螺纹导程。

G92 循环示意图如图 11-5 所示。

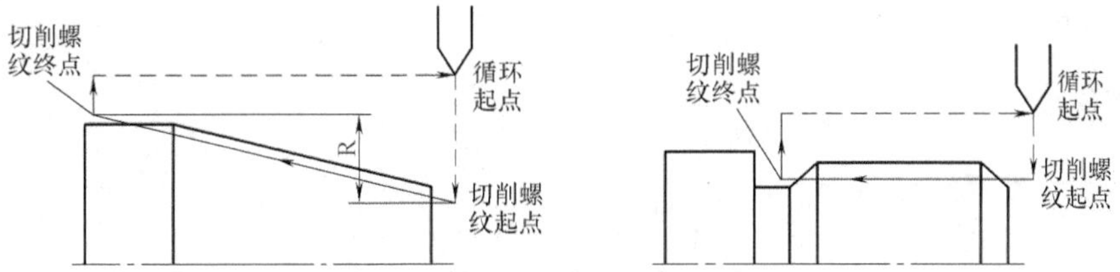


图 11-5　G92 循环示意图

5. 内（外）螺纹切削复合循环 G76

格式：

G0 X $\underline{\alpha_1}$ Z $\underline{\beta_1}$；

G76 P $\underline{m\gamma\theta}$ Q $\underline{\Delta d_{min}}$ R $\underline{\Delta c}$；

G76 X $\underline{\alpha_2}$ Z $\underline{\beta_2}$ R $\underline{I}$ P $\underline{h}$ Q $\underline{\Delta d}$ F $\underline{I}$；

程序段中各地址的含义为：

$\alpha_1$、$\beta_1$——螺纹切削循环起始点坐标。在 *X* 方向切削外螺纹时，应比螺纹大径大 1~2mm；在切削内螺纹时，应比螺纹小径小 1~2mm。在 *Z* 方向必须考虑空刀导入量。

$m$——精加工重复次数，可以为 1~99 次。

$\gamma$——螺纹尾部倒角量（斜向退刀），00~99 个单位，取 01 则退 0.11×导程（单位：mm）。

$\theta$——螺纹刀尖的角度（螺纹牙型角），可选择 80°、60°、55°、30°、29°、0°六个种类。

$\Delta d_{min}$——切削时的最小背吃刀量，半径值，单位为 mm。

$\Delta c$——精加工余量，半径值，单位为 mm。

$\alpha_2$——螺纹底径值（外螺纹为小径值，内螺纹为大径值），直径值，单位为 mm。

$\beta_2$——螺纹的 $Z$ 方向终点位置坐标，必须考虑空刀导出量。

$I$——螺纹部分的半径差，与 G92 中的 $I$ 相同。$I$ 为 0 时，为直螺纹切削。

$h$——螺纹的牙深，按 $h=0.65P$ 进行计算，半径值，单位为 mm。

$\Delta d$——第一次背吃刀量，半径值，单位为 mm。

F——螺纹导程，单位为 mm。

G76 指令的循环路线和进给方式如图 11-6 所示。

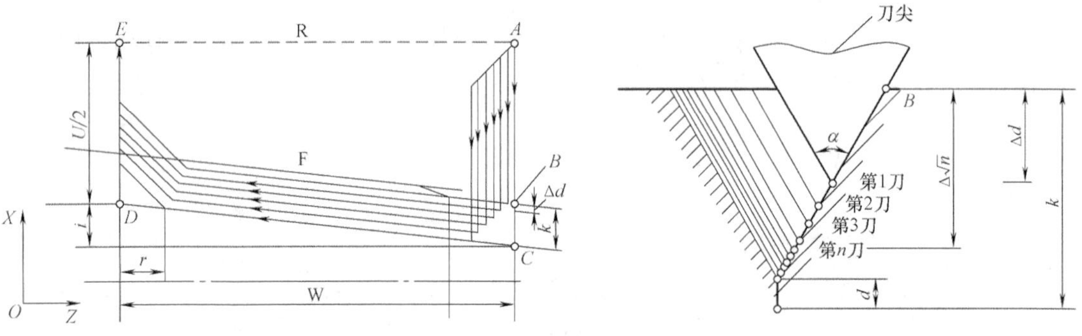


a)　　b)

图 11-6　G76 指令的循环路线和进给方式

a）循环路线　b）进给方式

## 四、任务实施

1. 确定加工步骤，填写加工工艺卡（表 11-1）

**表 11-1　加工工艺卡**

| 零件图号 | 17 | 材料 | | 45 钢 | | 毛坯尺寸 | $\phi$40mm×50mm |
|---|---|---|---|---|---|---|---|
| 零件名称 | 螺纹轴 | 刀具 | 背吃刀量 $a_p$ /mm | 主轴转速 $n$ /(r/min) | 进给量 $f$ /(mm/r) | 设备型号 | CK6140A |
| 工步 | 工步内容 | | | | | 工艺简图 | |
| 1 | 车端面 | T01 | 1 | 600 | 0.2 | 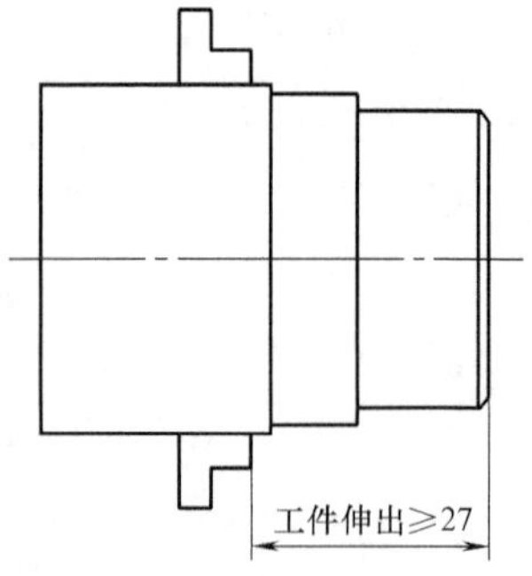  | |
| 2 | 粗车左端外圆轮廓各部，外径留 0.5mm 余量 | T01 | 1.5 | 600 | 0.2 | | |
| 3 | 精加工左端外圆轮廓至尺寸要求 | T01 | 0.25 | 800 | 0.1 | | |

（续）

| 零件图号 | 17 | 材料 | | 45 钢 | | 毛坯尺寸 | $\phi$40mm×50mm |
|---|---|---|---|---|---|---|---|
| 零件名称 | 螺纹轴 | 刀具 | 背吃刀量 $a_p$ /mm | 主轴转速 $n$ /(r/min) | 进给量 $f$ /(mm/r) | 设备型号 | CK6140A |
| 工步 | 工步内容 | | | | | 工艺简图 | |
| 4 | 调头装夹已加工 $\phi$34mm×15mm 台阶 | | | | | 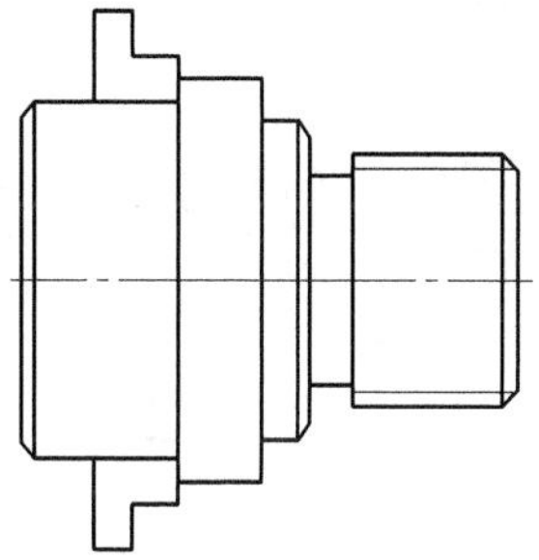 | |
| 5 | 车全长,控制全长尺寸 48mm | T01 | 1 | 600 | 0.2 | | |
| 6 | 粗车右端外圆轮廓各部,外径留 0.5mm 余量 | T01 | 1.5 | 600 | 0.2 | | |
| 7 | 精车右端外圆轮廓至尺寸要求 | T01 | 0.25 | 800 | 0.1 | | |
| 8 | 切槽 4mm×2mm | T02 | | 400 | 0.05 | | |
| 9 | 车 M24×2-6g 螺纹 | T03 | | 400 | | | |
| 10 | 自检 | | | | | | |

## 2. 编写加工程序（表 11-2）

**表 11-2　加工程序**（外圆轮廓与切槽程序省略）

| O0001(G32 编程); | O0002(G92 编程); | O0003(G76 编程); |
|---|---|---|
| T0303 M08; | T0303 M08; | T0303 M08; |
| M03 S400; | M03 S400; | M03 S400; |
| G00 X27 Z5; | G00 X27 Z5; | G00 X27 Z5; |
| X23.4; | G92 X23.4 Z-18 F2; | G76 P010260 Q100 R0.1; |
| G32 X23.4 Z-18 F2; | X22.9 F2; | G76 X21.4 Z-18 P1400 Q500 F2; |
| G00 X27; | X22.5 F2; | G00 X100 Z100; |
| Z5; | X22.1 F2; | M30; |
| X22.9; | X21.8 F2; | |
| G32 X22.9 Z-18 F2; | X21.5 F2; | |
| G00 X27; | X21.4 F2; | |
| Z5; | G00 X100 Z100; | |
| X22.5; | M30; | |
| G32 X22.5 Z-18 F2; | | |
| G00 X27; | | |
| Z5; | | |
| X22.1; | | |
| G32 X22.1 Z-18 F2; | | |
| G00 X27; | | |
| Z5; | | |
| X21.8; | | |
| G32 X21.8 Z-18 F2; | | |
| G00 X27; | | |

（续）

| | | |
|---|---|---|
| Z5; | | |
| X21.5; | | |
| G32 X21.5 Z-18 F2; | | |
| G00 X27; | | |
| Z5; | | |
| X21.4; | | |
| G32 X21.4 Z-18 F2; | | |
| G00 X100; | | |
| Z100; | | |
| M30; | | |

3. 注意事项

在实际操作过程中，应注意以下几点：

1）安全第一。实训必须在教师的指导下，严格按照数控车床的安全操作规程，有步骤地进行。

2）工件装夹必须牢靠。

3）机床在试运行前必须进行图形模拟加工，避免程序错误、刀具碰撞工件或卡盘。

4）车床空载运行时，注意检查车床各部分运行状况。

5）对刀时，注意内槽车刀的编程刀位点为左刀尖。

6）加工时，应注意换刀点的位置不能太靠近工件，否则会在换刀和快速靠近工件时撞到工件。

7）严禁在车床主轴旋转过程中，用棉纱擦拭螺纹表面，以免发生事故。

8）在执行车削螺纹程序段时，不允许中途进行随机“暂停”操作，以免发生伤人事故或损坏机床。

4. 加工零件的质量检查及评分（表 11-3）

**表 11-3 质量检查及评分**

| 序号 | 项目 | 检测尺寸 | 配分 | 评分标准 | 自检 | 复检 | 得分 |
|---|---|---|---|---|---|---|---|
| 1 | 外圆 | $\phi 38_{-0.03}^{0}$mm | 8 | 超差不得分 | | | |
| 2 | 外圆 | $\phi 30_{-0.03}^{0}$mm | 8 | 超差不得分 | | | |
| 3 | 外圆 | $\phi 34_{-0.05}^{0}$mm | 8 | 超差不得分 | | | |
| 4 | 长度 | $15_{0}^{+0.1}$mm | 7 | 超差不得分 | | | |
| 5 | 长度 | $20_{0}^{+0.1}$mm | 7 | 超差不得分 | | | |
| 6 | 长度 | $25_{0}^{+0.1}$mm | 7 | 超差不得分 | | | |
| 7 | 总长 | (48±0.1)mm | 7 | 超差不得分 | | | |
| 8 | 槽宽 | 4mm×2mm | 5 | 不合格不得分 | | | |
| 9 | 螺纹 | M24×2—6g | 15 | 不合格不得分 | | | |
| 10 | 倒角 | $C1.5$、$C1$、$C0.5$ | 3 | 不合格不得分 | | | |
| 11 | 表面粗糙度值 | $Ra3.2\mu m$ | 5 | 不合格不得分 | | | |
| 12 | 安全文明生产 | | 20 | | | | |
| 学生签名： | | | 教师签名： | | 总分： | | |

## 五、拓展练习

本任务要求正确地确定零件的加工工艺，编写加工程序，并完成零件的加工，自检后填写评分表。

### （一）拓展练习 1

根据图 11-7 所示螺纹轴完成拓展练习。

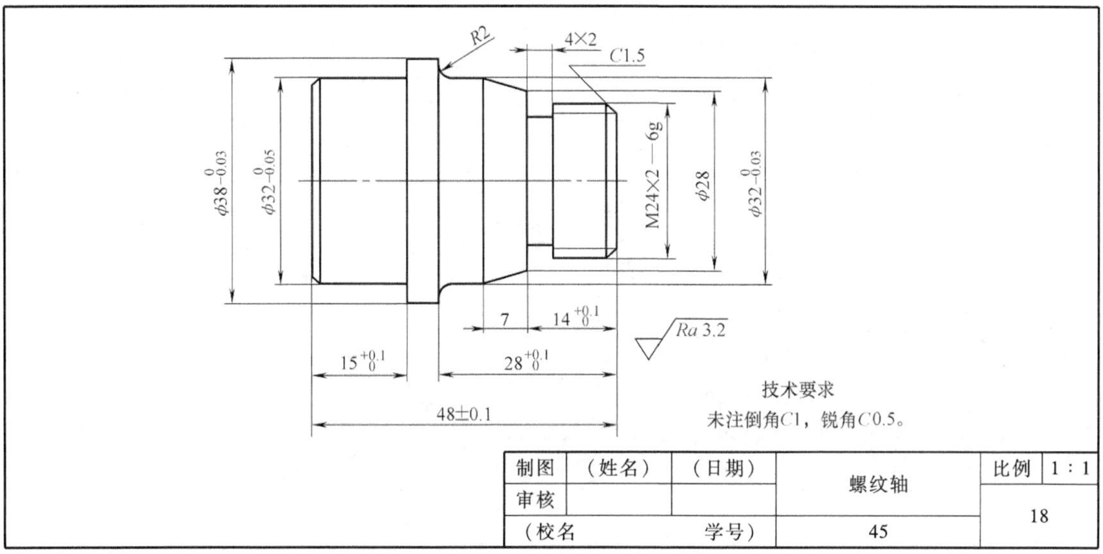


图 11-7　螺纹轴（二）

1. 确定加工步骤，填写加工工艺卡（表 11-4）

**表 11-4　加工工艺卡**

| 零件图号 | | 材料 | | | | 毛坯尺寸 | |
|---|---|---|---|---|---|---|---|
| 零件名称 | | 刀具 | 背吃刀量 $a_p$ /mm | 主轴转速 $n$ /(r/min) | 进给量 $f$ /(mm/r) | 设备型号 | |
| 工步 | 工步内容 | | | | | 工艺简图 | |
| 1 | | | | | | | |
| 2 | | | | | | | |
| 3 | | | | | | | |
| 4 | | | | | | | |
| 5 | | | | | | | |
| 6 | | | | | | | |
| 7 | | | | | | | |
| 8 | | | | | | | |
| 9 | | | | | | | |
| 10 | | | | | | | |
| 11 | | | | | | | |
| 12 | | | | | | | |
| 13 | | | | | | | |

2. 加工零件的质量检查及评分（表 11-5）

**表 11-5　质量检查及评分**

| 序号 | 项目 | 检测尺寸 | 配分 | 评分标准 | 自检 | 复检 | 得分 |
|---|---|---|---|---|---|---|---|
| 1 | 外圆 | $\phi 38_{-0.03}^{0}$mm | 6 | 超差不得分 | | | |
| 2 | 外圆 | $\phi 32_{-0.03}^{0}$mm | 6 | 超差不得分 | | | |
| 3 | 外圆 | $\phi 32_{-0.05}^{0}$mm | 6 | 超差不得分 | | | |
| 4 | 圆锥台 | $\phi$28mm、7mm | 6 | 超差不得分 | | | |
| 5 | 长度 | $15_{0}^{+0.1}$mm | 6 | 超差不得分 | | | |
| 6 | 长度 | $14_{0}^{+0.1}$mm | 6 | 超差不得分 | | | |
| 7 | 长度 | $28_{0}^{+0.1}$mm | 6 | 超差不得分 | | | |
| 8 | 总长 | (48±0.1)mm | 6 | 超差不得分 | | | |
| 9 | 槽宽 | 4mm×2mm | 6 | 不合格不得分 | | | |
| 10 | 螺纹 | M24×2—6g | 15 | 不合格不得分 | | | |
| 11 | 圆角 | $R$2mm | 3 | 不合格不得分 | | | |
| 12 | 倒角 | $C$1.5、$C$1、$C$0.5 | 3 | 不合格不得分 | | | |
| 13 | 表面粗糙度值 | $Ra$3.2μm | 5 | 不合格不得分 | | | |
| 14 | 安全文明生产 | | 20 | | | | |
| 学生签名： | | | 教师签名： | | 总分： | | |

### （二）拓展练习 2

根据图 11-8 所示螺纹轴完成拓展练习。

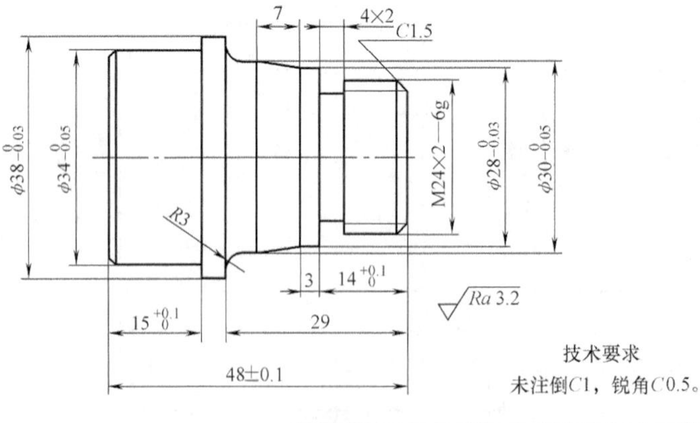


| 制图 | （姓名） | （日期） | 螺纹轴 | 比例 | 1∶1 |
|---|---|---|---|---|---|
| 审核 | | | | 19 | |
| （校名 | | 学号） | 45 | | |

图 11-8　螺纹轴（三）

1. 确定加工步骤，填写加工工艺卡（表 11-6）

**表 11-6 加工工艺卡**

<table>
<tr><td colspan="2">零件图号</td><td colspan="2"></td><td colspan="2">材料</td><td colspan="2"></td><td>毛坯尺寸</td><td></td></tr>
<tr><td colspan="2">零件名称</td><td colspan="2"></td><td rowspan="2">刀具</td><td rowspan="2">背吃刀量 $a_p$ /mm</td><td rowspan="2">主轴转速 $n$ /(r/min)</td><td rowspan="2">进给量 $f$ /(mm/r)</td><td>设备型号</td><td></td></tr>
<tr><td>工步</td><td colspan="3">工步内容</td><td colspan="2">工艺简图</td></tr>
<tr><td>1</td><td colspan="3"></td><td></td><td></td><td></td><td></td><td colspan="2" rowspan="6"></td></tr>
<tr><td>2</td><td colspan="3"></td><td></td><td></td><td></td><td></td></tr>
<tr><td>3</td><td colspan="3"></td><td></td><td></td><td></td><td></td></tr>
<tr><td>4</td><td colspan="3"></td><td></td><td></td><td></td><td></td></tr>
<tr><td>5</td><td colspan="3"></td><td></td><td></td><td></td><td></td></tr>
<tr><td>6</td><td colspan="3"></td><td></td><td></td><td></td><td></td></tr>
<tr><td>7</td><td colspan="3"></td><td></td><td></td><td></td><td></td><td colspan="2" rowspan="8"></td></tr>
<tr><td>8</td><td colspan="3"></td><td></td><td></td><td></td><td></td></tr>
<tr><td>9</td><td colspan="3"></td><td></td><td></td><td></td><td></td></tr>
<tr><td>10</td><td colspan="3"></td><td></td><td></td><td></td><td></td></tr>
<tr><td>11</td><td colspan="3"></td><td></td><td></td><td></td><td></td></tr>
<tr><td>12</td><td colspan="3"></td><td></td><td></td><td></td><td></td></tr>
<tr><td>13</td><td colspan="3"></td><td></td><td></td><td></td><td></td></tr>
<tr><td>14</td><td colspan="3"></td><td></td><td></td><td></td><td></td></tr>
</table>

2. 加工零件的质量检查及评分（表 11-7）

**表 11-7 质量检查及评分**

| 序号 | 项目 | 检测尺寸 | 配分 | 评分标准 | 自检 | 复检 | 得分 |
|---|---|---|---|---|---|---|---|
| 1 | 外圆 | $\phi 38_{-0.03}^{0}$ mm | 6 | 超差不得分 | | | |
| 2 | 外圆 | $\phi 28_{-0.03}^{0}$ mm | 6 | 超差不得分 | | | |
| 3 | 外圆 | $\phi 34_{-0.05}^{0}$ mm | 6 | 超差不得分 | | | |
| 4 | 外圆 | $\phi 30_{-0.05}^{0}$ mm | 6 | 超差不得分 | | | |
| 5 | 长度 | $15_{0}^{+0.1}$ mm | 6 | 超差不得分 | | | |
| 6 | 长度 | $14_{0}^{+0.1}$ mm | 6 | 超差不得分 | | | |
| 7 | 长度 | 29mm | 6 | 不合格不得分 | | | |
| 8 | 长度 | 3mm、7mm | 6 | 不合格不得分 | | | |
| 9 | 总长 | (48±0.1)mm | 6 | 超差不得分 | | | |
| 10 | 槽宽 | 4mm×2mm | 6 | 不合格不得分 | | | |
| 11 | 螺纹 | M24×2—6g | 10 | 不合格不得分 | | | |
| 12 | 圆角 | $R$3mm | 2 | 不合格不得分 | | | |
| 13 | 倒角 | $C$1.5、$C$1、$C$0.5 | 3 | 不合格不得分 | | | |
| 14 | 表面粗糙度值 | $Ra$3.2μm | 5 | 不合格不得分 | | | |
| 15 | 安全文明生产 | | 20 | | | | |
| 学生签名： | | | 教师签名： | | 总分： | | |

### （三）拓展练习 3

根据图 11-9 所示螺纹轴完成拓展练习。

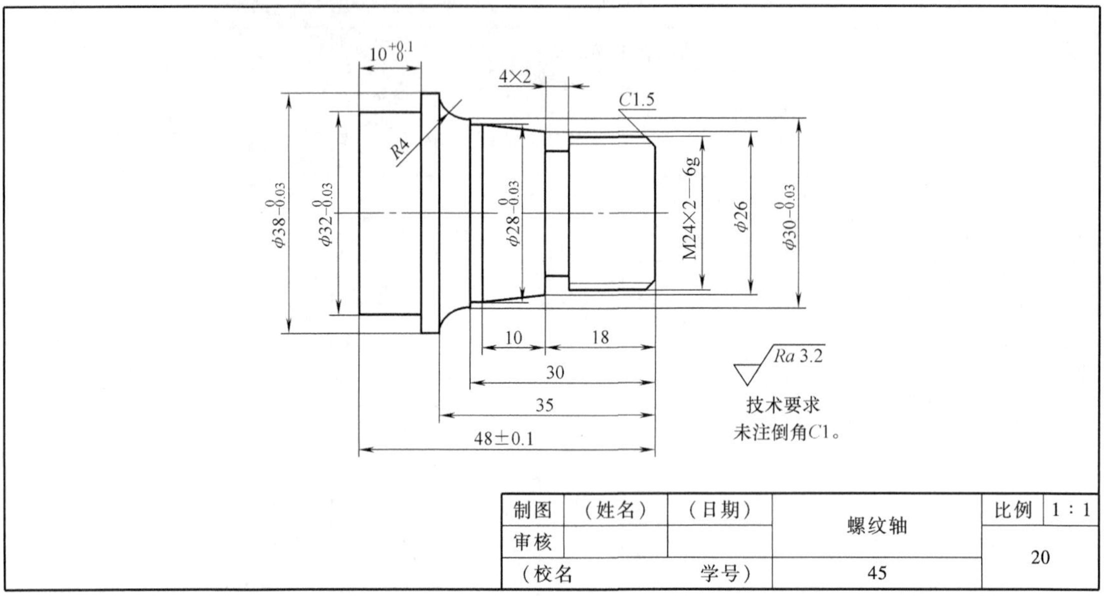


图 11-9　螺纹轴（四）

1. 确定加工步骤，填写加工工艺卡（表 11-8）

**表 11-8　加工工艺卡**

| 零件图号 | | 材料 | | | | 毛坯尺寸 | |
|---|---|---|---|---|---|---|---|
| 零件名称 | | 刀具 | 背吃刀量 $a_p$ /mm | 主轴转速 $n$ /(r/min) | 进给量 $f$ /(mm/r) | 设备型号 | |
| 工步 | 工步内容 | | | | | 工艺简图 | |
| 1 | | | | | | | |
| 2 | | | | | | | |
| 3 | | | | | | | |
| 4 | | | | | | | |
| 5 | | | | | | | |
| 6 | | | | | | | |
| 7 | | | | | | | |
| 8 | | | | | | | |
| 9 | | | | | | | |
| 10 | | | | | | | |
| 11 | | | | | | | |
| 12 | | | | | | | |
| 13 | | | | | | | |
| 14 | | | | | | | |

2. 加工零件的质量检查及评分（表 11-9）

**表 11-9　质量检查及评分**

| 序号 | 项目 | 检测尺寸 | 配分 | 评分标准 | 自检 | 复检 | 得分 |
|---|---|---|---|---|---|---|---|
| 1 | 外圆 | $\phi 38_{-0.03}^{0}$mm | 8 | 超差不得分 | | | |
| 2 | 外圆 | $\phi 32_{-0.03}^{0}$mm | 8 | 超差不得分 | | | |
| 3 | 外圆 | $\phi 30_{-0.03}^{0}$mm | 8 | 超差不得分 | | | |
| 4 | 外圆 | $\phi 28_{-0.03}^{0}$mm | 8 | 超差不得分 | | | |
| 5 | 长度 | $10_{0}^{+0.1}$mm | 8 | 超差不得分 | | | |
| 6 | 长度 | 18mm，10mm | 6 | 超差不得分 | | | |
| 7 | 长度 | 30mm，35mm | 6 | 不合格不得分 | | | |
| 8 | 总长 | (48±0.1)mm | 8 | 超差不得分 | | | |
| 9 | 槽宽 | 4mm×2mm | 4 | 不合格不得分 | | | |
| 10 | 螺纹 | M24×2—6g | 10 | 不合格不得分 | | | |
| 11 | 圆角 | *R*4mm | 2 | 不合格不得分 | | | |
| 12 | 锥度 | | 6 | 不合格不得分 | | | |
| 13 | 倒角 | *C*1.5、*C*1、*C*0.5 | 3 | 不合格不得分 | | | |
| 14 | 表面粗糙度值 | *Ra*3.2μm | 5 | 不合格不得分 | | | |
| 15 | 安全文明生产 | | 10 | | | | |
| 学生签名： | | | 教师签名： | | 总分： | | |

## 六、实训思考题

1）怎样正确安装螺纹车刀？
2）车螺纹时，应注意哪些安全事项？
3）车螺纹时产生扎刀是什么原因，怎样预防？
4）在编程时，为什么要设置足够的升速进刀段和降速退刀段？
5）简述在数控车床上加工螺纹的工作原理。
6）G32、G92 直进式切削方法和 G76 斜进式切削方法各有什么优缺点？
7）螺纹的检测常用哪些方法？
8）车削螺纹时，常见故障及其解决方法有哪些？

## 七、实训小结

完成实训项目的实训报告。

# 项目十二　封闭轮廓复合循环

学习目的与要求

1）掌握 G73 与 G70 等相关的编程指令并编写简单程序。

2）掌握外轮廓的加工工艺路线、刀具选用方法和切削用量的确定。

3）掌握零件加工的尺寸控制和测量方法。

4）掌握 G41，G42，G40 在 G73，G70 中的用应。

## 一、任务引入

图 12-1 所示为手柄零件，编写加工程序，填写工艺卡，并完成零件的加工。材料及规格为：45 钢，$\phi$40mm×50mm。

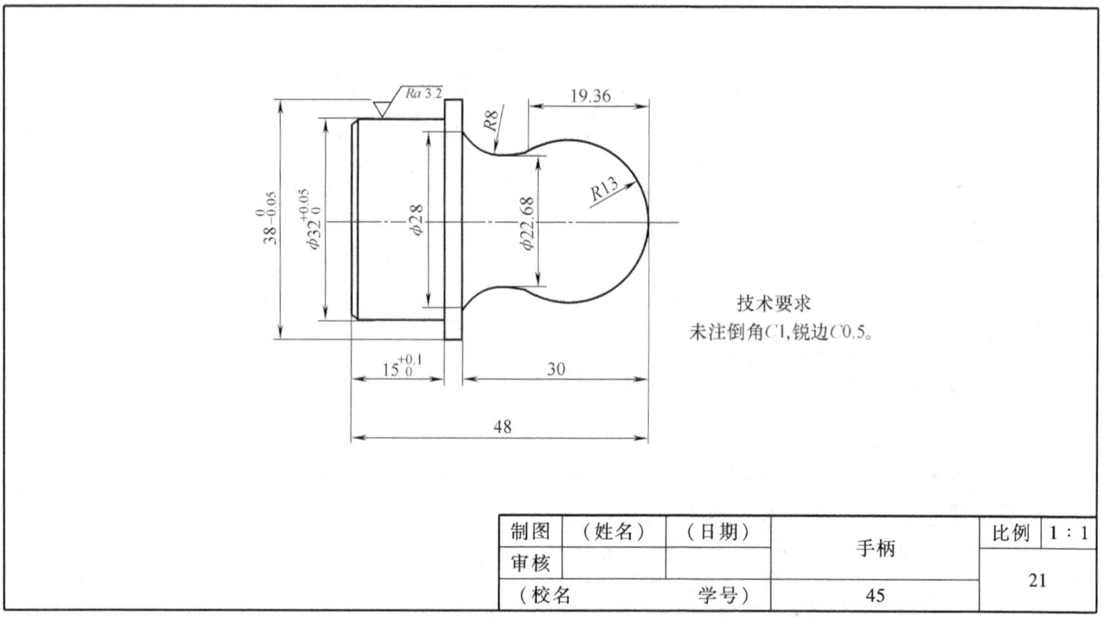


图 12-1　手柄

## 二、任务分析

1. 工艺分析

如图 12-1 所示，先加工左端 $\phi$32mm×15mm 台阶，再加工右端球头。右端由 *SR*13mm 的球头和 *SR*8mm 的凹形圆球组成，因为 G71 循环指令进行加工时 *X* 方向只能递增，不能递减，因此不能用 G71 指令循环加工，只能选择封闭轮廓复合循环 G73 指令进行编程加工。

2. 工、量具及材料准备

1）刀具：90°外圆车刀、90°刀尖角外圆车刀各一把。

2）量具：0~200mm 游标卡尺、25~50mm 外径千分尺各一套。

3）材料及规格：45 钢，$\phi$40mm×50mm。

## 三、相关知识要点

G73 指令适用于毛坯轮廓形状与零件轮廓形状基本接近时的粗车。利用该循环，可以按同一轨迹重复切削，每次切削刀具向前移动一次，因此对于锻造、铸造和异形可加工表面等粗加工已初步形成的毛坯件，可以按形状轮廓加工。

格式：

G73 U（$\Delta i$）W（$\Delta k$）R（$\Delta d$）；

G73 P（$ns$）Q（$nf$）U（$\Delta u$）W（$\Delta w$）F__ S__ T__；

其中：

$\Delta i$——$X$ 轴方向退出距离和方向（半径值）。

$\Delta k$——$Z$ 轴方向退出距离和方向。

$\Delta d$——粗车循环次数。

$ns$——精加工路线中第一个程序段的顺序号。

$nf$——精加工路线中最后一个程序段的顺序号。

$\Delta u$——$X$ 轴方向精加工余量（直径值）。

$\Delta w$——$Z$ 轴方向精加工余量。

当用 G73 指令粗加工车削工件后，用 G70 指令来指定精车循环，切除粗加工中留下的余量。

G70 P（$ns$）Q（$nf$）F__；

其中：

$ns$——精加工轮廓程序段中开始程序段的段号。

$nf$——精加工轮廓程序段中结束程序段的段号。

G73 指令循环示意图如图 12-2 所示。

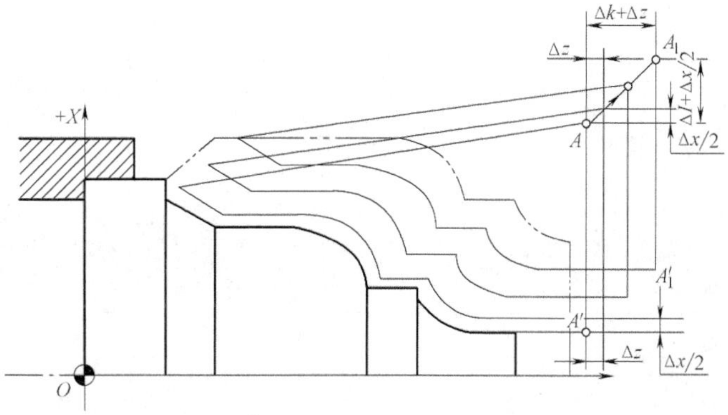


图 12-2　G73 指令循环示意图

## 四、任务实施

### 1. 确定加工步骤，填写加工工艺卡（表 12-1）

表 12-1　加工工艺卡（一）

| 零件图号 | 21 | 材料 | | 45 钢 | | 毛坯尺寸 | $\phi$40mm×50mm |
|---|---|---|---|---|---|---|---|
| 零件名称 | 手柄 | 刀具 | 背吃刀量 $a_p$ /mm | 主轴转速 $n$/(r/min) | 进给量 $f$/(mm/r) | 设备型号 | CK6140A |
| 工步 | 工步内容 | | | | | 工艺简图 | |
| 1 | 工件伸出大于 23mm 夹紧 | | | | | 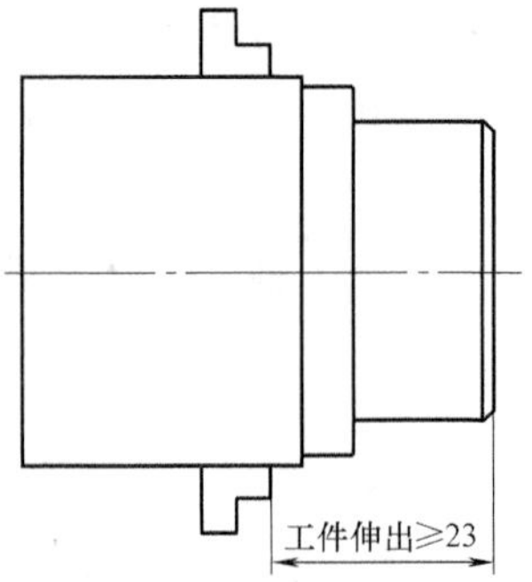 | |
| 2 | 车端面 | T01 | 1 | 600 | 0.2 | | |
| 3 | 粗车 $\phi$38.5mm×20mm，$\phi$32.5mm×15mm 台阶 | T01 | 1.5 | 600 | 0.2 | | |
| 4 | 精车 $\phi$38mm×20mm，$\phi$32mm×15mm 台阶至尺寸要求 | T01 | 0.25 | 800 | 0.1 | | |
| 5 | | | | | | | |
| 6 | | | | | | | |
| 7 | 调头装夹已加工 $\phi$32mm×15mm 台阶 | | | | | 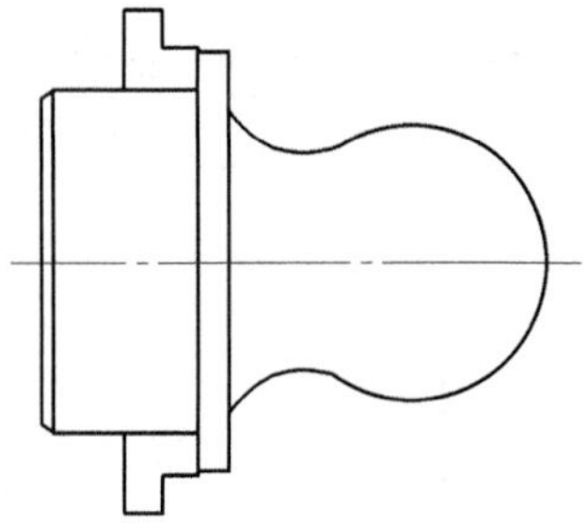 | |
| 8 | 车全长，控制全长尺寸 48mm | T01 | 1 | 600 | 0.2 | | |
| 9 | 粗加工右端外圆轮廓各部，外径留 0.5mm 余量 | T01 | 1.5 | 600 | 0.2 | | |
| 10 | 精加工右端外圆轮廓至尺寸要求 | T01 | 0.25 | 800 | 0.1 | | |
| 11 | 自检 | | | | | | |

### 2. 编写加工程序（表 12-2）

表 12-2　加工程序

| | |
|---|---|
| O0001；（左端） | O0002；（右端） |
| G99； | G99； |
| T0101 M08； | T0101 M08； |
| M03 S600； | M03 S600； |
| G00 X41 Z2； | G00 X41 Z2； |
| G71 U1.5 R1； | G73 U21 R15； |
| G71 P10 Q20 U0.5 W0.1 F0.2； | G73 P10 Q20 U0.5 W0 F0.2； |
| N10 G00 X30； | N10 G00 X0； |
| G01 G42 Z0 F0.2； | G01 G42 Z0 F0.2； |
| X32 Z-1 F0.1； | G03 X22.68 Z-19.36 R13 F0.1； |

（续）

| | |
|---|---|
| Z-15.05; | G02 X28 Z-30 R8; |
| X37; | G01 X37; |
| X38 W-0.5; | X39 W-1; |
| Z-20; | N20 G00 G40 X41; |
| X40; | T0101; |
| N20 G00 G40 X41; | M03 S800; |
| T0101; | G00 X41 Z2; |
| M03 S800; | G70 P10 Q20; |
| G00 X41 Z2; | G00 X100 Z100; |
| G70 P10 Q20; | M30; |
| G00 X100 Z100; | |
| M30; | |

3. 注意事项

1）G73 指令可以加工凹形轮廓。

2）G73 指令循环的起刀点要大于毛坯外径。

3）*X* 方向的总切削余量是用毛坯外径减去轮廓循环中的最小直径值。

4）尺寸及表面粗糙度达不到要求时，要找出原因，知道正确的操作方法及注意事项。

5）严格按照数控车床的操作规程进行操作，防止人身、设备事故的发生。

6）在自动加工前应由实习指导教师检查各项调试是否正确。

4. 加工零件的质量检查及评分（表 12-3）

**表 12-3　质量检查及评分（一）**

| 序号 | 项目 | 检测尺寸 | 配分 | 评分标准 | 自检 | 复检 | 得分 |
|---|---|---|---|---|---|---|---|
| 1 | 外圆 | $\phi 38_{-0.05}^{0}$mm | 10 | 超差不得分 | | | |
| 2 | 外圆 | $\phi 32_{0}^{+0.05}$mm | 10 | 超差不得分 | | | |
| 3 | 外圆 | $\phi$28mm | 10 | 超差不得分 | | | |
| 4 | 长度 | $15_{0}^{+0.1}$mm | 10 | 超差不得分 | | | |
| 5 | 总长 | 48mm | 5 | 不合格不得分 | | | |
| 6 | 长度 | 30mm | 5 | 不合格不得分 | | | |
| 7 | 圆球 | *R*13mm | 10 | 不合格不得分 | | | |
| 8 | 圆球 | *R*8mm | 10 | 不合格不得分 | | | |
| 9 | 倒角 | *C*1、*C*0.5 | 5 | 不合格不得分 | | | |
| 10 | 表面粗糙度值 | *Ra*3.2μm | 5 | 不合格不得分 | | | |
| 11 | 安全文明生产 | | 20 | | | | |
| 学生签名： | | | 教师签名： | | 总分： | | |

## 五、拓展练习

本拓展练习要求正确地确定零件的加工工艺，正确地编写加工程序，并完成零件的加工，自检后填写评分表。

**（一）拓展练习 1**

根据图 12-3 所示圆弧轴完成拓展练习。

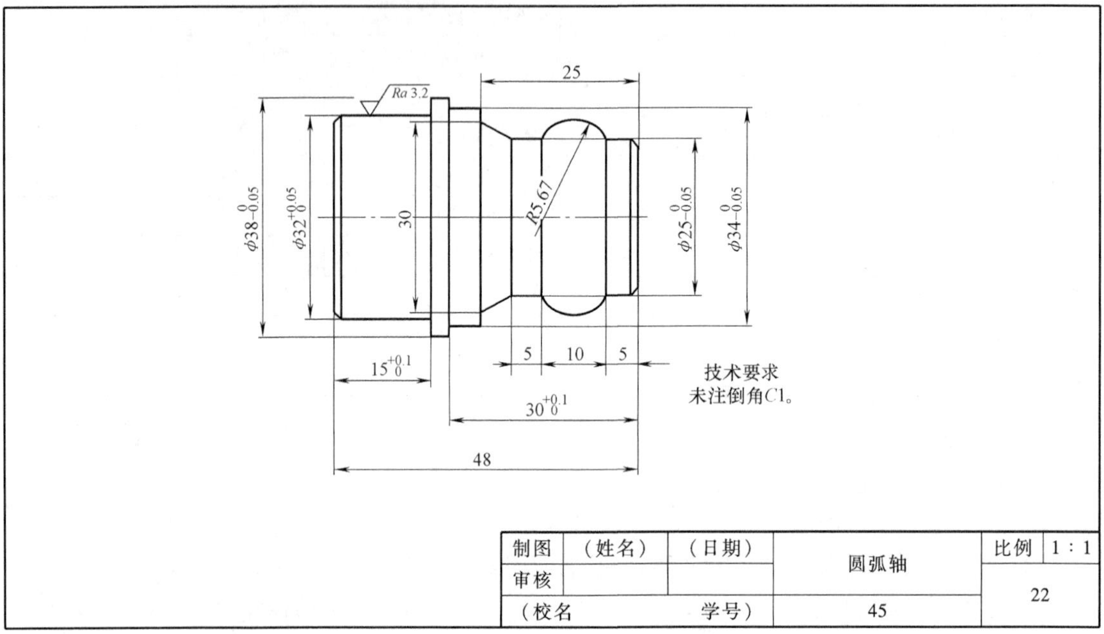


图 12-3　圆弧轴（一）

1. 确定加工步骤，填写加工工艺卡（表 12-4）

**表 12-4　加工工艺卡（二）**

| 零件图号 | | 材料 | | | 毛坯尺寸 | |
|---|---|---|---|---|---|---|
| 零件名称 | | 刀具 | 背吃刀量 $a_p$ /mm | 主轴转速 $n$/(r/min) | 进给量 $f$/(mm/r) | 设备型号 |
| 工步 | 工步内容 | | | | | 工艺简图 |
| 1 | | | | | | |
| 2 | | | | | | |
| 3 | | | | | | |
| 4 | | | | | | |
| 5 | | | | | | |
| 6 | | | | | | |
| 7 | | | | | | |
| 8 | | | | | | |
| 9 | | | | | | |
| 10 | | | | | | |
| 11 | | | | | | |
| 12 | | | | | | |
| 13 | | | | | | |

2. 加工零件的质量检查及评分（表 12-5）

**表 12-5　质量检查及评分（二）**

| 序号 | 项目 | 检测尺寸 | 配分 | 评分标准 | 自检 | 复检 | 得分 |
|---|---|---|---|---|---|---|---|
| 1 | 外圆 | $\phi 38_{-0.05}^{0}$ mm | 8 | 超差不得分 | | | |
| 2 | 外圆 | $\phi 32_{0}^{+0.05}$ mm | 8 | 超差不得分 | | | |
| 3 | 外圆 | $\phi 25_{-0.05}^{0}$ mm | 8 | 超差不得分 | | | |
| 4 | 外圆 | $\phi 34_{-0.05}^{0}$ mm | 8 | 超差不得分 | | | |
| 5 | 长度 | $15_{0}^{+0.1}$ mm | 8 | 超差不得分 | | | |
| 6 | 长度 | $30_{0}^{+0.1}$ mm | 8 | 超差不得分 | | | |
| 7 | 长度 | 25mm | 5 | 不合格不得分 | | | |
| 8 | 长度 | 5mm、5mm、10mm | 6 | 不合格不得分 | | | |
| 9 | 总长 | 48mm | 5 | 不合格不得分 | | | |
| 10 | 圆弧 | *R*5. 67mm | 12 | 不合格不得分 | | | |
| 11 | 倒角 | *C*1 | 4 | 不合格不得分 | | | |
| 12 | 表面粗糙度值 | *Ra*3. 2μm | 5 | 不合格不得分 | | | |
| 13 | 安全文明生产 | | 15 | | | | |
| 学生签名： | | | 教师签名： | | 总分： | | |

### (二) 拓展练习 2

根据图 12-4 所示圆弧轴完成拓展练习。

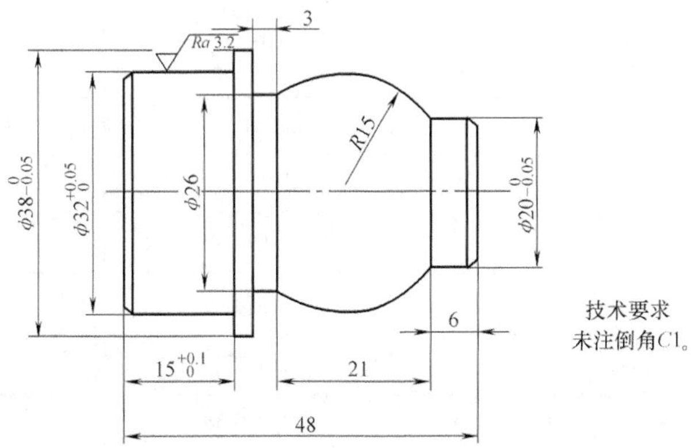


| 制图 | （姓名） | （日期） | 圆弧轴 | 比例 | 1∶1 |
|---|---|---|---|---|---|
| 审核 | | | | 23 | |
| （校名 | | 学号） | 45 | | |

图 12-4　圆弧轴（二）

1. 确定加工步骤，填写加工工艺卡（表 12-6）

**表 12-6　加工工艺卡（三）**

| 零件图号 | | 材料 | | | | 毛坯尺寸 | |
|---|---|---|---|---|---|---|---|
| 零件名称 | | 刀具 | 背吃刀量 $a_p$ /mm | 主轴转速 $n$/(r/min) | 进给量 $f$/(mm/r) | 设备型号 | |
| 工步 | 工步内容 | | | | | 工艺简图 | |
| 1 | | | | | | | |
| 2 | | | | | | | |
| 3 | | | | | | | |
| 4 | | | | | | | |
| 5 | | | | | | | |
| 6 | | | | | | | |
| 7 | | | | | | | |
| 8 | | | | | | | |
| 9 | | | | | | | |
| 10 | | | | | | | |
| 11 | | | | | | | |
| 12 | | | | | | | |
| 13 | | | | | | | |

2. 加工零件的质量检查及评分（表 12-7）

**表 12-7　质量检查及评分（三）**

| 序号 | 项目 | 检测尺寸 | 配分 | 评分标准 | 自检 | 复检 | 得分 |
|---|---|---|---|---|---|---|---|
| 1 | 外圆 | $\phi 38_{-0.05}^{0}$ mm | 10 | 超差不得分 | | | |
| 2 | 外圆 | $\phi 32_{0}^{+0.05}$ mm | 10 | 超差不得分 | | | |
| 3 | 外圆 | $\phi 20_{-0.05}^{0}$ mm | 10 | 超差不得分 | | | |
| 4 | 外圆 | $\phi$26mm | 8 | 超差不得分 | | | |
| 5 | 长度 | $15_{0}^{+0.1}$ mm | 8 | 超差不得分 | | | |
| 6 | 长度 | 21mm | 5 | 不合格不得分 | | | |
| 7 | 长度 | 6mm、3mm | 8 | 不合格不得分 | | | |
| 8 | 总长 | 48mm | 8 | 不合格不得分 | | | |
| 9 | 圆弧 | $R$15mm | 10 | 不合格不得分 | | | |
| 10 | 倒角 | $C$1 | 3 | 不合格不得分 | | | |
| 11 | 表面粗糙度值 | $Ra$3.2μm | 5 | 不合格不得分 | | | |
| 12 | 安全文明生产 | | 15 | | | | |
| 学生签名： | | | 教师签名： | | 总分： | | |

## 六、实训思考题

1）G73 指令有什么特点？

2）G73 指令一般在什么情况下使用？

## 七、实训小结

完成实训项目的实训报告。

# 项目十三　孔的加工

学习目的与要求

1）了解孔的加工工艺和加工方法。

2）熟练掌握钻头的安装方法和内孔镗刀的安装及对刀操作。

3）能够运用合理的编程指令编写内孔加工程序。

4）掌握内孔的尺寸控制和测量方法。

## 一、任务引入

图 13-1 所示为轴套零件，编写加工程序，填写工艺卡，并完成零件的加工。材料及规格：45 钢，$\phi$50mm×40mm。

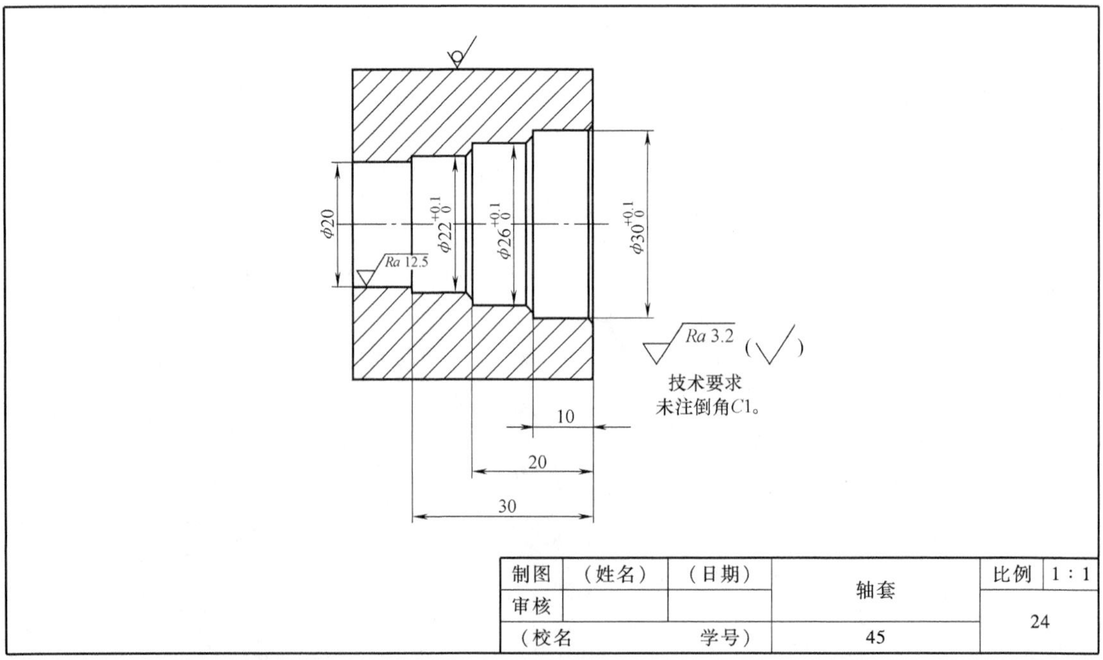


图 13-1　轴套（一）

## 二、任务分析

1. 工艺分析

该零件为轴套，由四个台阶孔组成，加工时应先钻 $\phi$20mm 的通孔，再分别镗出 $\phi$22mm、$\phi$26mm、$\phi$30mm 的台阶内孔。因为有多个台阶，因此采用 G71 指令粗加工循环进行粗车，再用 G70 指令进行精加工，可简化程序，避免出错。

2. 工、量具及材料准备

1）刀具：90°外圆车刀、$\phi$20mm 麻花钻、镗孔刀、内螺纹车刀、$\phi$16mm 内孔车刀各一把。

2）量具：0～200mm 游标卡尺、25～50mm 外径千分尺、25～50mm 内径千分尺各一套。

3）材料及规格：45 钢，$\phi$50mm×40mm。

## 三、相关知识要点

1）掌握孔加工时，进行手动操作钻头、钻套在机床尾座中的安装方法和加工过程中进给量、排屑、尺寸控制等技能的训练。

2）自动孔加工时，钻柄套夹在刀架上的正确安装、对刀的操作和参数值的准确输入等技能训练。

3）熟练掌握 G71 内（外）圆粗精车复合循环指令的格式、进给线路及运用。

## 四、任务实施

### 1. 确定加工步骤，填写加工工艺卡（表 13-1）

表 13-1　加工工艺卡

| 零件图号 | 24 | 材料 | | 45 钢 | | 毛坯尺寸　$\phi$50mm×40mm |
|---|---|---|---|---|---|---|
| 零件名称 | 轴套 | | | | | 设备型号　CK6140A |
| 工步 | 工步内容 | 刀具 | 背吃刀量 $a_p$/mm | 主轴转速 $n$/(r/min) | 进给量 $f$/(mm/r) | 工艺简图 |
| 1 | 车端面 | T01 | 1 | 600 | 0.2 | 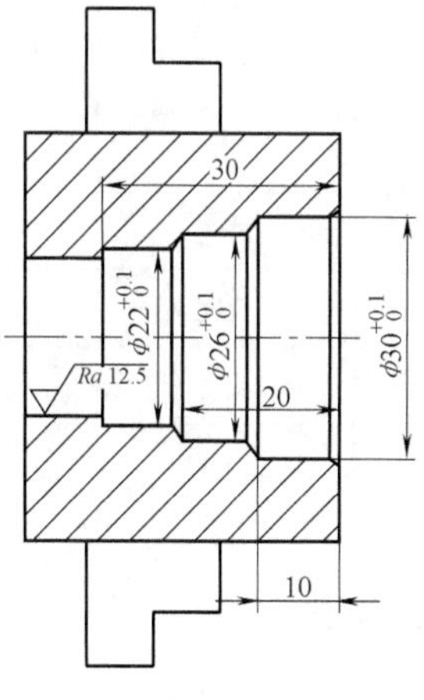 |
| 2 | 钻 $\phi$22mm 通孔 | 麻花钻 | | 400 | | |
| 3 | 粗加工零件内孔轮廓各部，留 0.3mm 余量 | T03 | 1.5 | 600 | 0.2 | |
| 4 | 精加工零件内孔轮廓至尺寸要求 | T03 | 0.25 | 800 | 0.1 | |
| 5 | 自检 | | | | | |

### 2. 编写加工程序（表 13-2）

表 13-2　加工程序

| | |
|---|---|
| O0001; | X26 W-1; |
| G99; | Z-20; |
| T0303 M08; | X24; |
| M03 S500; | X22 W-1; |
| G00 X19 Z2; | X20; |

（续）

| | |
|---|---|
| G71 U1.3 R1; | N20 G00 G40 X19; |
| G71 P10 Q20 U-0.3 F0.2; | T0303; |
| N10 G00 X32; | M03 S800; |
| G01 G41 Z0 F0.2; | G00 X19 Z2; |
| X30 Z-1 F0.1; | G70 P10 Q20; |
| Z-10; | G00 Z100 X100; |
| X28; | M30; |

3. 注意事项

1）安全第一。实训必须在教师的指导下，严格按照数控车床的安全操作规程，有步骤地进行。

2）车床空载运行时，注意检查车床各部分的运行状况。

3）加工套类零件时，刀架上装有孔加工刀具，对换刀位置应慎重思考后确定。

4）镗刀换刀时，应回设定的换刀点，否则会与工件或卡盘碰撞。

5）车锥面时刀尖一定要与工件轴线等高，否则车出工件圆锥素线呈双曲线形。

4. 加工零件的质量检查及评分（表 13-3）

表 13-3　质量检查及评分

| 序号 | 项目 | 检测尺寸 | 配分 | 评分标准 | 自检 | 复检 | 得分 |
|---|---|---|---|---|---|---|---|
| 1 | 内孔 | $\phi 30^{+0.1}_{0}$mm | 10 | 超差不得分 | | | |
| 2 | 内孔 | $\phi 26^{+0.1}_{0}$mm | 10 | 超差不得分 | | | |
| 3 | 内孔 | $\phi 22^{+0.1}_{0}$mm | 10 | 超差不得分 | | | |
| 4 | 长度 | 10mm | 5 | 超差不得分 | | | |
| 5 | 长度 | 20mm | 5 | 超差不得分 | | | |
| 6 | 长度 | 30mm | 5 | 超差不得分 | | | |
| 7 | 内孔 | $\phi$20mm | 10 | | | | |
| 8 | 倒角 | $C1$ | 10 | 不合格不得分 | | | |
| 9 | 表面粗糙度值 | $Ra3.2\mu m$、$Ra12.5\mu m$ | 10 | 不合格不得分 | | | |
| 10 | 安全文明生产 | | 25 | | | | |
| 学生签名： | | | 教师签名： | | 总分： | | |

## 五、拓展练习

本拓展练习要求正确地确定零件的加工工艺，正确地编写加工程序，并完成零件的加工，自检后填写评分表。

### （一）拓展与练习 1

根据图 13-2 所示轴套完成拓展练习。

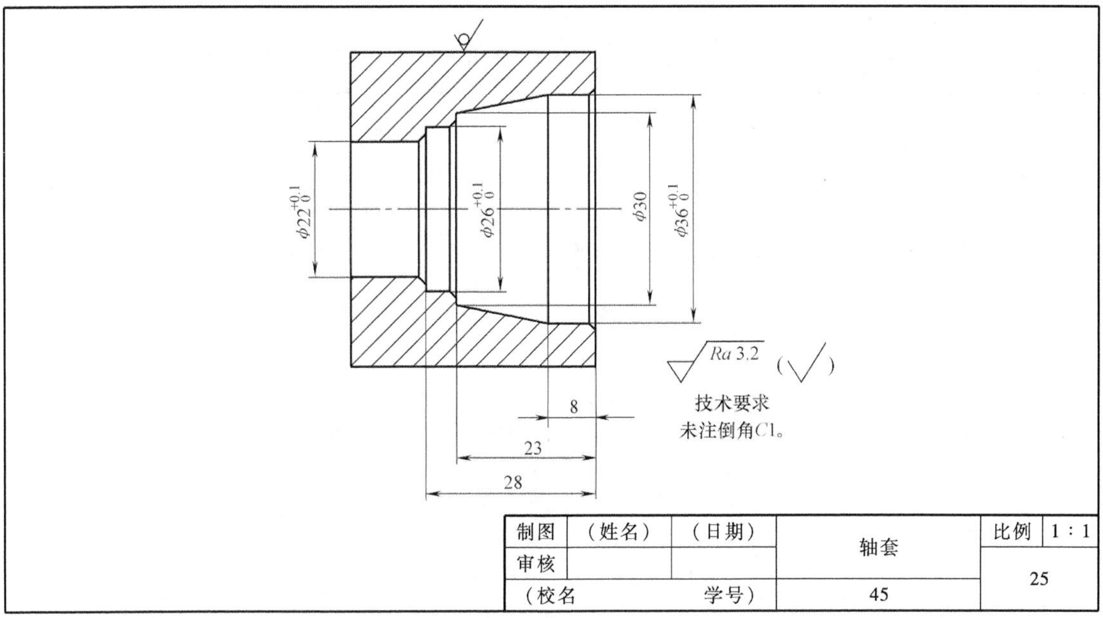


图 13-2　轴套（二）

1. 确定加工步骤，填写加工工艺卡（表 13-4）

**表 13-4　加工工艺卡**

| 零件图号 | | 材料 | | | | 毛坯尺寸 | |
|---|---|---|---|---|---|---|---|
| 零件名称 | | 刀具 | 背吃刀量 $a_p$ /mm | 主轴转速 $n$/(r/min) | 进给量 $f$/(mm/r) | 设备型号 | |
| 工步 | 工步内容 | | | | | 工艺简图 | |
| 1 | | | | | | | |
| 2 | | | | | | | |
| 3 | | | | | | | |
| 4 | | | | | | | |
| 5 | | | | | | | |
| 6 | | | | | | | |

2. 加工零件的质量检查及评分（表 13-5）

**表 13-5　质量检查及评分**

| 序号 | 项目 | 检测尺寸 | 配分 | 评分标准 | 自检 | 复检 | 得分 |
|---|---|---|---|---|---|---|---|
| 1 | 内孔 | $\phi 36^{+0.1}_{0}$ mm | 10 | 超差不得分 | | | |
| 2 | 内孔 | $\phi 26^{+0.1}_{0}$ mm | 10 | 超差不得分 | | | |
| 3 | 内孔 | $\phi 22^{+0.1}_{0}$ mm | 10 | 超差不得分 | | | |
| 4 | 长度 | 8mm | 5 | 超差不得分 | | | |
| 5 | 长度 | 23mm | 5 | 超差不得分 | | | |
| 6 | 长度 | 28mm | 5 | 超差不得分 | | | |
| 7 | 锥度 | | 10 | | | | |
| 8 | 倒角 | C1 | 10 | 不合格不得分 | | | |
| 9 | 表面粗糙度值 | Ra3.2μm | 10 | 不合格不得分 | | | |
| 10 | 安全文明生产 | | 25 | | | | |
| 学生签名： | | | 教师签名： | | 总分： | | |

## （二）拓展练习 2

根据图 13-3 所示螺母完成拓展练习。

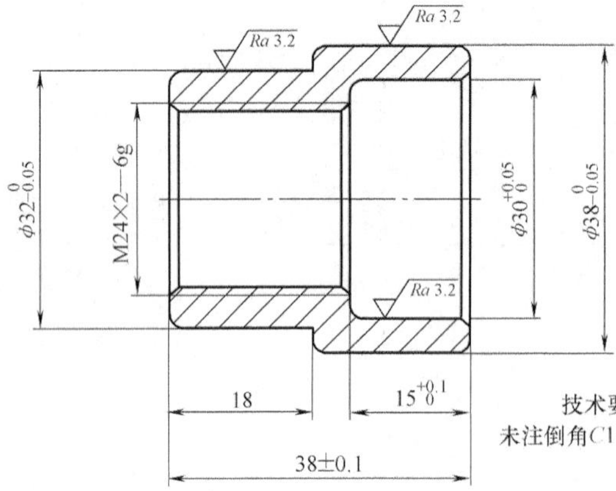


技术要求
未注倒角C1，未注圆角R2。

| 制图 | （姓名） | （日期） | 螺母 | 比例 | 1∶1 |
|---|---|---|---|---|---|
| 审核 | | | | 26 | |
| （校名　学号） | | | 45 | | |

图 13-3　螺母（一）

1. 确定加工步骤，填写加工工艺卡（表 13-6）

**表 13-6　加工工艺卡**

| 零件图号 | | 材料 | | | | 毛坯尺寸 | |
|---|---|---|---|---|---|---|---|
| 零件名称 | | 刀具 | 背吃刀量 $a_p$ /mm | 主轴转速 $n$/(r/min) | 进给量 $f$/(mm/r) | 设备型号 | |
| 工步 | 工步内容 | | | | | 工艺简图 | |
| 1 | | | | | | | |
| 2 | | | | | | | |
| 3 | | | | | | | |
| 4 | | | | | | | |
| 5 | | | | | | | |
| 6 | | | | | | | |
| 7 | | | | | | | |
| 8 | | | | | | | |
| 9 | | | | | | | |
| 10 | | | | | | | |
| 11 | | | | | | | |
| 12 | | | | | | | |
| 13 | | | | | | | |

2. 加工零件的质量检查及评分（表 13-7）

**表 13-7　质量检查及评分**

| 序号 | 项目 | 检测尺寸 | 配分 | 评分标准 | 自检 | 复检 | 得分 |
|---|---|---|---|---|---|---|---|
| 1 | 外圆 | $\phi 38_{-0.05}^{0}$mm | 10 | 超差不得分 | | | |
| 2 | 外圆 | $\phi 32_{-0.05}^{0}$mm | 10 | 超差不得分 | | | |
| 3 | 内孔 | $\phi 30_{0}^{+0.05}$mm | 10 | 超差不得分 | | | |
| 4 | 长度 | $15_{0}^{+0.1}$mm | 10 | 超差不得分 | | | |
| 5 | 总长 | (38±0.1)mm | 10 | 超差不得分 | | | |
| 6 | 长度 | 18mm | 5 | 超差不得分 | | | |
| 7 | 圆角 | $R$2mm | 5 | 不合格不得分 | | | |
| 8 | 螺纹 | M24×2—6g | 15 | 不合格不得分 | | | |
| 9 | 倒角 | $C$1 | 5 | 不合格不得分 | | | |
| 10 | 表面粗糙度值 | $Ra$3.2μm 三处 | 5 | 不合格不得分 | | | |
| 11 | 安全文明生产 | | 15 | | | | |
| 学生签名： | | | 教师签名： | | 总分： | | |

## （三）拓展练习 3

根据图 13-4 所示螺母完成拓展练习。

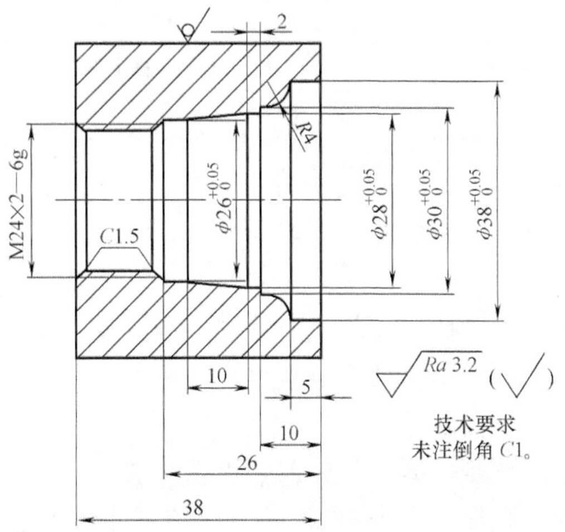


| 制图 | （姓名） | （日期） | 螺母 | 比例 | 1∶1 |
|---|---|---|---|---|---|
| 审核 | | | | 27 | |
| （校名 | | 学号） | 45 | | |

图 13-4　螺母（二）

1. 确定加工步骤，填写加工工艺卡（表 13-8）

表 13-8　加工工艺卡

| 零件图号 | | 材料 | | | | 毛坯尺寸 | |
|---|---|---|---|---|---|---|---|
| 零件名称 | | 刀具 | 背吃刀量 $a_p$ /mm | 主轴转速 $n$/ (r/min) | 进给量 $f$/ (mm/r) | 设备型号 | |
| 工步 | 工步内容 | | | | | 工艺简图 | |
| 1 | | | | | | | |
| 2 | | | | | | | |
| 3 | | | | | | | |
| 4 | | | | | | | |
| 5 | | | | | | | |
| 6 | | | | | | | |

2. 加工零件的质量检查及评分（表 13-9）

表 13-9　质量检查及评分

| 序号 | 项目 | 检测尺寸 | 配分 | 评分标准 | 自检 | 复检 | 得分 |
|---|---|---|---|---|---|---|---|
| 1 | 内孔 | $\phi 38^{+0.05}_{0}$mm | 10 | 超差不得分 | | | |
| 2 | 内孔 | $\phi 30^{+0.05}_{0}$mm | 10 | 超差不得分 | | | |
| 3 | 内孔 | $\phi 28^{+0.05}_{0}$mm | 10 | 超差不得分 | | | |
| 4 | 内孔 | $\phi 26^{+0.05}_{0}$mm | 5 | 超差不得分 | | | |
| 5 | 长度 | 26mm | 5 | 超差不得分 | | | |
| 6 | 长度 | 38mm | 5 | 超差不得分 | | | |
| 7 | 锥度 | | 5 | 不合格不得分 | | | |
| 8 | 螺纹 | M24×2—6g | 10 | 不合格不得分 | | | |
| 9 | 倒角 | $C1$、$C1.5$ | 5 | 不合格不得分 | | | |
| 10 | 表面粗糙度值 | $Ra3.2\mu m$ | 10 | 不合格不得分 | | | |
| 11 | 安全文明生产 | | 25 | | | | |
| 学生签名： | | | 教师签名： | | 总分： | | |

## 六、实训思考题

1）麻花钻由哪几个部分组成？

2）为什么孔将要钻穿时，钻头的进给量要小一些？

3）为什么镗内孔比车外圆要困难？

4）镗孔的关键技术问题是什么？怎样改善镗刀的刚性？

5）安装刀具时，为什么镗刀刀尖要装得比工件中心稍高一些？

## 七、实训小结

完成实训项目的实训报告。

# 第二篇　中级综合训练

## 项目十四　综合训练一

学习目的与要求

1）合理安排工量具的摆放，注意操作姿势，养成良好的操作习惯。

2）熟练运用各功能指令，提高零件的程序编制技能。

3）提高装夹刀具和对刀的技能，提高量具的使用技能。

4）掌握和提高加工零件的尺寸控制方法，明确切削用量的选择。

### 一、任务引入

图 14-1 所示为螺纹轴零件，该零件的毛坯为 $\phi$40mm×97mm 的 45 钢。本任务要求正确地确定零件的加工工艺，正确地编写加工程序，并完成零件的加工。

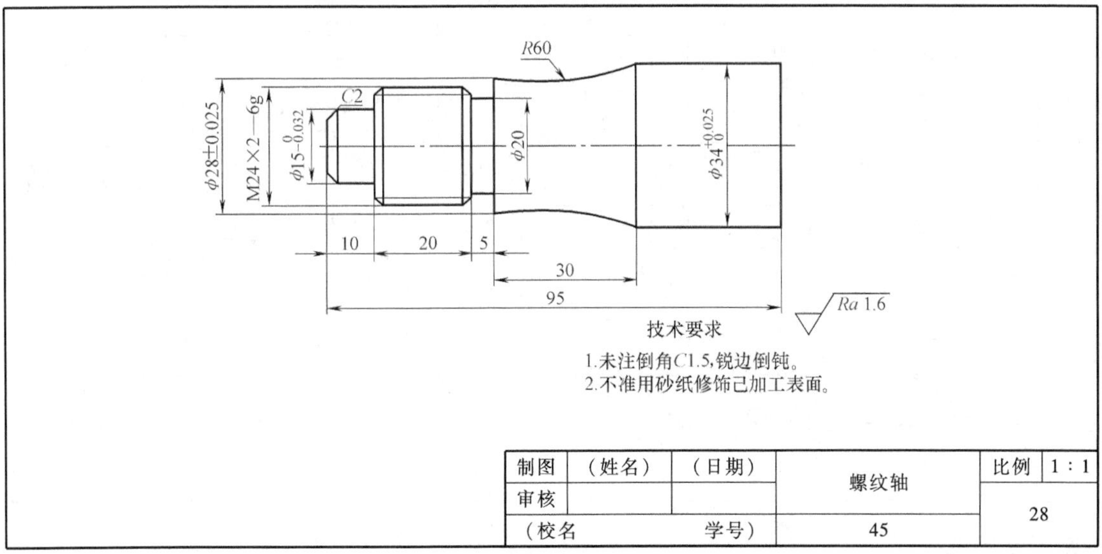


图 14-1　螺纹轴（一）

### 二、任务分析

1. 工艺分析

该零件为螺纹轴，分左、右两端，因此必须分正、反面调头加工，主要由外圆、外圆弧、外槽和外螺纹组成。表面粗糙度要求较高，为 $Ra1.6\mu m$，因此要安排粗车和精车加工，应先加工右端 $\phi34^{+0.025}_{0}$mm×33mm 台阶。然后调头装夹此已加工外径，注意工件伸出长度足够左端位置的加工。装夹后加工左端各部。

2. 工、量具及材料准备

1）刀具：90°外圆车刀、外螺纹车刀、3mm 外切槽刀各一把。

2）量具：0~200mm 游标卡尺、25~50mm 外径千分尺各一套。

3）材料及规格：45 钢，$\phi$40mm×97mm。

## 三、任务实施

1. 确定加工步骤，填写加工工艺卡（表 14-1）

表 14-1　加工工艺卡

| 零件图号 | 28 | 材料 | | 45 钢 | 毛坯尺寸 | $\phi$40mm×97mm |
|---|---|---|---|---|---|---|
| 零件名称 | 螺纹轴 | 刀具 | 背吃刀量 $a_p$ /mm | 主轴转速 $n$/(r/min) | 进给量 $f$/(mm/r) | 设备型号 CK6140A |
| 工步 | 工步内容 | | | | | 工艺简图 |
| 1 | 工件伸出大于 35mm 夹紧 | | | | | 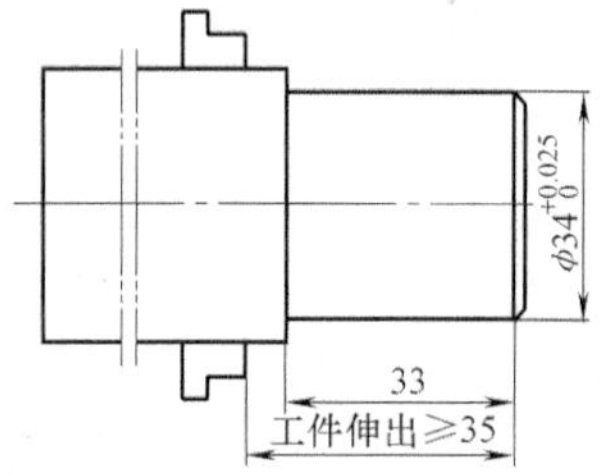 |
| 2 | 车端面 | T01 | 1 | 600 | 0.2 | |
| 3 | 粗车 $\phi$34.5mm×33mm 台阶 | T01 | 1.5 | 600 | | |
| 4 | 精车 $\phi34^{+0.025}_{0}$ mm×33mm 台阶至尺寸 | T01 | 0.25 | 800 | 0.1 | |
| 5 | 倒角 C0.5 | | | 600 | | |
| 6 | 调头装夹已加工 $\phi$34mm×33mm 台阶 | | | | | 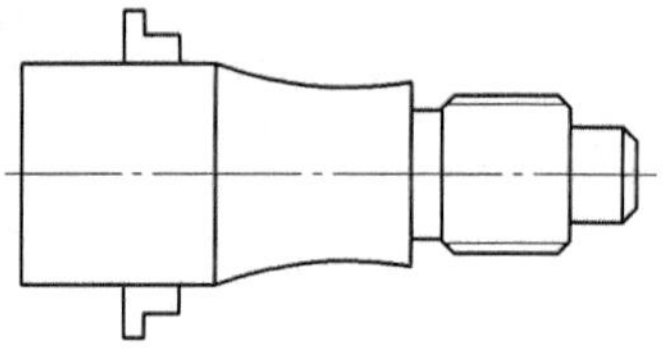 |
| 7 | 车全长，控制全长 95mm | T01 | 1 | 600 | | |
| 8 | 粗车左端外圆轮廓各部，留 0.5mm 余量 | T01 | 1.5 | 600 | 0.2 | |
| 9 | 精车左端外圆轮廓至尺寸 | T01 | 0.25 | 800 | 0.1 | |
| 10 | 切槽 | T02 | | 400 | 0.05 | |
| 11 | 车螺纹 | T03 | | 500 | 2 | |
| 12 | 自检 | | | | | |

2. 编写加工程序（表 14-2、表 14-3）

表 14-2　右端加工程序

| | |
|---|---|
| O0001; | Z-33; |
| G99; | X40; |
| T0101 M08; | N20 G00 G40 X41; |
| M03 S600; | T0101; |
| G00 X41 Z2; | M03 S800; |
| G71 U1.5 R1; | G00 X41 Z2; |
| G71 P10 Q20 U0.5 W0.1 F0.2; | G70 P10 Q20; |
| N10 G00 X33; | G00 X100 Z100; |
| G01 G42 Z0. F0.2; | M30; |
| X34 Z-0.5 F0.1; | |

表 14-3 左端加工程序

| | |
|---|---|
| O0002; | G00 X28 Z-32; |
| G99; | G01 Z-35 F0.3; |
| T0101 M08; | G02 X34 Z-65 R60 F0.1; |
| M03 S600; | G01 X35 W-0.5; |
| G00 X41 Z2; | G00 X150 Z30; |
| G71 U1.5 R1; | T0202; |
| G71 P10 Q20 U0.5 W0.1 F0.2; | M03 S400; |
| N10 G00 X11; | G00 X29 Z-33; |
| G01 G42 Z0 F0.2; | G01 X20 F0.05; |
| X15 Z-2 F0.1; | X29 F0.3; |
| Z-10; | |
| X21; | Z-35; |
| X23.85 W-1.5; | X20 F0.1; |
| Z-35; | Z-33; |
| X28; | X25 F0.3; |
| X34 Z-65; | G00 X150 Z30; |
| X35 Z-66; | T0303; |
| X40; | M03 S500; |
| N20 G00 G40 X41; | G00 X27 Z0; |
| T0101; | G76 P020260 Q100 R0.1; |
| M03 S800; | G76 X21.4 Z-32 P1400 Q500 F2; |
| G00 X41 Z2; | G00 X150 Z30; |
| G70 P10 Q20; | M30; |

### 3. 质量检查及评分（表 14-4）

表 14-4 质量检查及评分

| 序号 | 项目 | 检测尺寸 | 配分 | 评分标准 | 自检 | 复检 | 得分 |
|---|---|---|---|---|---|---|---|
| 1 | 螺纹 | M24×2—6g 大径：$\phi24_{-0.318}^{-0.038}$mm | 15 | 超差不得分 | | | |
| 2 | 螺纹 | M24×2—6g 小径：$\phi21.4_{-0.250}^{-0.038}$mm | 15 | 超差不得分 | | | |
| 3 | 外圆 | $\phi15_{-0.032}^{0}$mm | 10 | 超差不得分 | | | |
| 4 | 外圆 | $\phi34_{0}^{+0.025}$mm | 10 | 超差不得分 | | | |
| 5 | 外圆 | $\phi(28\pm0.025)$mm | 10 | 不合格不得分 | | | |
| 6 | 圆弧 | $R$60mm | 5 | 不合格不得分 | | | |
| 7 | 槽 | $\phi$20mm×5mm | 5 | 不合格不得分 | | | |
| 8 | 长度 | 10mm、20mm、30mm | 5 | 超差不得分 | | | |
| 9 | 总长 | 95mm | 4 | 不合格不得分 | | | |
| 10 | 倒角 | $C$1.5 | 6 | 不合格不得分 | | | |
| 11 | 表面粗糙度值 | $Ra$1.6μm | 5 | 不合格不得分 | | | |
| 12 | 安全文明生产 | | 10 | | | | |
| 学生签名： | | | 教师签名： | | 总分： | | |

## 四、拓展练习

本拓展练习要求正确地确定零件的加工工艺，正确地编写加工程序，并完成零件的加工，自检后填写评分表。

### （一）拓展练习 1

根据图 14-2 所示螺纹轴完成拓展练习。

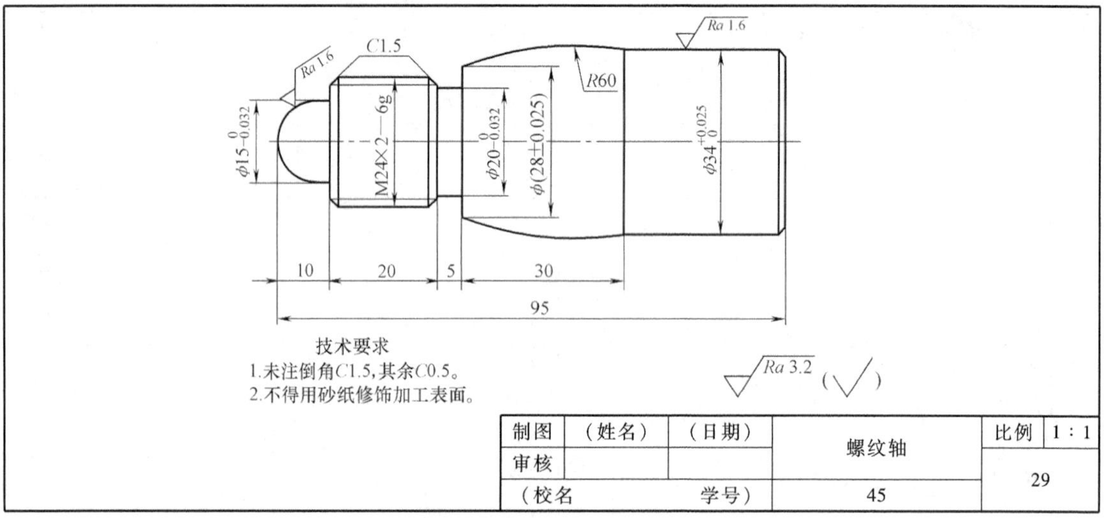


图 14-2　螺纹轴（二）

1. 确定加工步骤，填写加工工艺卡（表 14-5）

**表 14-5　加工工艺卡**

| 零件图号 | | 材料 | | | | 毛坯尺寸 | |
|---|---|---|---|---|---|---|---|
| 零件名称 | | 刀具 | 背吃刀量 $a_p$ /mm | 主轴转速 $n$/(r/min) | 进给量 $f$/(mm/r) | 设备型号 | |
| 工步 | 工步内容 | | | | | 工艺简图 | |
| 1 | | | | | | | |
| 2 | | | | | | | |
| 3 | | | | | | | |
| 4 | | | | | | | |
| 5 | | | | | | | |
| 6 | | | | | | | |
| 7 | | | | | | | |
| 8 | | | | | | | |
| 9 | | | | | | | |
| 10 | | | | | | | |
| 11 | | | | | | | |
| 12 | | | | | | | |
| 13 | | | | | | | |

2. 加工零件的质量检查及评分（表 14-6）

**表 14-6　质量检查及评分**

| 序号 | 项目 | 检测尺寸 | 配分 | 评分标准 | 自检 | 复检 | 得分 |
|---|---|---|---|---|---|---|---|
| 1 | 螺纹 | M24×2—6g 大径：$\phi24^{-0.038}_{-0.318}$mm | 8 | 超差不得分 | | | |
| 2 | 螺纹 | M24×2—6g 小径：$\phi21.4^{-0.038}_{-0.250}$mm | 8 | 超差不得分 | | | |
| 3 | 外圆 | $\phi15^{0}_{-0.032}$mm | 15 | 超差不得分 | | | |
| 4 | 外圆 | $\phi34^{+0.025}_{0}$mm | 15 | 超差不得分 | | | |
| 5 | 外圆 | $\phi$(28±0.025)mm | 10 | 超差不得分 | | | |
| 6 | 圆弧 | $R$60mm | 5 | 不合格不得分 | | | |
| 7 | 槽 | $\phi20^{0}_{-0.032}$mm×5mm | 5 | 不合格不得分 | | | |
| 8 | 长度 | 10mm、20mm、30mm | 6 | 一处超差扣 2 分 | | | |
| 9 | 总长 | 95mm | 2 | 超差不得分 | | | |
| 10 | 倒角 | $C$1.5、$C$0.5 | 6 | 每少一处扣 2 分 | | | |
| 11 | 表面粗糙度值 | $Ra$1.6μm 两处、$Ra$3.2μm | 4 | 不合格不得分 | | | |
| 12 | 完整度 | | 6 | 全部内容完成得 6 分 | | | |
| 13 | 安全文明生产 | | 10 | | | | |
| 学生签名： | | | 教师签名： | | 总分： | | |

## （二）拓展练习 2

根据图 14-3 所示螺纹轴完成拓展练习。

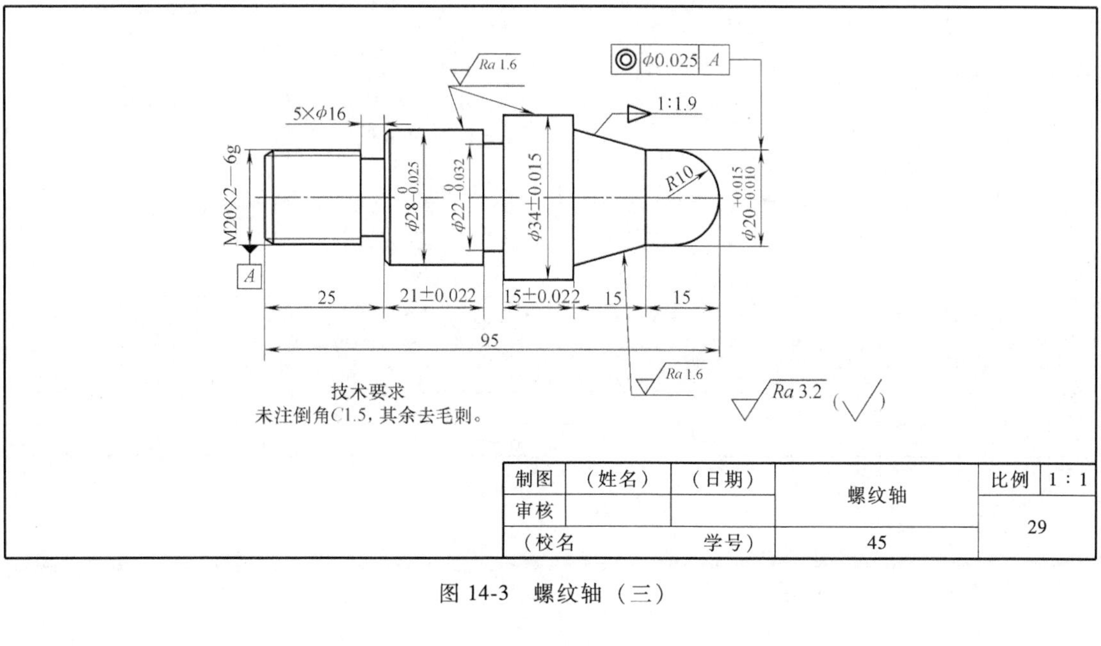


图 14-3　螺纹轴（三）

1. 确定加工步骤，填写加工工艺卡（表 14-7）

表 14-7　加工工艺卡

| 零件图号 | | 材料 | | | 毛坯尺寸 | |
|---|---|---|---|---|---|---|
| 零件名称 | | 刀具 | 背吃刀量 $a_p$ /mm | 主轴转速 $n$/(r/min) | 进给量 $f$/(mm/r) | 设备型号 |
| 工步 | 工步内容 | | | | | 工艺简图 |
| 1 | | | | | | |
| 2 | | | | | | |
| 3 | | | | | | |
| 4 | | | | | | |
| 5 | | | | | | |
| 6 | | | | | | |
| 7 | | | | | | |
| 8 | | | | | | |
| 9 | | | | | | |
| 10 | | | | | | |
| 11 | | | | | | |
| 12 | | | | | | |
| 13 | | | | | | |

2. 加工零件的质量检查及评分（表 14-8）

表 14-8　质量检查及评分

| 序号 | 项目 | 检测尺寸 | 配分 | 评分标准 | 自检 | 复检 | 得分 |
|---|---|---|---|---|---|---|---|
| 1 | 螺纹 | M20×2—6g 大径：$\phi20_{-0.318}^{-0.038}$mm | 8 | 超差不得分 | | | |
| 2 | 螺纹 | M20×2—6g 小径：$\phi17.4_{-0.250}^{-0.038}$mm | 8 | 超差不得分 | | | |
| 3 | 外圆 | $\phi28_{-0.025}^{0}$mm | 8 | 超差不得分 | | | |
| 4 | 外圆 | $\phi(34\pm0.015)$mm | 8 | 超差不得分 | | | |
| 5 | 外圆 | $\phi20_{-0.010}^{+0.015}$mm | 8 | 超差不得分 | | | |
| 6 | 外圆 | $\phi22_{-0.032}^{0}$mm | 8 | 超差不得分 | | | |
| 7 | 圆弧 | $R$10mm | 5 | 不合格不得分 | | | |
| 8 | 槽 | $\phi$16mm×5mm | 5 | 不合格不得分 | | | |
| 9 | 长度 | $(21\pm0.022)$mm、$(15\pm0.022)$mm | 6 | 一处超差扣 3 分 | | | |
| 10 | 同轴度 | ◎ $\phi$0.025 A | 4 | 不合格不得分 | | | |
| 11 | 总长 | 95mm | 5 | 超差不得分 | | | |
| 12 | 倒角 | $C$1.5 两处 | 6 | 每少一处扣 3 分 | | | |
| 13 | 表面粗糙度值 | $Ra$1.6μm 三处、$Ra$3.2μm | 6 | 不合格不得分 | | | |
| 14 | 完整度 | | 5 | 全部内容完成得 5 分 | | | |
| 15 | 安全文明生产 | | 10 | | | | |
| 学生签名： | | | 教师签名： | | 总分： | | |

## 五、实训小结

完成实训项目的实训报告。

# 项目十五　综合训练二

学习目的与要求

1）合理安排工量具的摆放，注意操作姿势，养成良好的操作习惯。

2）熟练运用各功能指令，提高零件的程序编制技能。

3）提高装夹刀具和对刀的技能，提高量具的使用技能。

4）掌握和提高加工零件的尺寸控制方法，明确切削用量的选择。

## 一、任务引入

图 15-1 所示为螺纹轴零件，该零件的毛坯为 $\phi$40mm×97mm 的 45 钢。本任务要求正确地确定零件的加工工艺，正确地编写加工程序，并完成零件的加工。

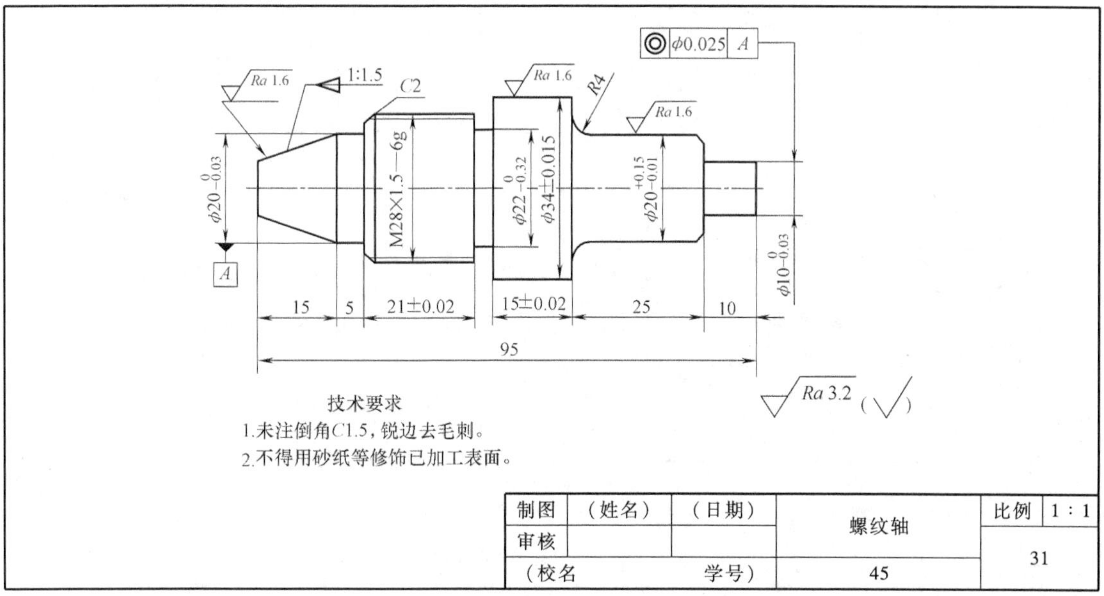


图 15-1　螺纹轴（一）

## 二、任务分析

1. 工艺分析

该零件为螺纹轴，分左、右两端，必须分正、反面调头加工，主要由外圆、外圆弧、外槽和外螺纹组成。两处外圆的表面粗糙度要求较高，其值为 $Ra1.6\mu m$，因此要安排粗车和精车加工，应先加工零件右端并把 $\phi$(34±0.015)mm×50mm 台阶车出。然后调头装夹已加工外径 $\phi$34mm 处，注意工件伸出长度足够左端位置的加工。控制好全长，钻中心孔，用活动顶尖顶好，再加工左端各部。

2. 工、量具及材料准备

1）刀具：90°外圆车刀、外螺纹车刀、3mm 外切刀各一把。

2）量具：0~200mm 游标卡尺、25~50mm 外径千分尺各一套。

3）材料及规格：45 钢，$\phi$40mm×97mm。

## 三、任务实施

### 1. 确定加工步骤，填写加工工艺卡（表 15-1）

**表 15-1　加工工艺卡（一）**

| 零件图号 | 31 | | 材料 | | 45 钢 | 毛坯尺寸 | $\phi$40mm×97mm |
|---|---|---|---|---|---|---|---|
| 零件名称 | 螺纹轴 | | 刀具 | 背吃刀量 $a_p$ /mm | 主轴转速 $n$/(r/min) | 进给量 $f$/(mm/r) | 设备型号 CK6140A |
| 工步 | 工步内容 | | | | | | 工艺简图 |
| 1 | 工件伸出大于 60mm,夹紧 | | | | | | 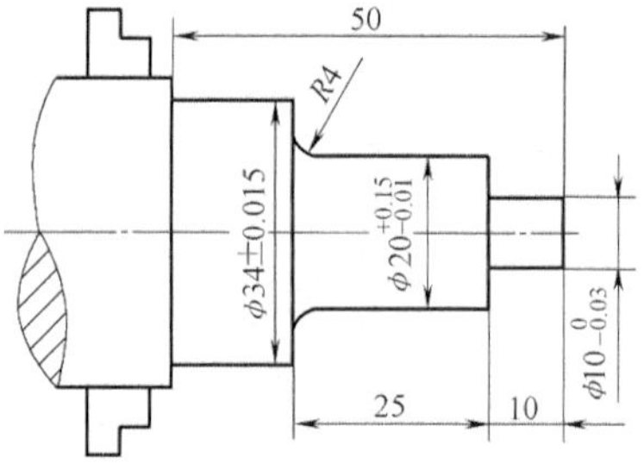  |
| 2 | 车端面 | | T01 | 1 | 600 | 0.2 | |
| 3 | 粗车右端外圆轮廓各部,留 0.5mm 余量 | | T01 | 1.5 | 600 | | |
| 4 | 精车右端外圆轮廓至尺寸要求 | | T01 | 0.25 | 800 | 0.1 | |
| 5 | 倒角 $C1.5$ | | T01 | | 600 | | |
| 6 | 调头装夹已加工 $\phi$34mm × 50mm 台阶 | | | | | | 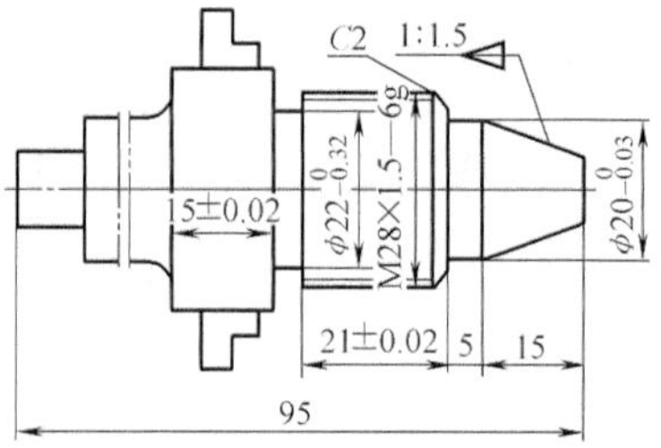  |
| 7 | 车全长,控制全长 95mm | | T01 | 1 | 600 | | |
| 8 | 粗车左端外圆轮廓各部,留 0.5mm 余量 | | T01 | 1.5 | 600 | 0.2 | |
| 9 | 精车左端外圆轮廓及锥面至尺寸要求 | | T01 | 0.25 | 800 | 0.1 | |
| 10 | 切槽 | | T02 | | 400 | 0.05 | |
| 11 | 车螺纹 | | T03 | | 500 | 1.5 | |
| 12 | 自检 | | | | | | |

### 2. 编写加工程序（表 15-2、表 15-3）

**表 15-2　加工程序（右端）**

| | |
|---|---|
| O0001;(右端); | Z-31; |
| G99; | G02 X28 Z-35 R4; |
| T0101 M08; | G01 X33; |
| M03 S600; | X34 W-0.5; |
| G00 X41 Z2; | Z-51; |
| G71 U1.5 R1; | X40; |
| G71 P10 Q20 U0.5 W0.1 F0.2; | N20 G00 G40 X41; |
| N10 G00 X9; | T0101; |
| G01 G42 Z0 F0.2; | M03 S800; |
| X10. Z-0.5 F0.1; | G00 X41 Z2; |
| Z-10; | G70 P10 Q20; |
| X19; | G00 X150 Z50; |
| X20 W-0.5; | M30; |

**表 15-3　加工程序（左端）**

| | |
|---|---|
| O0002;(左端); | G00 X41 Z2; |
| G99; | G70 P10 Q20; |
| T0101 M08; | G00 X150 Z30; |
| M03 S600; | T0202; |
| G00 X41 Z2; | M03 S400; |
| G71 U1.5 R1; | G00 X35 Z-44; |
| G71 P10 Q20 U0.5 W0.1 F0.2; | G01 X22 F0.05; |
| N10 G00 X10; | X35 F0.3; |
| G01 G42 Z0 F0.2; | Z-45; |
| X20 Z-15 F0.1; | X22. F0.1; |
| Z-20; | Z-44; |
| X24; | X35 F0.3; |
| X27.85 W-2; | G00 X150 Z30; |
| Z-45; | T0303; |
| X33; | M03 S500; |
| X35 W-1; | G00 X30 Z-15; |
| X40; | G76 P020260 Q100 R0.1; |
| N20 G00 G40 X41; | G76 X26.05 Z-43. P1100 Q400 F1.5; |
| T0101; | G00 X150 Z30; |
| M03 S800; | M30; |

3. 加工零件的质量检查及评分（表 15-4）

**表 15-4　质量检查及评分**

| 序号 | 项目 | 检测尺寸 | 配分 | 评分标准 | 自检 | 复检 | 得分 |
|---|---|---|---|---|---|---|---|
| 1 | 螺纹 | M28×1.5—6g 大径:$\phi28_{-0.318}^{-0.038}$mm | 6 | 超差不得分 | | | |
| 2 | 螺纹 | M28×1.5—6g 小径:$\phi26.05_{-0.182}^{-0.032}$mm | 6 | 超差不得分 | | | |
| 3 | 外圆 | $\phi20_{-0.03}^{0}$mm | 8 | 超差不得分 | | | |
| 4 | 外圆 | $\phi(34\pm0.015)$mm | 8 | 超差不得分 | | | |
| 5 | 外圆 | $\phi20_{-0.01}^{+0.15}$mm | 8 | 超差不得分 | | | |
| 6 | 外圆 | $\phi22_{-0.32}^{0}$mm | 8 | 超差不得分 | | | |
| 7 | 外圆 | $\phi10_{-0.03}^{0}$mm | 8 | 超差不得分 | | | |
| 8 | 锥度 | 1 : 1.5 | 5 | 不合格不得分 | | | |
| 9 | 槽宽 | 4mm | 5 | 不合格不得分 | | | |
| 10 | 长度 | $(21\pm0.02)$mm、$(15\pm0.02)$mm | 8 | 一处超差扣 4 分 | | | |
| 11 | 同轴度 | ◎ $\phi0.025$ A | 5 | 不合格不得分 | | | |
| 12 | 总长 | 95mm | 5 | 超差不得分 | | | |
| 13 | 倒角 | $C2$、$C1.5$ | 2 | 每少一处扣 1 分 | | | |
| 14 | 表面粗糙度值 | $Ra1.6\mu m$ 三处、$Ra3.2\mu m$ | 4 | 一处错误不得分 | | | |
| 15 | 完整度 | | 4 | 全部内容完成得 4 分 | | | |
| 16 | 安全文明生产 | | 10 | | | | |
| 学生签名: | | | 教师签名: | | 总分: | | |

## 四、拓展练习

本拓展练习要求正确地确定零件的加工工艺，正确地编写加工程序，并完成零件的加工，自检后填写评分表。

### （一）拓展练习 1

根据图 15-2 所示螺纹轴完成拓展练习。

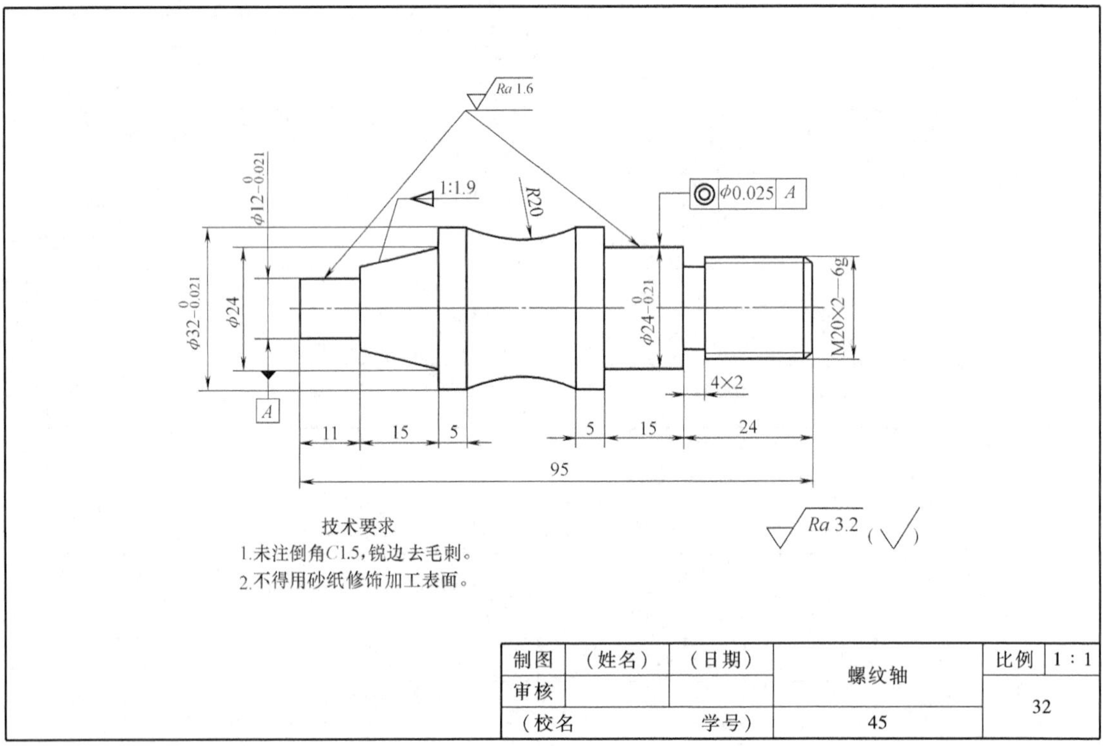


图 15-2　螺纹轴（二）

1. 确定加工步骤，填写加工工艺卡（表 15-5）

**表 15-5　加工工艺卡**

| 零件图号 | | 材料 | | | | 毛坯尺寸 | |
|---|---|---|---|---|---|---|---|
| 零件名称 | | 刀具 | 背吃刀量 $a_p$ /mm | 主轴转速 $n$/(r/min) | 进给量 $f$/(mm/r) | 设备型号 | |
| 工步 | 工步内容 | | | | | 工艺简图 | |
| 1 | | | | | | | |
| 2 | | | | | | | |
| 3 | | | | | | | |
| 4 | | | | | | | |
| 5 | | | | | | | |
| 6 | | | | | | | |
| 7 | | | | | | | |

（续）

<table>
<tr><td colspan="2">零件图号</td><td></td><td colspan="2">材料</td><td colspan="2"></td><td>毛坯尺寸</td><td></td></tr>
<tr><td colspan="2">零件名称</td><td></td><td rowspan="2">刀具</td><td rowspan="2">背吃刀量 $a_p$ /mm</td><td rowspan="2">主轴转速 $n$/(r/min)</td><td rowspan="2">进给量 $f$/(mm/r)</td><td>设备型号</td><td></td></tr>
<tr><td>工步</td><td colspan="2">工步内容</td><td colspan="2">工艺简图</td></tr>
<tr><td>8</td><td colspan="2"></td><td></td><td></td><td></td><td></td><td colspan="2" rowspan="7"></td></tr>
<tr><td>9</td><td colspan="2"></td><td></td><td></td><td></td><td></td></tr>
<tr><td>10</td><td colspan="2"></td><td></td><td></td><td></td><td></td></tr>
<tr><td>11</td><td colspan="2"></td><td></td><td></td><td></td><td></td></tr>
<tr><td>12</td><td colspan="2"></td><td></td><td></td><td></td><td></td></tr>
<tr><td>13</td><td colspan="2"></td><td></td><td></td><td></td><td></td></tr>
<tr><td>14</td><td colspan="2"></td><td></td><td></td><td></td><td></td></tr>
</table>

2. 加工零件的质量检查及评分（表 15-6）

**表 15-6　质量检查及评分**

| 序号 | 项目 | 检测尺寸 | 配分 | 评分标准 | 自检 | 复检 | 得分 |
|---|---|---|---|---|---|---|---|
| 1 | 螺纹 | M20×2—6g 大径：$\phi20_{-0.318}^{-0.038}$mm | 8 | 超差不得分 | | | |
| 2 | 螺纹 | M20×2—6g 小径：$\phi17.4_{-0.208}^{-0.032}$mm | 8 | 超差不得分 | | | |
| 3 | 外圆 | $\phi12_{-0.021}^{0}$mm | 10 | 超差不得分 | | | |
| 4 | 外圆 | $\phi32_{-0.021}^{0}$mm | 10 | 超差不得分 | | | |
| 5 | 外圆 | $\phi$24mm | 2 | 超差不得分 | | | |
| 6 | 外圆 | $\phi24_{-0.21}^{0}$mm | 10 | 超差不得分 | | | |
| 7 | 外圆 | $\phi12_{-0.021}^{0}$mm | 10 | 超差不得分 | | | |
| 8 | 锥度 | 1∶1.9 | 5 | 不合格不得分 | | | |
| 9 | 槽 | 4mm×2mm | 2 | 不合格不得分 | | | |
| 10 | 长度 | 11mm、15mm 两处、5mm 两处、24mm | 5 | 一处超差扣 1 分 | | | |
| 11 | 同轴度 | ◎ $\phi$0.025 A | 5 | 不合格不得分 | | | |
| 12 | 总长 | 95mm | 5 | 超差不得分 | | | |
| 13 | 倒角 | C1.5 | 2 | 不合格不得分 | | | |
| 14 | 表面粗糙度值 | $Ra$1.6μm 两处、$Ra$3.2μm | 4 | 一处错误不得分 | | | |
| 15 | 完整度 | | 4 | 全部内容完成得 4 分 | | | |
| 16 | 安全文明生产 | | 10 | | | | |
| 学生签名： | | | 教师签名： | | 总分： | | |

### （二）拓展练习 2

根据图 15-3 所示螺纹轴完成拓展练习。

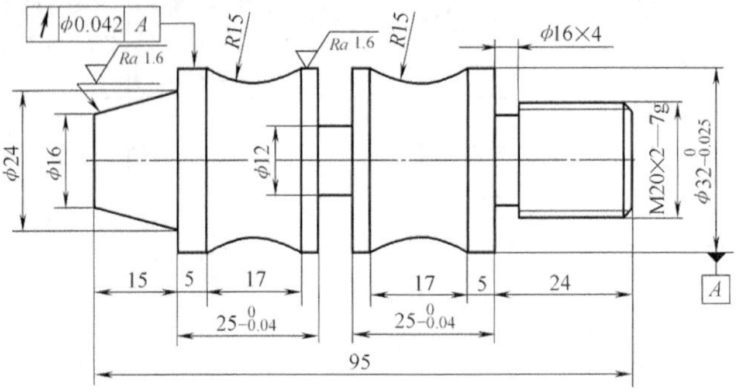


技术要求

1.未注倒角C1.5。

2.不得用砂纸修饰已加工表面。

| | | | | | |
|---|---|---|---|---|---|
| 制图 | （姓名） | （日期） | 螺纹轴 | 比例 | 1∶1 |
| 审核 | | | | 12-3 | |
| （校名　　　学号） | | | 45 | | |

图 15-3　螺纹轴（三）

1. 确定加工步骤，填写加工工艺卡（表 15-7）

**表 15-7　加工工艺卡**

| 零件图号 | | | 材料 | | | | 毛坯尺寸 | |
|---|---|---|---|---|---|---|---|---|
| 零件名称 | | | 刀具 | 背吃刀量 $a_p$ /mm | 主轴转速 $n$/(r/min) | 进给量 $f$/(mm/r) | 设备型号 | |
| 工步 | 工步内容 | | | | | | 工艺简图 | |
| 1 | | | | | | | | |
| 2 | | | | | | | | |
| 3 | | | | | | | | |
| 4 | | | | | | | | |
| 5 | | | | | | | | |
| 6 | | | | | | | | |
| 7 | | | | | | | | |
| 8 | | | | | | | | |
| 9 | | | | | | | | |
| 10 | | | | | | | | |
| 11 | | | | | | | | |
| 12 | | | | | | | | |
| 13 | | | | | | | | |
| 14 | | | | | | | | |

2. 加工零件的质量检查及评分（表 15-8）

表 15-8　质量检查及评分

| 序号 | 项目 | 检测尺寸 | 配分 | 评分标准 | 自检 | 复检 | 得分 |
|---|---|---|---|---|---|---|---|
| 1 | 螺纹 | M20×2—7g 大径：$\phi20^{-0.038}_{-0.318}$mm | 8 | 超差不得分 | | | |
| 2 | 螺纹 | M20×2—7g 小径：$\phi17.4^{-0.032}_{-0.208}$mm | 8 | 超差不得分 | | | |
| 3 | 外圆 | $\phi$12mm | 5 | 超差不得分 | | | |
| 4 | 外圆 | $\phi32^{\ 0}_{-0.025}$mm | 10 | 超差不得分 | | | |
| 5 | 外圆 | $\phi$24mm | 5 | 超差不得分 | | | |
| 6 | 外圆 | $\phi$16mm | 5 | 超差不得分 | | | |
| 7 | 锥度 | | 5 | 不合格不得分 | | | |
| 8 | 圆弧 | $R$15mm 两处 | 5 | 超差不得分 | | | |
| 9 | 槽 | $\phi$16mm×4mm | 5 | 不合格不得分 | | | |
| 10 | 长度 | $25^{\ 0}_{-0.04}$mm 两处 | 10 | 一处超差扣 3 分 | | | |
| 11 | 跳动 | ◎ \| $\phi$0.042 \| $A$ | 5 | 不合格不得分 | | | |
| 12 | 总长 | 95mm | 5 | 不合格不得分 | | | |
| 13 | 倒角 | $C$1.5 | 5 | 不合格不得分 | | | |
| 14 | 表面粗糙度值 | $Ra$1.6μm 两处、$Ra$3.2μm | 4 | 不合格不得分 | | | |
| 15 | 完整度 | | 5 | 全部内容完成得 5 分 | | | |
| 16 | 安全文明生产 | | 10 | | | | |
| 学生签名： | | | 教师签名： | | 总分： | | |

## 五、实训小结

完成实训项目的实训报告。

# 项目十六　综合训练三

学习目的与要求

1）合理安排工量具的摆放，注意操作姿势，养成良好的操作习惯。

2）熟练运用各功能指令，提高零件的程序编制技能。

3）提高装夹刀具和对刀的技能，提高量具的使用技能。

4）掌握和提高加工零件的尺寸控制方法，明确切削用量的选择。

## 一、任务引入

图 16-1 所示为螺纹轴零件，该零件的毛坯为 $\phi$40mm×97mm 的 45 钢。本任务要求正确地确定零件的加工工艺，正确地编写加工程序，并完成零件的加工。

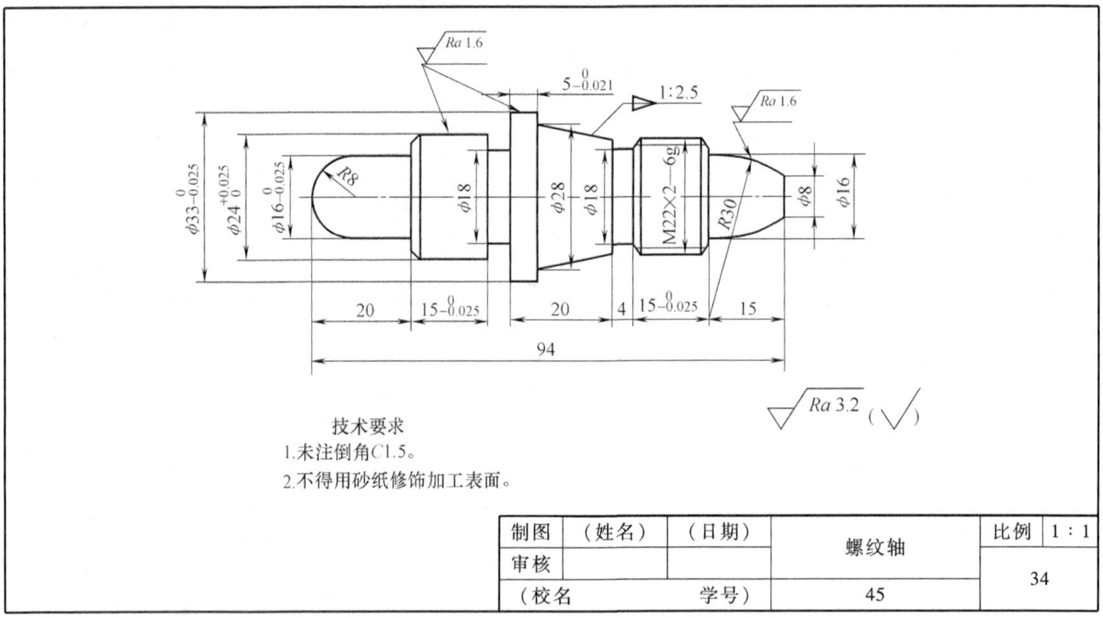


图 16-1　螺纹轴（一）

## 二、任务分析

1. 工艺分析

该零件为螺纹轴，分左、右两端，因此必须分正、反面调头加工，主要由外圆、外圆弧、外槽和外螺纹组成。三处表面粗糙度值要求较小，为 $Ra1.6\mu m$，因此要安排粗车和精车加工，应先加工零件左端并把 $\phi33_{-0.025}^{0}$mm×45mm 台阶车出。然后调头装夹此已加工外径 $\phi$24mm 处，并靠正台阶处。控制好全长，钻中心孔，用活动顶尖顶好，再加工右端各部。

2. 工、量具及材料准备

1）刀具：90°外圆车刀、外螺纹车刀、3mm 外切刀各一把。

2）量具：0~200mm 游标卡尺、25~50mm 外径千分尺各一套。

3）材料及规格：45 钢，$\phi$40mm×97mm。

## 三、任务实施

### 1. 确定加工步骤，填写加工工艺卡（表 16-1）

表 16-1　加工工艺卡（一）

| | | | | | | | |
|---|---|---|---|---|---|---|---|
| 零件图号 | 31 | 材料 | | 45 钢 | | 毛坯尺寸 | $\phi$40mm×97mm |
| 零件名称 | 螺纹轴 | 刀具 | 背吃刀量 $a_p$ /mm | 主轴转速 $n$/(r/min) | 进给量 $f$/(mm/r) | 设备型号 | CK6140A |
| 工步 | 工步内容 | | | | | 工艺简图 | |
| 1 | 工件伸出大于 50mm 夹紧 | | | | | 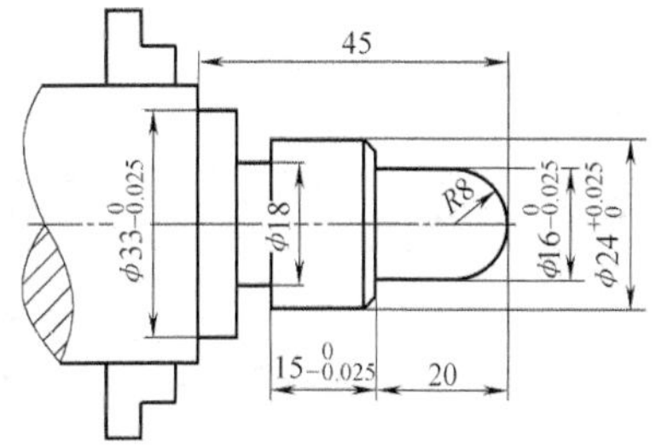<br> | |
| 2 | 车端面 | T01 | 1 | 600 | 0.2 | | |
| 3 | 粗车左端外圆轮廓各部，留 0.5mm 余量 | T01 | 1.5 | 600 | | | |
| 4 | 精车左端外圆轮廓至尺寸要求 | T01 | 0.25 | 800 | 0.1 | | |
| 5 | 切槽 | T02 | | 400 | 0.05 | | |
| 6 | 倒角 C1.5 | | | 600 | | | |
| 7 | 调头装夹已加工$\phi$24mm×15mm 台阶 | | | | | 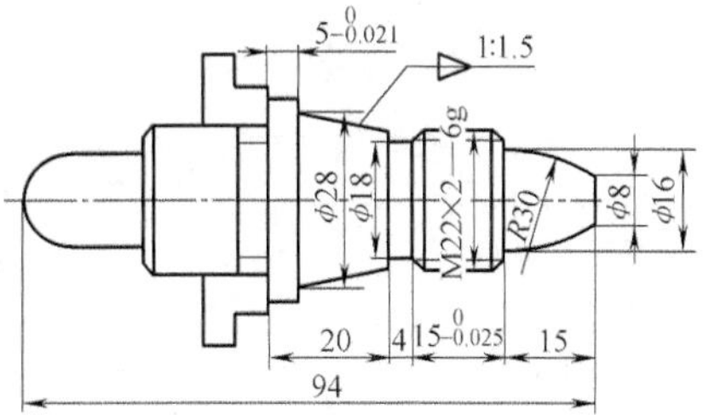<br> | |
| 8 | 车全长，控制全长 94mm | T01 | 1 | 600 | | | |
| 9 | 粗车右端外圆轮廓各部，留 0.5mm 余量 | T01 | 1.5 | 600 | 0.2 | | |
| 10 | 精车右端外圆轮廓至尺寸要求 | T01 | 0.25 | 800 | 0.1 | | |
| 11 | 切槽 | T02 | | 400 | 0.05 | | |
| 12 | 车螺纹 | T03 | | 500 | 1.5 | | |
| 13 | 自检 | | | | | | |

### 2. 编写加工程序（表 16-2、表 16-3）

表 16-2　加工程序（左端）

| | |
|---|---|
| O0001;(左端) | N20 G00 G40 X41; |
| G99; | T0101; |
| T0101 M08; | M03 S800; |
| M03 S600; | G00 X41 Z2; |
| G00 X41 Z2; | G70 P10 Q20; |
| G71 U1.5 R1; | G00 X150 Z30; |
| G71 P10 Q20 U0.5 W0.1 F0.2; | T0202; |
| N10 G00 X0; | M03 S400; |
| G01 G42 Z0. F0.2; | G00 X25 Z-38; |
| G03X16 Z-8 R8 F0.1; | G01 X18 F0.05; |

（续）

| | |
|---|---|
| G01Z-20； | X25 F0.2； |
| X21； | Z-40； |
| X24 W-1.5； | X18 F0.1； |
| Z-40； | X25 F0.2； |
| X32； | Z-39； |
| X33 W-0.5； | G00 X150 Z50； |
| Z-46； | M30； |
| X40； | |

**表 16-3　加工程序（右端）**

| | |
|---|---|
| O0002；(右端)； | G00 X41 Z2； |
| G99； | G70 P10 Q20； |
| T0101 M08； | G00 X150 Z30； |
| M03 S600； | T0202； |
| G00 X41 Z2； | M03 S400； |
| G71 U1.5 R1； | G00 X23 Z-33； |
| G71 P10 Q20 U0.5 W0.1 F0.2； | G01 X18 F0.05； |
| N10 G00 X8； | X23 F0.3； |
| G01 G42 Z0 F0.2； | Z-34； |
| G03 X16 Z-15 R30 F0.1； | X18 F0.1； |
| G01 X19； | Z-33； |
| X21.85 W-1.5； | X25 F0.3； |
| Z-34； | G00 X150 Z30； |
| X22； | T0303； |
| X28 Z-49； | M03 S500； |
| X32； | G00 X25 Z-10； |
| X34 W-1； | G76 P020260 Q100 R0.1； |
| X40； | G76 X19.4 Z-32 P1400 Q400 F2； |
| N20 G00 G40 X41； | G00 X150 Z30； |
| T0101； | M30； |
| M03 S800； | |

3. 加工零件的质量检查及评分（表 16-4）

**表 16-4　质量检查及评分**

| 序号 | 项目 | 检测尺寸 | 配分 | 评分标准 | 自检 | 复检 | 得分 |
|---|---|---|---|---|---|---|---|
| 1 | 螺纹 | M22×2—6g 大径：$\phi22_{-0.318}^{-0.038}$mm | 10 | 超差不得分 | | | |
| 2 | 螺纹 | M22×2—6g 小径：$\phi19.4_{-0.208}^{-0.032}$mm | 10 | 超差不得分 | | | |
| 3 | 外圆 | $\phi16_{-0.025}^{0}$mm | 6 | 超差不得分 | | | |
| 4 | 外圆 | $\phi33_{-0.025}^{0}$mm | 6 | 超差不得分 | | | |

（续）

| 序号 | 项目 | 检测尺寸 | 配分 | 评分标准 | 自检 | 复检 | 得分 |
|---|---|---|---|---|---|---|---|
| 5 | 外圆 | $\phi24^{+0.025}_{0}$mm | 6 | 超差不得分 | | | |
| 6 | 外圆 | $\phi28$mm、$\phi18$mm | 6 | 超差不得分 | | | |
| 7 | 圆弧 | $R8$mm、$R30$mm | 6 | 不合格不得分 | | | |
| 8 | 槽 | $\phi18$mm×4mm、$\phi18$mm×5mm | 5 | 不合格不得分 | | | |
| 9 | 长度 | $15^{0}_{-0.025}$mm 两处 | 10 | 一处超差扣 5 分 | | | |
| 10 | 锥度 | 1：1.5 | 5 | 不合格不得分 | | | |
| 11 | 总长 | 94mm | 5 | 超差不得分 | | | |
| 12 | 倒角 | $C1.5$ | 5 | 不合格不得分 | | | |
| 13 | 表面粗糙度值 | $Ra1.6\mu m$ 三处、$Ra3.2\mu m$ | 5 | 一处错误不得分 | | | |
| 14 | 完整度 | | 5 | 全部内容完成得 5 分 | | | |
| 15 | 安全文明生产 | | 10 | | | | |
| 学生签名： | | | 教师签名： | | 总分： | | |

## 四、拓展练习

本拓展练习要求正确地确定零件的加工工艺，正确地编写加工程序，并完成零件的加工，自检后填写评分表。

### （一）拓展练习 1

根据图 16-2 所示螺纹轴完成拓展练习。

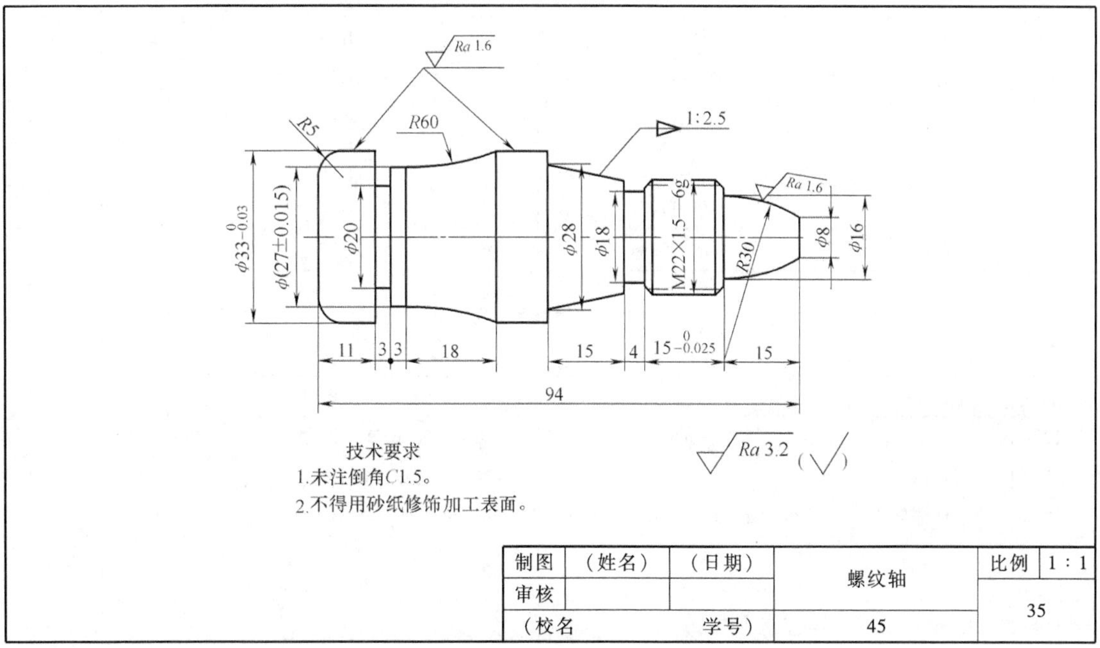


图 16-2　螺纹轴（二）

1. 确定加工步骤，填写加工工艺卡（表 16-5）

**表 16-5　加工工艺卡**

| 零件图号 | | 材料 | | | 毛坯尺寸 | |
|---|---|---|---|---|---|---|
| 零件名称 | | 刀具 | 背吃刀量 $a_p$/mm | 主轴转速 $n$/(r/min) | 进给量 $f$/(mm/r) | 设备型号 |
| 工步 | 工步内容 | | | | | 工艺简图 |
| 1 | | | | | | |
| 2 | | | | | | |
| 3 | | | | | | |
| 4 | | | | | | |
| 5 | | | | | | |
| 6 | | | | | | |
| 7 | | | | | | |
| 8 | | | | | | |
| 9 | | | | | | |
| 10 | | | | | | |
| 11 | | | | | | |
| 12 | | | | | | |
| 13 | | | | | | |

2. 加工零件的质量检查及评分（表 16-6）

**表 16-6　质量检查及评分**

| 序号 | 项目 | 检测尺寸 | 配分 | 评分标准 | 自检 | 复检 | 得分 |
|---|---|---|---|---|---|---|---|
| 1 | 螺纹 | M22×1.5—6g 大径：$\phi22^{-0.032}_{-0.268}$mm | 10 | 超差不得分 | | | |
| 2 | 螺纹 | M22×1.5—6g 小径：$\phi20.05^{-0.032}_{-0.182}$mm | 10 | 超差不得分 | | | |
| 3 | 外圆 | $\phi(27\pm0.015)$mm | 10 | 超差不得分 | | | |
| 4 | 外圆 | $\phi33^{0}_{-0.03}$mm | 10 | 超差不得分 | | | |
| 5 | 外圆 | $\phi28$mm | 3 | 超差不得分 | | | |
| 6 | 圆弧 | $R30$mm、$R5$mm | 6 | 超差不得分 | | | |
| 7 | 锥度 | 1∶2.5 | 4 | 不合格不得分 | | | |
| 8 | 槽 | $\phi18$mm×4mm<br>$\phi20$mm×3mm | 10 | 不合格不得分 | | | |
| 9 | 长度 | $15^{0}_{-0.025}$mm | 10 | 超差不得分 | | | |
| 10 | 总长 | 94mm | 5 | 超差不得分 | | | |
| 11 | 倒角 | $C1.5$ | 3 | 每少 1 处扣 1.5 分 | | | |
| 12 | 表面粗糙度值 | $Ra1.6\mu m$ 三处、$Ra3.2\mu m$ | 4 | 不合格不得分 | | | |
| 13 | 完整度 | | 5 | 全部内容完成得 5 分 | | | |
| 14 | 安全文明生产 | | 10 | | | | |
| 学生签名： | | | 教师签名： | | 总分： | | |

## （二）拓展练习 2

根据图 16-3 所示螺纹轴完成拓展练习。

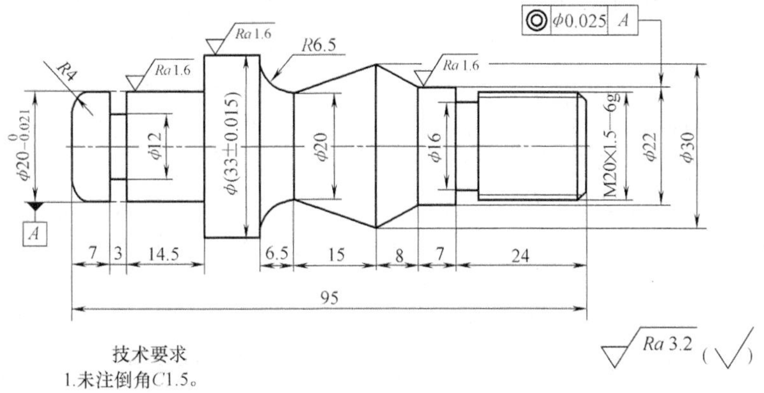


技术要求

1.未注倒角C1.5。

2.不得用砂纸修饰加工表面。

| 制图 | （姓名） | （日期） | 螺纹轴 | 比例 | 1∶1 |
|---|---|---|---|---|---|
| 审核 | | | | 36 | |
| （校名 | | 学号） | 45 | | |

图 16-3　螺纹轴（三）

1. 确定加工步骤，填写加工工艺卡（表 16-7）

**表 16-7　加工工艺卡**

| 零件图号 | | 材料 | | | | 毛坯尺寸 | |
|---|---|---|---|---|---|---|---|
| 零件名称 | | 刀具 | 背吃刀量 $a_p$ /mm | 主轴转速 n/(r/min) | 进给量 f/(mm/r) | 设备型号 | |
| 工步 | 工步内容 | | | | | 工艺简图 | |
| 1 | | | | | | | |
| 2 | | | | | | | |
| 3 | | | | | | | |
| 4 | | | | | | | |
| 5 | | | | | | | |
| 6 | | | | | | | |
| 7 | | | | | | | |
| 8 | | | | | | | |
| 9 | | | | | | | |
| 10 | | | | | | | |
| 11 | | | | | | | |
| 12 | | | | | | | |
| 13 | | | | | | | |

2. 加工零件的质量检查及评分（表 16-8）

**表 16-8 质量检查及评分**

| 序号 | 项目 | 检测尺寸 | 配分 | 评分标准 | 自检 | 复检 | 得分 |
|---|---|---|---|---|---|---|---|
| 1 | 螺纹 | M20×1.5—6g 大径：$\phi 20^{-0.038}_{-0.318}$mm | 10 | 超差不得分 | | | |
| 2 | 螺纹 | M20×1.5—6g 小径：$\phi 18.05^{-0.032}_{-0.182}$mm | 10 | 超差不得分 | | | |
| 3 | 外圆 | $\phi 20^{\ 0}_{-0.021}$mm | 10 | 超差不得分 | | | |
| 4 | 外圆 | $\phi(33\pm0.015)$mm | 10 | 超差不得分 | | | |
| 5 | 外圆 | $\phi$20mm | 5 | 超差不得分 | | | |
| 6 | 外圆 | $\phi$22mm | 5 | 超差不得分 | | | |
| 7 | 外圆 | $\phi$30mm | 5 | 超差不得分 | | | |
| 8 | 圆弧 | $R$4mm、$R$6.5mm | 5 | 不合格不得分 | | | |
| 9 | 槽 | $\phi$12mm×3mm、$\phi$16mm | 5 | 不合格不得分 | | | |
| 10 | 长度 | 24mm、14.5mm、7mm | 5 | 一处超差扣 2 分 | | | |
| 11 | 同轴度 | ◎ $\phi$0.025 A | 5 | 不合格不得分 | | | |
| 12 | 总长 | 95mm | 5 | 不合格不得分 | | | |
| 13 | 倒角 | C1.5 | 2 | 不合格不得分 | | | |
| 14 | 表面粗糙度值 | $Ra$1.6μm 三处、$Ra$3.2μm | 4 | 不合格不得分 | | | |
| 15 | 完整度 | | 4 | 全部内容完成得 4 分 | | | |
| 16 | 安全文明生产 | | 10 | | | | |
| 学生签名： | | | 教师签名： | | 总分： | | |

### （三）拓展练习 3

根据图 16-4 所示螺纹轴完成拓展练习。

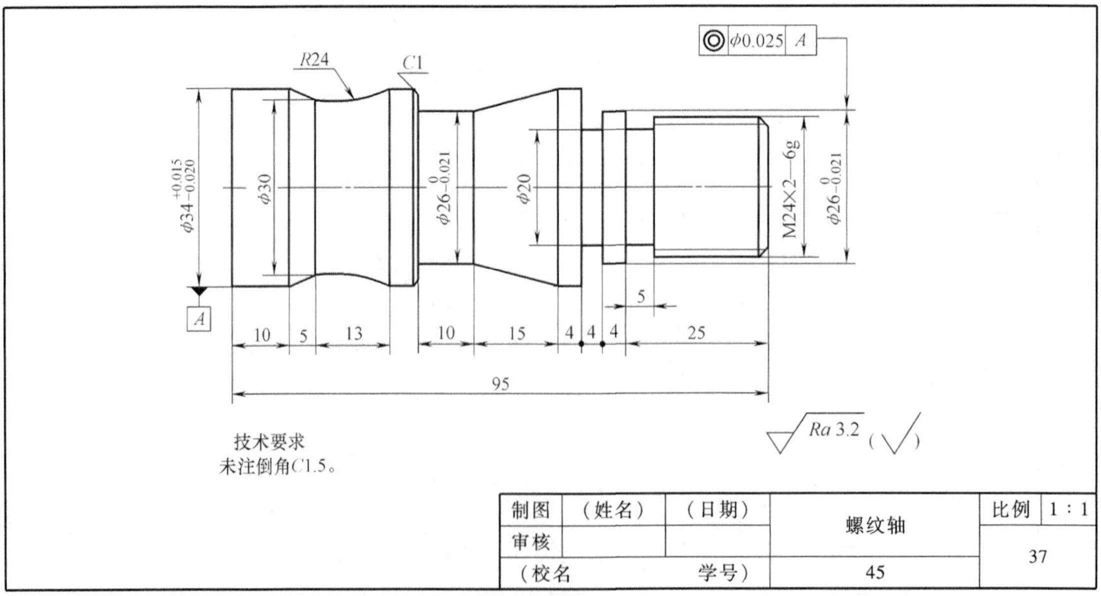


图 16-4 螺纹轴（四）

1. 确定加工步骤，填写加工工艺卡（表 16-9）

**表 16-9　加工工艺卡**

<table>
<tr><td colspan="2">零件图号</td><td></td><td colspan="2">材料</td><td colspan="2"></td><td>毛坯尺寸</td><td></td></tr>
<tr><td colspan="2">零件名称</td><td></td><td rowspan="2">刀具</td><td rowspan="2">背吃刀量 $a_p$ /mm</td><td rowspan="2">主轴转速 $n$/(r/min)</td><td rowspan="2">进给量 $f$/(mm/r)</td><td>设备型号</td><td></td></tr>
<tr><td>工步</td><td colspan="2">工步内容</td><td colspan="2">工艺简图</td></tr>
<tr><td>1</td><td colspan="2"></td><td></td><td></td><td></td><td></td><td colspan="2" rowspan="7"></td></tr>
<tr><td>2</td><td colspan="2"></td><td></td><td></td><td></td><td></td></tr>
<tr><td>3</td><td colspan="2"></td><td></td><td></td><td></td><td></td></tr>
<tr><td>4</td><td colspan="2"></td><td></td><td></td><td></td><td></td></tr>
<tr><td>5</td><td colspan="2"></td><td></td><td></td><td></td><td></td></tr>
<tr><td>6</td><td colspan="2"></td><td></td><td></td><td></td><td></td></tr>
<tr><td>7</td><td colspan="2"></td><td></td><td></td><td></td><td></td></tr>
<tr><td>8</td><td colspan="2"></td><td></td><td></td><td></td><td></td><td colspan="2" rowspan="6"></td></tr>
<tr><td>9</td><td colspan="2"></td><td></td><td></td><td></td><td></td></tr>
<tr><td>10</td><td colspan="2"></td><td></td><td></td><td></td><td></td></tr>
<tr><td>11</td><td colspan="2"></td><td></td><td></td><td></td><td></td></tr>
<tr><td>12</td><td colspan="2"></td><td></td><td></td><td></td><td></td></tr>
<tr><td>13</td><td colspan="2"></td><td></td><td></td><td></td><td></td></tr>
</table>

2. 加工零件的质量检查及评分（表 16-10）

**表 16-10　质量检查及评分**

| 序号 | 项目 | 检测尺寸 | 配分 | 评分标准 | 自检 | 复检 | 得分 |
|---|---|---|---|---|---|---|---|
| 1 | 螺纹 | M24×2—6g 大径 | 10 | 超差不得分 | | | |
| 2 | 螺纹 | M24×2—6g 中径 | 10 | 超差不得分 | | | |
| 3 | 外圆 | $\phi26_{-0.021}^{0}$mm | 10 | 超差不得分 | | | |
| 4 | 外圆 | $\phi34_{-0.020}^{+0.015}$mm | 10 | 超差不得分 | | | |
| 5 | 外圆 | $\phi26_{-0.021}^{0}$mm | 10 | 超差不得分 | | | |
| 6 | 外圆 | $\phi$30mm | 2 | 超差不得分 | | | |
| 7 | 锥度 | | 3 | 不合格不得分 | | | |
| 8 | 槽 | $\phi$20mm×4mm | 5 | 不合格不得分 | | | |
| 9 | 圆弧 | $R$24mm | 5 | 不合格不得分 | | | |
| 10 | 同轴度 | ◎ $\phi$0.025 A | 5 | 不合格不得分 | | | |
| 11 | 总长 | 95mm | 5 | 不合格不得分 | | | |
| 12 | 倒角 | $C$1.5、$C$1 | 5 | 不合格不得分 | | | |
| 13 | 表面粗糙度值 | $Ra$3.2μm | 4 | 不合格不得分 | | | |
| 14 | 完整度 | | 6 | 全部内容完成得 6 分 | | | |
| 15 | 安全文明生产 | | 10 | | | | |
| 学生签名： | | | 教师签名： | | 总分： | | |

## 五、实训小结

完成实训项目的实训报告。

# 项目十七　综合训练四

学习目的与要求

1）合理安排工量具的摆放，注意操作姿势，养成良好的操作习惯。

2）熟练运用各功能指令，提高零件的程序编制技能。

3）提高装夹刀具、对刀及使用量具的技能。

4）掌握和提高加工零件的尺寸控制方法，明确切削用量的选择。

## 一、任务引入

图 17-1 所示为螺纹轴零件，该零件毛坯为 $\phi$40mm×60mm 的 45 钢。本任务要求正确地确定零件的加工工艺，正确地编写加工程序，并完成零件的加工。

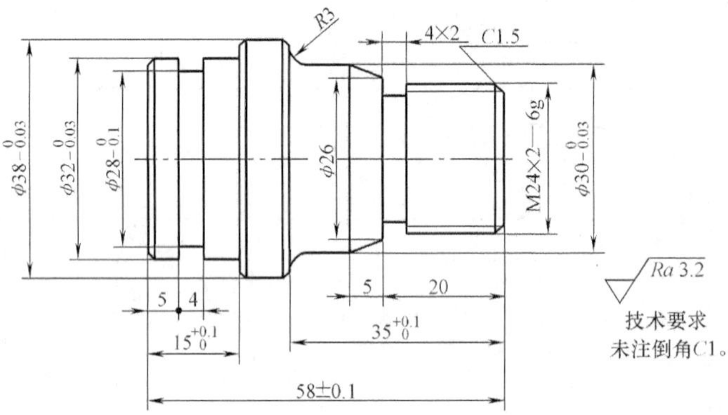


| | | | | | |
|---|---|---|---|---|---|
| 制图 | （姓名） | （日期） | 螺纹轴 | 比例 | 1：1 |
| 审核 | | | | 38 | |
| （校名　学号） | | | 45 | | |

图 17-1　螺纹轴（一）

## 二、任务分析

1. 工艺分析

该零件为螺纹轴，分左、右两端，须分正、反面调头加工，主要由外圆、外圆弧、外沟槽和外螺纹组成。表面粗糙度值要求较小，为 $Ra3.2\mu m$，因此要安排粗车和精车加工，应先加工零件左端台阶，并把 $\phi38^{+0.03}_{0}$mm×23mm 台阶车好并切好沟槽。然后调头装夹此已加工外圆 $\phi$32mm 处，并靠正台阶处。控制好全长，钻中心孔，用回转顶尖顶好，再加工右端各部。

2. 工、量具及材料准备

1）刀具：90°外圆车刀、$\phi$20mm 麻花钻、外螺纹车刀、$\phi$16mm 镗孔刀、3mm 外切槽刀各一把。

2）量具：0~200mm 游标卡尺、25~50mm 外径千分尺、25~50mm 内径千分尺各一套。

3）材料及规格：45 钢，$\phi$40mm×60mm。

## 三、任务实施

### 1. 确定加工步骤，填写加工工艺卡（表 17-1）

表 17-1　加工工艺卡

<table>
<tr><td>零件图号</td><td>38</td><td colspan="2">材料</td><td colspan="2">45 钢</td><td>毛坯尺寸</td><td>$\phi$40mm×60mm</td></tr>
<tr><td>零件名称</td><td>螺纹轴</td><td rowspan="2">刀具</td><td rowspan="2">背吃刀量 $a_p$ /mm</td><td rowspan="2">主轴转速 n/ (r/min)</td><td rowspan="2">进给量 f/ (mm/r)</td><td>设备型号</td><td>CK6140A</td></tr>
<tr><td>工步</td><td>工步内容</td><td colspan="2">工艺简图</td></tr>
<tr><td>1</td><td>工件伸出大于 30mm 夹紧</td><td></td><td></td><td></td><td></td><td colspan="2" rowspan="6">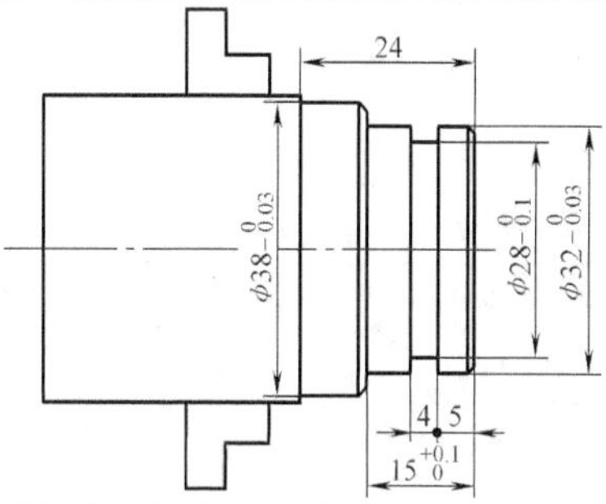
</td></tr>
<tr><td>2</td><td>车端面</td><td>T01</td><td>1</td><td>600</td><td>0.2</td></tr>
<tr><td>3</td><td>粗车左端外圆轮廓各部，留 0.5mm 余量</td><td>T01</td><td>1.5</td><td>600</td><td></td></tr>
<tr><td>4</td><td>精车左端外圆轮廓至尺寸要求</td><td>T01</td><td>0.25</td><td>800</td><td>0.1</td></tr>
<tr><td>5</td><td>切槽</td><td>T02</td><td></td><td>400</td><td>0.05</td></tr>
<tr><td>6</td><td>倒角 C1、C1.5</td><td>T01</td><td></td><td>600</td><td></td></tr>
<tr><td>7</td><td>调头夹已加工 $\phi$32mm×15mm 台阶</td><td></td><td></td><td></td><td></td><td colspan="2" rowspan="7">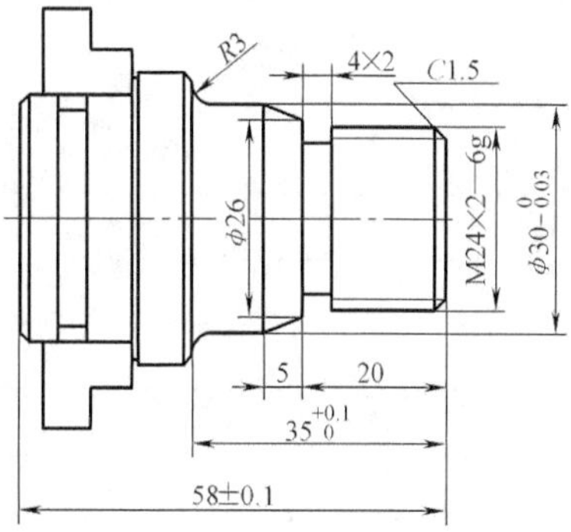
</td></tr>
<tr><td>8</td><td>车全长，控制全长（58±0.1）mm</td><td>T01</td><td>1</td><td>600</td><td></td></tr>
<tr><td>9</td><td>粗车右端外圆轮廓各部，留 0.5mm 余量</td><td>T01</td><td>1.5</td><td>600</td><td>0.2</td></tr>
<tr><td>10</td><td>精车右端外圆轮廓至尺寸要求</td><td>T01</td><td>0.25</td><td>800</td><td>0.1</td></tr>
<tr><td>11</td><td>切槽</td><td>T02</td><td></td><td>400</td><td>0.05</td></tr>
<tr><td>12</td><td>车螺纹</td><td>T03</td><td></td><td>500</td><td>1.5</td></tr>
<tr><td>13</td><td>自检</td><td></td><td></td><td></td><td></td></tr>
</table>

### 2. 编写加工程序（表 17-2、表 17-3）

表 17-2　加工程序幕（左端）

| | |
|---|---|
| O0001;（左端） | T0101; |
| G99; | M03 S800; |
| T0101 M08; | G00 X41 Z2; |
| M03 S600; | G70 P10 Q20; |
| G00 X41 Z2; | G00 X150 Z30; |
| G71 U1.5 R1; | T0202; |
| G71 P10 Q20 U0.5 W0.1 F0.2; | M03 S400; |
| N10 G00 X30; | G00 X33 Z-8; |
| G01 G42 Z0 F0.2; | G01 X28 F0.05; |

（续）

| | |
|---|---|
| X32 Z-1 F0. 1; | X33 F0. 2; |
| Z-15; | Z-9; |
| X36; | X28 F0. 1; |
| X38 W-1; | Z-8 F0. 2; |
| Z-24; | X33; |
| X40; | G00 X150 Z50; |
| N20 G00 G40 X41; | M30; |

**表 17-3 加工程序（右端）**

| | |
|---|---|
| O0002;(右端) | G00 X41 Z2; |
| G99; | G70 P10 Q20; |
| T0101 M08; | G00 X150 Z30; |
| M03 S600; | T0202; |
| G00 X41 Z2; | M03 S400; |
| G71 U1. 5 R1; | G00 X25 Z-19; |
| G71 P10 Q20 U0. 5 W0. 1 F0. 2; | G01 X20 F0. 05; |
| N10 G00 X21; | X27 F0. 3; |
| G01 G42 Z0 F0. 2; | Z-20; |
| X23. 85 Z-1. 5 F0. 1; | X20 F0. 1; |
| Z-20; | Z-19. 5; |
| X26; | X25 F0. 3; |
| X30 Z-25; | G00 X150 Z30; |
| Z-32; | T0303; |
| G02 X36 Z-35 R3; | M03 S500; |
| G01 X39 W-1. 5; | G00 X27 Z5; |
| X40; | G76 P020260 Q100 R0. 1; |
| N20 G00 G40 X41; | G76 X21. 4 Z-18 P1400 Q400 F2; |
| T0101; | G00 X150 Z30; |
| M03 S800; | M30; |

3. 加工零件的质量检查及评分（表 17-4）

**表 17-4 质量检查及评分**

| 序号 | 项目 | 检测尺寸 | 配分 | 评分标准 | 自检 | 复检 | 得分 |
|---|---|---|---|---|---|---|---|
| 1 | 外圆 | $\phi 38_{-0.03}^{0}$ mm | 10 | 超差不得分 | | | |
| 2 | 外圆 | $\phi 32_{-0.03}^{0}$ mm | 10 | 超差不得分 | | | |
| 3 | 外圆 | $\phi 30_{-0.03}^{0}$ mm | 10 | 超差不得分 | | | |
| 4 | 外圆 | $\phi 28_{-0.1}^{0}$ mm | 10 | 超差不得分 | | | |

（续）

| 序号 | 项目 | 检测尺寸 | 配分 | 评分标准 | 自检 | 复检 | 得分 |
|---|---|---|---|---|---|---|---|
| 5 | 螺纹 | M24×2—6g | 10 | 超差不得分 | | | |
| 6 | 长度 | $35^{+0.1}_{0}$mm | 5 | 超差不得分 | | | |
| 7 | 长度 | $15^{+0.1}_{0}$mm | 5 | 超差不得分 | | | |
| 8 | 长度 | (58±0.1)mm | 5 | 超差不得分 | | | |
| 9 | 长度 | 20mm | 4 | 不合格不得分 | | | |
| 10 | 锥度 | | 6 | 不合格不得分 | | | |
| 11 | 倒角 | *C*1.5、*C*1 | 5 | 不合格不得分 | | | |
| 12 | 槽 | 4mm×2mm | 5 | 不合格不得分 | | | |
| 13 | 表面粗糙度值 | *Ra*3.2μm | 5 | 不合格不得分 | | | |
| 14 | 安全文明生产 | | 10 | | | | |
| 学生签名： | | | 教师签名： | | 总分： | | |

## 四、拓展练习

本拓展练习要求正确地确定零件的加工工艺，正确地编写加工程序，并完成零件的加工，自检后填写评分表。

### （一）拓展练习 1

根据图 17-2 所示螺纹轴完成拓展练习。

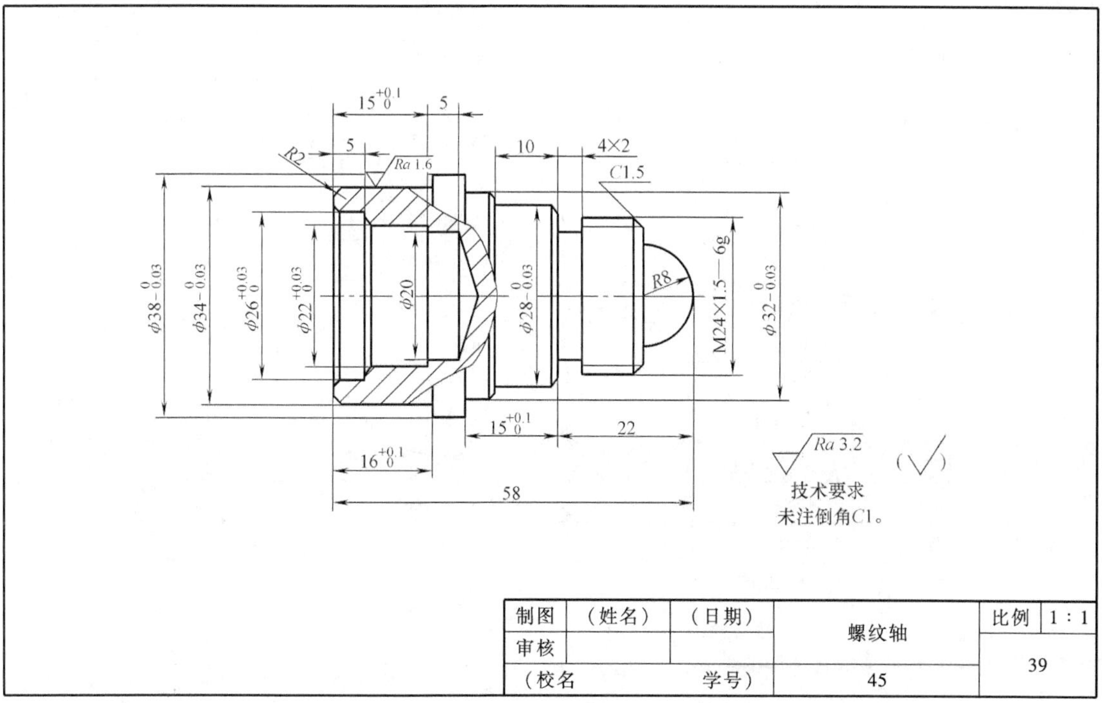


图 17-2　螺纹轴（二）

1. 确定加工步骤，填写加工工艺卡（表 17-5）

**表 17-5　加工工艺卡**

| 零件图号 | | 材料 | | | | 毛坯尺寸 | |
|---|---|---|---|---|---|---|---|
| 零件名称 | | 刀具 | 背吃刀量 $a_p$ /mm | 主轴转速 $n$/(r/min) | 进给量 $f$/(mm/r) | 设备型号 | |
| 工步 | 工步内容 | | | | | 工艺简图 | |
| 1 | | | | | | | |
| 2 | | | | | | | |
| 3 | | | | | | | |
| 4 | | | | | | | |
| 5 | | | | | | | |
| 6 | | | | | | | |
| 7 | | | | | | | |
| 8 | | | | | | | |
| 9 | | | | | | | |
| 10 | | | | | | | |
| 11 | | | | | | | |
| 12 | | | | | | | |
| 13 | | | | | | | |

2. 加工零件的质量检查及评分（表 17-6）

**表 17-6　质量检查及评分**

| 序号 | 项目 | 检测尺寸 | 配分 | 评分标准 | 自检 | 复检 | 得分 |
|---|---|---|---|---|---|---|---|
| 1 | 外圆 | $\phi 38_{-0.03}^{0}$mm | 7 | 超差不得分 | | | |
| 2 | 外圆 | $\phi 34_{-0.03}^{0}$mm | 7 | 超差不得分 | | | |
| 3 | 外圆 | $\phi 32_{-0.03}^{0}$mm | 7 | 超差不得分 | | | |
| 4 | 外圆 | $\phi 28_{-0.03}^{0}$mm | 7 | 超差不得分 | | | |
| 5 | 内孔 | $\phi 26_{0}^{+0.03}$mm | 7 | 超差不得分 | | | |
| 6 | 内孔 | $\phi 22_{0}^{+0.03}$mm | 7 | 超差不得分 | | | |
| 7 | 螺纹 | M24×1.5—6g | 7 | 超差不得分 | | | |
| 8 | 长度 | $16_{0}^{+0.1}$mm | 7 | 超差不得分 | | | |
| 9 | 长度 | $15_{0}^{+0.1}$mm | 7 | 超差不得分 | | | |
| 10 | 长度 | $15_{0}^{+0.1}$mm | 7 | 超差不得分 | | | |
| 11 | 长度 | 10mm | 3 | 不合格不得分 | | | |
| 12 | 长度 | 58mm | 3 | 不合格不得分 | | | |
| 13 | 槽 | 4mm×2mm | 3 | 不合格不得分 | | | |
| 14 | 圆弧 | $R$2mm、$R$8mm | 5 | 不合格不得分 | | | |
| 15 | 倒角 | $C$1.5、$C$1 | 3 | 不合格不得分 | | | |
| 16 | 表面粗糙度值 | $Ra$1.6μm、$Ra$3.2μm | 3 | 不合格不得分 | | | |
| 17 | 安全文明生产 | | 10 | | | | |
| 学生签名： | | | 教师签名： | | 总分： | | |

## （二）拓展练习 2

根据图 17-3 所示螺纹轴完成拓展练习。

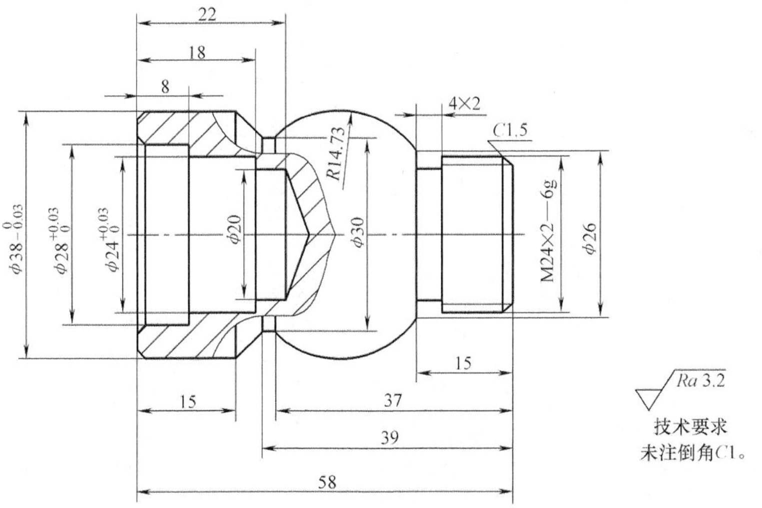


| 制图 | （姓名） | （日期） | 螺纹轴 | 比例 | 1：1 |
|---|---|---|---|---|---|
| 审核 | | | | 40 | |
| （校名 | | 学号） | 45 | | |

图 17-3　螺纹轴（三）

1. 确定加工步骤，填写加工工艺卡（表 17-7）

**表 17-7　加工工艺卡**

| 零件图号 | | 材料 | | | | 毛坯尺寸 | |
|---|---|---|---|---|---|---|---|
| 零件名称 | | 刀具 | 背吃刀量 $a_p$ /mm | 主轴转速 $n$/(r/min) | 进给量 $f$/(mm/r) | 设备型号 | |
| 工步 | 工步内容 | | | | | 工艺简图 | |
| 1 | | | | | | | |
| 2 | | | | | | | |
| 3 | | | | | | | |
| 4 | | | | | | | |
| 5 | | | | | | | |
| 6 | | | | | | | |
| 7 | | | | | | | |
| 8 | | | | | | | |
| 9 | | | | | | | |
| 10 | | | | | | | |
| 11 | | | | | | | |
| 12 | | | | | | | |
| 13 | | | | | | | |
| 14 | | | | | | | |

2. 加工零件的质量检查及评分（表 17-8）

**表 17-8　质量检查及评分**

| 序号 | 项目 | 检测尺寸 | 配分 | 评分标准 | 自检 | 复检 | 得分 |
|---|---|---|---|---|---|---|---|
| 1 | 外圆 | $\phi 38_{-0.03}^{\ 0}$mm | 7 | 超差不得分 | | | |
| 2 | 外圆 | $\phi$30mm | 7 | 超差不得分 | | | |
| 3 | 外圆 | $\phi$26mm | 7 | 超差不得分 | | | |
| 4 | 内孔 | $\phi 28_{\ 0}^{+0.03}$mm | 7 | 超差不得分 | | | |
| 5 | 内孔 | $\phi 24_{\ 0}^{+0.03}$mm | 7 | 超差不得分 | | | |
| 6 | 内孔 | $\phi$20mm | 7 | 超差不得分 | | | |
| 7 | 螺纹 | M24×1.5—6g | 7 | 超差不得分 | | | |
| 8 | 长度 | 8mm、18mm | 7 | 超差不得分 | | | |
| 9 | 长度 | 15mm 两处 | 7 | 超差不得分 | | | |
| 10 | 长度 | 39mm、37mm | 7 | 超差不得分 | | | |
| 11 | 长度 | 58mm | 4 | 不合格不得分 | | | |
| 12 | 沟槽 | 4mm×2mm | 2 | 不合格不得分 | | | |
| 13 | 圆弧 | $R$14.73mm | 5 | 不合格不得分 | | | |
| 14 | 倒角 | $C$1.5、$C$1 | 4 | 不合格不得分 | | | |
| 15 | 表面粗糙度值 | $Ra$3.2μm | 5 | 不合格不得分 | | | |
| 16 | 安全文明生产 | | 10 | | | | |
| 学生签名： | | | 教师签名： | | 总分： | | |

## 五、实训小结

完成本实训项目的实训报告。

# 项目十八　加工工艺品

学习目的与要求

1）提高学习兴趣和学以致用的能力。

2）熟练掌握各种编程和操作技能。

## 一、工、量具及材料准备

1）刀具：90°外圆车刀，$\phi$20mm 麻花钻、镗孔刀、内孔车刀、3mm 切槽刀各一把。

2）量具：0~200mm 游标卡尺、25~50mm 外径千分尺、25~50mm 内径千分尺各一套。

3）材料及规格：45 钢，与项目五共用一件材料。子弹：规格为 $\phi$20mm×70mm；酒杯：规格为 $\phi$40mm×70mm；国际象棋：规格为 $\phi$40mm×80mm；葫芦：规格为 $\phi$40mm×70mm。

## 二、加工子弹

要加工的子弹如图 18-1 所示。

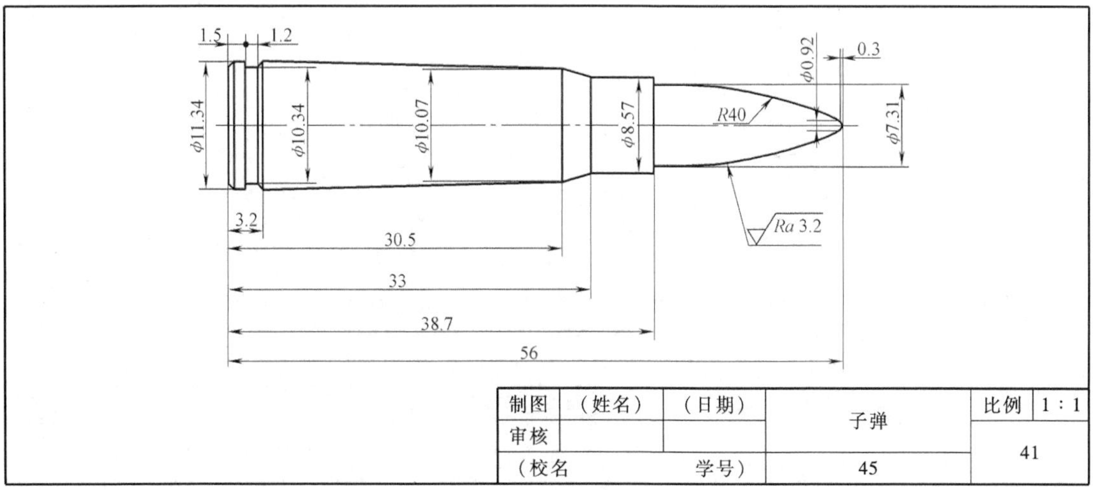


图 18-1　子弹

1. 确定加工步骤，填写加工工艺卡（表 18-1）

**表 18-1　加工工艺卡**

| 零件图号 | | 材料 | | | | 毛坯尺寸 | |
|---|---|---|---|---|---|---|---|
| 零件名称 | | 刀具 | 背吃刀量 | 主轴转速 | 进给量 | 设备型号 | |
| 工步 | 工步内容 | | $a_p$/mm | $n$/(r/min) | $f$/(mm/r) | 工艺简图 | |
| 1 | | | | | | | |
| 2 | | | | | | | |
| 3 | | | | | | | |
| 4 | | | | | | | |
| 5 | | | | | | | |
| 6 | | | | | | | |
| 7 | | | | | | | |

2. 加工零件的质量检查及评分（表 18-2）

**表 18-2　质量检查及评分**

| 序号 | 项　　目 | 检测尺寸 | 配分 | 评分标准 | 自检 | 复检 | 得分 |
|---|---|---|---|---|---|---|---|
| 1 | 完整度 | 形状 | 50 | | | | |
| 2 | 倒角 | *C*1 | 15 | 不合格不得分 | | | |
| 3 | 表面粗糙度值 | *Ra*3.2μm | 15 | 不合格不得分 | | | |
| 4 | 安全文明生产 | | 20 | | | | |
| 学生签名： | | | 教师签名： | | 总分： | | |

## 三、加工酒杯

要加工的酒杯如图 18-2 所示。

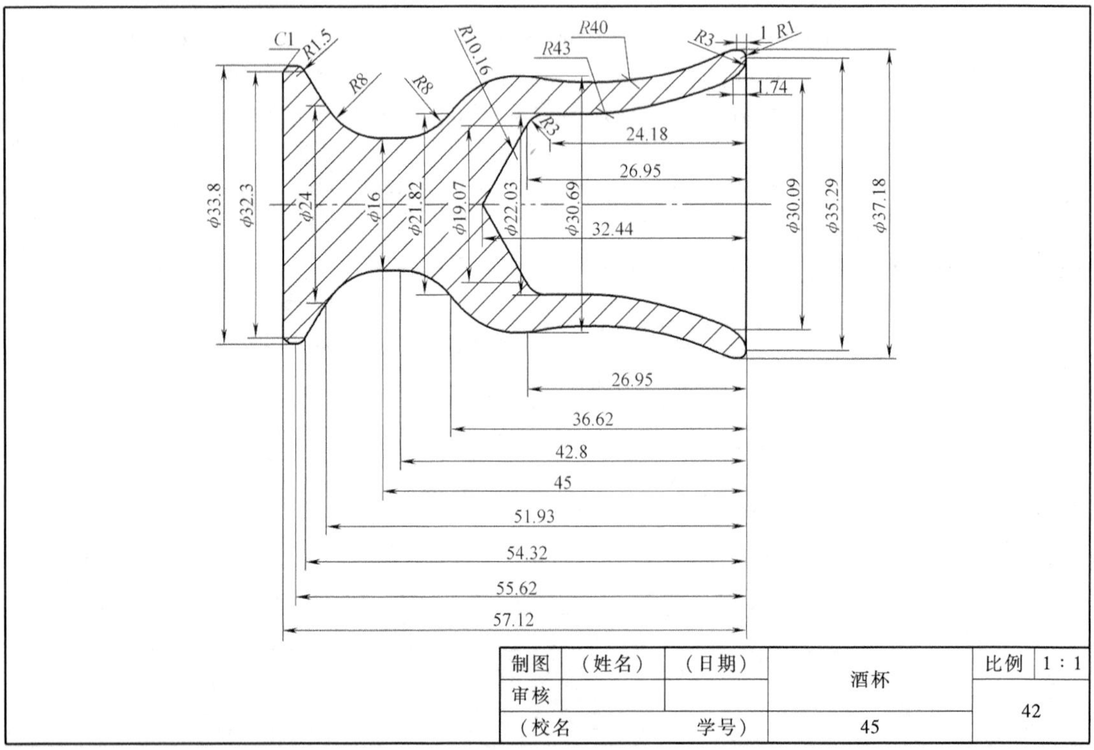


图 18-2　酒杯

1. 确定加工步骤，填写加工工艺卡（表 18-3）

**表 18-3　加工工艺卡**

| 零件图号 | | 材料 | | | | 毛坯尺寸 | |
|---|---|---|---|---|---|---|---|
| 零件名称 | | 刀具 | 背吃刀量 $a_p$/mm | 主轴转速 $n$/(r/min) | 进给量 $f$/(mm/r) | 设备型号 | |
| 工步 | 工步内容 | | | | | 工艺简图 | |
| 1 | | | | | | | |
| 2 | | | | | | | |
| 3 | | | | | | | |
| 4 | | | | | | | |
| 5 | | | | | | | |
| 6 | | | | | | | |
| 7 | | | | | | | |

2. 加工零件的质量检查及评分（表 18-4）

**表 18-4　质量检查及评分**

| 序号 | 项　　目 | 检测尺寸 | 配分 | 评分标准 | 自检 | 复检 | 得分 |
|---|---|---|---|---|---|---|---|
| 1 | 完整度 | 形状 | 50 | | | | |
| 2 | 倒角 | *C*1 | 15 | 不合格不得分 | | | |
| 3 | 表面粗糙度值 | *Ra*3.2μm | 15 | 不合格不得分 | | | |
| 4 | 安全文明生产 | | 20 | | | | |
| 学生签名： | | | 教师签名： | | 总分： | | |

## 四、加工国际象棋

要加工的国际象棋如图 18-3 所示。

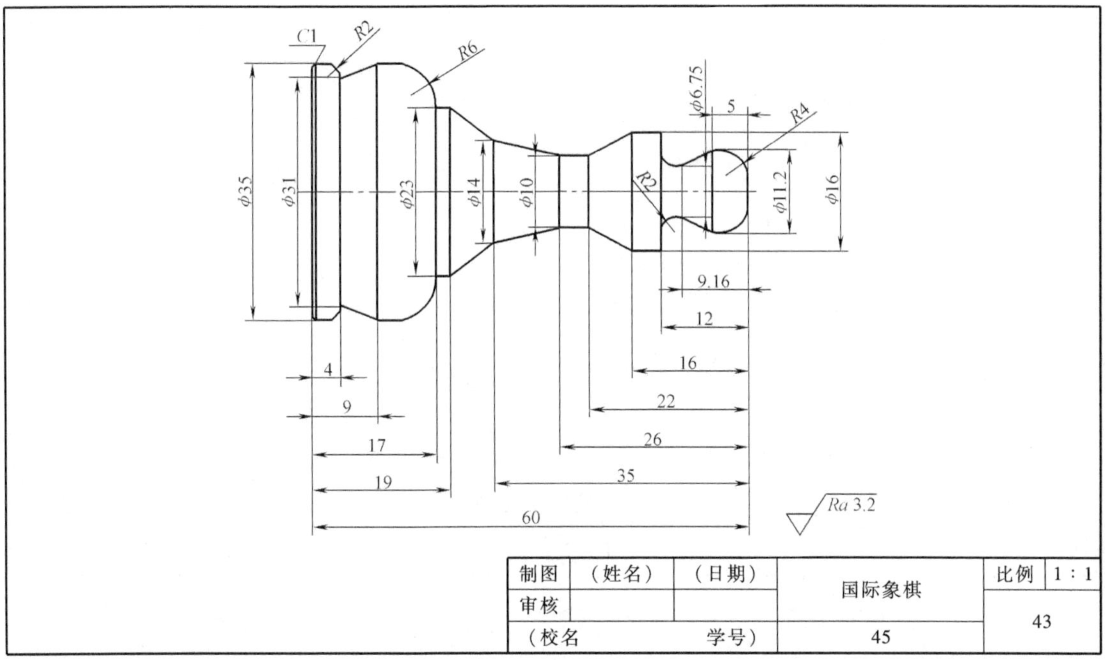


图 18-3　国际象棋

1. 确定加工步骤，填写加工工艺卡（表 18-5）

**表 18-5　加工工艺卡**

<table>
<tr><td colspan="2">零件图号</td><td></td><td colspan="2">材料</td><td colspan="2"></td><td>毛坯尺寸</td><td></td></tr>
<tr><td colspan="2">零件名称</td><td></td><td rowspan="2">刀具</td><td>背吃刀量</td><td>主轴转速</td><td>进给量</td><td>设备型号</td><td></td></tr>
<tr><td>工步</td><td colspan="2">工步内容</td><td>$a_p$/mm</td><td>$n$/(r/min)</td><td>$f$/(mm/r)</td><td colspan="2">工艺简图</td></tr>
<tr><td>1</td><td colspan="2"></td><td></td><td></td><td></td><td></td><td colspan="2" rowspan="7"></td></tr>
<tr><td>2</td><td colspan="2"></td><td></td><td></td><td></td><td></td></tr>
<tr><td>3</td><td colspan="2"></td><td></td><td></td><td></td><td></td></tr>
<tr><td>4</td><td colspan="2"></td><td></td><td></td><td></td><td></td></tr>
<tr><td>5</td><td colspan="2"></td><td></td><td></td><td></td><td></td></tr>
<tr><td>6</td><td colspan="2"></td><td></td><td></td><td></td><td></td></tr>
<tr><td>7</td><td colspan="2"></td><td></td><td></td><td></td><td></td></tr>
</table>

2. 加工零件的质量检查及评分（表 18-6）

**表 18-6 质量检查及评分**

| 序号 | 项目 | 检测尺寸 | 配分 | 评分标准 | 自检 | 复检 | 得分 |
|---|---|---|---|---|---|---|---|
| 1 | 完整度 | 形状 | 50 | | | | |
| 2 | 倒角 | *C*1 | 15 | 不合格不得分 | | | |
| 3 | 表面粗糙度值 | *Ra*3.2μm | 15 | 不合格不得分 | | | |
| 4 | 安全文明生产 | | 20 | | | | |
| 学生签名： | | | 教师签名： | | 总分： | | |

## 五、加工葫芦

要加工的葫芦如图 18-4 所示。

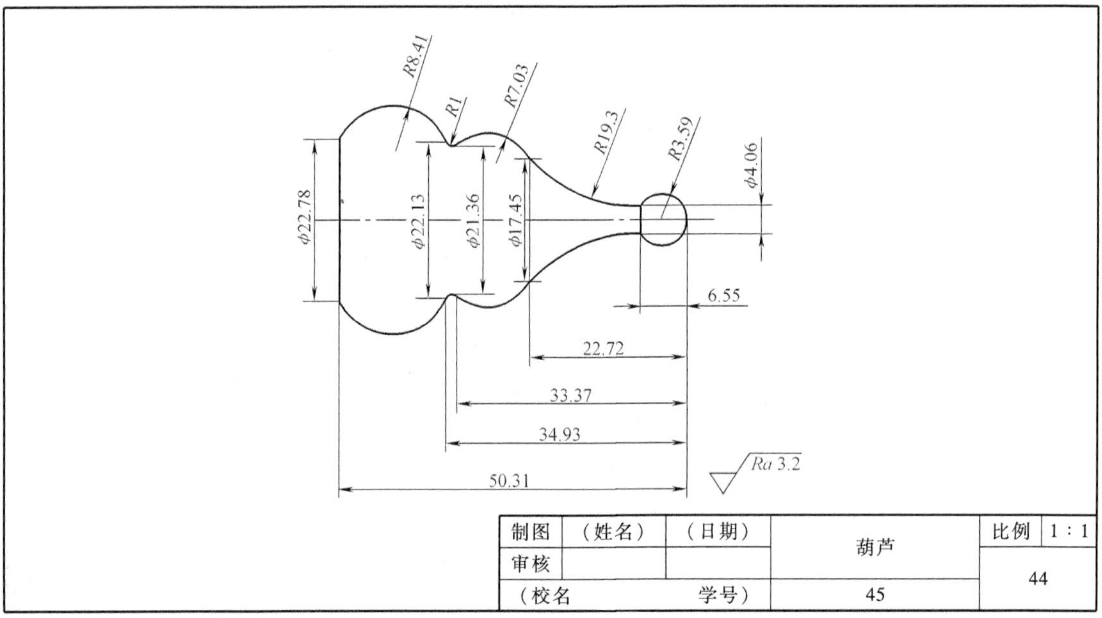


图 18-4 葫芦

1. 确定加工步骤，填写加工工艺卡（表 18-7）

**表 18-7 加工工艺卡**

| 零件图号 | | 材料 | | | | 毛坯尺寸 | |
|---|---|---|---|---|---|---|---|
| 零件名称 | | 刀具 | 背吃刀量 $a_p$/mm | 主轴转速 $n$/(r/min) | 进给量 $f$/(mm/r) | 设备型号 | |
| 工步 | 工步内容 | | | | | 工艺简图 | |
| 1 | | | | | | | |
| 2 | | | | | | | |
| 3 | | | | | | | |
| 4 | | | | | | | |
| 5 | | | | | | | |
| 6 | | | | | | | |
| 7 | | | | | | | |

2. 加工零件的质量检查及评分（表 18-8）

表 18-8　质量检查及评分

| 序号 | 项　　目 | 检测尺寸 | 配分 | 评分标准 | 自检 | 复检 | 得分 |
|---|---|---|---|---|---|---|---|
| 1 | 完整度 | 形状 | 50 | 不合格不得分 | | | |
| 2 | 表面粗糙度值 | $Ra3.2\mu m$ | 30 | | | | |
| 3 | 安全文明生产 | | 20 | | | | |
| 学生签名： | | | 教师签名： | | 总分： | | |

## 六、实训小结

完成本实训项目的实训报告。

# 第三篇　高级技能训练

## 项目十九　高级训练一

学习目的与要求

1）合理安排工量具的摆放，注意操作姿势，养成良好的操作习惯。

2）熟练运用各功能指令，提高零件程序的编制技能。

3）提高装夹刀具、对刀及使用量具的技能。

4）掌握和提高加工零件的尺寸控制方法，明确切削用量的选择。

### 一、任务引入

图 19-1 所示为螺纹轴零件，该零件的毛坯为 $\phi$50mm×70mm 的 45 钢。本任务要求正确地确定零件的加工工艺，正确地编写加工程序，并完成零件的加工。

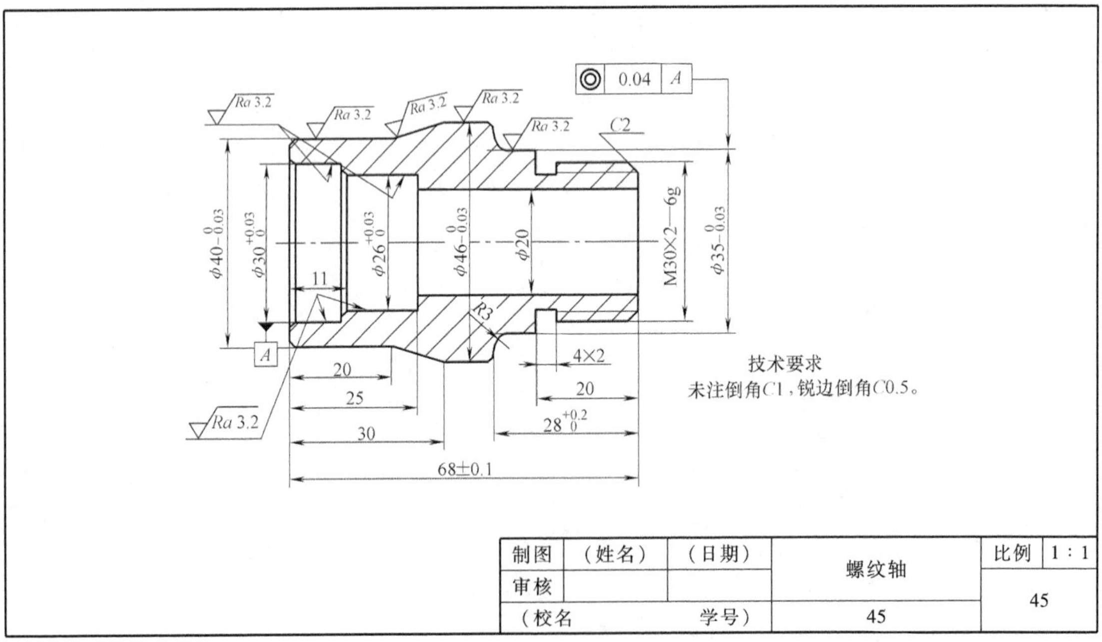


图 19-1　螺纹轴（一）

### 二、任务分析

1. 工艺分析

该零件为螺纹轴，分左、右两端，须分正、反面调头加工，主要由外圆、外圆弧、外槽、外螺纹和内孔组成。先应加工左端，即加工外圆、钻孔；再调头加工右端，控制全长、车外圆各部、切槽、车螺纹。

2. 工、量具及材料准备

1）刀具：90°外圆车刀、$\phi$20mm 麻花钻、外螺纹车刀、$\phi$16mm 镗孔刀、3mm 切槽刀各一把。

2）量具：0~200mm 游标卡尺、25~50mm 外径千分尺、25~50mm 内径千分尺各一套。

3）材料及规格：45 钢，$\phi$50mm×70mm。

## 三、任务实施

1. 确定加工步骤，填写加工工艺卡（表 19-1）

表 19-1　加工工艺卡

| 零件图号 | 45 | 材料 | | 45 钢 | | 毛坯尺寸 | $\phi$50mm×70mm |
|---|---|---|---|---|---|---|---|
| 零件名称 | 螺纹轴 | 刀具 | 背吃刀量 $a_p$ /mm | 主轴转速 n/(r/min) | 进给量 f/(mm/r) | 设备型号 | CK6140A |
| 工步 | 工步内容 | | | | | 工艺简图 | |
| 1 | 工件伸出 50mm 夹紧 | | | | | 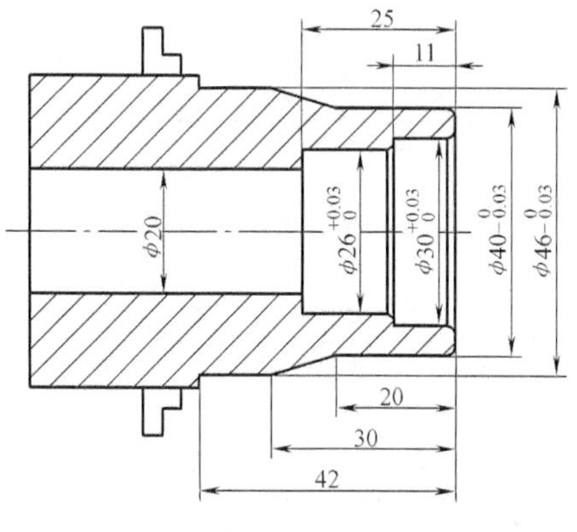 | |
| 2 | 车端面 | T01 | 1 | 600 | 0.2 | | |
| 3 | 钻 $\phi$20mm 通孔 | | | 400 | | | |
| 4 | 粗车外轮廓各部，留余量 0.5mm | T01 | 1.5 | 600 | 0.2 | | |
| 5 | 精车外轮廓至尺寸要求 | T01 | 0.25 | 800 | 0.1 | | |
| 6 | 粗车内轮廓各部，留余量 0.3mm | T03 | 1.5 | 600 | 0.2 | | |
| 7 | 精车内轮廓至尺寸要求 | T03 | 0.15 | 800 | 0.1 | | |
| 8 | 调头夹已加工 $\phi$40mm 外径 | | | | | 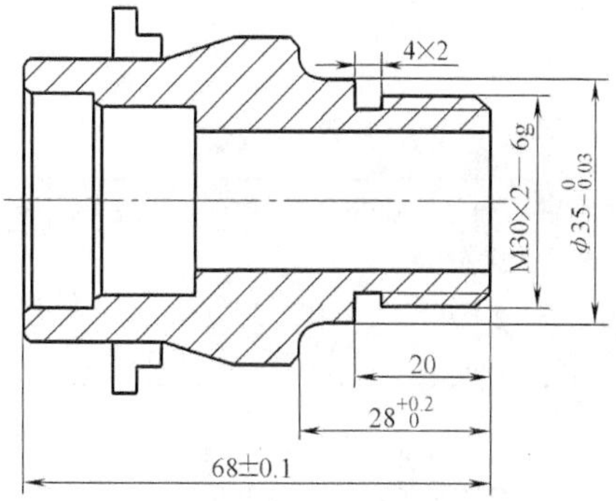 | |
| 9 | 车全长，控制全长 68mm | T01 | 1 | 600 | 0.2 | | |
| 10 | 粗车外轮廓各部，留余量 0.5mm | T01 | 1.5 | 600 | 0.2 | | |
| 11 | 精车外轮廓至尺寸要求 | T01 | 0.25 | 800 | 0.1 | | |
| 12 | 切槽 | T02 | | 400 | 0.05 | | |
| 13 | 车螺纹 | T03 | | 500 | 2 | | |
| 14 | 自检 | | | | | | |

2. 编写加工程序（表 19-2、表 19-3）

表 19-2　加工程序（左端）

| | |
|---|---|
| O0001;(左端) | T0303; |
| G99; | M03 S600; |
| T0101 M08; | G00 X20 Z2; |
| M03 S600; | G71 U1.3 R1; |
| G00 X51 Z2; | G71 P30 Q40 U-0.3 F0.2; |
| G71 U1.5 R1; | N30 G00 X32; |
| G71 P10 Q20 U0.5 W0.1 F0.2; | G01 Z0 F0.2; |
| N10 G00 X38; | X30 Z-1 F0.1; |
| G01 G42 Z0 F0.2; | Z-11; |
| X40 Z-1 F0.1; | X28 |
| | X26 W-1; |
| Z-20; | Z-25; |
| X46 Z-30; | X20; |
| Z-42; | N40 G00 X20; |
| X50; | T0303; |
| N20 G00 G40 X51; | M03 S700; |
| T0101; | G00 X20 Z2; |
| M03 S800; | G70 P30 Q40; |
| G00 X51 Z2; | G00 X100 Z100; |
| G70 P10 Q20; | M30; |
| G00 X100 Z100; | |

表 19-3　加工程序（右端）

| | |
|---|---|
| O0002;(右端) | G00 X51 Z2; |
| G99; | G70 P10 Q20; |
| T0101 M08; | G00 X150 Z30; |
| M03 S600; | T0202; |
| G00 X51 Z2; | M03 S400; |
| G71 U1.5 R1; | G00 X32 Z-19; |
| G71 P10 Q20 U0.5 W0.1 F0.2; | G01 X26 F0.05; |
| N10 G00 X26; | X36 F0.3; |
| G01 G42 Z0 F0.2; | Z-20; |
| X29.85 Z-2 F0.1; | X26 F0.1; |
| Z-20; | Z-19.5; |
| X34; | X36 F0.3; |
| X35 W-0.5; | G00 X150 Z30; |
| Z-25; | T0303; |
| G02 X41 Z-28 R3; | M03 S500; |
| G01 X44; | G00 X32 Z5; |
| X46 W-1; | G76 P020260 Q100 R0.1; |
| X50; | G76 X27.4 Z-18 P1400 Q400 F2; |
| N20 G00 G40 X51; | G00 X150 Z30; |
| T0101; | M30; |
| M03 S800; | |

3. 加工零件的质量检查及评分（表 19-4）

**表 19-4　质量检查及评分**

| 序号 | 项　目 | 检测尺寸 | 配分 | 评分标准 | 自检 | 复检 | 得分 |
|---|---|---|---|---|---|---|---|
| 1 | 外圆 | $\phi46_{-0.03}^{0}$mm | 8 | 超差不得分 | | | |
| 2 | 外圆 | $\phi40_{-0.03}^{0}$mm | 8 | 超差不得分 | | | |
| 3 | 外圆 | $\phi35_{-0.03}^{0}$mm | 8 | 超差不得分 | | | |
| 4 | 内孔 | $\phi30_{0}^{+0.03}$mm | 8 | 超差不得分 | | | |
| 5 | 内孔 | $\phi26_{0}^{+0.03}$mm | 8 | 超差不得分 | | | |
| 6 | 螺纹 | M30×2—6g | 10 | 超差不得分 | | | |
| 7 | 长度 | $28_{0}^{+0.2}$mm | 5 | 超差不得分 | | | |
| 8 | 总长 | (68±0.1)mm | 5 | 超差不得分 | | | |
| 9 | 长度 | 30mm | 5 | 超差不得分 | | | |
| 10 | 长度 | 20mm 两处 | 4 | 不合格不得分 | | | |
| 11 | 长度 | 11mm、25mm | 6 | 不合格不得分 | | | |
| 12 | 倒角 | C2、C1、C0.5 | 3 | 不合格不得分 | | | |
| 13 | 槽 | 4mm×2mm | 2 | 不合格不得分 | | | |
| 14 | 表面粗糙度值 | Ra3.2μm 六处 | 5 | 不合格不得分 | | | |
| 15 | 同轴度 | ◎ 0.025 A | 5 | 不合格不得分 | | | |
| 16 | 安全文明生产 | | 10 | | | | |
| 学生签名： | | | 教师签名： | | 总分： | | |

## 四、拓展练习

本拓展练习要求正确地确定零件的加工工艺，正确地编写加工程序，并完成零件的加工，自检后填写评分表。

### （一）拓展练习 1

根据图 19-2 所示螺纹轴完成拓展练习。

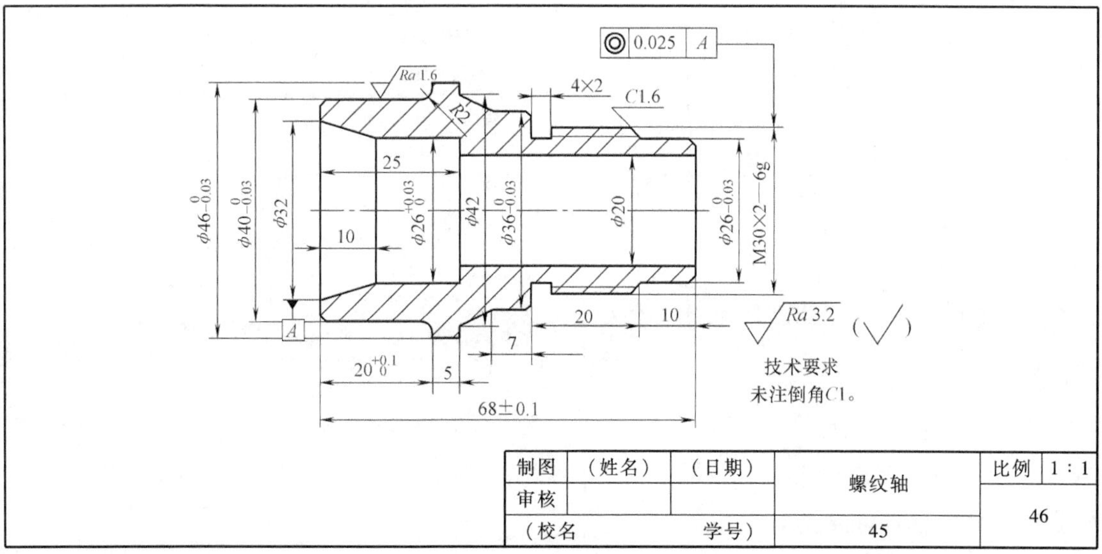


图 19-2　螺纹轴（二）

1. 确定加工步骤，填写加工工艺卡（表 19-5）

**表 19-5　加工工艺卡**

| | | | | | | |
|---|---|---|---|---|---|---|
| 零件图号 | | 材料 | | | 毛坯尺寸 | |
| 零件名称 | | 刀具 | 背吃刀量 $a_p$/mm | 主轴转速 $n$/(r/min) | 进给量 $f$/(mm/r) | 设备型号 |
| 工步 | 工步内容 | | | | | 工艺简图 |
| 1 | | | | | | |
| 2 | | | | | | |
| 3 | | | | | | |
| 4 | | | | | | |
| 5 | | | | | | |
| 6 | | | | | | |
| 7 | | | | | | |
| 8 | | | | | | |
| 9 | | | | | | |
| 10 | | | | | | |
| 11 | | | | | | |
| 12 | | | | | | |
| 13 | | | | | | |
| 14 | | | | | | |

2. 加工零件的质量检查及评分（表 19-6）

**表 19-6　质量检查及评分**

| 序号 | 项　目 | 检测尺寸 | 配分 | 评分标准 | 自检 | 复检 | 得分 |
|---|---|---|---|---|---|---|---|
| 1 | 外圆 | $\phi 46_{-0.03}^{0}$ mm | 6 | 超差不得分 | | | |
| 2 | 外圆 | $\phi 40_{-0.03}^{0}$ mm | 6 | 超差不得分 | | | |
| 3 | 外圆 | $\phi 36_{-0.03}^{0}$ mm | 6 | 超差不得分 | | | |
| 4 | 外圆 | $\phi 26_{-0.03}^{0}$ mm | 6 | 超差不得分 | | | |
| 5 | 内孔 | $\phi 26_{0}^{+0.03}$ mm | 6 | 超差不得分 | | | |
| 6 | 内孔 | $\phi$32mm | 5 | 不合格不得分 | | | |
| 7 | 螺纹 | M30×2—6g | 10 | 超差不得分 | | | |
| 8 | 长度 | $20_{0}^{+0.1}$ mm | 6 | 超差不得分 | | | |
| 9 | 总长 | (68±0.1)mm | 6 | 超差不得分 | | | |
| 10 | 长度 | 10mm、25mm | 6 | 超差不得分 | | | |
| 11 | 长度 | 20mm、10mm | 6 | 不合格不得分 | | | |
| 12 | 长度 | 7mm、5mm | 6 | 不合格不得分 | | | |
| 13 | 倒角 | C1.6、C1 | 3 | 不合格不得分 | | | |
| 14 | 槽 | 4mm×2mm | 2 | 不合格不得分 | | | |
| 15 | 表面粗糙度值 | Ra3.2μm、Ra1.6μm 一处 | 5 | 不合格不得分 | | | |
| 16 | 同轴度 | ◎ 0.025 A | 5 | 不合格不得分 | | | |
| 17 | 安全文明生产 | | 10 | | | | |
| 学生签名： | | | 教师签名： | | 总分： | | |

## （二）拓展练习 2

根据图 19-3 所示螺纹轴完成拓展练习。

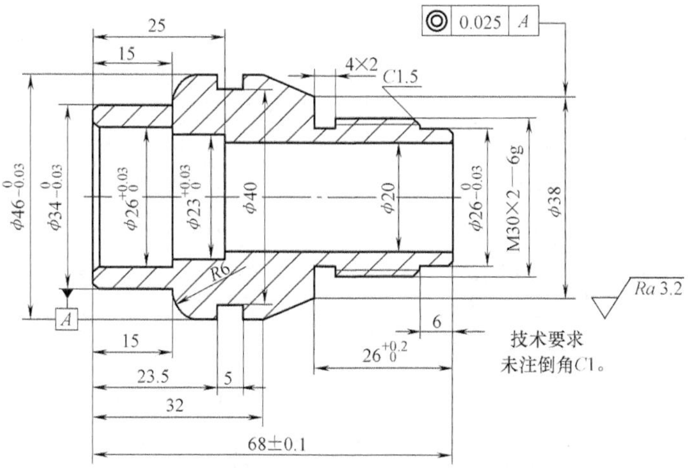


| 制图 | （姓名） | （日期） | 螺纹轴 | 比例 | 1∶1 |
|---|---|---|---|---|---|
| 审核 | | | | 47 | |
| （校名　学号） | | | 45 | | |

图 19-3　螺纹轴（三）

1. 确定加工步骤，填写加工工艺卡（表 19-7）

**表 19-7　加工工艺卡**

| 零件图号 | | 材料 | | | | 毛坯尺寸 | |
|---|---|---|---|---|---|---|---|
| 零件名称 | | 刀具 | 背吃刀量 $a_p$/mm | 主轴转速 $n$/(r/min) | 进给量 $f$/(mm/r) | 设备型号 | |
| 工步 | 工步内容 | | | | | 工艺简图 | |
| 1 | | | | | | | |
| 2 | | | | | | | |
| 3 | | | | | | | |
| 4 | | | | | | | |
| 5 | | | | | | | |
| 6 | | | | | | | |
| 7 | | | | | | | |
| 8 | | | | | | | |
| 9 | | | | | | | |
| 10 | | | | | | | |
| 11 | | | | | | | |
| 12 | | | | | | | |
| 13 | | | | | | | |
| 14 | | | | | | | |

2. 加工零件的质量检查及评分（表 19-8）

**表 19-8　质量检查及评分**

| 序号 | 项　目 | 检测尺寸 | 配分 | 评分标准 | 自检 | 复检 | 得分 |
|---|---|---|---|---|---|---|---|
| 1 | 外圆 | $\phi 46_{-0.03}^{0}$ mm | 6 | 超差不得分 | | | |
| 2 | 外圆 | $\phi$38mm | 6 | 不合格不得分 | | | |
| 3 | 外圆 | $\phi 34_{-0.03}^{0}$ mm | 6 | 超差不得分 | | | |
| 4 | 外圆 | $\phi 26_{-0.03}^{0}$ mm | 6 | 超差不得分 | | | |
| 5 | 内孔 | $\phi 26_{0}^{+0.03}$ mm | 6 | 超差不得分 | | | |
| 6 | 内孔 | $\phi 23_{0}^{+0.03}$ mm | 5 | 超差不得分 | | | |
| 7 | 螺纹 | M30×2—6g | 10 | 超差不得分 | | | |
| 8 | 长度 | $26_{0}^{+0.2}$ mm | 6 | 超差不得分 | | | |
| 9 | 总长 | (68±0.1)mm | 6 | 超差不得分 | | | |
| 10 | 孔深 | 15mm、25mm | 6 | 超差不得分 | | | |
| 11 | 长度 | 15mm、23.5mm | 6 | 不合格不得分 | | | |
| 12 | 长度 | 32mm、6mm | 6 | 不合格不得分 | | | |
| 13 | 倒角 | *C*1.6、*C*1 | 3 | 不合格不得分 | | | |
| 14 | 槽 | 4mm×2mm、5mm×$\phi$40mm | 2 | 不合格不得分 | | | |
| 15 | 表面粗糙度值 | *Ra*3.2μm | 5 | 不合格不得分 | | | |
| 16 | 同轴度 | ◎ 0.025 *A* | 5 | 不合格不得分 | | | |
| 17 | 安全文明生产 | | 10 | | | | |
| 学生签名： | | | 教师签名： | | 总分： | | |

## 五、实训小结

完成本实训项目的实训报告。

# 项目二十　高级训练二

学习目的与要求

1）合理安排工量具的摆放，注意操作姿势，养成良好的操作习惯。

2）熟练运用各功能指令，提高零件的程序编制技能。

3）提高装夹刀具、对刀及使用量具的技能。

4）掌握和提高加工零件的尺寸控制方法和切削用量的选择。

## 一、任务引入

图 20-1 所示为螺纹轴零件，零件毛坯为 $\phi$50mm×70mm 的 45 钢。本任务要求正确地确定零件的加工工艺，正确地编写加工程序，并完成零件的加工。

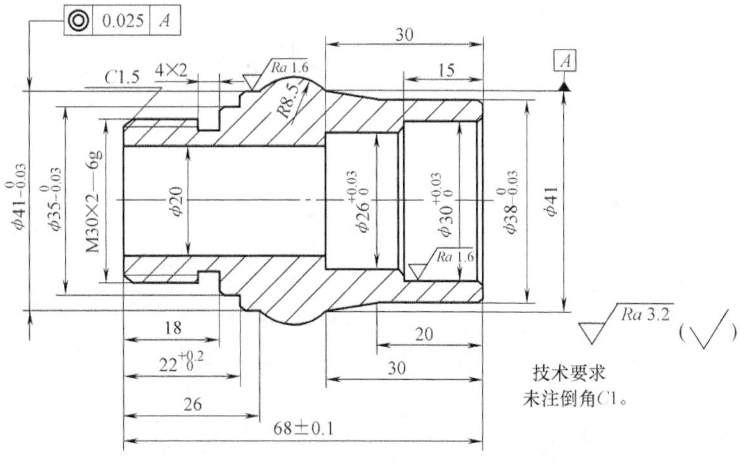


| 制图 | （姓名） | （日期） | 螺纹轴 | 比例 | 1∶1 |
|---|---|---|---|---|---|
| 审核 | | | | 48 | |
| （校名 | | 学号） | 45 | | |

图 20-1　螺纹轴（一）

## 二、任务分析

1. 工艺分析

该零件为螺纹轴，分左、右两端，因此必须分正、反面调头加工，主要由外圆、外圆弧、外槽、外螺纹和内孔组成。先应加工右端，车外圆，钻孔和车内孔，外圆必须把 $R8.5$mm 圆弧的外径车好；再调头加工左端，控制全长，车外圆各部，切槽，车螺纹。

2. 工、量具及材料准备

1）刀具：90°外圆车刀，$\phi$20mm 麻花钻、外螺纹车刀、$\phi$16mm 镗刀、3mm 外切槽刀各一把。

2）量具：0~200mm 游标卡尺、25~50mm 外径千分尺、25~50mm 内径千分尺各一套。

3）材料及规格：45 钢，$\phi$50mm×70mm。

## 三、任务实施

### 1. 确定加工步骤，填写加工工艺卡（表 20-1）

表 20-1 加工工艺卡

| 零件图号 | 48 | 材料 | | 45 钢 | | 毛坯尺寸 | $\phi$50mm×70mm |
|---|---|---|---|---|---|---|---|
| 零件名称 | 螺纹轴 | 刀具 | 背吃刀量 $a_p$ /mm | 主轴转速 $n$/(r/min) | 进给量 $f$/(mm/r) | 设备型号 | CK6140A |
| 工步 | 工步内容 | | | | | 工艺简图 | |
| 1 | 工件伸出 48mm 夹紧 | | | | | 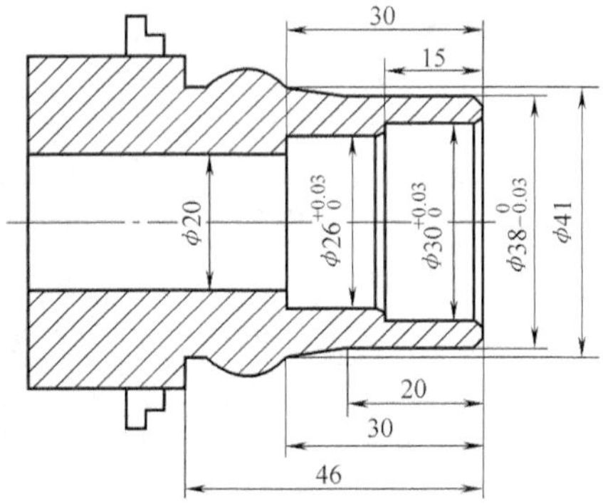 | |
| 2 | 车端面 | T01 | 1 | 600 | 0.2 | | |
| 3 | 钻孔，钻 $\phi$20mm 通孔 | | | 400 | | | |
| 4 | 粗车外轮廓各部，留余量 0.5mm | T01 | 1.5 | 600 | 0.2 | | |
| 5 | 精车外轮廓至尺寸要求 | T01 | 0.25 | 800 | 0.1 | | |
| 6 | 粗车内轮廓各部，留余量 0.3mm | T03 | 1.5 | 600 | 0.2 | | |
| 7 | 精车内轮廓至尺寸要求 | T03 | 0.15 | 800 | 0.1 | | |
| 8 | 调头夹已加工 $\phi$38mm 外圆 | | | | | 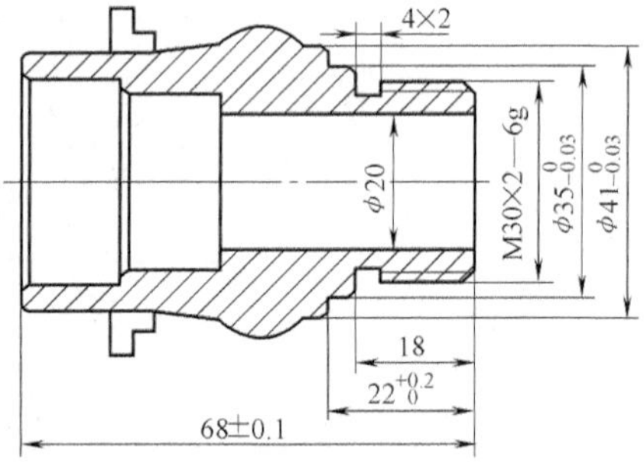 | |
| 9 | 车全长，控制全长 68mm | T01 | 1 | 600 | 0.2 | | |
| 10 | 粗车外轮廓各部，留余量 0.5mm | T01 | 1.5 | 600 | 0.2 | | |
| 11 | 精车外轮廓至尺寸要求 | T01 | 0.25 | 800 | 0.1 | | |
| 12 | 切槽 | T02 | | 400 | 0.05 | | |
| 13 | 车螺纹 | T03 | | 500 | 2 | | |
| 14 | 自检 | | | | | | |

### 2. 编写加工程序（表 20-2、表 20-3）

表 20-2 加工程序（右端）

| | |
|---|---|
| O0001;(右端) | T0303; |
| G99; | M03 S600; |
| T0101 M08; | G00 X20 Z2; |
| M03 S600; | G71 U1.3 R1; |
| G00 X51 Z2; | G71 P30 Q40 U-0.3 F0.2; |
| G73 U7 R6; | N30 G00 X32; |
| G73 P10 Q20 U0.5 W0.1 F0.2; | G01 Z0 F0.2; |

（续）

| | |
|---|---|
| N10 G00 X36; | X30 Z-1 F0.1; |
| G01 G42 Z0 F0.2; | Z-15; |
| X38 Z-1 F0.1; | X28 W-1; |
| Z-20; | Z-30; |
| X41 Z-30; | X20; |
| G03 X41 Z-42 R8.5; | N40 G00 X20; |
| G01X50; | T0303; |
| N20 G00 G40 X51; | M03 S700; |
| T0101; | G00 X20 Z2; |
| M03 S800; | G70 P30 Q40; |
| G00 X51 Z2; | G00 X100 Z100; |
| G70 P10 Q20; | M30; |
| G00 X100 Z100; | |

**表 20-3　加工程序（左端）**

| | |
|---|---|
| O0002;(左端) | G00 X51 Z2; |
| G99; | G70 P10 Q20; |
| T0101 M08; | G00 X150 Z30; |
| M03 S600; | T0202; |
| G00 X51 Z2; | M03 S400; |
| G71 U1.5 R1; | G00 X32 Z-17; |
| G71 P10 Q20 U0.5 W0.1 F0.2; | G01 X26 F0.05; |
| N10 G00 X26; | X36 F0.3; |
| G01 G42 Z0 F0.2; | Z-18; |
| X29.85 Z-2 F0.1; | X26 F0.1; |
| Z-18; | Z-17.5; |
| X33; | X36 F0.3; |
| X35 W-1; | G00 X150 Z30; |
| Z-22; | T0303; |
| X39; | M03 S500; |
| X42 W-1.5; | G00 X32 Z5; |
| X50; | G76 P020260 Q100 R0.1; |
| N20 G00 G40 X51; | G76 X27.4 Z-16 P1400 Q400 F2; |
| T0101; | G00 X150 Z30; |
| M03 S800; | M30; |

3. 加工零件的质量检查及评分（表 20-4）

表 20-4　质量检查及评分

| 序号 | 项　　目 | 检测尺寸 | 配分 | 评分标准 | 自检 | 复检 | 得分 |
|---|---|---|---|---|---|---|---|
| 1 | 外圆 | $\phi 41_{-0.03}^{0}$ mm | 8 | 超差不得分 | | | |
| 2 | 外圆 | $\phi 38_{-0.03}^{0}$ mm | 8 | 超差不得分 | | | |
| 3 | 外圆 | $\phi 35_{-0.03}^{0}$ mm | 8 | 超差不得分 | | | |
| 4 | 外圆 | $\phi$41mm | 2 | 不合格不得分 | | | |
| 5 | 内孔 | $\phi 30_{0}^{+0.03}$ mm | 8 | 超差不得分 | | | |
| 6 | 内孔 | $\phi 26_{0}^{+0.03}$ mm | 8 | 超差不得分 | | | |
| 7 | 螺纹 | M30×2—6g | 8 | 超差不得分 | | | |
| 8 | 长度 | $22_{0}^{+0.2}$ mm | 5 | 超差不得分 | | | |
| 9 | 总长 | (68±0.1)mm | 5 | 超差不得分 | | | |
| 10 | 长度 | 18mm、26mm | 5 | 不合格不得分 | | | |
| 11 | 长度 | 20mm、30mm | 4 | 不合格不得分 | | | |
| 12 | 长度 | 15mm、30mm | 6 | 不合格不得分 | | | |
| 13 | 倒角 | C1.5、C1 | 3 | 不合格不得分 | | | |
| 14 | 槽 | 4mm×2mm | 2 | 不合格不得分 | | | |
| 15 | 表面粗糙度值 | $Ra$3.2μm、$Ra$1.6μm 两处 | 5 | 不合格不得分 | | | |
| 16 | 同轴度 | ◎ 0.025 A | 5 | 不合格不得分 | | | |
| 17 | 安全文明生产 | | 10 | | | | |
| 学生签名： | | | 教师签名： | | 总分： | | |

## 四、拓展练习

本拓展练习要求正确地确定零件的加工工艺，正确地编写加工程序，并完成零件的加工，自检后填写评分表。

### （一）拓展练习 1

根据图 20-2 所示螺纹轴完成拓展练习。

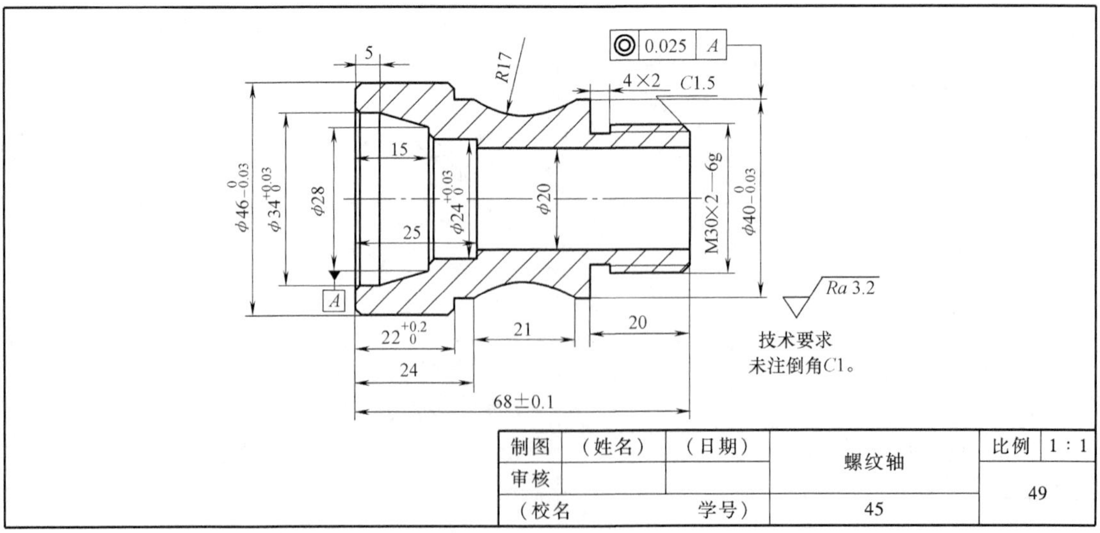


图 20-2　螺纹轴（二）

1. 确写加工步骤，填写加工工艺卡（表 20-5）

**表 20-5　加工工艺卡**

| 零件图号 | | 材料 | | | 毛坯尺寸 | |
|---|---|---|---|---|---|---|
| 零件名称 | | 刀具 | 背吃刀量 $a_p$/mm | 主轴转速 $n$/(r/min) | 进给量 $f$/(mm/r) | 设备型号 |
| 工步 | 工步内容 | | | | | 工艺简图 |
| 1 | | | | | | |
| 2 | | | | | | |
| 3 | | | | | | |
| 4 | | | | | | |
| 5 | | | | | | |
| 6 | | | | | | |
| 7 | | | | | | |
| 8 | | | | | | |
| 9 | | | | | | |
| 10 | | | | | | |
| 11 | | | | | | |
| 12 | | | | | | |
| 13 | | | | | | |
| 14 | | | | | | |

2. 加工零件的质量检查及评分（表 20-6）

**表 20-6　质量检查及评分**

| 序号 | 项　目 | 检测尺寸 | 配分 | 评分标准 | 自检 | 复检 | 得分 |
|---|---|---|---|---|---|---|---|
| 1 | 外圆 | $\phi 46_{-0.03}^{0}$ mm | 8 | 超差不得分 | | | |
| 2 | 外圆 | $\phi 40_{-0.03}^{0}$ mm | 8 | 超差不得分 | | | |
| 3 | 内孔 | $\phi$20mm | 5 | 超差不得分 | | | |
| 4 | 内孔 | $\phi 34_{0}^{+0.03}$ mm | 8 | 超差不得分 | | | |
| 5 | 内孔 | $\phi 24_{0}^{+0.03}$ mm | 8 | 超差不得分 | | | |
| 6 | 内孔 | $\phi$28mm | 5 | 不合格不得分 | | | |
| 7 | 螺纹 | M30×2—6g | 8 | 超差不得分 | | | |
| 8 | 长度 | $22_{0}^{+0.2}$ mm | 5 | 超差不得分 | | | |
| 9 | 总长 | (68±0.1)mm | 8 | 超差不得分 | | | |
| 10 | 长度 | 24mm、21mm、20mm | 5 | 不合格不得分 | | | |
| 11 | 长度 | 5mm、15mm、25mm | 5 | 不合格不得分 | | | |
| 12 | 倒角 | *C*1.5、*C*1 | 4 | 不合格不得分 | | | |
| 13 | 槽 | 4mm×2mm | 3 | 不合格不得分 | | | |
| 14 | 表面粗糙度值 | *Ra*3.2μm | 5 | 不合格不得分 | | | |
| 15 | 同轴度 | ◎ 0.025 *A* | 5 | 不合格不得分 | | | |
| 16 | 安全文明生产 | | 10 | | | | |
| 学生签名： | | | 教师签名： | | 总分： | | |

### （二）拓展练习 2

根据图 20-3 所示螺纹轴完成拓展练习。

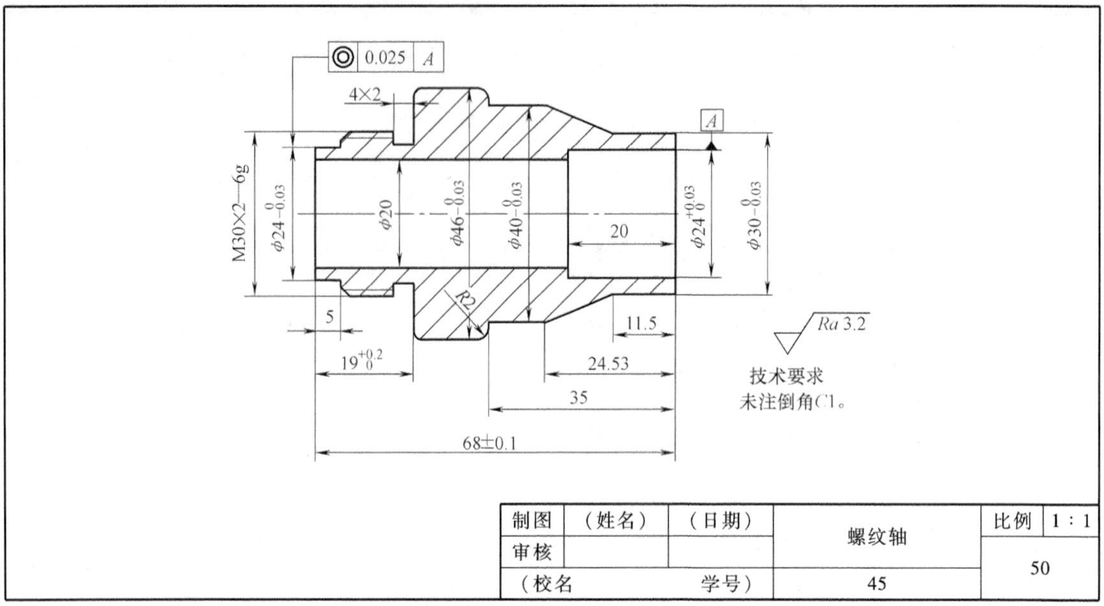


图 20-3　螺纹轴（三）

1. 确定加工步骤，填写加工工艺卡（表 20-7）

**表 20-7　加工工艺卡**

| 零件图号 | | 材料 | | | | 毛坯尺寸 | |
|---|---|---|---|---|---|---|---|
| 零件名称 | | 刀具 | 背吃刀量 $a_p$/mm | 主轴转速 $n$/(r/min) | 进给量 $f$/(mm/r) | 设备型号 | |
| 工步 | 工步内容 | | | | | 工艺简图 | |
| 1 | | | | | | | |
| 2 | | | | | | | |
| 3 | | | | | | | |
| 4 | | | | | | | |
| 5 | | | | | | | |
| 6 | | | | | | | |
| 7 | | | | | | | |
| 8 | | | | | | | |
| 9 | | | | | | | |
| 10 | | | | | | | |
| 11 | | | | | | | |
| 12 | | | | | | | |
| 13 | | | | | | | |
| 14 | | | | | | | |

2. 加工零件的质量检查及评分（表 20-8）

**表 20-8　质量检查及评分**

| 序号 | 项　目 | 检测尺寸 | 配分 | 评分标准 | 自检 | 复检 | 得分 |
|---|---|---|---|---|---|---|---|
| 1 | 外圆 | $\phi 46_{-0.03}^{0}$mm | 8 | 超差不得分 | | | |
| 2 | 外圆 | $\phi 40_{-0.03}^{0}$mm | 8 | 超差不得分 | | | |
| 3 | 外圆 | $\phi 30_{-0.03}^{0}$mm | 8 | 超差不得分 | | | |
| 4 | 外圆 | $\phi$20mm | 8 | 超差不得分 | | | |
| 5 | 外圆 | $\phi 24_{-0.03}^{0}$mm | 8 | 不合格不得分 | | | |
| 6 | 内孔 | $\phi 24_{0}^{+0.03}$mm | 8 | 超差不得分 | | | |
| 7 | 螺纹 | M30×2—6g | 8 | 超差不得分 | | | |
| 8 | 长度 | $19_{0}^{+0.2}$mm | 5 | 超差不得分 | | | |
| 9 | 总长 | (68±0.1)mm | 5 | 超差不得分 | | | |
| 10 | 长度 | 11.5mm、24.53mm | 5 | 不合格不得分 | | | |
| 11 | 长度 | 35mm、5mm | 4 | 不合格不得分 | | | |
| 12 | 长度 | 20mm | 2 | 不合格不得分 | | | |
| 13 | 倒角 | *C*1 | 3 | 不合格不得分 | | | |
| 16 | 槽 | 4mm×2mm | 2 | 不合格不得分 | | | |
| 17 | 表面粗糙度值 | *Ra*3.2μm | 3 | 不合格不得分 | | | |
| 18 | 同轴度 | ◎ 0.025 *A* | 5 | 不合格不得分 | | | |
| 19 | 安全文明生产 | | 10 | | | | |
| 学生签名： | | | 教师签名： | | 总分： | | |

## 五、实训小结

完成本实训项目的实训报告。

# 项目二十一　用户宏程序的应用

学习目的与要求

1）掌握在数控车床上加工非圆曲线轮廓工件的程序编写与操作方法。

2）掌握宏程序的特点及B类宏程序的编写与加工操作。

3）掌握分析与解决问题的方法，具备一定的实际操作能力。

## 一、任务引入

图21-1所示为螺纹轴，编写加工程序，填写加工工艺卡，并完成零件的加工。材料及规格：45钢，$\phi$50mm×100mm。

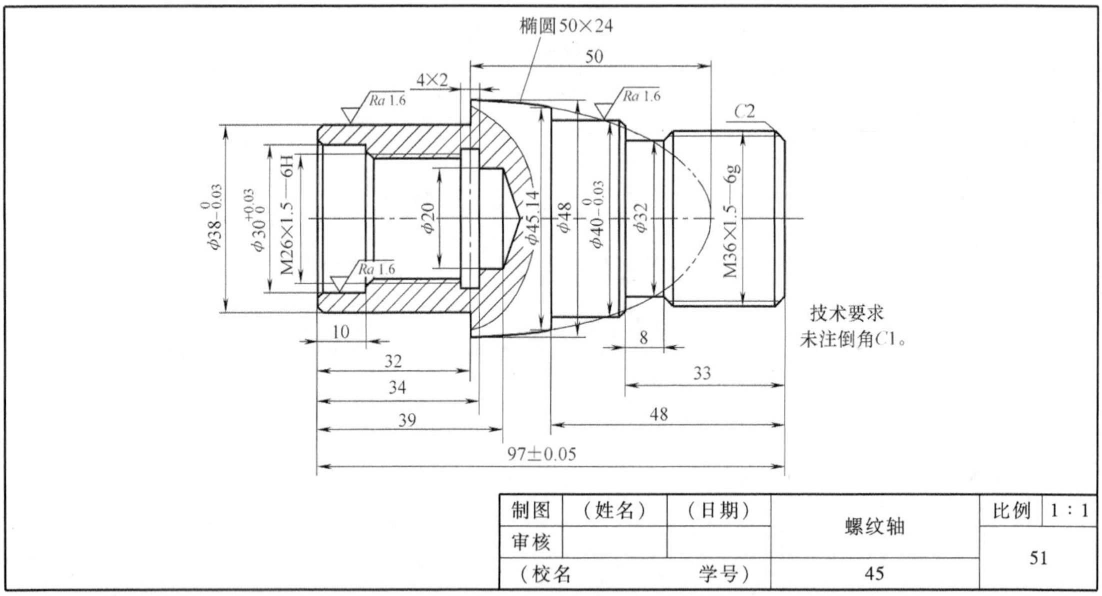


图21-1　螺纹轴（一）

## 二、任务分析

1. 工艺分析

该零件为螺纹轴，先加工右端，再加工左端，右端由台阶外圆、螺纹、沟槽和椭圆组成。工件伸出70mm，用自定心卡盘装夹紧，加工各外圆轮廓、切槽、车螺纹，调头夹已加工$\phi$40mm外圆，车左端各部。对于椭圆，如果用常规的方法来进行加工，计算和编程的难度很大，但如果用用户宏程序来编写程序，就能简化程序，避免复杂的计算。

2. 工、量具及材料准备

1）刀具：90°外圆车刀，$\phi$20mm麻花钻、外螺纹车刀、$\phi$16镗刀、3mm外切槽刀、4mm内切槽刀、$\phi$16内螺纹车刀各一把。

2）量具：0~200mm 游标卡尺、25~50mm 外径千分尺、25~50mm 内径千分尺、螺纹环规和塞规各一套。

3）材料及规格：45 钢，$\phi$50mm×99mm。

## 三、相关知识要点

### （一）宏程序的概念

将一组命令所构成的功能像子程序一样事先存入存储器中，并用一个命令作为代表，执行时只需写出这个代表命令，就可以执行其功能。这一组命令称为用户宏主（本）体（或用户宏程序），简称用户宏（Custom Macro）指令。这个代表命令称为用户宏命令，也称为宏调用命令。用户宏程序功能有 A 和 B 两种类型，在一些较老的 FANUC 系统中采用 A 类宏程序，现在使用较少，目前的数控系统一般采用 B 类宏程序。在编程及加工过程中 B 类宏程序更方便、实用。下面主要讲 B 类宏程序。

### （二）变量

用一个可赋值的代号代替具体的数值，这个代号就称为变量。使用用户宏程序的方便之处主要在于可以用变量代替具体数值，因而在加工同一类零件时，只需将实际的值赋予变量即可，不需要对每一个零件都编写一个程序。

（1）变量的表示　变量由变量符号“#”和变量号（阿拉伯数字）组成，如#1 和#20 等。变量也可以由变量符号“#”和表达式组成，如#［#1+10］等。

（2）变量的种类　按变量号可将变量分为局部（local）变量、公共（common）变量和系统（system）变量。#1~#33 为局部变量，#100~#199、#500~#999 为公共变量，#1000 为系统变量。

（3）变量的引用　普通程序总是将一个具体的数值赋值给一个地址，例如：

G01 X50.0 F0.1；

用宏变量：#1=50.0，则改为：

G01 X#1 F0.1；

两者执行的结果是相同的。

### （三）运算符和格式（表 21-1）

表 21-1　运算符和格式

| 类　型 | 功　能 | 运　算　符 | 格　式 | 说　明 |
|---|---|---|---|---|
| 算术运算符 | 和 | + | #1=#2+#3 | |
| | 差 | - | #1=#2-#3 | |
| | 积 | * | #1=#2*#3 | |
| | 商 | / | #1=#2/#3 | |
| 条件运算符 | 等于 | EQ | #1 EQ#3 | #1=#3 |
| | 不等 | NE | #1 NE#2 | #1≠#2 |
| | 小于 | LT | #2 LT#3 | #2<#3 |
| | 小于或等于 | LE | #1 LE#3 | #1≤#3 |
| | 大于 | GT | #2 GT#3 | #2>#3 |
| | 大于或等于 | GE | #2 GE#3 | #2≥#3 |
| 逻辑运算符 | 逻辑或 | OR | #1 OR#3 | |
| | 与 | AND | #2 AND#3 | |
| | 异或 | XOR | #2 XOR#3 | |

（续）

| 类　型 | 功　能 | 运　算　符 | 格　式 | 说　明 |
|---|---|---|---|---|
| 函数 | 正弦<br>余弦<br>正切<br>反正切 | SIN<br>COS<br>TAN<br>ATAN | #2=SIN[#3]<br>#2=COS[#3]<br>#2=TAN[#3]<br>#2=ATAN[#3] | 角度用角度单位指令，如：90°30′为 90.50 |
| | 平方根<br>绝对值 | SQRT<br>ABS | #2=SQRT[#3]<br>#2=ABS[#3] | |

**（四）语句**

1. 无条件转移（GOTO n）

例如：

N10 G00 X80.0 Z10.0；

N20 G01 X50.0 F0.2；

N30 G01 Z0；

N40 GOTO 20；

表示执行 N40 程序段时，程序无条件转移到 N20 程序段继续运行。

2. 条件语句（IF 语句）

IF［<条件式>］GOTO n（n=顺序号）

<条件式>成立时，从顺序号为 n 的程序段以下执行；<条件式>不成立时，执行下一个程序段。例如：

IF［#1GT30.0］GOTO10；　　如果条件不满足，则在循环内运行

G00 X50.0 Z5.0；

…

N10 G00 X100.0 Z100.0；　　如果条件满足，则跳至 N10 语句

3. 循环语句（WHILE 语句）

WHILE［<条件式>］DOm（m=顺序号）

…

ENDm

当<条件式>成立时，从 DOm 的程序段到 ENDm 的程序段重复执行；如果<条件式>不成立，则执行 ENDm 的下一个程序段。

**（五）举例**

以图 21-2 所示椭圆为例编写精加工程序。

O0001；　　程序号

N01 #101=120.0；　　长半轴

N05 #102=50.0；　　短半轴

N10 #103=120.0；　　$Z$ 轴起始尺寸

N15 IF[#103LT1.0]GOTO45；　　判断椭圆是否走到 $Z$ 轴终点

N20 #104=SQRT[#101*#101-#103*#103]；

N25 #105=50.0*#104/120.0；　　$X$ 轴变量

```
N30 G01X[2*#105] Z[#103-120.0];          椭圆插补
N35 #103=#103-0.2;                        Z 轴步距,每次 0.2mm
N40 GOTO15;
N45 G00 U20.0 Z2;                         退刀
```

IF 语句是当条件不满足时才执行下面的程序内容，如在 N15 中#103 所代表的 120 不小于 0，即 N15 中的条件不成立，程序顺序往下执行到 N40 返回 N15 重新判断确定是否继续执行。

而 WHILE 语句与之相反，当条件成立时才执行，图 21-2 所示椭圆的加工用 WHILE 语句编写的宏程序如下：

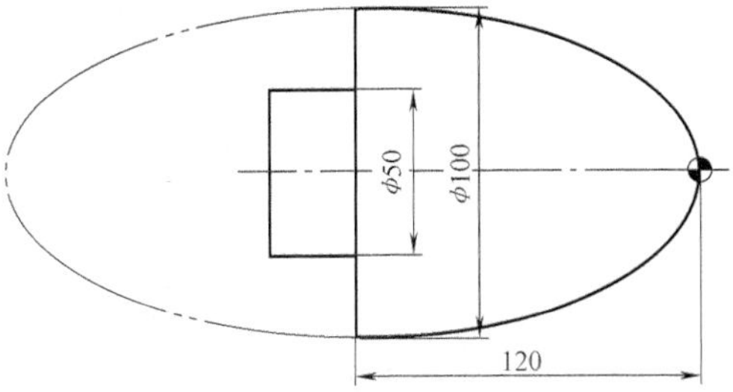


图 21-2　椭圆

```
O0002;                                    程序号
N01 #1=120.0;                             长半轴
N05 #2=50.0;                              短半轴
N10 #3=120.0;                             Z 轴起始尺寸
N15 WHILE #3GE0;                          判断椭圆是否走到 Z 轴终点
N20 #4=50.0*SQRT[#1*#1-#3*#3]/120.0;      X 轴变量
N25 G01X[2*#4] Z[#103-120.0];             椭圆插补
N30
N35 #103=#103-0.2;                        Z 轴步距,每次 0.2mm
N40 ENDW;
N45 G00 U20.0 Z2;                         退刀
```

## 四、任务实施

1. 确定加工步骤，填写加工工艺卡（表 21-2）

表 21-2　加工工艺卡

| 零件图号 | | 51 | 材料 | 45 钢 | | 毛坯尺寸 | φ50mm×99mm |
|---|---|---|---|---|---|---|---|
| 零件名称 | | 螺纹轴 | 刀具 | 背吃刀量 $a_p$/mm | 主轴转速 n/(r/min) | 进给量 f/(mm/r) | 设备型号 CK6140A |
| 工步 | 工步内容 | | | | | | 工艺简图 |
| 1 | 工件伸出>70mm,用自定心卡盘装夹夹紧 | | | | | | 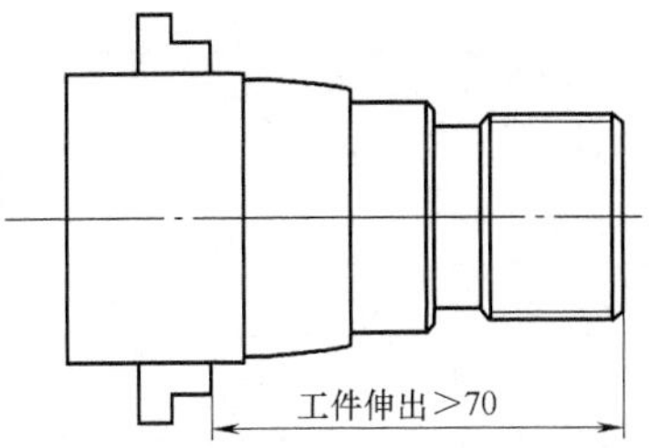 |
| 2 | 车端面 | | T01 | 1 | 600 | 0.2 | |
| 3 | 粗车右端外圆轮廓(包括椭圆),各部留余量 0.5mm | | T01 | 1.5 | 600 | 0.2 | |
| 4 | 精车右端外圆轮廓(包括椭圆)至尺寸要求 | | T01 | 0.25 | 800 | 0.1 | |
| 5 | 切 8mm 宽退切槽 | | T02 | | 400 | | |
| 6 | 车螺纹 | | T03 | | 500 | | |

（续）

| 零件图号 | 51 | 材料 | | 45 钢 | | 毛坯尺寸 | $\phi$50mm×99mm |
|---|---|---|---|---|---|---|---|
| 零件名称 | 螺纹轴 | 刀具 | 背吃刀量 $a_p$ /mm | 主轴转速 $n$/(r/min) | 进给量 $f$/(mm/r) | 设备型号 | CK6140A |
| 工步 | 工步内容 | | | | | 工艺简图 | |
| 7 | 调头装夹已加工 $\phi$40mm 外圆 | | | | | 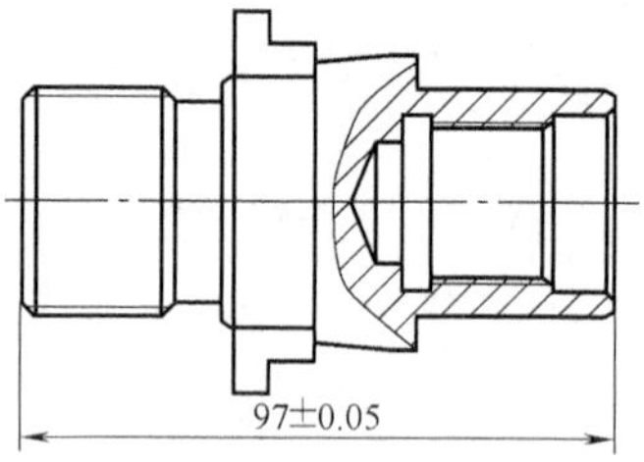 | |
| 8 | 控制全长尺寸(97±0.05)mm | T01 | 1 | 600 | 0.2 | | |
| 9 | 钻 $\phi$20mm×39mm 内孔 | T07 | | 400 | | | |
| 10 | 粗车外圆各部，留余量 0.5mm | T01 | 1.5 | 600 | 0.2 | | |
| 11 | 精车外圆各部至尺寸要求 | T01 | 0.25 | 800 | 0.1 | | |
| 12 | 粗车内孔各部，留余量 0.3mm | T02 | 1.5 | 600 | 0.2 | | |
| 13 | 精车内孔各部至尺寸要求 | T02 | 0.25 | 800 | 0.1 | | |
| 14 | 切内槽 | T03 | | 400 | | | |
| 15 | 车内螺纹 | T04 | | 400 | 1.5 | | |
| 16 | 自检 | | | | | | |

2. 编写加工程序（表 21-3）

**表 21-3　加工程序（右端）**

| | |
|---|---|
| O0001； | N20 G00 G40 X51； |
| G99； | G00 X100 Z100； |
| T0101 M08； | M05； |
| M03 S800； | M00； |
| G00 X51 Z2； | T0101； |
| G73 U8 R6； | M03 S1000； |
| G73 P10 Q20 U0.5 F0.2； | G00 X51 Z2； |
| N10 G00 X32； | G70 P10 Q20； |
| G01 G42 Z0 F0.1； | G00 X100 Z100； |
| X35.8 Z-2； | T0202； |
| Z-33； | M03 S500； |
| X38； | G00 X38 Z-28； |
| X40 W-1； | G75 R0.5； |
| Z-48； | G75 X32 Z-33 P2000 Q2000 F0.05； |
| X45.14； | G00 X100 Z100； |
| #1=17； | T0303； |
| WHILE[#1GE0]DO1； | M03 S500； |
| #2=24*SQRT[50*50-#1*#1]/50； | G00 X40 Z5； |
| X[#2*2]Z[-65+#1]F0.1； | G76 P020260 Q100 R0.1； |
| #1=#1-0.1； | G76 X34.05 Z-29 P1100 Q400 F1.5； |
| END1； | G00 X100 Z100； |
| G01 Z-67； | T0101； |
| X50； | M30； |

3. 注意事项

1）安全第一。实训必须在教师的指导下，严格按照数控车床的安全操作规程，有步骤地进行。

2）注意非圆曲线方程在实际编程中的应用。

3）合理给定相关参数编程的数值，提高非圆曲线的加工精度。

4）确定编程零点后，注意非圆曲线相关点的坐标计算。

5）机床在试运行前必须进行图形模拟加工，避免程序错误、刀具碰撞工件或卡盘。

4. 加工零件的质量检查及评分（表 21-4）

**表 21-4 质量检查及评分**

| 序号 | 项 目 | 检测尺寸 | 配分 | 评分标准 | 自检 | 复检 | 得分 |
|---|---|---|---|---|---|---|---|
| 1 | 外圆 | $\phi$48mm | 8 | 超差不得分 | | | |
| 2 | 外圆 | $\phi 40_{-0.03}^{0}$mm | 8 | 超差不得分 | | | |
| 3 | 外圆 | $\phi 38_{-0.03}^{0}$mm | 8 | 超差不得分 | | | |
| 4 | 外圆 | $\phi$32mm | 8 | 超差不得分 | | | |
| 5 | 内孔 | $\phi 30_{0}^{+0.03}$mm | 8 | 超差不得分 | | | |
| 6 | 内螺纹 | M26×1.5—6H | 8 | | | | |
| 7 | 螺纹 | M36×1.5—6g | 8 | 超差不得分 | | | |
| 8 | 总长 | (97±0.05)mm | 4 | 超差不得分 | | | |
| 9 | 长度 | 32mm | 3 | 超差不得分 | | | |
| 10 | 长度 | 33mm | 3 | | | | |
| 11 | 长度 | 48mm | 3 | 不合格不得分 | | | |
| 12 | 长度 | 34mm | 3 | 不合格不得分 | | | |
| 13 | 长度 | 8mm×$\phi$32mm | 3 | 不合格不得分 | | | |
| 14 | 椭圆 | 椭圆 50mm×24mm | 6 | | | | |
| 15 | 倒角 | *C*2、*C*1 | 4 | 不合格不得分 | | | |
| 16 | 表面粗糙度值 | *Ra*1.6μm 三处 | 5 | 不合格不得分 | | | |
| 17 | 安全文明生产 | | 10 | | | | |
| 学生签名： | | | 教师签名： | | 总分： | | |

## 五、拓展练习

本拓展练习要求正确地确定零件的加工工艺，正确地编写加工程序，并完成零件的加工，自检后填写评分表。

### （一）拓展练习 1

根据图 21-3 所示螺纹轴完成拓展练习。

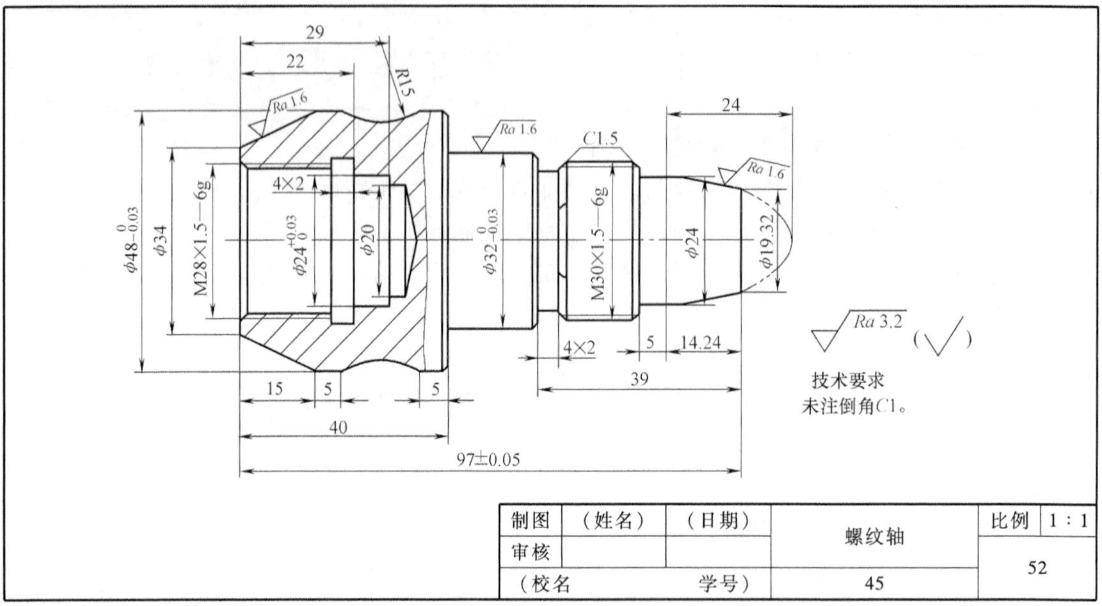


图 21-3　螺纹轴（二）

1. 确定加工步骤，填写加工工艺卡（表 21-5）

**表 21-5　加工工艺卡**

| 零件图号 | | 材料 | | | | 毛坯尺寸 | |
|---|---|---|---|---|---|---|---|
| 零件名称 | | 刀具 | 背吃刀量 $a_p$/mm | 主轴转速 $n$/(r/min) | 进给量 $f$/(mm/r) | 设备型号 | |
| 工步 | 工步内容 | | | | | 工艺简图 | |
| 1 | | | | | | | |
| 2 | | | | | | | |
| 3 | | | | | | | |
| 4 | | | | | | | |
| 5 | | | | | | | |
| 6 | | | | | | | |
| 7 | | | | | | | |
| 8 | | | | | | | |
| 9 | | | | | | | |
| 10 | | | | | | | |
| 11 | | | | | | | |
| 12 | | | | | | | |
| 13 | | | | | | | |
| 14 | | | | | | | |
| 15 | | | | | | | |
| 16 | | | | | | | |

2. 加工零件的质量检查及评分（表 21-6）

**表 21-6 质量检查及评分**

| 序号 | 项　目 | 检测尺寸 | 配分 | 评分标准 | 自检 | 复检 | 得分 |
|---|---|---|---|---|---|---|---|
| 1 | 螺纹 | M30×1.5—6g | 10 | 超差不得分 | | | |
| 2 | 外圆 | $\phi32_{-0.03}^{0}$mm | 10 | 超差不得分 | | | |
| 3 | 外圆 | $\phi48_{-0.03}^{0}$mm | 10 | 超差不得分 | | | |
| 4 | 内孔 | $\phi24_{0}^{+0.03}$mm | 10 | 不合格不得分 | | | |
| 5 | 螺纹 | M28×1.5—6g | 10 | 超差不得分 | | | |
| 6 | 椭圆 | 24mm×12mm | 5 | 轮廓不对不得分 | | | |
| 7 | 圆弧 | $R$15mm | 5 | 不合格不得分 | | | |
| 8 | 槽 | 4mm×2mm | 5 | 不合格不得分 | | | |
| 9 | 内沟槽 | 4mm×2mm | 5 | 不合格不得分 | | | |
| 10 | 总长 | (97±0.05)mm | 10 | 超差不得分 | | | |
| 11 | 倒角 | $C$1.5、$C$1 | 5 | 不合格不得分 | | | |
| 12 | 表面粗糙度值 | $Ra$3.2μm、$Ra$1.6μm 三处 | 5 | 不合格不得分 | | | |
| 13 | 安全文明生产 | | 10 | | | | |
| 学生签名： | | | 教师签名： | | 总分： | | |

**(二) 拓展练习 2**

根据图 21-4 所示螺纹轴完成拓展练习。

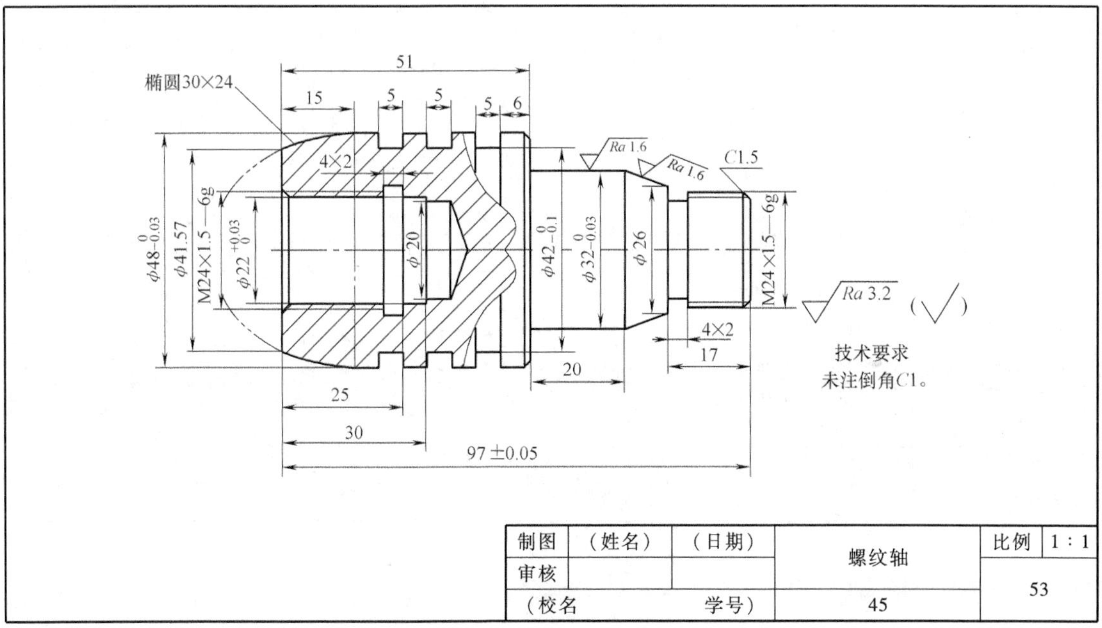


图 21-4 螺纹轴（三）

1. 确定加工步骤，填写加工工艺卡（表 21-7）

**表 21-7　加工工艺卡**

| 零件图号 | | 材料 | | | | 毛坯尺寸 | |
|---|---|---|---|---|---|---|---|
| 零件名称 | | 刀具 | 背吃刀量 | 主轴转速 | 进给量 | 设备型号 | |
| 工步 | 工步内容 | | $a_p$/mm | $n$/(r/min) | $f$/(mm/r) | 工艺简图 | |
| 1 | | | | | | | |
| 2 | | | | | | | |
| 3 | | | | | | | |
| 4 | | | | | | | |
| 5 | | | | | | | |
| 6 | | | | | | | |
| 7 | | | | | | | |
| 8 | | | | | | | |
| 9 | | | | | | | |
| 10 | | | | | | | |
| 11 | | | | | | | |
| 12 | | | | | | | |
| 13 | | | | | | | |
| 14 | | | | | | | |
| 15 | | | | | | | |
| 16 | | | | | | | |

2. 加工零件的质量检查及评分（表 21-8）

**表 21-8　质量检查及评分**

| 序号 | 项　目 | 检测尺寸 | 配分 | 评分标准 | 自检 | 复检 | 得分 |
|---|---|---|---|---|---|---|---|
| 1 | 螺纹 | M24×1.5—6g | 10 | 超差不得分 | | | |
| 2 | 外圆 | $\phi32_{-0.03}^{0}$ mm | 10 | 超差不得分 | | | |
| 3 | 外圆 | $\phi48_{-0.03}^{0}$ mm | 10 | 超差不得分 | | | |
| 4 | 孔 | $\phi22_{0}^{+0.03}$ mm | 10 | 不合格不得分 | | | |
| 5 | 螺纹 | M24×1.5—6g | 10 | 超差不得分 | | | |
| 6 | 椭圆 | 30mm×24mm | 5 | 轮廓不对不得分 | | | |
| 7 | 槽 | 5mm×$\phi42_{-0.1}^{0}$ mm 三处 | 5 | 不合格不得分 | | | |
| 8 | 槽 | 4mm×2mm | 5 | 不合格不得分 | | | |
| 9 | 内沟槽 | 4mm×2mm | 5 | 不合格不得分 | | | |
| 10 | 总长 | (97±0.05)mm | 10 | 超差不得分 | | | |
| 11 | 倒角 | C1.5μm | 5 | 不合格不得分 | | | |
| 12 | 表面粗糙度值 | $Ra$1.6μm 两处、$Ra$3.2μm | 5 | 不合格不得分 | | | |
| 13 | 安全文明生产 | | 10 | | | | |
| 学生签名： | | | 教师签名： | | 总分： | | |

## 六、实训小结

完成本实训项目的实训报告。

# 项目二十二　高级训练四

学习目的与要求

1）掌握在数控车床上加工非圆曲线轮廓工件的程序编写与操作方法。

2）掌握宏程序的特点及 B 类宏程序的编写与加工操作。

3）掌握分析与解决问题的方法，具备一定的实际操作能力。

4）合理安排工量具的摆放，注意操作姿势，养成良好的操作习惯。

5）熟练运用各功能指令，提高零件的程序编制技能。

6）提高装夹刀具、对刀及使用量具的技能。

7）掌握和提高加工零件的尺寸控制方法和切削用量的选择。

## 一、任务引入

图 22-1 所示为螺纹轴，编写加工程序，填写加工工艺卡，并完成零件的加工。材料及规格：45 钢，$\phi$50×100mm。

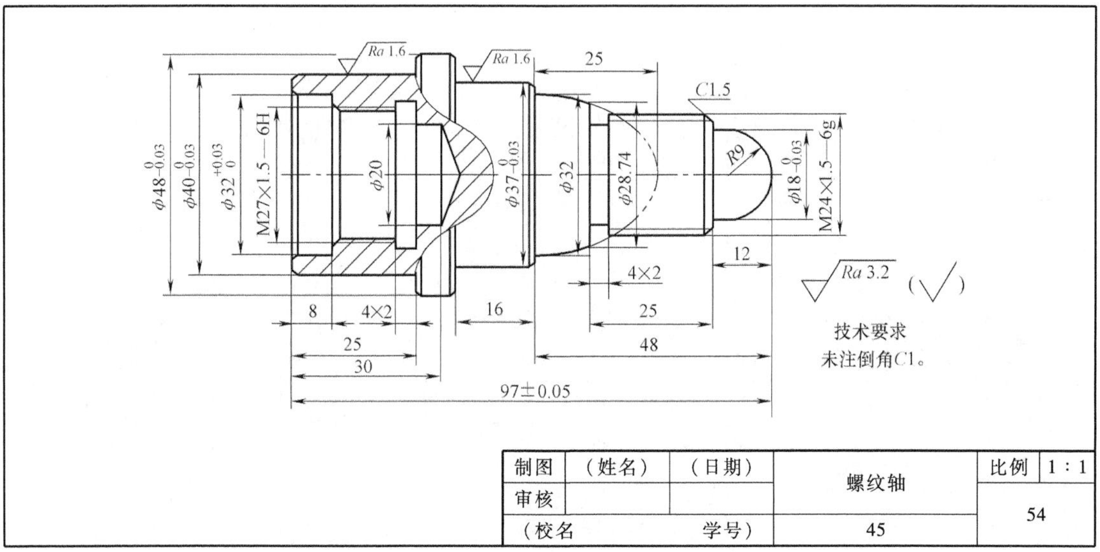


| 制图 | （姓名） | （日期） | 螺纹轴 | 比例 | 1∶1 |
|---|---|---|---|---|---|
| 审核 | | | | 54 | |
| （校名 | | 学号） | 45 | | |

图 22-1　螺纹轴（一）

## 二、任务分析

1. 工艺分析

该零件为螺纹轴，先加工右端，再加工左端，右端由台阶外圆、螺纹、沟槽、圆球和椭圆组成。工件伸出 74mm，用自定心卡盘装夹紧 ，加工各外圆轮廓、切槽、车螺纹，调头夹已加工 $\phi$40mm 外圆，车左端各部。

2. 工、量具及材料准备

1）刀具：90°外圆车刀，$\phi$20mm 麻花钻、外螺纹车刀，$\phi$16mm 镗孔刀，3mm 外槽切刀、4mm 内切槽刀、$\phi$16mm 内螺纹车各一把。

2）量具：0~200mm 游标卡尺、25~50mm 外径千分尺、25~50mm 内径千分尺、螺纹环规和塞规各一套。

3）材料及规格：45 钢，$\phi$50mm×99mm。

## 三、任务实施

### 1. 确定加工步骤，填写加工工艺卡（表 22-1）

**表 22-1　加工工艺卡**

| 零件图号 | 54 | 材料 | 45 钢 | | 毛坯尺寸 | $\phi$50mm×100mm |
|---|---|---|---|---|---|---|
| 零件名称 | 螺纹轴 | 刀具 | 背吃刀量 $a_p$/mm | 主轴转速 $n$/(r/min) | 进给量 $f$/(mm/r) | 设备型号 CK6140A |
| 工步 | 工步内容 | | | | | 工艺简图 |
| 1 | 工件伸出 75mm,用自定心卡盘装 | T01 | | 600 | 0.2 | 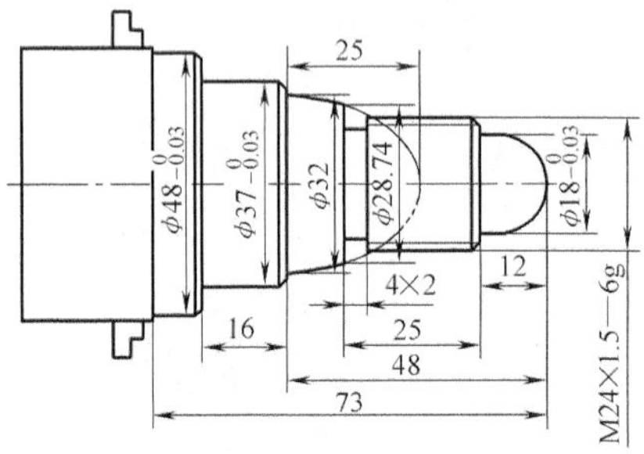 |
| 2 | 车端面 | T01 | 1 | 600 | 0.2 | |
| 3 | 粗车右端外圆轮廓(包括椭圆),各部留余量 0.5mm | T01 | 1.5 | 800 | 0.1 | |
| 4 | 精车右端外圆轮廓(包括椭圆),至尺寸要求 | T02 | 0.25 | 400 | 0.1 | |
| 5 | 切 4mm 宽退切槽 | T03 | | 500 | | |
| 6 | 车螺纹 | T01 | | 600 | F2 | |
| 7 | 调头装夹已加工 $\phi$40mm 外圆 | | | | | 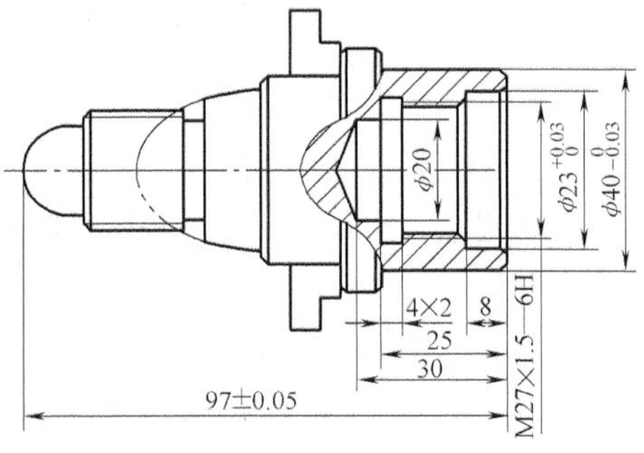 |
| 8 | 控制全长尺寸(97±0.05)mm | T01 | 1 | 600 | 0.2 | |
| 9 | 钻 $\phi$20mm×30mm 内孔 | T07 | | 400 | | |
| 10 | 粗车外圆各部,留余量 0.5mm | T01 | 1.5 | 600 | 0.2 | |
| 11 | 精车外圆各部至尺寸要求 | T01 | 0.25 | 800 | 0.1 | |
| 12 | 粗车内孔各部,留余量 0.3mm | T04 | 1.3 | 600 | 0.2 | |
| 13 | 精车内孔各部至尺寸要求 | T04 | 0.15 | 800 | 0.1 | |
| 14 | 切内槽 | T05 | | 400 | | |
| 15 | 车内螺纹 | T06 | | 400 | 1.5 | |
| 16 | 自检 | | | | | |

### 2. 编写加工程序（表 22-2）

**表 22-2　加工程序（右端）**

| | |
|---|---|
| O0001; | G01 Z-73; |
| G99; | X50; |
| T0101 M08; | N20 G00 G40 X51; |
| M03 S800; | G00 X100 Z100; |
| G00 X51 Z2; | M05; |

（续）

| | |
|---|---|
| G73 U25 R20; | M09; |
| G73 P10 Q20 U0.5 F0.2; | M00; |
| N10 G00 X0; | T0101; |
| G01 G42 Z0 F0.1; | M03 S1000; |
| G03 X18 Z-9 R9; | G00 X51 Z2; |
| G01 Z-12; | G70 P10 Q20; |
| X21; | G00 X100 Z100; |
| X23.85 W-1.5; | T0202; |
| Z-37; | M03 S500; |
| X28.74; | G00 X25 Z-36; |
| #1=11; | G75 R0.5; |
| WHILE[#1GE0]DO1; | G75 X20 Z-37 P2000 Q2000 F0.05; |
| #2=16*SQRT[25*25-#1*#1]/25; | G00 X100 Z100; |
| X[#2*2]Z[-48+#1]F0.1; | T0303; |
| #1=#1-0.1; | M03 S500; |
| END1; | G00 X27 Z-5; |
| X35; | G76 P020260 Q100 R0.1; |
| X37 W-1; | G76 X32.05 Z-35 P1100 Q400 F1.5; |
| Z-64; | G00 X100 Z100; |
| X46; | T0101; |
| X48 W-1; | M30; |

3. 加工零件的质量检查及评分（表 22-3）

表 22-3　质量检查及评分

| 序号 | 项　目 | 检测尺寸 | 配分 | 评分标准 | 自检 | 复检 | 得分 |
|---|---|---|---|---|---|---|---|
| 1 | 螺纹 | M24×1.5—6g | 10 | 超差不得分 | | | |
| 2 | 外圆 | $\phi18_{-0.03}^{0}$mm | 8 | 超差不得分 | | | |
| 3 | 外圆 | $\phi37_{-0.03}^{0}$mm | 8 | 超差不得分 | | | |
| 4 | 外圆 | $\phi40_{-0.03}^{0}$mm | 8 | 超差不得分 | | | |
| 5 | 外圆 | $\phi48_{-0.03}^{0}$mm | 8 | 超差不得分 | | | |
| 6 | 内孔 | $\phi32_{0}^{+0.03}$mm | 8 | 不合格不得分 | | | |
| 7 | 螺纹 | M27×1.5—6H | 10 | 超差不得分 | | | |
| 8 | 椭圆 | 25mm×16mm | 10 | 轮廓不对不得分 | | | |
| 9 | 外槽 | 4mm×2mm | 2 | 不合格不得分 | | | |
| 10 | 内槽 | 4mm×2mm | 2 | 不合格不得分 | | | |
| 11 | 总长 | (97±0.05)mm | 7 | 超差不得分 | | | |
| 12 | 倒角 | $C1.5$、$C1$ | 4 | 不合格不得分 | | | |
| 13 | 表面粗糙度值 | $Ra1.6\mu m$ 两处、$Ra3.2\mu m$ | 5 | 不合格不得分 | | | |
| 14 | 安全文明生产 | | 10 | | | | |
| 学生签名： | | | 教师签名： | | 总分： | | |

## 四、拓展练习

本拓展练习要求正确地确定零件的加工工艺，正确地编写加工程序，并完成零件的加工，自检后填写评分表。

### （一）拓展练习 1

根据图 22-2 所示螺纹轴完成拓展练习。

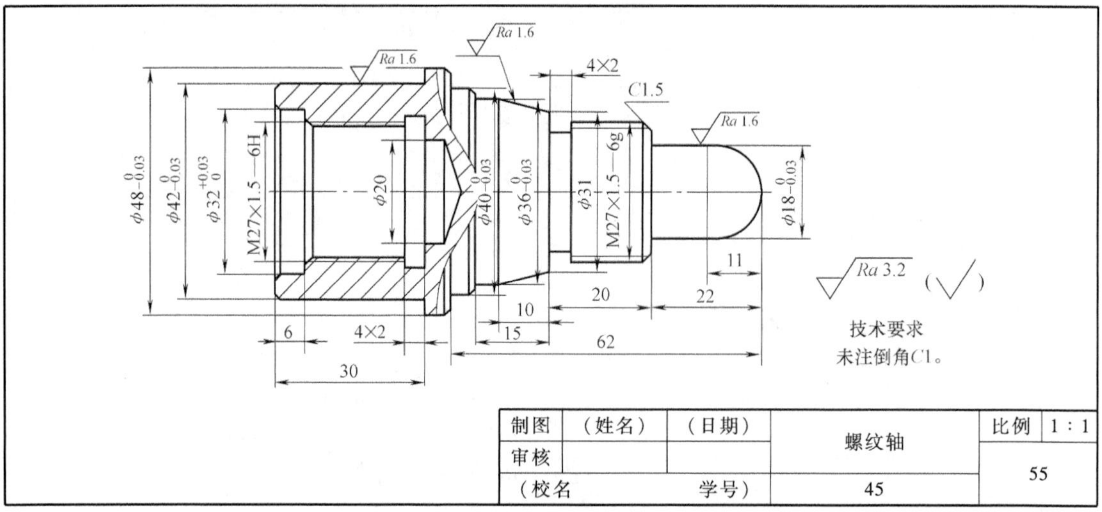


图 22-2　螺纹轴（二）

1. 确定加工步骤，填写加工工艺卡（表 22-4）

表 22-4　加工工艺卡

| | | | | | | | |
|---|---|---|---|---|---|---|---|
| 零件图号 | | 材料 | | | | 毛坯尺寸 | |
| 零件名称 | | 刀具 | 背吃刀量 $a_p$/mm | 主轴转速 $n$/(r/min) | 进给量 $f$/(mm/r) | 设备型号 | |
| 工步 | 工步内容 | | | | | 工艺简图 | |
| 1 | | | | | | | |
| 2 | | | | | | | |
| 3 | | | | | | | |
| 4 | | | | | | | |
| 5 | | | | | | | |
| 6 | | | | | | | |
| 7 | | | | | | | |
| 8 | | | | | | | |
| 9 | | | | | | | |
| 10 | | | | | | | |
| 11 | | | | | | | |
| 12 | | | | | | | |
| 13 | | | | | | | |
| 14 | | | | | | | |
| 15 | | | | | | | |
| 16 | | | | | | | |

2. 加工零件的质量检查及评分（表 22-5）

**表 22-5　质量检查及评分**

| 序号 | 项　　目 | 检测尺寸 | 配分 | 评分标准 | 自检 | 复检 | 得分 |
|---|---|---|---|---|---|---|---|
| 1 | 螺纹 | M27×1.5—6g | 10 | 超差不得分 | | | |
| 2 | 外圆 | $\phi40_{-0.03}^{0}$mm | 6 | 超差不得分 | | | |
| 3 | 外圆 | $\phi36_{-0.03}^{0}$mm | 6 | 超差不得分 | | | |
| 4 | 外圆 | $\phi42_{-0.03}^{0}$mm | 6 | 超差不得分 | | | |
| 5 | 外圆 | $\phi48_{-0.03}^{0}$mm | 6 | 超差不得分 | | | |
| 6 | 外圆 | $\phi18_{-0.03}^{0}$mm | 6 | 超差不得分 | | | |
| 7 | 孔 | $\phi32_{0}^{+0.03}$mm | 6 | 不合格不得分 | | | |
| 8 | 螺纹 | M27×1.5—6H | 10 | 超差不得分 | | | |
| 9 | 椭圆 | 11mm×9mm | 10 | 轮廓不对不得分 | | | |
| 10 | 外沟槽 | 4mm×2mm | 4 | 不合格不得分 | | | |
| 11 | 内沟槽 | 4mm×2mm | 5 | 不合格不得分 | | | |
| 12 | 总长 | (97±0.05)mm | 5 | 超差不得分 | | | |
| 13 | 倒角 | $C1.5$、$C1$ | 5 | 超差不得分 | | | |
| 14 | 表面粗糙度值 | $Ra3.2\mu m$、$Ra1.6\mu m$ 三处 | 5 | 不合格不得分 | | | |
| 15 | 安全文明生产 | | 10 | | | | |
| 学生签名： | | | 教师签名： | | 总分： | | |

## （二）拓展练习 2

根据图 22-3 所示螺纹轴完成拓展练习。

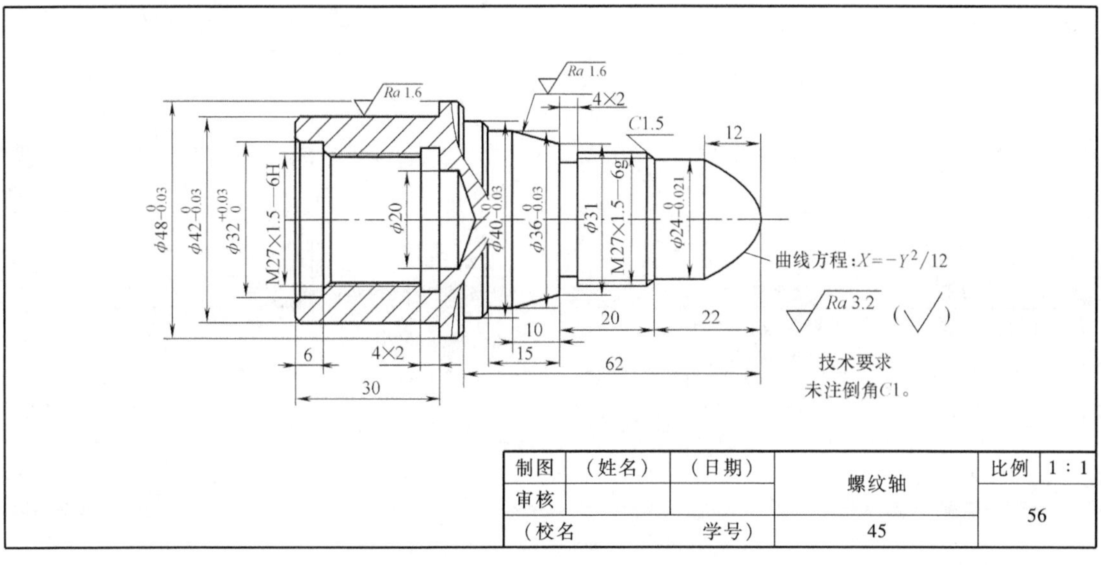


图 22-3　螺纹轴（三）

1. 确定加工步骤，填写加工工艺卡（表 22-6）

表 22-6　加工工艺卡

| 零件图号 | | 材料 | | | | 毛坯尺寸 | |
|---|---|---|---|---|---|---|---|
| 零件名称 | | 刀具 | 背吃刀量 $a_p$/mm | 主轴转速 $n$/(r/min) | 进给量 $f$/(mm/r) | 设备型号 | |
| 工步 | 工步内容 | | | | | 工艺简图 | |
| 1 | | | | | | | |
| 2 | | | | | | | |
| 3 | | | | | | | |
| 4 | | | | | | | |
| 5 | | | | | | | |
| 6 | | | | | | | |
| 7 | | | | | | | |
| 8 | | | | | | | |
| 9 | | | | | | | |
| 10 | | | | | | | |
| 11 | | | | | | | |
| 12 | | | | | | | |
| 13 | | | | | | | |
| 14 | | | | | | | |
| 15 | | | | | | | |
| 16 | | | | | | | |

2. 加工零件的质量检查及评分（表 22-7）

表 22-7　质量检查及评分

| 序号 | 项　　目 | 检测尺寸 | 配分 | 评分标准 | 自检 | 复检 | 得分 |
|---|---|---|---|---|---|---|---|
| 1 | 螺纹 | M27×1.5—6g | 10 | 超差不得分 | | | |
| 2 | 外圆 | $\phi40_{-0.03}^{0}$ mm | 6 | 超差不得分 | | | |
| | 外圆 | $\phi36_{-0.03}^{0}$ mm | 6 | | | | |
| 3 | 外圆 | $\phi42_{-0.03}^{0}$ mm | 6 | 超差不得分 | | | |
| 4 | 外圆 | $\phi48_{-0.03}^{0}$ mm | 6 | 超差不得分 | | | |
| 5 | 外圆 | $\phi24_{-0.021}^{0}$ mm | 6 | | | | |
| 6 | 孔 | $\phi32_{0}^{+0.03}$ mm | 6 | 不合格不得分 | | | |
| 7 | 螺纹 | M27×1.5—6H | 10 | 超差不得分 | | | |
| 8 | 曲线方程 | $X=-Y^2/12$ | 10 | 轮廓不对不得分 | | | |
| 9 | 外沟槽 | 4mm×2mm | 4 | 不合格不得分 | | | |
| 10 | 内沟槽 | 4mm×2mm | 5 | 不合格不得分 | | | |
| 11 | 长度 | (97±0.05)mm | 6 | 超差不得分 | | | |
| 12 | 倒角 | $C1.5$、$C1$ | 5 | 少一处扣 0.8 分 | | | |
| 13 | 表面粗糙度值 | $Ra3.2\mu m$、$Ra1.6\mu m$ 两处 | 5 | 不合格不得分 | | | |
| 14 | 安全文明生产 | | 10 | | | | |
| 学生签名： | | | 教师签名： | | 总分： | | |

## 五、实训小结

完成本实训项目的实训报告。

# 项目二十三　高级训练五

学习目的与要求

1）掌握在数控车床加工非圆曲线轮廓工件的程序编写与操作方法。

2）掌握宏程序的特点及 B 类宏程序的编写与加工操作。

3）掌握分析与解决问题的方法，具备一定的实际操作能力。

4）合理安排工量具的摆放，注意操作姿势，养成良好的操作习惯。

5）熟练运用各功能指令，提高零件的程序编制技能。

6）提高装夹刀具、对刀及使用量具的技能。

7）掌握和提高加工零件的尺寸控制方法，明确切削用量的选择。

## 一、任务引入

图 23-1 所示为两件配组合件，对工零件进行工艺分析，填写加工工艺卡，编写加工程

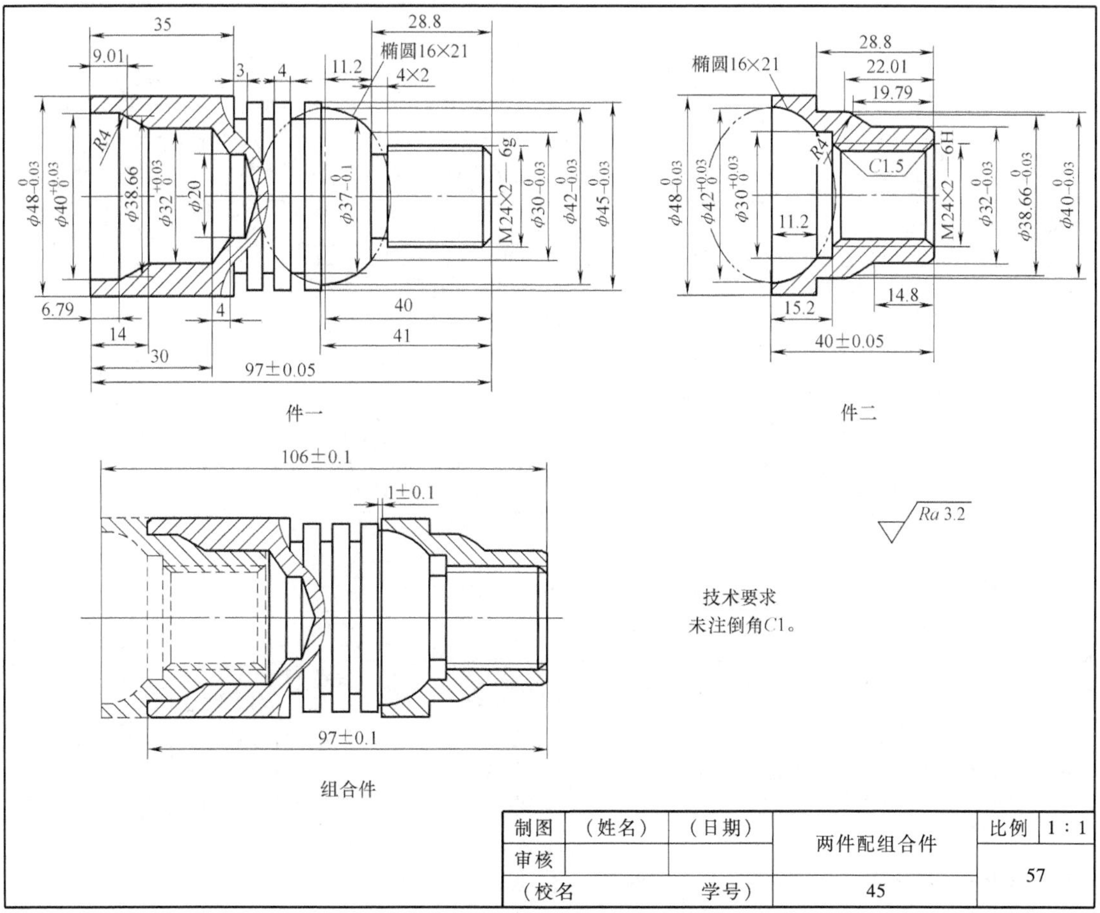


图 23-1　两件配组合件（一）

序，并完成零件的加工。材料及规格为：45 钢，$\phi$50mm×100mm、$\phi$50mm×45mm。

## 二、任务分析

### 1. 工艺分析

如图 23-1 所示，此零件为两件配组合件。应先加工螺纹轴，螺纹轴包括外圆、内孔、槽、螺纹和椭圆。为了便于装夹定位，应先加工螺纹轴的左边外圆和内孔，再调头夹已加工 $\phi$48mm 外圆，加工右边各部外圆、椭圆、槽和螺纹。

螺纹套应先加工左端外圆和内孔，再夹已加工 $\phi$48mm 外圆，车右端外圆和内螺纹。

### 2. 工、量具及材料准备

1）刀具：90°外圆车刀，$\phi$20mm 麻花钻、外螺纹车刀、$\phi$16mm 镗孔刀、3mm 外切槽刀各一把。

2）量具：0～200mm 游标卡尺、25～50mm 外径千分尺、25～50mm 内径千分尺各一套。

3）材料及规格：45 钢，$\phi$50mm×100mm、$\phi$50mm×45mm。

## 三、任务实施

### 1. 确定加工步骤，填写加工工艺卡（表 23-1、表 23-2）

表 23-1　加工工艺卡（件一）

| 零件图号 | 57 | 材料 | | 45 钢 | | 毛坯尺寸 | $\phi$50mm×100mm |
|---|---|---|---|---|---|---|---|
| 零件名称 | 二件配合件 | 刀具 | 背吃刀量 $a_p$/mm | 主轴转速 $n$/(r/min) | 进给量 $f$/(mm/r) | 设备型号 | CK6140A |
| 工步 | 工步内容 | | | | | 工艺简图 | |
| 1 | 工件伸出 40mm 夹紧 | | | | | 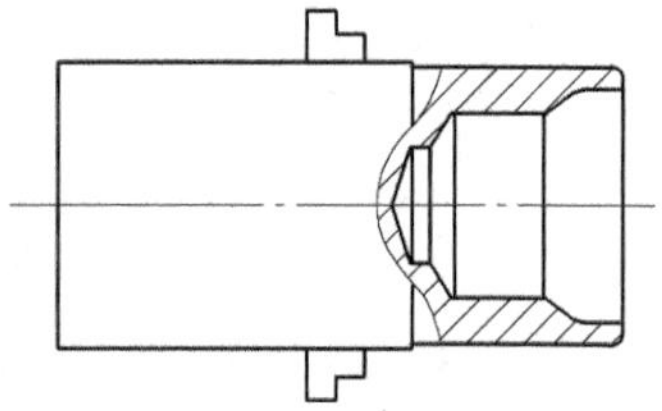 | |
| 2 | 车端面 | T01 | 1 | 600 | 0.2 | | |
| 3 | 钻孔 $\phi$20mm×40mm 内孔 | T07 | | 400 | | | |
| 4 | 粗车外圆轮廓各部，留余量 0.5mm | T01 | 1.5 | 600 | 0.2 | | |
| 5 | 精车外圆轮廓至尺寸 | T01 | 0.25 | 800 | 0.1 | | |
| 6 | 粗车内孔轮廓各部，留余量 0.3mm | T03 | 1.5 | 600 | 0.2 | | |
| 7 | 精车内孔轮廓至尺寸 | T03 | 0.15 | 800 | 0.1 | | |
| 8 | 调头夹已加工 $\phi$48mm 外圆 | | | | | 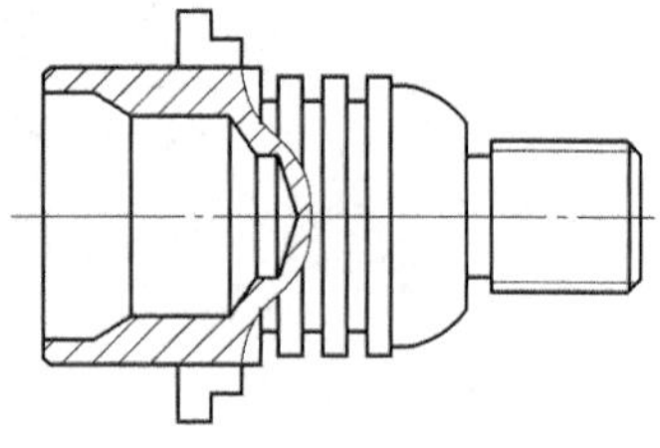 | |
| 9 | 车全长，控制全长尺寸（97±0.05）mm | T01 | 1 | 600 | 0.2 | | |
| 10 | 粗车外圆轮廓各部，留余量 0.5mm | T01 | 1.5 | 600 | 0.2 | | |
| 11 | 精车外圆轮廓至尺寸 | T01 | 0.25 | 800 | 0.1 | | |
| 12 | 切槽 | T02 | | 400 | 0.05 | | |
| 13 | 自检 | | | | | | |

**表 23-2　加工工艺卡（件二）**

| 零件图号 | 57 | | 材料 | 45 钢 | 毛坯尺寸 | $\phi$50mm×45mm |
|---|---|---|---|---|---|---|
| 零件名称 | 二件配合件 | 刀具 | 背吃刀量 $a_p$ /mm | 主轴转速 $n$/(r/min) | 进给量 $f$/(mm/r) | 设备型号 CK6140A |
| 工步 | 工步内容 | | | | | 工艺简图 |
| 1 | 工件伸出 20mm 夹紧 | | | | | 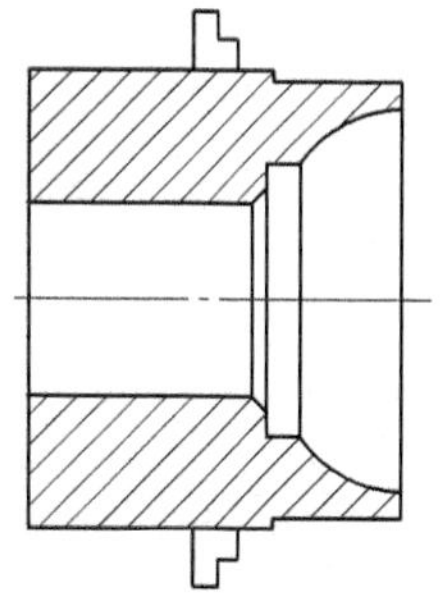 |
| 2 | 车端面 | T01 | 1 | 600 | 0.2 | |
| 3 | 钻 $\phi$20mm 通孔 | T07 | | 400 | | |
| 4 | 粗车外圆轮廓，各部留余量 0.5mm | T01 | 1.5 | 600 | 0.2 | |
| 5 | 精车外圆轮廓至尺寸 | | 0.25 | 800 | 0.1 | |
| 6 | 粗车内孔轮廓，各部留余量 0.3mm | T03 | 1.5 | 600 | 0.2 | |
| 7 | 精车内孔轮廓至尺寸 | T03 | 0.15 | 800 | 0.1 | |
| 8 | 调头装夹已加工 $\phi$48mm 外圆，注意伸出长度 | | | | | 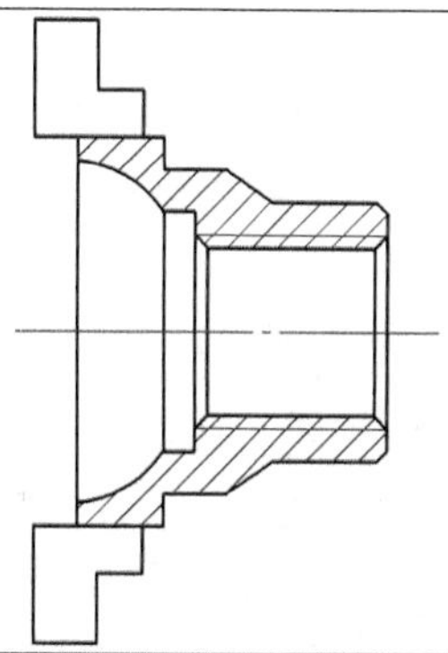 |
| 9 | 车全长，控制全长尺寸（40±0.05）mm | T01 | 1 | 600 | 0.2 | |
| 10 | 粗车外圆轮廓，各部留余量 0.5mm | T01 | 1.5 | 600 | 0.2 | |
| 11 | 精车外圆轮廓至尺寸 | T01 | 0.25 | 800 | 0.1 | |
| 12 | 孔口倒角 | T03 | | | | |
| 13 | 车内螺纹 | T04 | | 400 | 2 | |
| 14 | 自检 | | | | | |

## 2. 编写加工程序（表 23-3、表 23-4）

**表 23-3　加工程序（件一右端程序）**

| | |
|---|---|
| O0001; | M00; |
| G99; | T0101 M08; |
| T0101 M08; | M03 S1000; |
| M03 S800; | G00 X51 Z2; |
| G00 X51 Z2; | G70 P10 Q20; |
| G73 U15 R10; | G00 X100 Z100; |
| G73 P10 Q20 U0.5 W0.2 F0.2; | T0202; |
| N10 G00 X22; | M03 S500; |
| G01 G42 Z0 F0.1; | G00 X32 Z-27.8; |
| X23.8 Z-1; | G01 X25 F0.5; |
| Z-28.8; | G75 R0.5; |
| X30; | G75 X20 Z-28.8 P2000 Q2000 F0.05; |
| #1=11.2; | G00 X47; |
| WHILE[#1GE0]DO1; | Z-48; |

（续）

| | |
|---|---|
| #2=21 * SQRT[16 * 16-#1 * #1]/16; | G01 X45.5 F0.5; |
| G01 X[#2 * 2] Z[-40+#1]F0.1; | G75 R0.5; |
| #1=#1-0.1; | G75 X36.9 Z-62 P2000 Q7000 F0.05; |
| END1; | G00 X100 Z100; |
| G01 Z-41; | T0303; |
| X44; | M03 S500; |
| X45 W-0.5; | G00 X28 Z5; |
| Z-62; | G76 P010560 Q100 R0.1; |
| X50; | G76 X21.4 Z-26.5 P1400 Q400 F2; |
| N20 G01 G40 X51; | G00 X100 Z100; |
| G00 X100 Z100; | T0101; |
| M05; | M30; |

**表 23-4　加工程序**（件二孔的加工程序）

| | |
|---|---|
| O0002; | N20 G00 G40 X20; |
| G99; | T0303; |
| T0101 M08; | M03 S800; |
| M03 S800; | G00 X20 Z2; |
| G00 X52 Z2; | G70 P10 Q20; |
| G01 Z0 F0.3; | G00 100 Z100; |
| X18 F0.2; | T0303; |
| G00 Z1; | M03 S800; |
| X47; | G00 X42 Z2; |
| G01 Z0 F0.3; | G01 G41 Z0 F0.2; |
| X48 Z-0.5 F0.1; | #1=0; |
| Z-13; | WHILE[#1GE-11.2] DO1; |
| X50 F0.2; | #2=21 * SQRT[16 * 16-#1 * #1]/16; |
| G00 X100 Z100; | G01 [#2 * 2] Z[#1] F0.1; |
| T0303; | #1=#1-0.2; |
| M03 S600; | END1; |
| G00 X20 Z2; | G00 G40 Z100; |
| G71 U1.5 R1; | T0404; |
| G71 P10 Q20 U-0.3 F0.2; | M03 S500; |
| N10 G00 X41.5; | G00 X20 Z5; |
| G01 G41 Z0 F0.2; | G76 P010560 Q100 R0.1; |
| X39 Z-11.2 F0.1; | G76 X24 Z-44 P1100 Q400 F2; |
| Z-15.2; | G00 Z100; |
| X25; | X100; |
| X22 W-1.5; | T0101; |
| Z-42; | M30; |

3. 加工零件的质量检查及评分（表 23-5、表 23-6）

**表 23-5 质量检查及评分**（件一，占 70%）

| 序号 | 项　目 | 检测尺寸 | 配分 | 评分标准 | 自检 | 复检 | 得分 |
|---|---|---|---|---|---|---|---|
| 1 | 外圆 | $\phi 48_{-0.03}^{0}$mm | 7 | 超差不得分 | | | |
| 2 | 外圆 | $\phi 45_{-0.03}^{0}$mm | 7 | 超差不得分 | | | |
| 3 | 外圆 | $\phi 42_{-0.03}^{0}$mm | 7 | 超差不得分 | | | |
| 4 | 外圆 | $\phi 37_{-0.1}^{0}$mm | 7 | 超差不得分 | | | |
| 5 | 内孔 | $\phi 40_{0}^{+0.03}$mm | 7 | 超差不得分 | | | |
| 6 | 内孔 | $\phi 32_{0}^{+0.03}$mm | 7 | 超差不得分 | | | |
| 7 | 螺纹 | M24×2—6g | 7 | 超差不得分 | | | |
| 8 | 总长 | (97±0.05)mm | 7 | 超差不得分 | | | |
| 9 | 长度 | 14mm、30mm | 4 | 不合格不得分 | | | |
| 10 | 长度 | 41mm、35mm | 4 | 不合格不得分 | | | |
| 11 | 圆弧 | $R$4mm | 3 | 不合格不得分 | | | |
| 12 | 倒角 | $C$1 | 3 | 不合格不得分 | | | |
| 13 | 槽 | $\phi$37mm×3mm，三处 | 5 | 不合格不得分 | | | |
| 14 | 表面粗糙度值 | $Ra$3.2μm | 5 | 不合格不得分 | | | |
| 15 | 椭圆 | 16mm×21mm | 10 | 不合格不得分 | | | |
| 16 | 安全文明生产 | | 10 | | | | |
| 学生签名： | | | 教师签名： | | 总分： | | |

**表 23-6 质量检查及评分**（件二，占 30%）

| 序号 | 项　目 | 检测尺寸 | 配分 | 评分标准 | 自检 | 复检 | 得分 |
|---|---|---|---|---|---|---|---|
| 1 | 外圆 | $\phi 48_{-0.03}^{0}$mm | 8 | 超差不得分 | | | |
| 2 | 外圆 | $\phi 40_{-0.03}^{0}$mm | 8 | 超差不得分 | | | |
| 3 | 外圆 | $\phi 32_{-0.03}^{0}$mm | 8 | 超差不得分 | | | |
| 4 | 内孔 | $\phi 42_{0}^{+0.03}$mm | 8 | 超差不得分 | | | |
| 5 | 内孔 | $\phi 30_{0}^{+0.03}$mm | 8 | 超差不得分 | | | |
| 6 | 螺纹 | M24×2—6H | 8 | 超差不得分 | | | |
| 7 | 总长 | (40±0.05)mm | 8 | 超差不得分 | | | |
| 8 | 长度 | 11.2mm、15.2mm | 6 | 不合格不得分 | | | |
| 9 | 长度 | 14.8mm、28.8mm | 6 | 不合格不得分 | | | |
| 10 | 圆弧 | $R$4mm | 3 | 不合格不得分 | | | |
| 11 | 倒角 | $C$1.5、$C$1 | 4 | 不合格不得分 | | | |
| 12 | 表面粗糙度值 | $Ra$3.2μm | 5 | 不合格不得分 | | | |
| 13 | 椭圆 | 16mm×21mm | 10 | 不合格不得分 | | | |
| 14 | 安全文明生产 | | 10 | | | | |
| 学生签名： | | | 教师签名： | | 总分： | | |

## 四、拓展练习

本拓展练习要求正确地确定零件的加工工艺，正确地编写加工程序，并完成零件的加工，自检后填写评分表。

### （一）拓展练习 1

根据图 23-2 所示的两件配组合件完成拓展练习。材料及规格：45 钢，$\phi50\text{mm}\times100\text{mm}$、$\phi50\text{mm}\times50\text{mm}$。

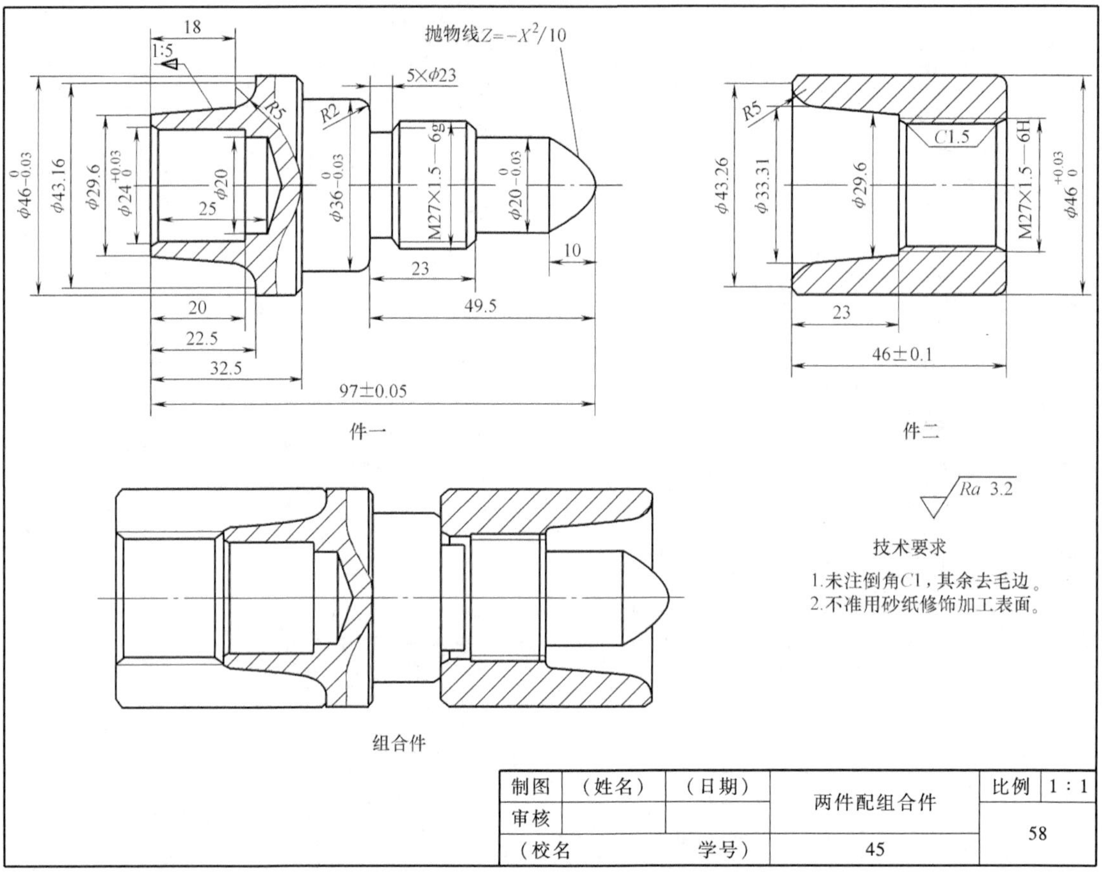


图 23-2　两件配组合件（二）

1. 确定加工步骤，填写加工工艺卡（表 23-7、表 23-8）

**表 23-7　加工工艺卡（件一）**

| 零件图号 | | 材料 | | | | 毛坯尺寸 | |
|---|---|---|---|---|---|---|---|
| 零件名称 | | 刀具 | 背吃刀量 | 主轴转速 | 进给量 | 设备型号 | |
| 工步 | 工步内容 | | $a_p$/mm | $n$/(r/min) | $f$/(mm/r) | 工艺简图 | |
| 1 | | | | | | | |
| 2 | | | | | | | |
| 3 | | | | | | | |
| 4 | | | | | | | |
| 5 | | | | | | | |
| 6 | | | | | | | |
| 7 | | | | | | | |

（续）

| 零件图号 | | 材料 | | | | 毛坯尺寸 | |
|---|---|---|---|---|---|---|---|
| 零件名称 | | 刀具 | 背吃刀量 $a_p$/mm | 主轴转速 $n$/(r/min) | 进给量 $f$/(mm/r) | 设备型号 | |
| 工步 | 工步内容 | | | | | 工艺简图 | |
| 8 | | | | | | | |
| 9 | | | | | | | |
| 10 | | | | | | | |
| 11 | | | | | | | |
| 12 | | | | | | | |
| 13 | | | | | | | |
| 14 | | | | | | | |

**表 23-8　加工工艺卡**（件二）

| 零件图号 | | 材料 | | | | 毛坯尺寸 | |
|---|---|---|---|---|---|---|---|
| 零件名称 | | 刀具 | 背吃刀量 $a_p$/mm | 主轴转速 $n$/(r/min) | 进给量 $f$/(mm/r) | 设备型号 | |
| 工步 | 工步内容 | | | | | 工艺简图 | |
| 1 | | | | | | | |
| 2 | | | | | | | |
| 3 | | | | | | | |
| 4 | | | | | | | |
| 5 | | | | | | | |
| 6 | | | | | | | |
| 7 | | | | | | | |
| 8 | | | | | | | |
| 9 | | | | | | | |
| 10 | | | | | | | |
| 11 | | | | | | | |
| 12 | | | | | | | |
| 13 | | | | | | | |
| 14 | | | | | | | |

2. 加工零件的质量检查及评分（表 23-9、表 23-10）

**表 23-9　质量检查及评分**（件一，占 70%）

| 序号 | 项　目 | 检测尺寸 | 配分 | 评分标准 | 自检 | 复检 | 得分 |
|---|---|---|---|---|---|---|---|
| 1 | 外圆 | $\phi 46_{-0.03}^{0}$mm | 8 | 超差不得分 | | | |
| 2 | 外圆 | $\phi 20_{-0.03}^{0}$mm | 8 | 超差不得分 | | | |
| 3 | 外圆 | $\phi 36_{-0.03}^{0}$mm | 8 | 超差不得分 | | | |
| 4 | 内孔 | $\phi 24_{0}^{+0.03}$mm | 8 | 超差不得分 | | | |
| 5 | 螺纹 | M27×1.5—6g | 8 | 超差不得分 | | | |
| 6 | 长度 | 22.5mm、32.5mm | 4 | 超差不得分 | | | |
| 7 | 长度 | 20mm | 2 | 超差不得分 | | | |
| 8 | 总长 | (97±0.05)mm | 8 | 超差不得分 | | | |
| 9 | 长度 | 23mm、49.5mm | 4 | 不合格不得分 | | | |
| 10 | 长度 | 10mm、64.5mm | 4 | 不合格不得分 | | | |
| 11 | 圆弧 | $R$2mm、$R$5mm | 4 | 不合格不得分 | | | |
| 12 | 倒角 | $C$1 | 6 | 不合格不得分 | | | |
| 13 | 槽 | $\phi$23mm×5mm | 4 | 不合格不得分 | | | |
| 14 | 表面粗糙度值 | $Ra$3.2μm | 4 | 不合格不得分 | | | |
| 15 | 抛物线 | $Z=-X^2/10$ | 10 | 不合格不得分 | | | |
| 16 | 安全文明生产 | | 10 | | | | |
| 学生签名： | | | 教师签名： | | 总分： | | |

**表 23-10　质量检查及评分（件二，占 30%）**

| 序号 | 项　　目 | 检测尺寸 | 配分 | 评分标准 | 自检 | 复检 | 得分 |
|---|---|---|---|---|---|---|---|
| 1 | 外圆 | $\phi 46^{+0.03}_{0}$mm | 15 | 超差不得分 | | | |
| 2 | 锥度 | $\phi$33.31mm、$\phi$29.6mm | 15 | | | | |
| 3 | 螺纹 | M27×1.5—6H | 15 | 超差不得分 | | | |
| 4 | 总长 | (46±0.1)mm | 15 | 超差不得分 | | | |
| 5 | 长度 | 23mm | 6 | 不合格不得分 | | | |
| 6 | 圆弧 | $R$5mm | 4 | 不合格不得分 | | | |
| 7 | 倒角 | $C$1.5、$C$1 | 10 | 不合格不得分 | | | |
| 8 | 安全文明生产 | | 20 | | | | |
| 学生签名： | | | 教师签名： | | 总分： | | |

### （二）拓展练习 2

根据图 23-3 所示的两件配组合件完成拓展练习。材料及规格：45 钢，$\phi$50mm×100mm、$\phi$50mm×54mm。

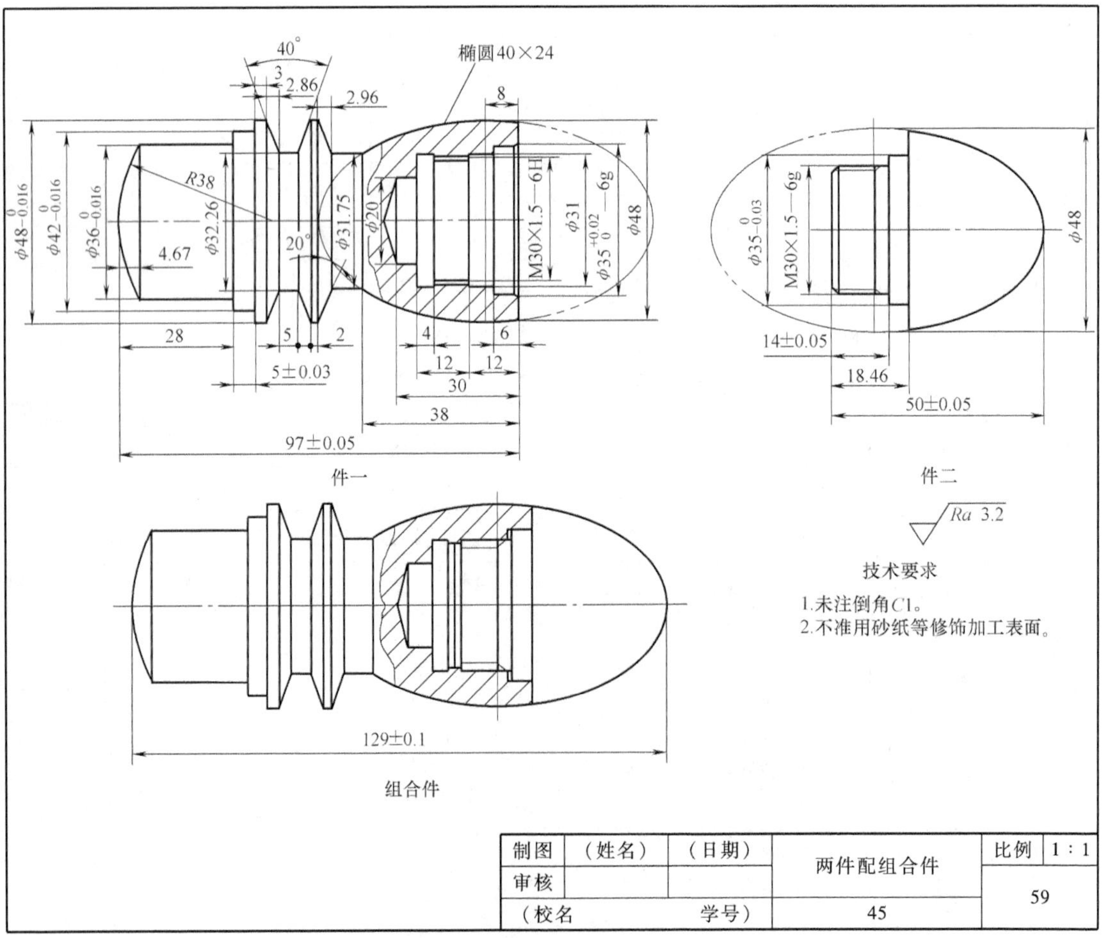


图 23-3　两件配组合件（三）

1. 确定加工步骤，填写加工工艺卡（表 23-11、表 23-12）

表 23-11　加工工艺卡（件一）

| 零件图号 | | 材料 | | | | 毛坯尺寸 | |
|---|---|---|---|---|---|---|---|
| 零件名称 | | 刀具 | 背吃刀量 $a_p$/mm | 主轴转速 $n$/(r/min) | 进给量 $f$/(mm/r) | 设备型号 | |
| 工步 | 工步内容 | | | | | 工艺简图 | |
| 1 | | | | | | | |
| 2 | | | | | | | |
| 3 | | | | | | | |
| 4 | | | | | | | |
| 5 | | | | | | | |
| 6 | | | | | | | |
| 7 | | | | | | | |
| 8 | | | | | | | |
| 9 | | | | | | | |
| 10 | | | | | | | |
| 11 | | | | | | | |
| 12 | | | | | | | |
| 13 | | | | | | | |
| 14 | | | | | | | |

表 23-12　加工工艺卡（件二）

| 零件图号 | | 材料 | | | | 毛坯尺寸 | |
|---|---|---|---|---|---|---|---|
| 零件名称 | | 刀具 | 背吃刀量 $a_p$/mm | 主轴转速 $n$/(r/min) | 进给量 $f$/(mm/r) | 设备型号 | |
| 工步 | 工步内容 | | | | | 工艺简图 | |
| 1 | | | | | | | |
| 2 | | | | | | | |
| 3 | | | | | | | |
| 4 | | | | | | | |
| 5 | | | | | | | |
| 6 | | | | | | | |
| 7 | | | | | | | |
| 8 | | | | | | | |
| 9 | | | | | | | |
| 10 | | | | | | | |
| 11 | | | | | | | |
| 12 | | | | | | | |
| 13 | | | | | | | |
| 14 | | | | | | | |

2. 加工零件的质量检查及评分（表 23-13、表 23-14）

**表 23-13　质量检查及评分**（件一，占 70%）

| 序号 | 项　目 | 检测尺寸 | 配分 | 评分标准 | 自检 | 复检 | 得分 |
|---|---|---|---|---|---|---|---|
| 1 | 外圆 | $\phi 48_{-0.016}^{0}$mm | 8 | 超差不得分 | | | |
| 2 | 外圆 | $\phi 42_{-0.016}^{0}$mm | 8 | 超差不得分 | | | |
| 3 | 外圆 | $\phi 36_{-0.016}^{0}$mm | 8 | 超差不得分 | | | |
| 4 | 外圆 | $\phi 35_{0}^{+0.02}$—6g | 8 | 超差不得分 | | | |
| 5 | 外圆 | $\phi$32.26mm | 3 | 不合格不得分 | | | |
| 6 | 内孔 | $\phi 35_{0}^{+0.02}$mm | 8 | 超差不得分 | | | |
| 7 | 内孔 | $\phi$31mm | 3 | 超差不得分 | | | |
| 8 | 螺纹 | M30×1.5—6H | 8 | 超差不得分 | | | |
| 9 | 长度 | (5±0.03)mm | 6 | 超差不得分 | | | |
| 10 | 总长 | (97±0.05)mm | 7 | 超差不得分 | | | |
| 11 | 长度 | 38mm、28mm | 2 | 不合格不得分 | | | |
| 12 | 长度 | 5mm、3mm、2mm | 3 | 不合格不得分 | | | |
| 13 | 长度 | 12mm、6mm | 2 | 不合格不得分 | | | |
| 14 | 椭圆 | 椭圆 40mm×24mm | 10 | | | | |
| 15 | 倒角 | $C1$ | 3 | 不合格不得分 | | | |
| 16 | 表面粗糙度值 | $Ra3.2\mu m$ | 5 | 不合格不得分 | | | |
| 17 | 安全文明生产 | | 10 | | | | |
| 学生签名： | | | 教师签名： | | 总分： | | |

**表 23-14　质量检查及评分**（件二，占 30%）

| 序号 | 项　目 | 检测尺寸 | 配分 | 评分标准 | 自检 | 复检 | 得分 |
|---|---|---|---|---|---|---|---|
| 1 | 外圆 | $\phi$48mm | 10 | 超差不得分 | | | |
| 2 | 外圆 | $\phi 35_{-0.03}^{0}$mm | 10 | 超差不得分 | | | |
| 3 | 螺纹 | M30×1.5—6g | 10 | 超差不得分 | | | |
| 4 | 长度 | (14±0.05)mm | 10 | 超差不得分 | | | |
| 5 | 总长 | (50±0.05)mm | 10 | 超差不得分 | | | |
| 6 | 长度 | 18.46mm | 10 | 不合格不得分 | | | |
| 7 | 椭圆 | 椭圆 40mm×24mm | 20 | 不合格不得分 | | | |
| 8 | 倒角 | $C1$ | 5 | 不合格不得分 | | | |
| 9 | 表面粗糙度值 | $Ra3.2\mu m$ | 5 | 不合格不得分 | | | |
| 10 | 安全文明生产 | | 10 | | | | |
| 学生签名： | | | 教师签名： | | 总分： | | |

## 五、实训小结

完成实训项目的实训报告。

# 第四篇 高级综合训练

## 项目二十四 高级综合训练一

学习目的与要求

1）掌握在数控车床加工非圆曲线轮廓工件的程序编写与操作方法。

2）掌握宏程序的特点及 B 类宏程序的编写与加工操作方法。

3）掌握分析与解决问题的方法，具备一定的实际操作能力。

4）合理安排工量具的摆放，注意操作姿势，养成良好的操作习惯。

5）熟练运用各功能指令，提高零件的程序编制技能。

6）提高装夹刀具、对刀及使用量具的技能。

7）掌握和提高加工零件的尺寸控制方法，明确切削用量的选择。

### 一、任务引入

图 24-1 所示为三件配组合件，对各零件进行工艺分析，填写加工工艺卡，编写加工程序，并完成零件的加工。材料及规格为：45 钢，$\phi$50mm×90mm、$\phi$50mm×75mm。

### 二、任务分析

1. 工艺分析

如图 24-1 所示，此零件为三件配组合件。三件 $\phi48_{-0.03}^{\ 0}$mm 外圆先车至 $\phi$48.5mm，待三件组装后统一加工至尺寸。先加工螺纹轴，螺纹轴包括外圆、沟槽、螺纹和锥度。为了便于装夹定位，应先加工螺纹轴的左边外圆台阶，再调头装夹已加工 $\phi$30mm 外圆，加工右边各部外圆、沟槽和螺纹。

螺母和锥套在同一件材料上，应先加工螺母，再加工锥套。

2. 工、量具及材料准备

1）刀具：90°外圆车刀、$\phi$20mm 麻花钻、外螺纹车刀、$\phi$16mm 镗孔刀，3mm 外切槽刀各一把。

2）量具：0~200mm 游标卡尺、25~50mm 外径千分尺、25~50 mm 内径千分尺各一套。

3）材料及规格：45 钢，$\phi$50mm×90mm、$\phi$50mm×75mm。

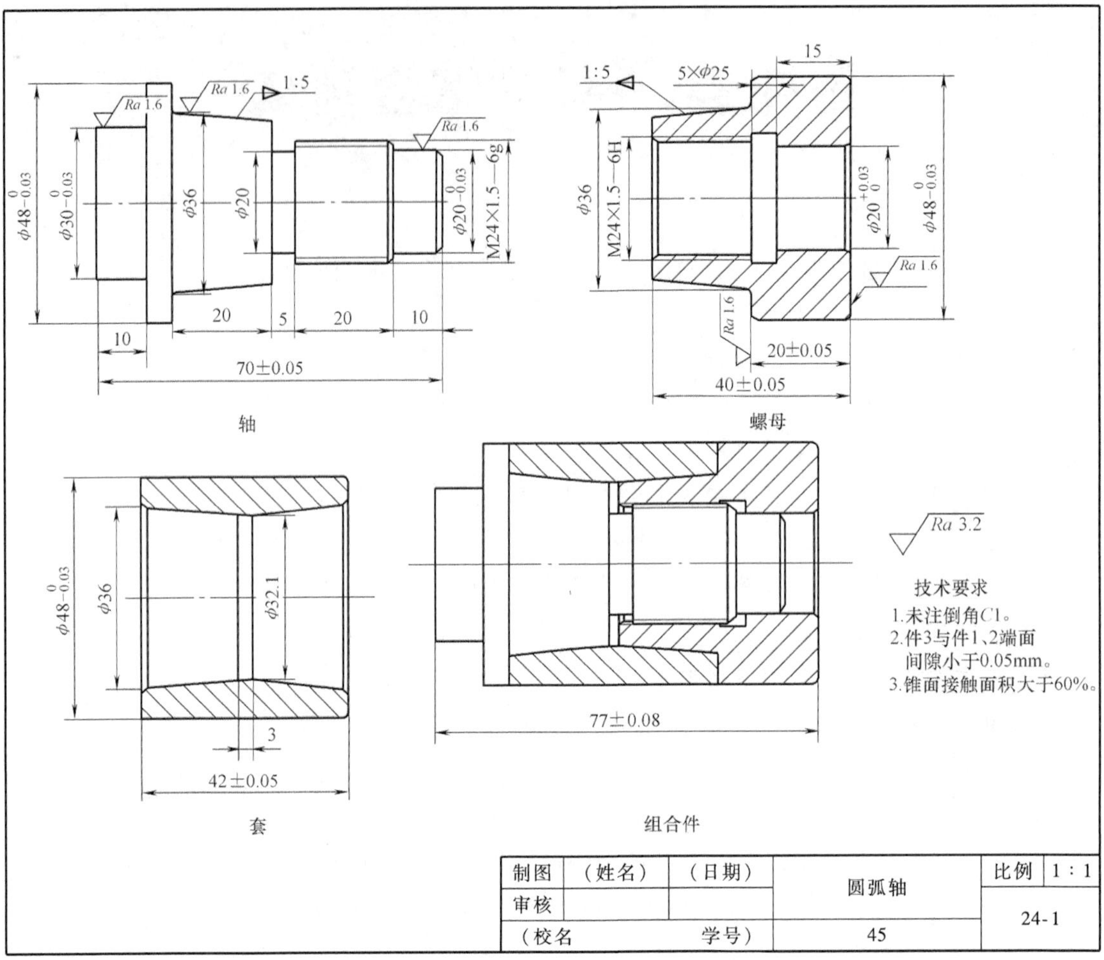


图 24-1　三件配组合件

## 三、任务实施

1. 确定加工步骤，填写加工工艺卡（表 24-1~表 24-3）

**表 24-1　加工工艺卡（轴）**

| 零件图号 | | 材料 | | | | 毛坯尺寸 | |
|---|---|---|---|---|---|---|---|
| 零件名称 | | 刀具 | 背吃刀量 | 主轴转速 | 进给量 | 设备型号 | |
| 工步 | 工步内容 | | $a_p$/mm | $n$/(r/min) | $f$/(mm/r) | 工艺简图 | |
| 1 | | | | | | 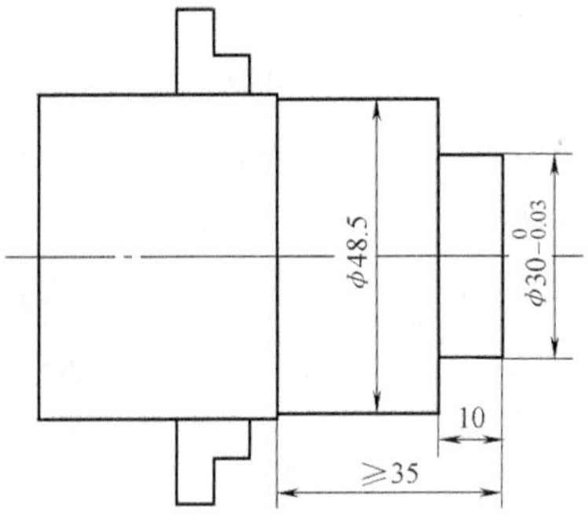 | |
| 2 | | | | | | | |
| 3 | | | | | | | |
| 4 | | | | | | | |
| 5 | | | | | | | |
| 6 | | | | | | | |
| 7 | | | | | | | |

（续）

| | | | | | | |
|---|---|---|---|---|---|---|
| 零件图号 | | 材料 | | | 毛坯尺寸 | |
| 零件名称 | | 刀具 | 背吃刀量 | 主轴转速 | 进给量 | 设备型号 |
| 工步 | 工步内容 | | $a_p$/mm | $n$/(r/min) | $f$/(mm/r) | 工艺简图 |
| 8 | | | | | | 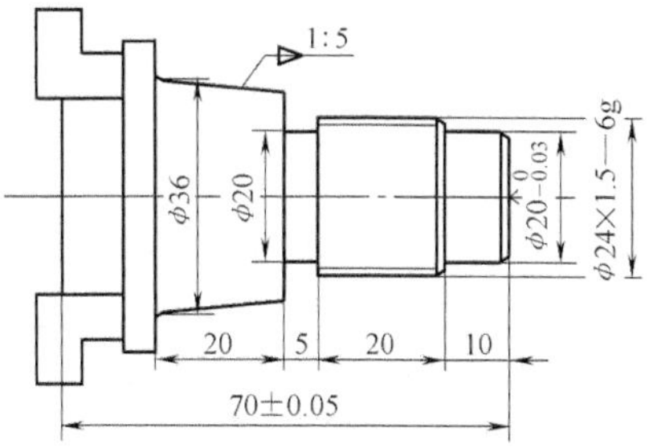 |
| 9 | | | | | | |
| 10 | | | | | | |
| 11 | | | | | | |
| 12 | | | | | | |
| 13 | | | | | | |
| 14 | | | | | | |



**表 24-2　加工工艺卡（螺母）**

| | | | | | | |
|---|---|---|---|---|---|---|
| 零件图号 | | 材料 | | | 毛坯尺寸 | |
| 零件名称 | | 刀具 | 背吃刀量 | 主轴转速 | 进给量 | 设备型号 |
| 工步 | 工步内容 | | $a_p$/mm | $n$/(r/min) | $f$/(mm/r) | 工艺简图 |
| 1 | | | | | | 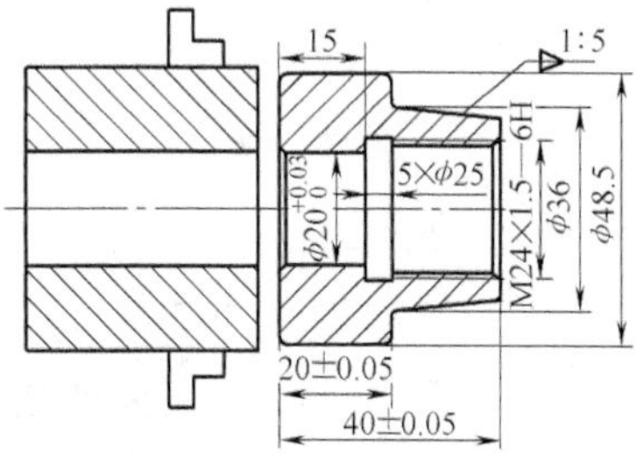 |
| 2 | | | | | | |
| 3 | | | | | | |
| 4 | | | | | | |
| 5 | | | | | | |
| 6 | | | | | | |
| 7 | | | | | | |
| 8 | | | | | | |
| 9 | | | | | | |



**表 24-3　加工工艺卡（套）**

| | | | | | | |
|---|---|---|---|---|---|---|
| 零件图号 | | 材料 | | | 毛坯尺寸 | |
| 零件名称 | | 刀具 | 背吃刀量 | 主轴转速 | 进给量 | 设备型号 |
| 工步 | 工步内容 | | $a_p$/mm | $n$/(r/min) | $f$/(mm/r) | 工艺简图 |
| 1 | | | | | | 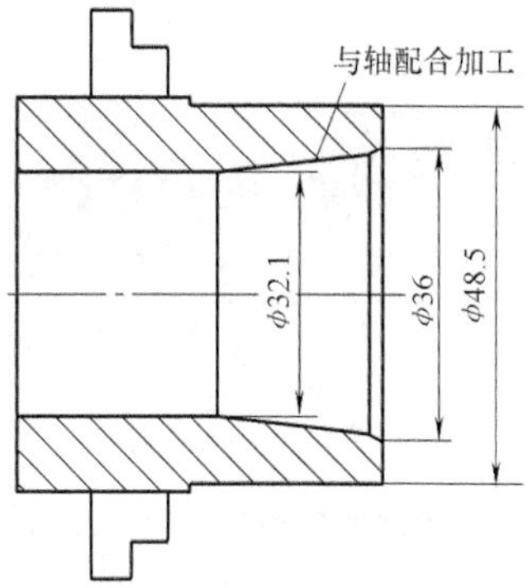 |
| 2 | | | | | | |
| 3 | | | | | | |
| 4 | | | | | | |
| 5 | | | | | | |
| 6 | | | | | | |
| 7 | | | | | | |

（续）

<table>
<tr><td>零件图号</td><td></td><td colspan="2">材料</td><td colspan="2"></td><td>毛坯尺寸</td><td></td></tr>
<tr><td>零件名称</td><td></td><td rowspan="2">刀具</td><td rowspan="2">背吃刀量 $a_p$/mm</td><td rowspan="2">主轴转速 $n$/(r/min)</td><td rowspan="2">进给量 $f$/(mm/r)</td><td>设备型号</td><td></td></tr>
<tr><td>工步</td><td>工步内容</td><td colspan="2">工艺简图</td></tr>
<tr><td>8</td><td></td><td></td><td></td><td></td><td></td><td rowspan="7" colspan="2">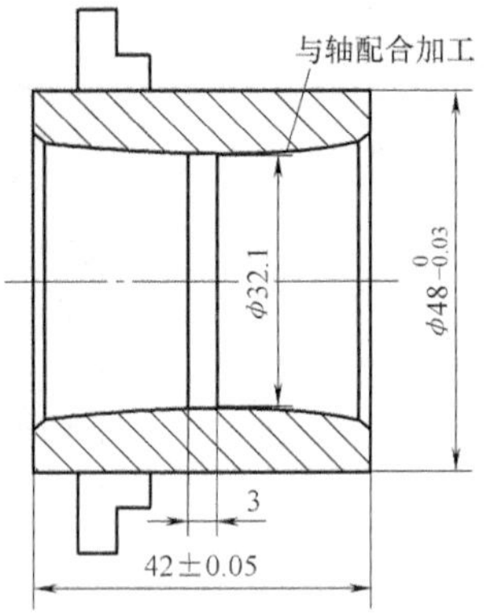
</td></tr>
<tr><td>9</td><td></td><td></td><td></td><td></td><td></td></tr>
<tr><td>10</td><td></td><td></td><td></td><td></td><td></td></tr>
<tr><td>11</td><td></td><td></td><td></td><td></td><td></td></tr>
<tr><td>12</td><td></td><td></td><td></td><td></td><td></td></tr>
<tr><td>13</td><td></td><td></td><td></td><td></td><td></td></tr>
<tr><td>14</td><td></td><td></td><td></td><td></td><td></td></tr>
</table>

2. 加工零件的质量检查及评分（表 24-4～表 24-7）

**表 24-4　质量检查及评分**（轴，占 40%）

| 序号 | 项目 | 检测尺寸 | 配分 | 评分标准 | 自检 | 复检 | 得分 |
|---|---|---|---|---|---|---|---|
| 1 | 外圆 | $\phi48_{-0.03}^{0}$mm | 10 | 超差不得分 | | | |
| 2 | 外圆 | $\phi30_{-0.03}^{0}$mm | 10 | 超差不得分 | | | |
| 3 | 外圆 | $\phi20_{-0.03}^{0}$mm | 10 | 超差不得分 | | | |
| 4 | 螺纹 | M24×1.5—6g | 20 | 超差不得分 | | | |
| 5 | 总长 | (70±0.05)mm | 10 | 超差不得分 | | | |
| 6 | 长度 | 20mm、20mm | 4 | 不合格不得分 | | | |
| 7 | 长度 | 10mm、10mm | 4 | 不合格不得分 | | | |
| 8 | 锥度 | 1∶5 | 10 | | | | |
| 9 | 倒角 | *C*1 | 4 | 不合格不得分 | | | |
| 10 | 槽 | 5mm×ϕ20mm | 4 | 不合格不得分 | | | |
| 11 | 表面粗糙度值 | *Ra*1.6μm 三处 | 4 | 不合格不得分 | | | |
| 12 | 安全文明生产 | | 10 | | | | |
| 学生签名： | | | 教师签名： | | 总分： | | |

**表 24-5　质量检查及评分**（螺母，占 40%）

| 序号 | 项目 | 检测尺寸 | 配分 | 评分标准 | 自检 | 复检 | 得分 |
|---|---|---|---|---|---|---|---|
| 1 | 外圆 | $\phi48_{-0.03}^{0}$mm | 10 | 超差不得分 | | | |
| 2 | 内孔 | $\phi20_{0}^{+0.03}$mm | 10 | 超差不得分 | | | |
| 3 | 螺纹 | M24×1.5—6H | 20 | 超差不得分 | | | |
| 4 | 总长 | (40±0.05)mm | 10 | 超差不得分 | | | |
| 5 | 长度 | (20±0.05)mm | 10 | 超差不得分 | | | |
| 6 | 长度 | 15mm | 5 | 不合格不得分 | | | |
| 7 | 锥度 | 1∶5 | 10 | 不合格不得分 | | | |
| 8 | 槽 | 5mm×ϕ25mm | 5 | 不合格不得分 | | | |
| 9 | 倒角 | *C*1 | 5 | 不合格不得分 | | | |
| 10 | 表面粗糙度值 | *Ra*1.6μm | 5 | 不合格不得分 | | | |
| 11 | 安全文明生产 | | 10 | | | | |
| 学生签名： | | | 教师签名： | | 总分： | | |

表 24-6　质量检查及评分（套，占 15%）

| 序号 | 项目 | 检测尺寸 | 配分 | 评分标准 | 自检 | 复检 | 得分 |
|---|---|---|---|---|---|---|---|
| 1 | 外圆 | $\phi48_{-0.03}^{0}$mm | 15 | 超差不得分 | | | |
| 2 | 内孔 | $\phi36$mm | 15 | 不合格不得分 | | | |
| 3 | 锥度 | 1 : 5 | 15 | 超差不得分 | | | |
| 4 | 总长 | (42±0.05) mm | 15 | 超差不得分 | | | |
| 5 | 长度 | 3mm | 10 | 不合格不得分 | | | |
| 6 | 倒角 | *C*1 | 10 | 不合格不得分 | | | |
| 7 | 表面粗糙度值 | *Ra*3.2μm | 10 | 不合格不得分 | | | |
| 8 | 安全文明生产 | | 10 | | | | |
| 学生签名： | | | 教师签名： | | 总分： | | |

表 24-7　质量检查及评分（组合件，占 5%）

| 序号 | 项目 | 检测尺寸 | 配分 | 评分标准 | 自检 | 复检 | 得分 |
|---|---|---|---|---|---|---|---|
| 1 | 长度 | (77±0.08) mm | 60 | 超差不得分 | | | |
| 2 | 完整度 | | 40 | 不合格不得分 | | | |
| 学生签名： | | | 教师签名： | | 总分： | | |

## 四、实训小结

完成实训项目的实训报告。

# 项目二十五　高级综合训练二

学习目的与要求

1）掌握在数控车床上加工非圆曲线轮廓工件的程序编写与操作方法。

2）掌握宏程序的特点及 B 类宏程序的编写与加工操作。

3）掌握分析与解决问题的方法，具备一定的实际操作能力。

4）合理安排工量具的摆放，注意操作姿势，养成良好的操作习惯。

5）熟练运用各功能指令，提高零件的程序编制技能。

6）提高装夹刀具、对刀及使用量具的技能。

7）掌握和提高加工零件的尺寸控制方法，明确切削用量的选择。

## 一、任务引入

图 25-1 所示为三件配组合件，对各零件进行工艺分析，编写加工程序，填写加工工艺

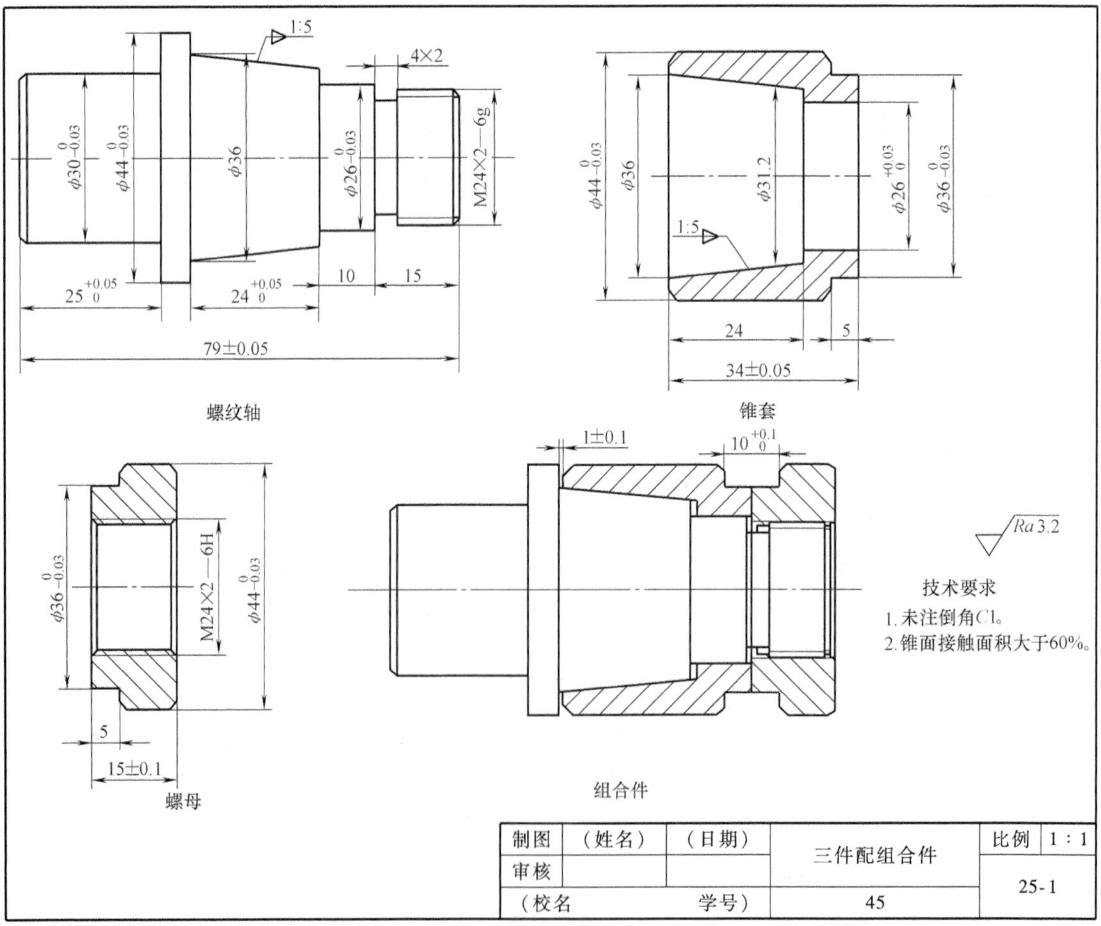


图 25-1　三件配组合件

卡，并完成零件的加工。材料及规格：45 钢，$\phi$50mm×83mm、$\phi$50mm×57mm。

## 二、任务分析

1. 工艺分析

如图 25-1 所示，此零件为三件配组合件。应先加工螺纹轴，螺纹轴包括外圆、沟槽、螺纹和锥度。为了便于装夹定位，应先将螺纹轴的左边外圆台阶 $\phi$44mm 外圆车至 $\phi$44.5mm，再调头夹已加工的 $\phi$30mm 外圆，加工右边各部外圆、沟槽和螺纹。

螺母和锥套在同一件材料上，应先把外圆车至 $\phi$44.5mm 再加工锥套和螺母，$\phi$36mm 的台阶先不车。

把螺纹轴、螺母和锥套配合组装好后用两顶尖找正，再加工 $\phi 44_{-0.03}^{\ 0}$ 至尺寸，切 $\phi 36_{-0.03}^{\ 0}$mm×$10_{\ 0}^{+0.1}$mm 槽。

2. 工、量具及材料准备

1）刀具：90°外圆车刀、$\phi$20mm 麻花钻、外螺纹车刀、$\phi$16mm 镗孔刀，3mm 外切槽刀各一把。

2）量具：0~200mm 游标卡尺、25~50mm 外径千分尺、25~50mm 内径千分尺各一套。

3）材料及规格：45 钢，$\phi$50mm×83mm、$\phi$50mm×57mm。

## 三、任务实施

1. 确定加工步骤，填写加工工艺卡（表 25-1~表 25-4）

表 25-1　加工工艺卡（螺纹轴）

| 零件图号 | | 材料 | | | 毛坯尺寸 | |
|---|---|---|---|---|---|---|
| 零件名称 | | 刀具 | 背吃刀量 | 主轴转速 | 进给量 | 设备型号 |
| 工步 | 工步内容 | | $a_p$/mm | $n$/(r/min) | $f$/(mm/r) | 工艺简图 |
| 1 | | | | | | 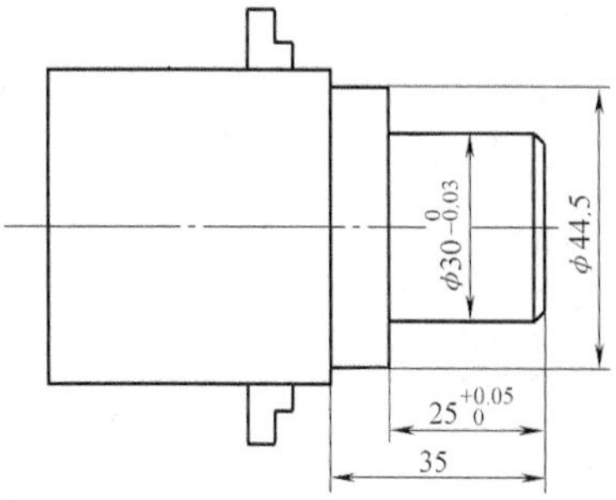 |
| 2 | | | | | | |
| 3 | | | | | | |
| 4 | | | | | | |
| 5 | | | | | | |
| 6 | | | | | | |
| 7 | | | | | | |
| 8 | | | | | | 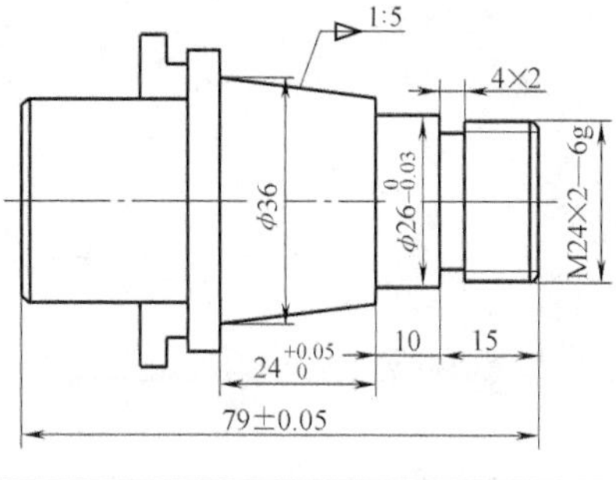 |
| 9 | | | | | | |
| 10 | | | | | | |
| 11 | | | | | | |
| 12 | | | | | | |
| 13 | | | | | | |
| 14 | | | | | | |

**表 25-2　加工工艺卡（锥套）**

| 零件图号 | | 材料 | | | 毛坯尺寸 | |
|---|---|---|---|---|---|---|
| 零件名称 | | 刀具 | 背吃刀量 $a_p$/mm | 主轴转速 $n$/(r/min) | 进给量 $f$/(mm/r) | 设备型号 |
| 工步 | 工步内容 | | | | | 工艺简图 |
| 1 | | | | | | |
| 2 | | | | | | |
| 3 | | | | | | |
| 4 | | | | | | |
| 5 | | | | | | |
| 6 | | | | | | |
| 7 | | | | | | |
| 8 | | | | | | |
| 9 | | | | | | |
| 10 | | | | | | |
| 11 | | | | | | |
| 12 | | | | | | |
| 13 | | | | | | |
| 14 | | | | | | |

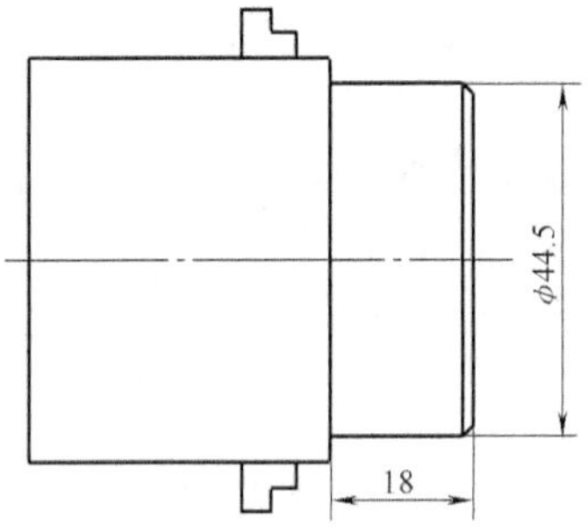


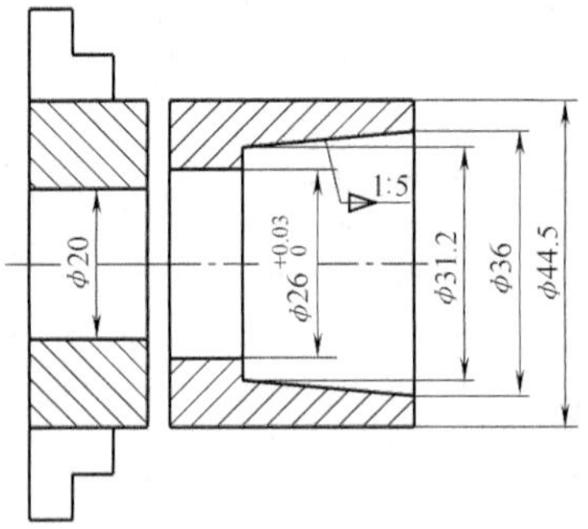


**表 25-3　加工工艺卡（螺母）**

| 零件图号 | | 材料 | | | 毛坯尺寸 | |
|---|---|---|---|---|---|---|
| 零件名称 | | 刀具 | 背吃刀量 $a_p$/mm | 主轴转速 $n$/(r/min) | 进给量 $f$/(mm/r) | 设备型号 |
| 工步 | 工步内容 | | | | | 工艺简图 |
| 1 | | | | | | |
| 2 | | | | | | |
| 3 | | | | | | |
| 4 | | | | | | |
| 5 | | | | | | |
| 6 | | | | | | |
| 7 | | | | | | |

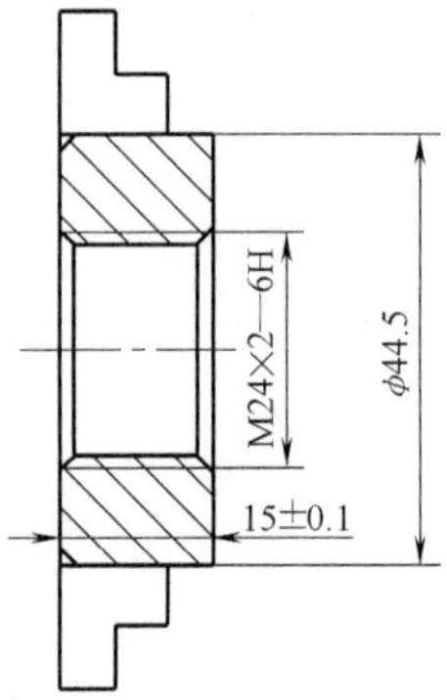

**表 25-4　加工工艺卡**（组合件）

| 零件图号 | | 材料 | | | | 毛坯尺寸 | |
|---|---|---|---|---|---|---|---|
| 零件名称 | | 刀具 | 背吃刀量 $a_p$/mm | 主轴转速 $n$/(r/min) | 进给量 $f$/(mm/r) | 设备型号 | |
| 工步 | 工步内容 | | | | | 工艺简图 | |
| 1 | | | | | | 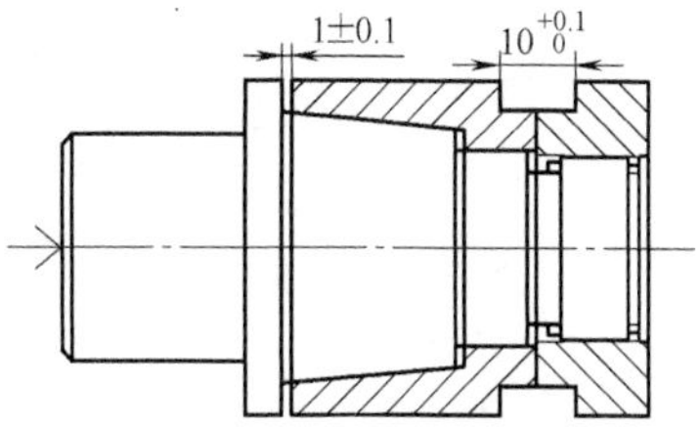 | |
| 2 | | | | | | | |
| 3 | | | | | | | |
| 4 | | | | | | | |
| 5 | | | | | | | |

2. 加工零件的质量检查及评分（表 25-5~表 25-8）

**表 25-5　质量检查及评分**（螺纹轴，占 40%）

| 序号 | 项目 | 检测尺寸 | 配分 | 评分标准 | 自检 | 复检 | 得分 |
|---|---|---|---|---|---|---|---|
| 1 | 外圆 | $\phi44_{-0.03}^{0}$mm | 8 | 超差不得分 | | | |
| 2 | 外圆 | $\phi30_{-0.03}^{0}$mm | 8 | 超差不得分 | | | |
| 3 | 外圆 | $\phi26_{-0.03}^{0}$mm | 8 | 超差不得分 | | | |
| 4 | 螺纹 | M24×2—6g | 15 | 超差不得分 | | | |
| 5 | 总长 | (79±0.05)mm | 8 | 超差不得分 | | | |
| 6 | 长度 | 10mm、15mm | 4 | 不合格不得分 | | | |
| 7 | 长度 | $25_{0}^{+0.05}$mm | 8 | 超差不得分 | | | |
| 8 | 长度 | $24_{0}^{+0.05}$mm | 8 | 超差不得分 | | | |
| 9 | 锥度 | 1∶5 | 10 | 不合格不得分 | | | |
| 10 | 倒角 | *C*1 | 4 | 不合格不得分 | | | |
| 11 | 槽 | 4mm×2mm | 4 | 不合格不得分 | | | |
| 12 | 表面粗糙度值 | *Ra*3.2μm | 5 | 不合格不得分 | | | |
| 13 | 安全文明生产 | | 10 | | | | |
| 学生签名： | | | 教师签名： | | 总分： | | |

**表 25-6　质量检查及评分**（锥套，占 25%）

| 序号 | 项目 | 检测尺寸 | 配分 | 评分标准 | 自检 | 复检 | 得分 |
|---|---|---|---|---|---|---|---|
| 1 | 外圆 | $\phi44_{-0.03}^{0}$mm | 15 | 超差不得分 | | | |
| 2 | 外圆 | $\phi36_{-0.03}^{0}$mm | 15 | 超差不得分 | | | |
| 3 | 螺纹 | M24×2—6H | 20 | 超差不得分 | | | |
| 4 | 总长 | (34±0.05)mm | 15 | 超差不得分 | | | |
| 5 | 长度 | 5mm | 5 | 不合格不得分 | | | |
| 6 | 倒角 | *C*1 | 10 | 不合格不得分 | | | |
| 7 | 表面粗糙度值 | *Ra*3.2μm | 10 | 不合格不得分 | | | |
| 8 | 安全文明生产 | | 10 | | | | |
| 学生签名： | | | 教师签名： | | 总分： | | |

表 25-7　质量检查及评分（螺母，占 25%）

| 序号 | 项目 | 检测尺寸 | 配分 | 评分标准 | 自检 | 复检 | 得分 |
|---|---|---|---|---|---|---|---|
| 1 | 外圆 | $\phi 44_{-0.03}^{0}$ mm | 15 | 超差不得分 | | | |
| 2 | 外圆 | $\phi 36_{-0.03}^{0}$ mm | 15 | 超差不得分 | | | |
| 3 | 总长 | (15±0.1) mm | 15 | 超差不得分 | | | |
| 4 | 螺纹 | M24×2—6H | 10 | 超差不得分 | | | |
| 5 | 长度 | 5 | 10 | 不合格不得分 | | | |
| 6 | 倒角 | $C1$ | 5 | 不合格不得分 | | | |
| 7 | 表面粗糙度值 | $Ra3.2\mu m$ | 10 | 不合格不得分 | | | |
| 8 | 安全文明生产 | | 20 | | | | |
| 学生签名： | | | 教师签名： | | 总分： | | |

表 25-8　质量检查及评分（组合件，占 10%）

| 序号 | 项目 | 检测尺寸 | 配分 | 评分标准 | 自检 | 复检 | 得分 |
|---|---|---|---|---|---|---|---|
| 1 | 长度 | (1±0.1) mm | 30 | 超差不得分 | | | |
| 2 | 长度 | $10_{0}^{+0.1}$ mm | 30 | 超差不得分 | | | |
| 3 | 完整度 | | 40 | 不合格不得分 | | | |
| 学生签名： | | | 教师签名： | | 总分： | | |

## 四、实训小结

完成实训项目的实训报告。

# 项目二十六　高级综合训练三

学习目的与要求

1）掌握在数控车床上加工非圆曲线轮廓工件的程序编写与操作方法。

2）掌握宏程序的特点及 B 类宏程序的编写与加工操作。

3）掌握分析与解决问题的方法，具备一定的实际操作能力。

4）合理安排工量具的摆放，注意操作姿势，养成良好的操作习惯。

5）熟练运用各功能指令，提高零件的程序编制技能。

6）提高装夹刀具、对刀及使用量具的技能。

7）掌握和提高加工零件的尺寸控制方法，明确切削用量的选择。

## 一、任务引入

图 26-1 所示为三件配组合件，对各零件进行工艺分析，填写加工工艺卡，编写加工程

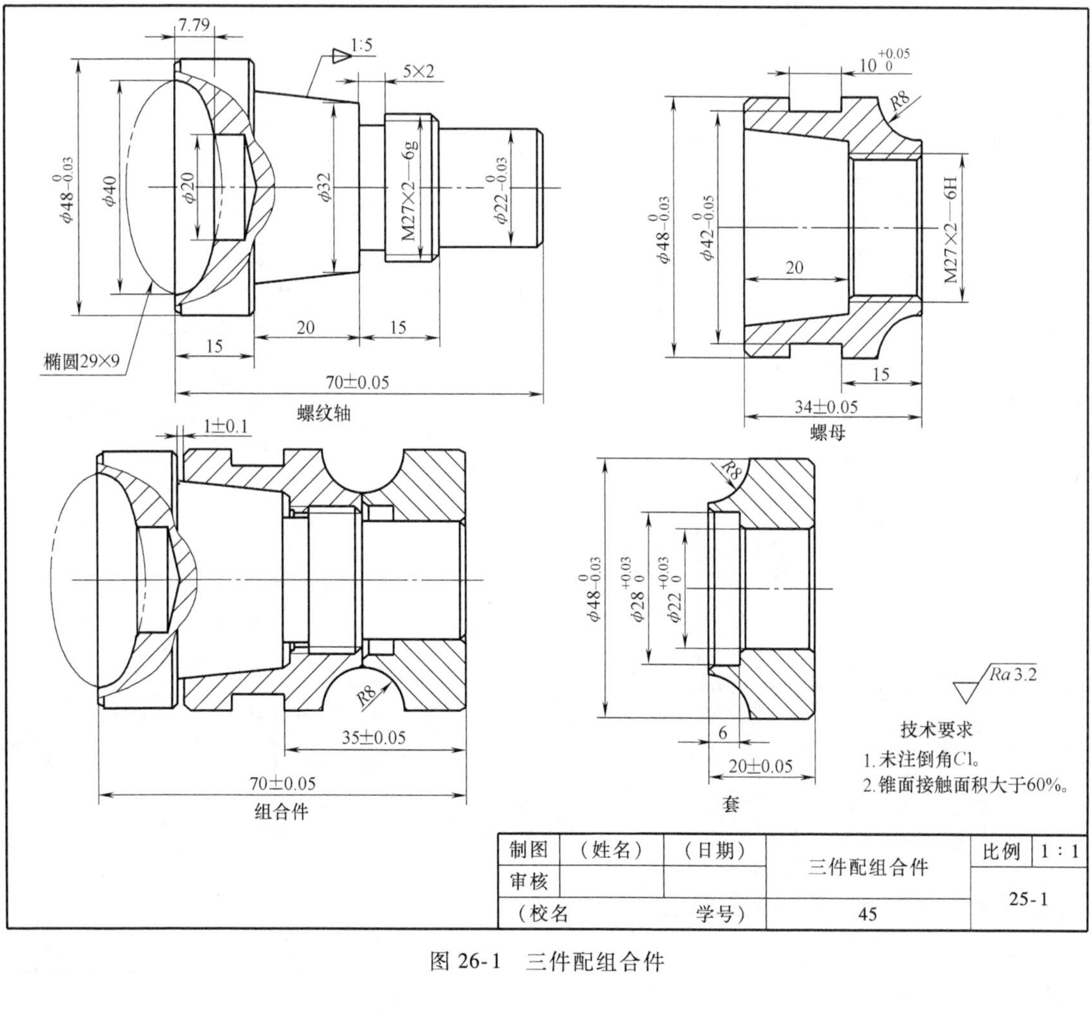


图 26-1　三件配组合件

序，并完成零件的加工。材料及规格：45 钢，$\phi$50mm×135mm。

## 二、任务分析

1. 工艺分析

如图 26-1 所示，此零件为三件配组合件。三件零件共用一件原材料。加工时，应先加工螺纹轴，螺纹轴包括外圆、沟槽、螺纹和锥度。加工完后切断，调头车内孔椭圆；再加工套；加工完后切断，然后加工螺母，应先加工锥度孔端，把螺纹小径车好，将 $\phi48_{-0.03}^{\ 0}$mm 外圆车至尺寸，调头车全长，车圆弧，车螺纹。

2. 工、量具及材料准备

1）刀具：90°外圆车刀、$\phi$20mm 麻花钻、外螺纹车刀、$\phi$16mm 镗刀、3mm 外切槽刀各一把。

2）量具：0~200mm 游标卡尺、25~50mm 外径千分尺、25~50mm 内径千分尺各一套。

3）材料及规格：45 钢，$\phi$50mm×135mm。

## 三、任务实施

1. 确定加工步骤，填写加工工艺卡（表 26-1~表 26-3）

**表 26-1　加工工艺卡（螺纹轴）**

| 零件图号 | | 材料 | | | | 毛坯尺寸 | |
|---|---|---|---|---|---|---|---|
| 零件名称 | | 刀具 | 背吃刀量 $a_p$/mm | 主轴转速 $n$/(r/min) | 进给量 $f$/(mm/r) | 设备型号 | |
| 工步 | 工步内容 | | | | | 工艺简图 | |
| 1 | | | | | | | |
| 2 | | | | | | 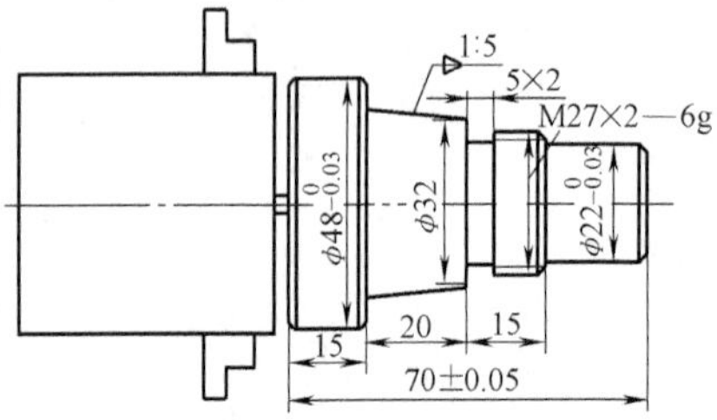 | |
| 3 | | | | | | | |
| 4 | | | | | | | |
| 5 | | | | | | | |
| 6 | | | | | | | |
| 7 | | | | | | | |
| 8 | | | | | | | |
| 9 | | | | | | | |
| 10 | | | | | | 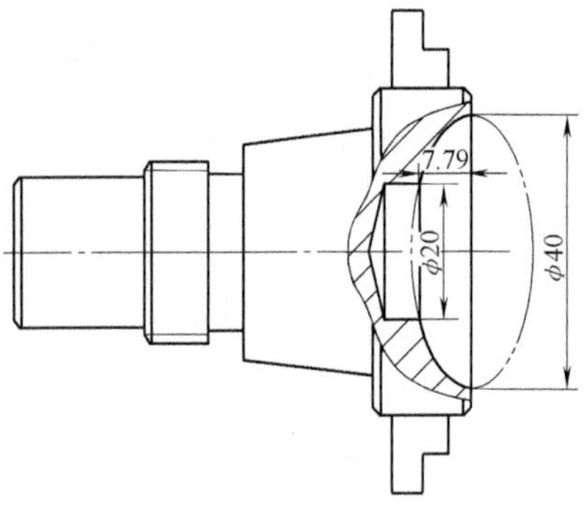 | |
| 11 | | | | | | | |
| 12 | | | | | | | |
| 13 | | | | | | | |
| 14 | | | | | | | |

**表 26-2　加工工艺卡（套）**

| 零件图号 | | 材料 | | | 毛坯尺寸 | |
|---|---|---|---|---|---|---|
| 零件名称 | | 刀具 | 背吃刀量 | 主轴转速 | 进给量 | 设备型号 |
| 工步 | 工步内容 | | $a_p$/mm | $n$/(r/min) | $f$/(mm/r) | 工艺简图 |
| 1 | | | | | | 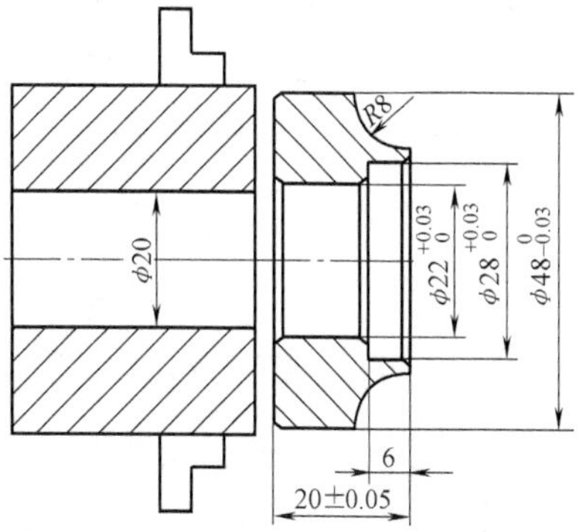 |
| 2 | | | | | | |
| 3 | | | | | | |
| 4 | | | | | | |
| 5 | | | | | | |
| 6 | | | | | | |
| 7 | | | | | | |

**表 26-3　加工工艺卡（螺母）**

| 零件图号 | | 材料 | | | 毛坯尺寸 | |
|---|---|---|---|---|---|---|
| 零件名称 | | 刀具 | 背吃刀量 | 主轴转速 | 进给量 | 设备型号 |
| 工步 | 工步内容 | | $a_p$/mm | $n$/(r/min) | $f$/(mm/r) | 工艺简图 |
| 1 | | | | | | 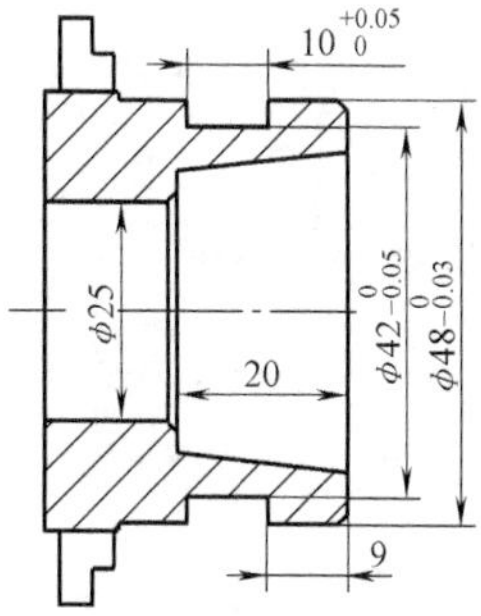 |
| 2 | | | | | | |
| 3 | | | | | | |
| 4 | | | | | | |
| 5 | | | | | | |
| 6 | | | | | | |
| 7 | | | | | | |
| 8 | | | | | | |
| 9 | | | | | | |
| 10 | | | | | | |
| 11 | | | | | | 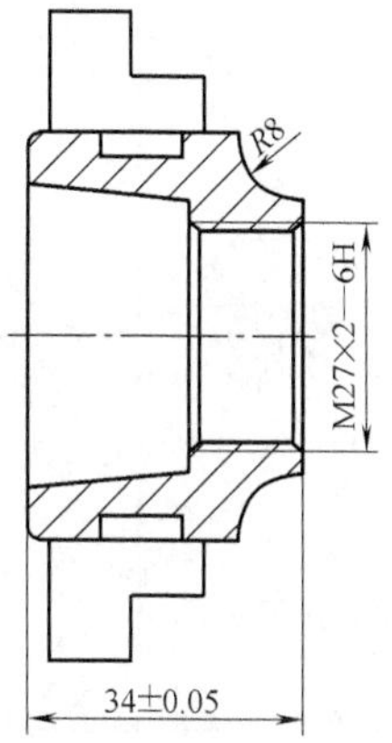 |
| 12 | | | | | | |
| 13 | | | | | | |
| 14 | | | | | | |
| 15 | | | | | | |
| 16 | | | | | | |
| 17 | | | | | | |
| 18 | | | | | | |
| 19 | | | | | | |
| 20 | | | | | | |
| 21 | | | | | | |
| 22 | | | | | | |

2. 加工零件的质量检查及评分（表 26-4~表 26-7）

**表 26-4　质量检查及评分**（螺纹轴，占 35%）

| 序号 | 项目 | 检测尺寸 | 配分 | 评分标准 | 自检 | 复检 | 得分 |
|---|---|---|---|---|---|---|---|
| 1 | 外圆 | $\phi48_{-0.03}^{0}$mm | 15 | 超差不得分 | | | |
| 2 | 外圆 | $\phi22_{-0.03}^{0}$mm | 15 | 超差不得分 | | | |
| 3 | 螺纹 | M27×2—6g | 15 | 超差不得分 | | | |
| 4 | 总长 | (70±0.05)mm | 15 | 超差不得分 | | | |
| 5 | 长度 | 20mm、15mm、15mm | 6 | 不合格不得分 | | | |
| 6 | 锥度 | 1∶5 | 10 | 不合格不得分 | | | |
| 7 | 倒角 | *C*1 | 6 | 不合格不得分 | | | |
| 8 | 槽 | 5mm×2mm | 4 | 不合格不得分 | | | |
| 9 | 表面粗糙度值 | *Ra*3.2μm | 4 | 不合格不得分 | | | |
| 10 | 安全文明生产 | 10 | | | | | |
| 学生签名： | | | 教师签名： | | 总分： | | |

**表 26-5　质量检查及评分**（套，占 25%）

| 序号 | 项目 | 检测尺寸 | 配分 | 评分标准 | 自检 | 复检 | 得分 |
|---|---|---|---|---|---|---|---|
| 1 | 外圆 | $\phi48_{-0.03}^{0}$mm | 15 | 超差不得分 | | | |
| 2 | 内孔 | $\phi28_{0}^{+0.03}$mm | 15 | 超差不得分 | | | |
| 3 | 内孔 | $\phi22_{0}^{+0.03}$mm | 15 | 超差不得分 | | | |
| 4 | 总长 | (20±0.05)mm | 15 | 超差不得分 | | | |
| 5 | 长度 | 6mm | 5 | 不合格不得分 | | | |
| 6 | 倒角 | *C*1 | 10 | 不合格不得分 | | | |
| 7 | 圆弧 | *R*8mm | 10 | 不合格不得分 | | | |
| 8 | 表面粗糙度值 | *Ra*3.2μm | 5 | 不合格不得分 | | | |
| 9 | 安全文明生产 | | 10 | | | | |
| 学生签名： | | | 教师签名： | | 总分： | | |

**表 26-6　质量检查及评分**（螺母，占 25%）

| 序号 | 项目 | 检测尺寸 | 配分 | 评分标准 | 自检 | 复检 | 得分 |
|---|---|---|---|---|---|---|---|
| 1 | 外圆 | $\phi48_{-0.03}^{0}$mm | 10 | 超差不得分 | | | |
| 2 | 外圆 | $\phi42_{-0.05}^{0}$mm | 10 | 超差不得分 | | | |
| 3 | 总长 | (34±0.05)mm | 10 | 超差不得分 | | | |
| 4 | 槽宽 | $10_{0}^{+0.05}$mm | 10 | 超差不得分 | | | |
| 5 | 螺纹 | M27×2—6H | 10 | 超差不得分 | | | |
| 6 | 长度 | 20mm | 5 | 超差不得分 | | | |
| 7 | 长度 | 15mm | 5 | 不合格不得分 | | | |
| 8 | 圆弧 | *R*8mm | 5 | 不合格不得分 | | | |
| 9 | 锥度 | 1∶5 | 15 | 不合格不得分 | | | |
| 10 | 倒角 | *C*1 | 5 | 不合格不得分 | | | |
| 11 | 表面粗糙度值 | *Ra*3.2μm | 5 | 不合格不得分 | | | |
| 12 | 安全文明生产 | | 10 | | | | |
| 学生签名： | | | 教师签名： | | 总分： | | |

**表 26-7　质量检查及评分**（组合件，占 15%）

| 序号 | 项目 | 检测尺寸 | 配分 | 评分标准 | 自检 | 复检 | 得分 |
|---|---|---|---|---|---|---|---|
| 1 | 宽度 | (1±0.1)mm | 20 | 超差不得分 | | | |
| 2 | 长度 | (35±0.05)mm | 20 | 超差不得分 | | | |
| 3 | 长度 | (70±0.05)mm | 20 | 超差不得分 | | | |
| 4 | 完整度 | | 40 | | | | |
| 学生签名: | | | 教师签名: | | 总分: | | |

## 四、实训小结

完成实训项目的实训报告。

# 项目二十七　高级综合训练四

学习目的与要求

1）掌握在数控车床加工非圆曲线轮廓工件的程序编写与操作方法。

2）掌握宏程序的特点及 B 类宏程序的编写与加工操作。

3）掌握分析与解决问题的方法，具备一定的实际操作能力。

4）合理安排工量具的摆放，注意操作姿势，养成良好的操作习惯。

5）熟练运用各功能指令，提高零件的程序编制技能。

6）提高装夹刀具、对刀及使用量具的技能。

7）掌握和提高加工零件的尺寸控制方法，明确切削用量的选择。

## 一、任务引入

图 27-1 所示为两件配组合件，对各零件进行工艺分析，填写加工工艺卡，编写加工工程

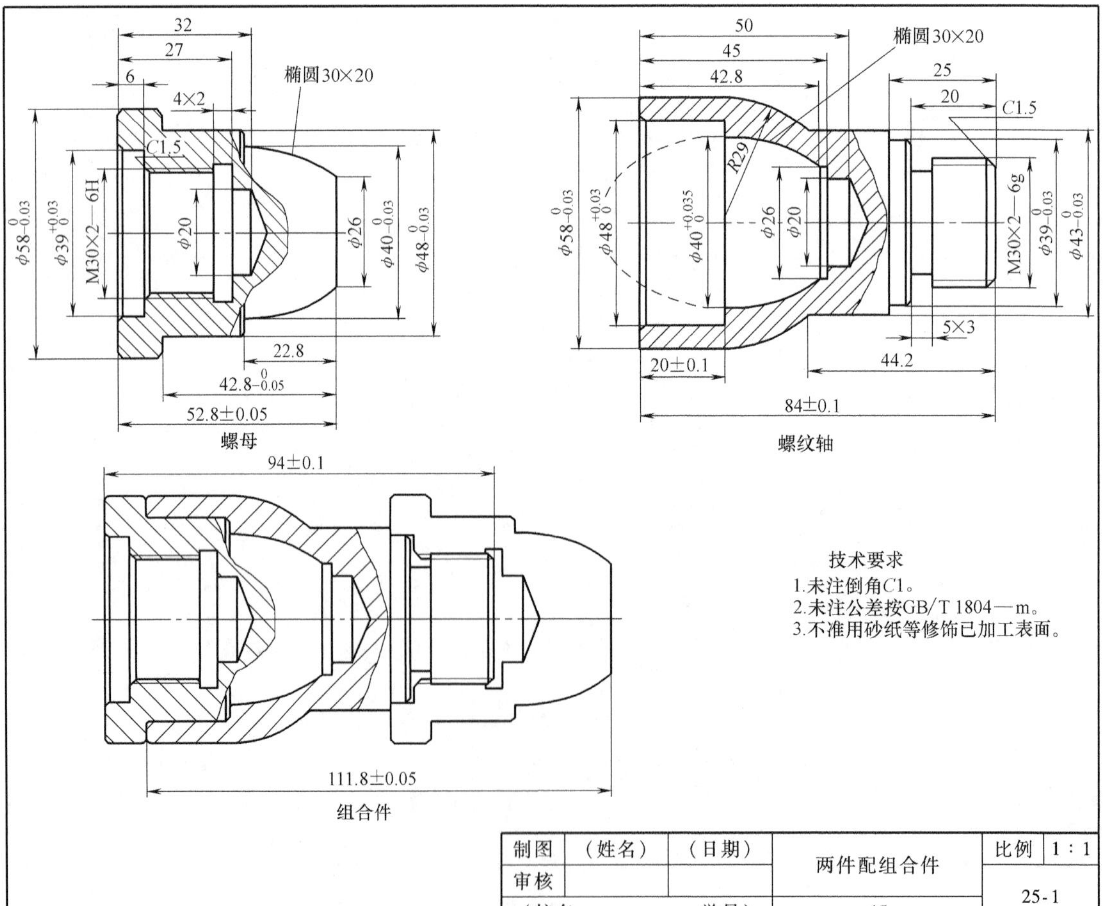


图 27-1　两件配组合件

序，并完成零件的加工。材料及规格：45 钢，$\phi$60mm×55mm、$\phi$60mm×86mm。

## 二、任务分析

1. 工艺分析

如图 27-1 所示，此零件为两件配组合件。材料及规格为：45 钢，$\phi$60mm × 55mm、$\phi$60mm×86mm。先加工螺纹轴，再加工螺母。

螺纹轴先加工有内孔端，再平端面、钻孔、车 $\phi58_{-0.03}^{\ 0}$mm 外圆、车内孔。调头车螺纹端：车全长、车外轮廓、切槽、车螺纹。

螺母先加工 $\phi58_{-0.03}^{\ 0}$mm 外圆（外圆可车长于 20mm），车内孔、内螺纹，再调头夹已加工 $\phi58_{-0.03}^{\ 0}$mm 外圆，车全长、钻中心孔。装夹 $\phi58_{-0.03}^{\ 0}$mm 外圆 8mm 长，用活动顶尖支承，加工外圆轮廓至尺寸。

2. 工、量具及材料准备

1）刀具：90°外圆车刀、$\phi$20mm 麻花钻、外螺纹车刀、$\phi$16mm 镗刀、3mm 外切槽刀各一把。

2）量具：0~200mm 游标卡尺、25~50mm 外径千分尺、25~50mm 内径千分尺各一套。

3）材料及规格：45 钢，$\phi$60mm×55mm、$\phi$60mm×86mm。

## 三、任务实施

1. 确定加工步骤，填写加工工艺卡（表 27-1、表 27-2）

**表 27-1　加工工艺卡**（螺纹轴）

| 零件图号 | | 材料 | | | | 毛坯尺寸 | |
|---|---|---|---|---|---|---|---|
| 零件名称 | | 刀具 | 背吃刀量 | 主轴转速 | 进给量 | 设备型号 | |
| 工步 | 工步内容 | | $a_p$/mm | $n$/(r/min) | $f$/(mm/r) | 工艺简图 | |
| 1 | | | | | | 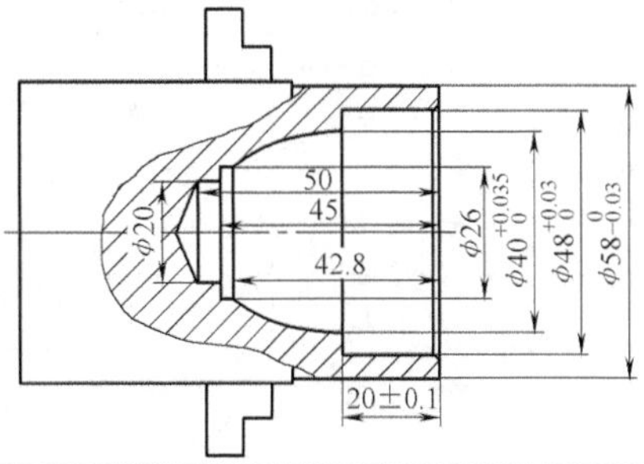 | |
| 2 | | | | | | | |
| 3 | | | | | | | |
| 4 | | | | | | | |
| 5 | | | | | | | |
| 6 | | | | | | | |
| 7 | | | | | | | |
| 8 | | | | | | 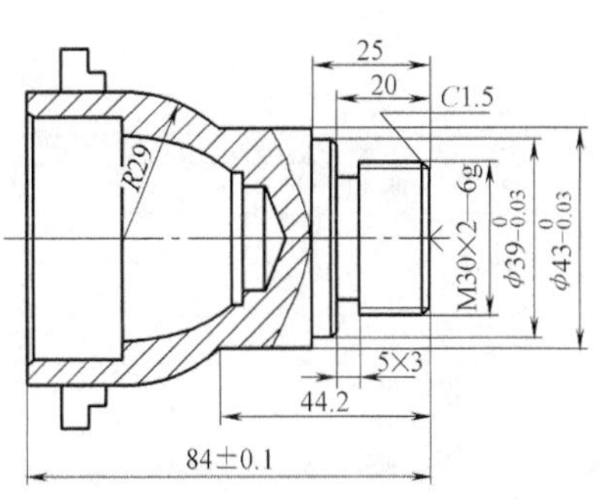 | |
| 9 | | | | | | | |
| 10 | | | | | | | |
| 11 | | | | | | | |
| 12 | | | | | | | |
| 13 | | | | | | | |
| 14 | | | | | | | |

**表 27-2　加工工艺卡（螺母）**

| 零件图号 | | 材料 | | | | 毛坯尺寸 | |
| --- | --- | --- | --- | --- | --- | --- | --- |
| 零件名称 | | 刀具 | 背吃刀量 $a_p$/mm | 主轴转速 $n$/(r/min) | 进给量 $f$/(mm/r) | 设备型号 | |
| 工步 | 工步内容 | | | | | 工艺简图 | |
| 1 | | | | | | 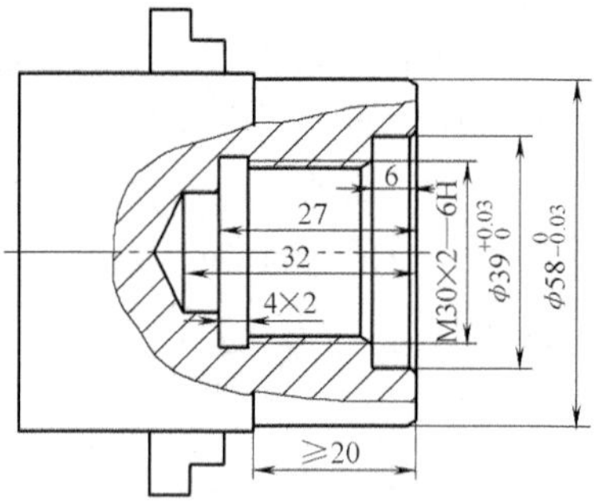 | |
| 2 | | | | | | | |
| 3 | | | | | | | |
| 4 | | | | | | | |
| 5 | | | | | | | |
| 6 | | | | | | | |
| 7 | | | | | | | |
| 8 | | | | | | 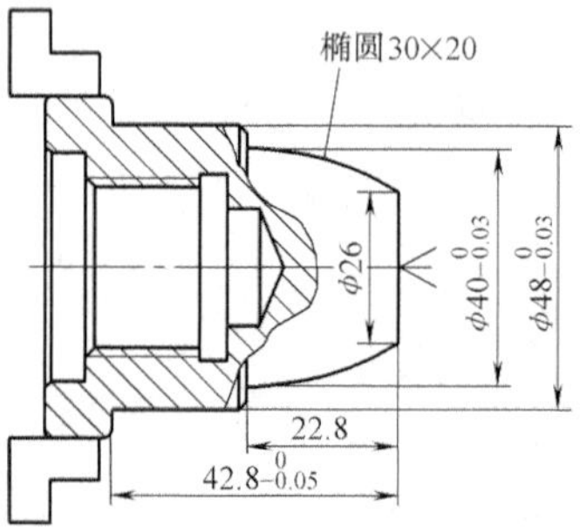 | |
| 9 | | | | | | | |
| 10 | | | | | | | |
| 11 | | | | | | | |
| 12 | | | | | | | |
| 13 | | | | | | | |
| 14 | | | | | | | |



2. 加工零件的质量检查及评分（表 27-3～表 27-5）

**表 27-3　质量检查及评分**（螺纹轴，占 60%）

| 序号 | 项目 | 检测尺寸 | 配分 | 评分标准 | 自检 | 复检 | 得分 |
| --- | --- | --- | --- | --- | --- | --- | --- |
| 1 | 外圆 | $\phi58_{-0.03}^{0}$mm | 7 | 超差不得分 | | | |
| 2 | 外圆 | $\phi43_{-0.03}^{0}$mm | 7 | 超差不得分 | | | |
| 3 | 外圆 | $\phi39_{-0.03}^{0}$mm | 7 | 超差不得分 | | | |
| 4 | 内孔 | $\phi40_{0}^{+0.035}$mm | 7 | 超差不得分 | | | |
| 5 | 内孔 | $\phi48_{0}^{+0.03}$mm | 7 | 超差不得分 | | | |
| 6 | 内孔 | φ26mm | 2 | 不合格不得分 | | | |
| 7 | 螺纹 | M30×2—6g | 10 | 超差不得分 | | | |
| 8 | 总长 | (84±0.1)mm | 7 | 超差不得分 | | | |
| 9 | 长度 | (20±0.1)mm | 7 | 超差不得分 | | | |
| 10 | 长度 | 20mm、25mm、44.2mm | 4 | 不合格不得分 | | | |
| 11 | 长度 | 42.8mm、45mm | 3 | 不合格不得分 | | | |
| 12 | 圆弧 | *R*29 | 3 | 不合格不得分 | | | |
| 13 | 倒角 | *C*1.5、*C*1 | 3 | 不合格不得分 | | | |
| 14 | 槽 | 5mm×3mm | 3 | 不合格不得分 | | | |
| 15 | 椭圆 | 30mm×20mm | 10 | 不合格不得分 | | | |
| 16 | 表面粗糙度值 | *Ra*3.2μm | 3 | 不合格不得分 | | | |
| 17 | 安全文明生产 | | 10 | | | | |
| 学生签名： | | | 教师签名： | | 总分： | | |

表 27-4　质量检查及评分（螺母，占 30%）

| 序号 | 项目 | 检测尺寸 | 配分 | 评分标准 | 自检 | 复检 | 得分 |
|---|---|---|---|---|---|---|---|
| 1 | 外圆 | $\phi58_{-0.03}^{0}$mm | 8 | 超差不得分 | | | |
| 2 | 外圆 | $\phi48_{-0.03}^{0}$mm | 8 | 超差不得分 | | | |
| 3 | 外圆 | $\phi40_{-0.03}^{0}$mm | 8 | 超差不得分 | | | |
| 4 | 内孔 | $\phi39_{0}^{+0.03}$mm | 8 | 超差不得分 | | | |
| 5 | 螺纹 | M30×2—6H | 8 | 超差不得分 | | | |
| 6 | 总长 | (52.8±0.05)mm | 8 | 超差不得分 | | | |
| 7 | 长度 | 32mm、27mm、6mm | 10 | 不合格不得分 | | | |
| 8 | 长度 | 22.8mm、$42.8_{-0.05}^{0}$mm | 10 | 不合格不得分 | | | |
| 9 | 槽 | 4mm×2mm | 3 | 不合格不得分 | | | |
| 10 | 倒角 | $C1.5$、$C1$ | 4 | 不合格不得分 | | | |
| 11 | 表面粗糙度值 | $Ra3.2\mu m$ | 5 | 不合格不得分 | | | |
| 12 | 椭圆 | 30mm×20mm | 10 | 不合格不得分 | | | |
| 13 | 安全文明生产 | | 10 | | | | |
| 学生签名： | | | 教师签名： | | 总分： | | |

表 27-5　质量检查及评分（组合件，占 15%）

| 序号 | 项目 | 检测尺寸 | 配分 | 评分标准 | 自检 | 复检 | 得分 |
|---|---|---|---|---|---|---|---|
| 1 | 长度 | (94±0.1)mm | 30 | 超差不得分 | | | |
| 2 | 长度 | (111.8±0.05)mm | 30 | 超差不得分 | | | |
| 3 | 完整度 | | 40 | | | | |
| 学生签名： | | | 教师签名： | | 总分： | | |

## 四、实训小结

完成实训项目的实训报告。

# 项目二十八　高级综合训练五

学习目的与要求

1）掌握在数控车床上加工非圆曲线轮廓工件的程序编写与操作方法。

2）掌握宏程序的特点及B类宏程序的编写与加工操作。

3）掌握分析与解决问题的方法，并具备一定的实际操作能力。

4）合理安排工量具的摆放，注意操作姿势，养成良好的操作习惯。

5）熟练运用各功能指令，提高零件的程序编制技能。

6）提高装夹刀具、对刀及使用量具的技能。

7）掌握和提高加工零件的尺寸控制方法，明确切削用量的选择。

## 一、任务引入

图28-1所示为两件配组合件，对各零件进行工艺分析，填写加工工艺卡，编写加工程序，并完成零件的加工。材料及规格：45钢，$\phi$60mm×62mm、$\phi$60mm×42mm。

## 二、任务分析

1. 工艺分析

|  |
| --- |
|  |

2. 工、量具及材料准备

1）刀具：90°外圆车刀、$\phi$20mm麻花钻、外螺纹车刀、$\phi$16mm镗刀、3mm外切槽刀各一把。

2）量具：0~200mm游标卡尺、25~50mm外径千分尺、25~50mm内径千分尺各一套。

3）材料及规格：45钢，$\phi$60mm×62mm、$\phi$60mm×42mm。

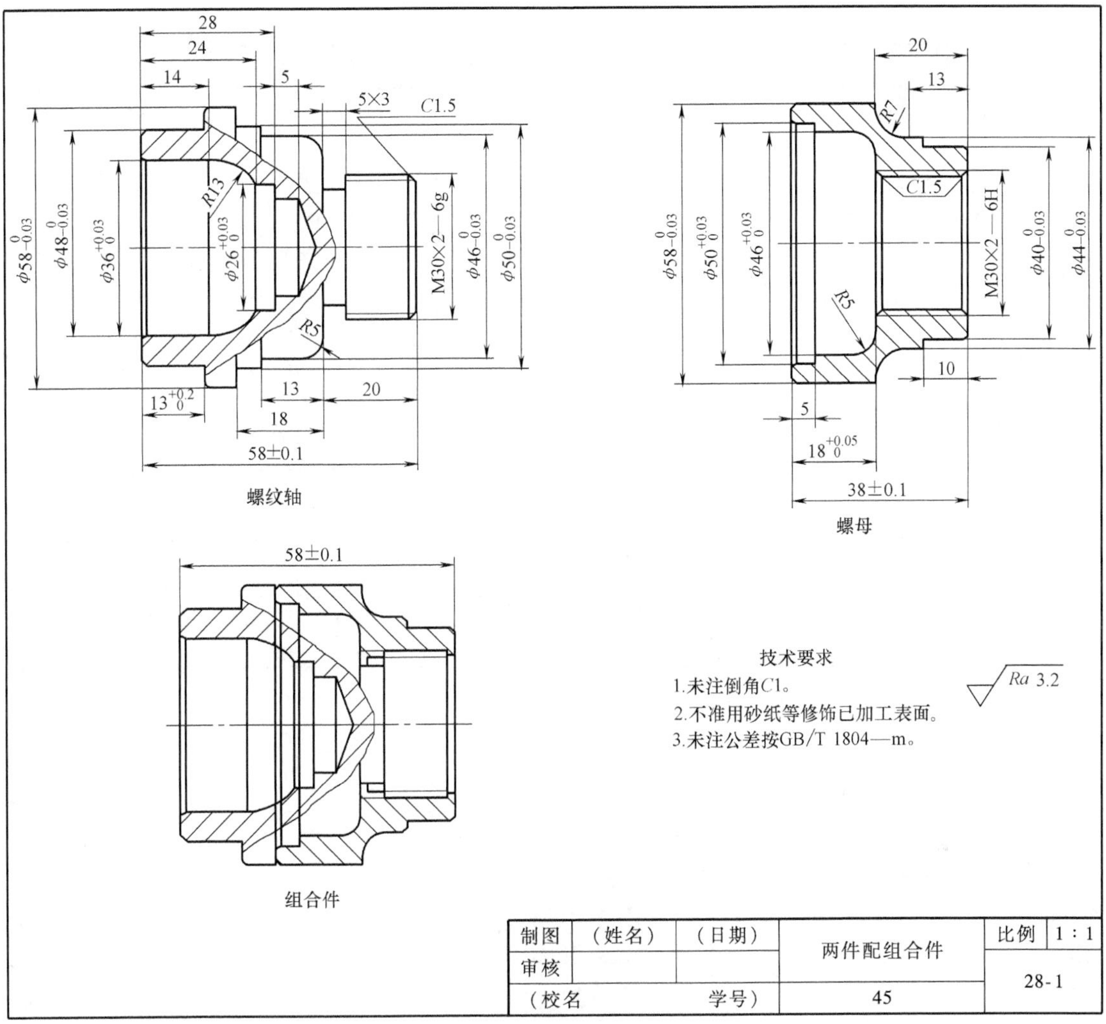


图 28-1　两件配组合件

## 三、任务实施

1. 确定加工步骤，填写加工工艺卡，画出工艺简图（表 28-1、表 28-2）

**表 28-1　加工工艺卡（螺纹轴）**

| 零件图号 | | 材料 | | | 毛坯尺寸 | |
|---|---|---|---|---|---|---|
| 零件名称 | | 刀具 | 背吃刀量 $a_p$/mm | 主轴转速 $n$/(r/min) | 进给量 $f$/(mm/r) | 设备型号 |
| 工步 | 工步内容 | | | | | 工艺简图 |
| 1 | | | | | | |
| 2 | | | | | | |
| 3 | | | | | | |
| 4 | | | | | | |
| 5 | | | | | | |
| 6 | | | | | | |
| 7 | | | | | | |

（续）

| 零件图号 | | 材料 | | | | 毛坯尺寸 | |
|---|---|---|---|---|---|---|---|
| 零件名称 | | 刀具 | 背吃刀量 $a_p$/mm | 主轴转速 $n$/(r/min) | 进给量 $f$/(mm/r) | 设备型号 | |
| 工步 | 工步内容 | | | | | 工艺简图 | |
| 8 | | | | | | | |
| 9 | | | | | | | |
| 10 | | | | | | | |
| 11 | | | | | | | |
| 12 | | | | | | | |
| 13 | | | | | | | |
| 14 | | | | | | | |

**表 28-2 加工工艺卡（螺母）**

| 零件图号 | | 材料 | | | | 毛坯尺寸 | |
|---|---|---|---|---|---|---|---|
| 零件名称 | | 刀具 | 背吃刀量 $a_p$/mm | 主轴转速 $n$/(r/min) | 进给量 $f$/(mm/r) | 设备型号 | |
| 工步 | 工步内容 | | | | | 工艺简图 | |
| 1 | | | | | | | |
| 2 | | | | | | | |
| 3 | | | | | | | |
| 4 | | | | | | | |
| 5 | | | | | | | |
| 6 | | | | | | | |
| 7 | | | | | | | |
| 8 | | | | | | | |
| 9 | | | | | | | |
| 10 | | | | | | | |
| 11 | | | | | | | |
| 12 | | | | | | | |
| 13 | | | | | | | |
| 14 | | | | | | | |

2. 加工零件的质量检查及评分（表 28-3～表 28-5）

**表 28-3 质量检查及评分（螺纹轴，50%）**

| 序号 | 项目 | 检测尺寸 | 配分 | 评分标准 | 自检 | 复检 | 得分 |
|---|---|---|---|---|---|---|---|
| 1 | 外圆 | $\phi58_{-0.03}^{0}$mm | 7 | 超差不得分 | | | |
| 2 | 外圆 | $\phi48_{-0.03}^{0}$mm | 7 | 超差不得分 | | | |
| 3 | 外圆 | $\phi50_{-0.03}^{0}$mm | 7 | 超差不得分 | | | |
| 4 | 外圆 | $\phi46_{-0.03}^{0}$mm | 7 | 超差不得分 | | | |
| 5 | 内孔 | $\phi36_{0}^{+0.03}$mm | 7 | 超差不得分 | | | |

（续）

| 序号 | 项目 | 检测尺寸 | 配分 | 评分标准 | 自检 | 复检 | 得分 |
|---|---|---|---|---|---|---|---|
| 6 | 内孔 | $\phi26^{+0.03}_{0}$mm | 7 | 超差不得分 | | | |
| 7 | 螺纹 | M30×2—6g | 8 | 超差不得分 | | | |
| 8 | 总长 | (58±0.1)mm | 7 | 超差不得分 | | | |
| 9 | 长度 | $13^{+0.2}_{0}$mm | 7 | 超差不得分 | | | |
| 10 | 长度 | 20mm、18mm、13mm | 4 | 不合格不得分 | | | |
| 11 | 长度 | 14mm、24mm、28mm | 4 | 不合格不得分 | | | |
| 12 | 圆弧 | $R$13mm、$R$5mm | 4 | 不合格不得分 | | | |
| 13 | 倒角 | $C$1.5、$C$1 | 6 | 不合格不得分 | | | |
| 14 | 槽 | 5mm×3mm | 3 | 不合格不得分 | | | |
| 15 | 表面粗糙度值 | $Ra$3.2μm | 5 | 不合格不得分 | | | |
| 16 | 安全文明生产 | | 10 | | | | |
| 学生签名： | | | 教师签名： | | 总分： | | |

**表 28-4 质量检查及评分**（螺母，占 35%）

| 序号 | 项目 | 检测尺寸 | 配分 | 评分标准 | 自检 | 复检 | 得分 |
|---|---|---|---|---|---|---|---|
| 1 | 外圆 | $\phi58^{0}_{-0.03}$mm | 8 | 超差不得分 | | | |
| 2 | 外圆 | $\phi44^{0}_{-0.03}$mm | 8 | 超差不得分 | | | |
| 3 | 外圆 | $\phi40^{0}_{-0.03}$mm | 8 | 超差不得分 | | | |
| 4 | 内孔 | $\phi50^{+0.03}_{0}$mm | 8 | 超差不得分 | | | |
| 5 | 内孔 | $\phi46^{+0.03}_{0}$mm | 8 | 超差不得分 | | | |
| 6 | 螺纹 | M30×2—6H | 10 | 超差不得分 | | | |
| 7 | 总长 | (38±0.1)mm | 8 | 超差不得分 | | | |
| 8 | 长度 | $\phi18^{+0.05}_{0}$mm | 8 | 超差不得分 | | | |
| 9 | 长度 | 10mm、20mm | 6 | 不合格不得分 | | | |
| 10 | 长度 | 5mm | 4 | 不合格不得分 | | | |
| 11 | 圆弧 | $R$5mm、$R$7mm | 4 | 不合格不得分 | | | |
| 12 | 倒角 | $C$1.5、$C$1 | 5 | 不合格不得分 | | | |
| 13 | 表面粗糙度值 | $Ra$3.2μm | 5 | 不合格不得分 | | | |
| 14 | 安全文明生产 | | 10 | | | | |
| 学生签名： | | | 教师签名： | | 总分： | | |

**表 28-5 质量检查及评分**（组合件，占 15%）

| 序号 | 项目 | 检测尺寸 | 配分 | 评分标准 | 自检 | 复检 | 得分 |
|---|---|---|---|---|---|---|---|
| 1 | 长度 | (58±0.1)mm | 40 | 超差不得分 | | | |
| 2 | 完整度 | | 60 | | | | |
| 学生签名： | | | 教师签名： | | 总分： | | |

## 四、实训小结

完成实训项目的实训报告。

# 项目二十九　高级综合训练六

学习目的与要求

1）掌握在数控车床上加工非圆曲线轮廓工件的程序编写与操作方法。

2）掌握宏程序的特点及B类宏程序的编写与加工操作。

3）掌握分析与解决问题的方法，并具备一定的实际操作能力。

4）合理安排工量具的摆放，注意操作姿势，养成良好的操作习惯。

5）熟练运用各功能指令，提高零件的程序编制技能。

6）提高装夹刀具、对刀及使用量具的技能。

7）掌握和提高加工零件的尺寸控制方法，明确切削用量的选择。

## 一、任务引入

图29-1所示为两件配组合件，对各零件进行工艺分析，填写加工工艺卡，编写加工程序，并完成零件的加工。材料及规格：45钢，$\phi$60mm×87mm、$\phi$60mm×43mm。

## 二、任务分析

1. 工艺分析

| |
|---|
| |

2. 工、量具及材料准备

1）刀具：90°外圆车刀、$\phi$20mm麻花钻、外螺纹车刀、$\phi$16mm镗刀、3mm外切槽刀各一把。

2）量具：0~200mm游标卡尺、25~50mm外径千分尺、25~50mm内径千分尺各一套。

3）材料及规格：45钢，$\phi$60mm×87mm、$\phi$60mm×43mm。

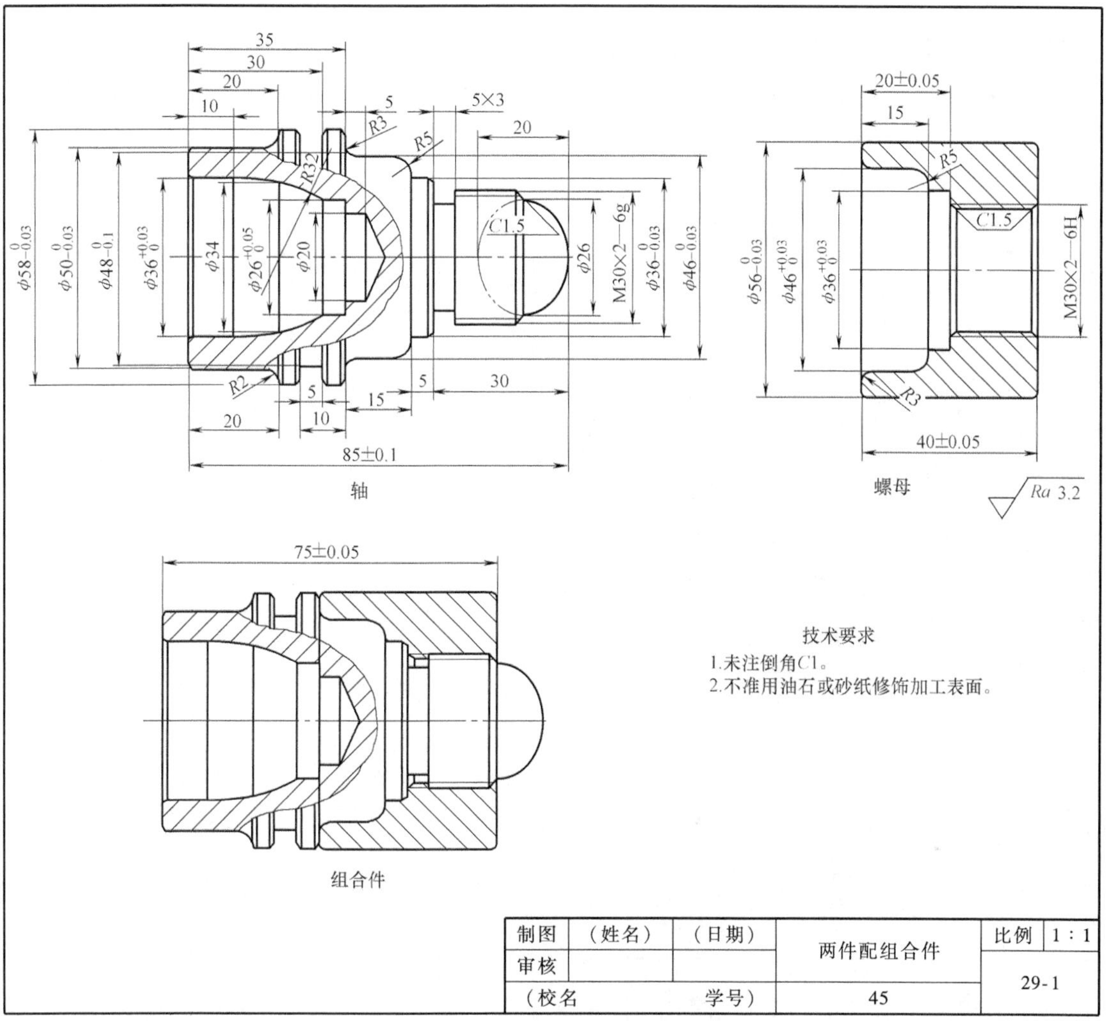


图 29-1　两件配组合件

## 三、任务实施

1. 确定加工步骤，填写加工工艺卡，画出工艺简图（表29-1、表29-2）

表 29-1　加工工艺卡（轴）

<table>
<tr><td colspan="2">零件图号</td><td></td><td colspan="2">材料</td><td colspan="2"></td><td>毛坯尺寸</td><td></td></tr>
<tr><td colspan="2">零件名称</td><td></td><td rowspan="2">刀具</td><td rowspan="2">背吃刀量 $a_p$/mm</td><td rowspan="2">主轴转速 $n$/(r/min)</td><td rowspan="2">进给量 $f$/(mm/r)</td><td>设备型号</td><td></td></tr>
<tr><td>工步</td><td colspan="2">工步内容</td><td colspan="2">工艺简图</td></tr>
<tr><td>1</td><td colspan="2"></td><td></td><td></td><td></td><td></td><td colspan="2" rowspan="7"></td></tr>
<tr><td>2</td><td colspan="2"></td><td></td><td></td><td></td><td></td></tr>
<tr><td>3</td><td colspan="2"></td><td></td><td></td><td></td><td></td></tr>
<tr><td>4</td><td colspan="2"></td><td></td><td></td><td></td><td></td></tr>
<tr><td>5</td><td colspan="2"></td><td></td><td></td><td></td><td></td></tr>
<tr><td>6</td><td colspan="2"></td><td></td><td></td><td></td><td></td></tr>
<tr><td>7</td><td colspan="2"></td><td></td><td></td><td></td><td></td></tr>
</table>

（续）

| 零件图号 | | 材料 | | | 毛坯尺寸 | |
|---|---|---|---|---|---|---|
| 零件名称 | | 刀具 | 背吃刀量 $a_p$/mm | 主轴转速 $n$/(r/min) | 进给量 $f$/(mm/r) | 设备型号 |
| 工步 | 工步内容 | | | | | 工艺简图 |
| 8 | | | | | | |
| 9 | | | | | | |
| 10 | | | | | | |
| 11 | | | | | | |
| 12 | | | | | | |
| 13 | | | | | | |
| 14 | | | | | | |

**表 29-2 加工工艺卡（螺母）**

| 零件图号 | | 材料 | | | 毛坯尺寸 | |
|---|---|---|---|---|---|---|
| 零件名称 | | 刀具 | 背吃刀量 $a_p$/mm | 主轴转速 $n$/(r/min) | 进给量 $f$/(mm/r) | 设备型号 |
| 工步 | 工步内容 | | | | | 工艺简图 |
| 1 | | | | | | |
| 2 | | | | | | |
| 3 | | | | | | |
| 4 | | | | | | |
| 5 | | | | | | |
| 6 | | | | | | |
| 7 | | | | | | |
| 8 | | | | | | |
| 9 | | | | | | |
| 10 | | | | | | |
| 11 | | | | | | |
| 12 | | | | | | |
| 13 | | | | | | |
| 14 | | | | | | |

2. 加工零件的质量检查及评分（表 29-3~表 29-5）

**表 29-3 质量检查及评分（轴，占 50%）**

| 序号 | 项目 | 检测尺寸 | 配分 | 评分标准 | 自检 | 复检 | 得分 |
|---|---|---|---|---|---|---|---|
| 1 | 外圆 | $\phi58_{-0.03}^{0}$mm | 6 | 超差不得分 | | | |
| 2 | 外圆 | $\phi50_{-0.03}^{0}$mm | 6 | 超差不得分 | | | |
| 3 | 外圆 | $\phi46_{-0.03}^{0}$mm | 6 | 超差不得分 | | | |
| 4 | 外圆 | $\phi48_{-0.1}^{0}$mm | 6 | 超差不得分 | | | |
| 5 | 外圆 | $\phi36_{-0.03}^{0}$mm | 6 | 超差不得分 | | | |

（续）

| 序号 | 项目 | 检测尺寸 | 配分 | 评分标准 | 自检 | 复检 | 得分 |
|---|---|---|---|---|---|---|---|
| 6 | 内孔 | $\phi36^{+0.03}_{0}$ mm | 6 | 超差不得分 | | | |
| 7 | 内孔 | $\phi26^{+0.05}_{0}$ mm | 6 | 超差不得分 | | | |
| 8 | 螺纹 | M30×2—6g | 8 | 超差不得分 | | | |
| 9 | 总长 | (85±0.1)mm | 6 | 超差不得分 | | | |
| 10 | 长度 | 15mm、30mm、5mm | 3 | 不合格不得分 | | | |
| 11 | 长度 | 20mm、10mm、5mm | 3 | 不合格不得分 | | | |
| 12 | 深度 | 20mm、30mm、35mm | 3 | 不合格不得分 | | | |
| 13 | 圆弧 | $R3$mm、$R5$mm、$R32$mm、$R2$mm | 3 | 不合格不得分 | | | |
| 14 | 倒角 | $C1.5$、$C1$ | 3 | 不合格不得分 | | | |
| 15 | 槽 | 5mm | 2 | 不合格不得分 | | | |
| 16 | 槽 | 5mm×3mm | 2 | 不合格不得分 | | | |
| 17 | 表面粗糙度值 | $Ra3.2\mu m$ | 5 | 不合格不得分 | | | |
| 18 | 椭圆 | 13mm×10mm | 10 | 不合格不得分 | | | |
| 19 | 安全文明生产 | | 10 | | | | |
| 学生签名： | | | 教师签名： | | 总分： | | |

**表 29-4　质量检查及评分**（螺母，占 35%）

| 序号 | 项目 | 检测尺寸 | 配分 | 评分标准 | 自检 | 复检 | 得分 |
|---|---|---|---|---|---|---|---|
| 1 | 外圆 | $\phi58^{0}_{-0.03}$ mm | 10 | 超差不得分 | | | |
| 2 | 内孔 | $\phi46^{+0.03}_{0}$ mm | 10 | 超差不得分 | | | |
| 3 | 内孔 | $\phi36^{+0.03}_{0}$ mm | 10 | 超差不得分 | | | |
| 4 | 螺纹 | M30×2—6H | 10 | 超差不得分 | | | |
| 5 | 总长 | (40±0.05)mm | 10 | 超差不得分 | | | |
| 6 | 深度 | (20±0.05)mm | 10 | 不合格不得分 | | | |
| 7 | 深度 | 15mm | 4 | 不合格不得分 | | | |
| 8 | 圆弧 | $R5$mm、$R3$mm | 8 | 不合格不得分 | | | |
| 9 | 倒角 | $C1.5$、$C1$ | 6 | 不合格不得分 | | | |
| 10 | 表面粗糙度值 | $Ra3.2\mu m$ | 6 | 不合格不得分 | | | |
| 11 | 安全文明生产 | | 10 | | | | |
| 学生签名： | | | 教师签名： | | 总分： | | |

**表 29-5　质量检查及评分**（组合件，占 15%）

| 序号 | 项目 | 检测尺寸 | 配分 | 评分标准 | 自检 | 复检 | 得分 |
|---|---|---|---|---|---|---|---|
| 1 | 长度 | (75±0.05)mm | 40 | 超差不得分 | | | |
| 2 | 完整度 | | 60 | | | | |
| 学生签名： | | | 教师签名： | | 总分： | | |

## 四、实训小结

完成项目实训的实训报告。

# 项目三十　高级综合训练七

学习目的与要求

1）掌握分析与解决问题的方法，并具备一定的实际操作能力。

2）合理安排工量具的摆放，注意操作姿势，养成良好的操作习惯。

3）熟练运用各功能指令，提高零件的程序编制技能。

4）提高装夹刀具、对刀及使用量具的技能。

5）掌握和提高加工零件的尺寸控制方法，明确切削用量的选择。

## 一、任务引入

图 30-1 所示为两件配组合件，对各零件进行工艺分析，填写加工工艺卡，编写加工程序，并完成零件的加工。材料及规格：45 钢，$\phi$60mm×70mm、$\phi$60mm×30mm。

## 二、任务分析

1. 工艺分析

| |
|---|
| |

2. 工、量具及材料准备

1）刀具：90°外圆车刀，$\phi$20mm 麻花钻、外螺纹车刀、$\phi$16mm 镗刀、3mm 外切槽刀各一把。

2）量具：0~200mm 游标卡尺、25~50mm 外径千分尺、25~50 mm 内径千分尺各一套。

3）材料及规格：45 钢，$\phi$60mm×70mm、$\phi$60mm×30mm。

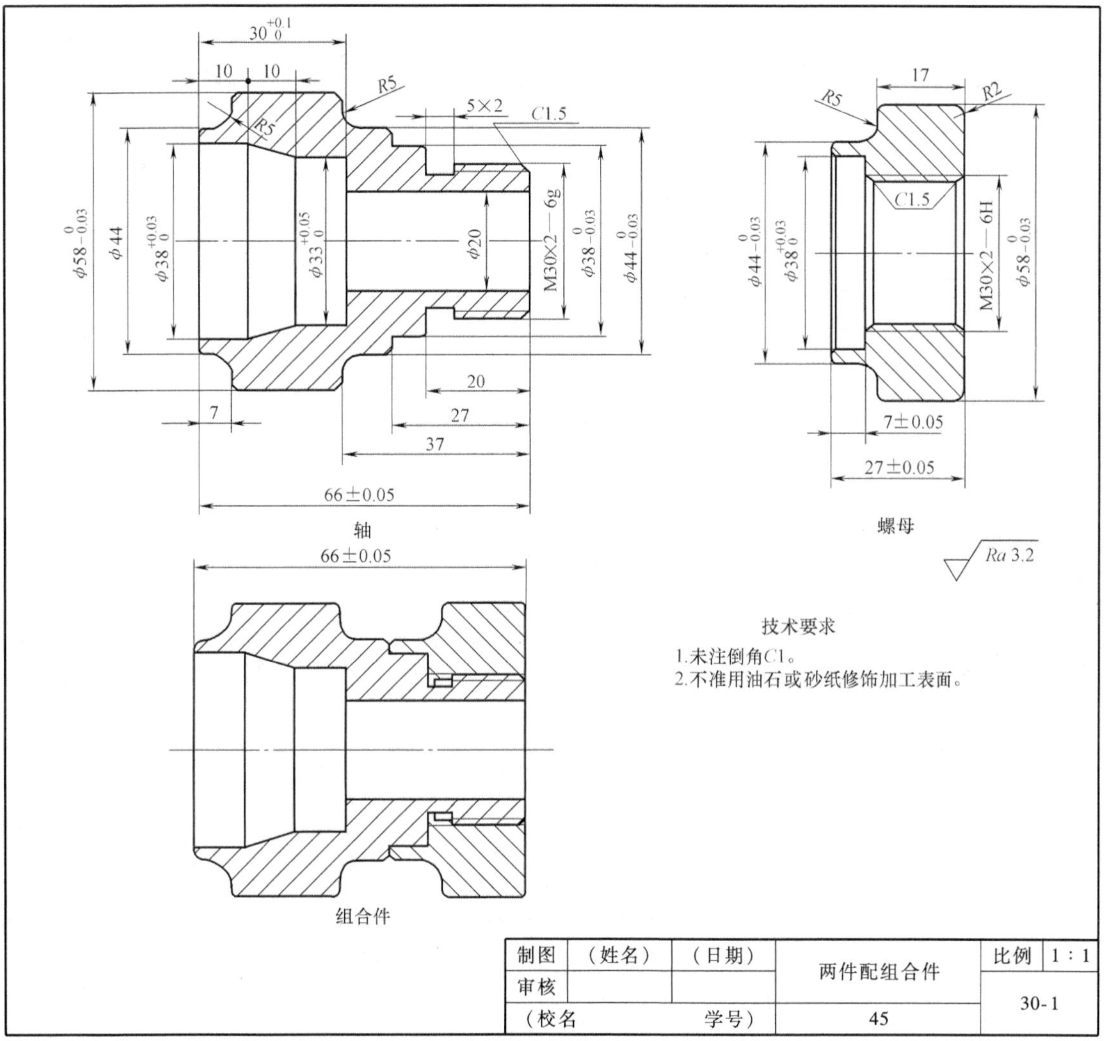


图 30-1　两件配组合件

## 三、任务实施

1. 确定加工步骤，填写加工工艺卡，画出工艺简图（表 30-1、表 30-2）

**表 30-1　加工工艺卡（轴）**

| 零件图号 | | 材料 | | | | 毛坯尺寸 | |
|---|---|---|---|---|---|---|---|
| 零件名称 | | 刀具 | 背吃刀量 $a_p$/mm | 主轴转速 $n$/(r/min) | 进给量 $f$/(mm/r) | 设备型号 | |
| 工步 | 工步内容 | | | | | 工艺简图 | |
| 1 | | | | | | | |
| 2 | | | | | | | |
| 3 | | | | | | | |
| 4 | | | | | | | |
| 5 | | | | | | | |
| 6 | | | | | | | |
| 7 | | | | | | | |

（续）

| 零件图号 | | 材料 | | | | 毛坯尺寸 | |
|---|---|---|---|---|---|---|---|
| 零件名称 | | 刀具 | 背吃刀量 $a_p$/mm | 主轴转速 $n$/(r/min) | 进给量 $f$/(mm/r) | 设备型号 | |
| 工步 | 工步内容 | | | | | 工艺简图 | |
| 8 | | | | | | | |
| 9 | | | | | | | |
| 10 | | | | | | | |
| 11 | | | | | | | |
| 12 | | | | | | | |
| 13 | | | | | | | |
| 14 | | | | | | | |

**表 30-2　加工工艺卡**（螺母）

| 零件图号 | | 材料 | | | | 毛坯尺寸 | |
|---|---|---|---|---|---|---|---|
| 零件名称 | | 刀具 | 背吃刀量 $a_p$/mm | 主轴转速 $n$/(r/min) | 进给量 $f$/(mm/r) | 设备型号 | |
| 工步 | 工步内容 | | | | | 工艺简图 | |
| 1 | | | | | | | |
| 2 | | | | | | | |
| 3 | | | | | | | |
| 4 | | | | | | | |
| 5 | | | | | | | |
| 6 | | | | | | | |
| 7 | | | | | | | |
| 8 | | | | | | | |
| 9 | | | | | | | |
| 10 | | | | | | | |
| 11 | | | | | | | |
| 12 | | | | | | | |
| 13 | | | | | | | |
| 14 | | | | | | | |

2. 加工零件的质量检查及评分（表 30-3～表 30-5）

**表 30-3　质量检查及评分**（轴，占 55%）

| 序号 | 项目 | 检测尺寸 | 配分 | 评分标准 | 自检 | 复检 | 得分 |
|---|---|---|---|---|---|---|---|
| 1 | 外圆 | $\phi58_{-0.03}^{0}$mm | 7 | 超差不得分 | | | |
| 2 | 外圆 | $\phi44_{-0.03}^{0}$mm | 7 | 超差不得分 | | | |
| 3 | 外圆 | $\phi38_{-0.03}^{0}$mm | 7 | 超差不得分 | | | |
| 4 | 外圆 | $\phi44$mm | 7 | 超差不得分 | | | |
| 5 | 内孔 | $\phi38_{0}^{+0.03}$mm | 7 | 超差不得分 | | | |

（续）

| 序号 | 项目 | 检测尺寸 | 配分 | 评分标准 | 自检 | 复检 | 得分 |
|---|---|---|---|---|---|---|---|
| 6 | 内孔 | $\phi33^{+0.05}_{0}$mm | 7 | 超差不得分 | | | |
| 7 | 螺纹 | M30×2—6g | 10 | 超差不得分 | | | |
| 8 | 总长 | (66±0.05)mm | 7 | 超差不得分 | | | |
| 9 | 孔 | $\phi$20mm | 2 | 不合格不得分 | | | |
| 10 | 长度 | $30^{+0.1}_{0}$mm | 5 | 超差不得分 | | | |
| 11 | 长度 | 20mm、27mm、37mm | 4 | 不合格不得分 | | | |
| 12 | 长度 | 10mm、10mm | 4 | 不合格不得分 | | | |
| 13 | 圆弧 | $R$5mm | 4 | 不合格不得分 | | | |
| 14 | 倒角 | $C$1.5、$C$1 | 3 | 不合格不得分 | | | |
| 15 | 槽 | 5mm×2mm | 4 | 不合格不得分 | | | |
| 16 | 表面粗糙度值 | $Ra$3.2μm | 5 | 不合格不得分 | | | |
| 17 | 安全文明生产 | | 10 | | | | |
| 学生签名： | | | 教师签名： | | 总分： | | |

**表 30-4　质量检查及评分**（螺母，占 30%）

| 序号 | 项目 | 检测尺寸 | 配分 | 评分标准 | 自检 | 复检 | 得分 |
|---|---|---|---|---|---|---|---|
| 1 | 外圆 | $\phi58^{0}_{-0.03}$mm | 10 | 超差不得分 | | | |
| 2 | 外圆 | $\phi44^{0}_{-0.03}$mm | 10 | 超差不得分 | | | |
| 3 | 内孔 | $\phi38^{+0.03}_{0}$mm | 10 | 超差不得分 | | | |
| 4 | 螺纹 | M30×2—6H | 20 | 超差不得分 | | | |
| 5 | 总长 | (27±0.05)mm | 10 | 超差不得分 | | | |
| 6 | 长度 | (7±0.05)mm | 10 | 不合格不得分 | | | |
| 7 | 圆弧 | $R$5mm、$R$2mm | 8 | 不合格不得分 | | | |
| 8 | 倒角 | $C$1.5、$C$1 | 6 | 不合格不得分 | | | |
| 9 | 表面粗糙度值 | $Ra$3.2μm | 6 | 不合格不得分 | | | |
| 10 | 安全文明生产 | | 10 | | | | |
| 学生签名： | | | 教师签名： | | 总分： | | |

**表 30-5　质量检查及评分表**（组合，占 15%）

| 序号 | 项目 | 检测尺寸 | 配分 | 评分标准 | 自检 | 复检 | 得分 |
|---|---|---|---|---|---|---|---|
| 1 | 长度 | (66±0.05)mm | 40 | 超差不得分 | | | |
| 2 | 完整度 | | 60 | | | | |
| 学生签名： | | | 教师签名： | | 总分： | | |

## 四、实训小结

完成项目实训的项目报告。

# 项目三十一　用户宏程序的高级应用

学习目的与要求

1）掌握在数控车床上加工非圆曲线轮廓工件的程序编写与操作方法。

2）掌握宏程序的特点及 B 类宏程序的编写与加工操作。

3）掌握用户宏程序在更高层次的应用。

## 一、任务引入

由于自动编程软件的操作简单方便，在许多非圆曲线加工中，宏程序已失去了应用的优势，但在许多特殊的螺纹加工中宏程序却能取得不可替代的作用。下面就列举几种宏程序在特殊的螺纹加工中的应用。

## 二、工、量具及材料准备

1）刀具：90°外圆车刀、$\phi$20mm 麻花钻、35°右偏刀、35°尖刀，30°高速钢成形车刀、$\phi$16mm 镗刀、3mm 外切槽刀、4mm 内切槽刀各一把。

2）量具：0~200mm 游标卡尺、25~50mm 外径千分尺、25~50mm 内径千分尺及螺纹环规和塞规各一套。

3）材料及规格：45 钢，$\phi$80mm×60mm、$\phi$50mm×135mm、$\phi$50mm×145mm。

## 三、实训内容

### （一）加工异形螺纹

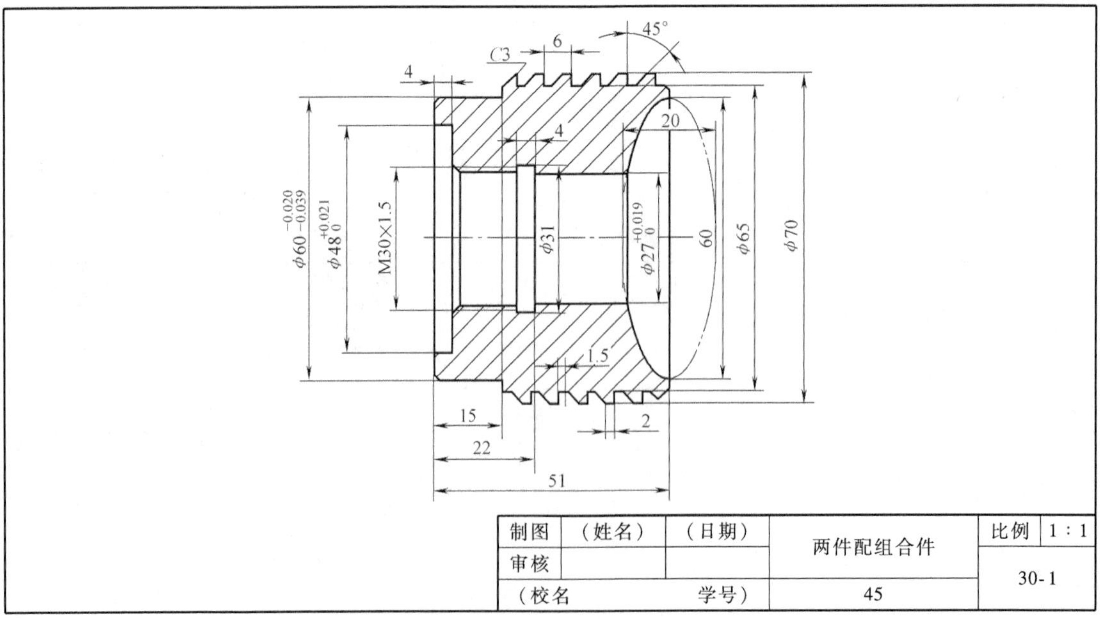


图 31-1　螺纹轴

1. 工艺分析

图 31-1 所示螺纹轴属于异形螺纹，只能用刀尖角为 35°的车刀，使用宏程序编程来进行加工。

由图 31-1 可知：该螺纹螺距为 6mm，螺纹牙高为 2.5mm，牙底宽为 1.5mm，斜角为 45°。从螺纹形状分析，斜角需用一个加工循环，利用刀具沿着牙型斜角进行循环加工成形；牙底需用一个循环，在宽度 *Z* 方向上循环加工。为了保证加工出正确的牙型，刀具主偏角应装成 90°。

2. 编写加工程序（表 31-1）

表 31-1　螺纹加工程序

| | |
|---|---|
| O0001; | |
| G99; | |
| T0101 M08; | |
| M03 S100; | |
| G00 X100 Z20; | |
| G00 X70 Z10; | |
| #1=0; | *X* 方向进给增量的变量 |
| WHILE[#1LT2.5]DO1; | *X* 方向牙顶到牙底的循环深度为 2.5mm |
| #1=#1+0.05; | *X* 方向每刀的增量值为 0.1mm |
| #2=TAN[45]*#1; | *Z* 方向每次进给的增量 |
| #3=70-#1*2; | 螺纹起刀点的 *X* 坐标 |
| #4=10-#2; | 螺纹起刀点的 *Z* 坐标 |
| G00 X#3 Z#4; | 螺纹循环起点坐标 |
| G32 X#3 Z-38 F6.; | 螺纹终点坐标 |
| G00 X75; | *X* 方向退刀 |
| Z10; | *Z* 方向退回起点 |
| END1; | 循环结束 |
| #5=0; | *Z* 方向进给增量的变量 |
| WHILE[#5LT1.5]DO2; | *Z* 方向螺纹齿底宽 1.5mm |
| #5=#5+0.05; | 循环每次增量为 0.1mm |
| #2=#2+#5; | *Z* 方向进给的增量值为 0.1mm |
| #4=10-#2; | *Z* 方向螺纹起点坐标 |
| G00 X[#3]Z[#4]; | 螺纹循环起点坐标 |
| G32 X[#3] Z-38 F6; | 螺纹循环终点坐标,#3 不变是底径 |
| G00 X75; | *X* 方向退刀 |
| Z10; | *Z* 方向退刀 |
| END2; | 循环结束 |

### （二）加工大螺距梯形螺纹

1. 工艺分析

图 31-2 所示梯形螺纹轴用数控车床来加工。车削大螺距梯形螺纹时，一般需要左右借刀，按通常的编程方法加工会有一定的难度，质量难以保证。但通过利用宏程序编程和调用子程序的方法，能较容易地进行加工。

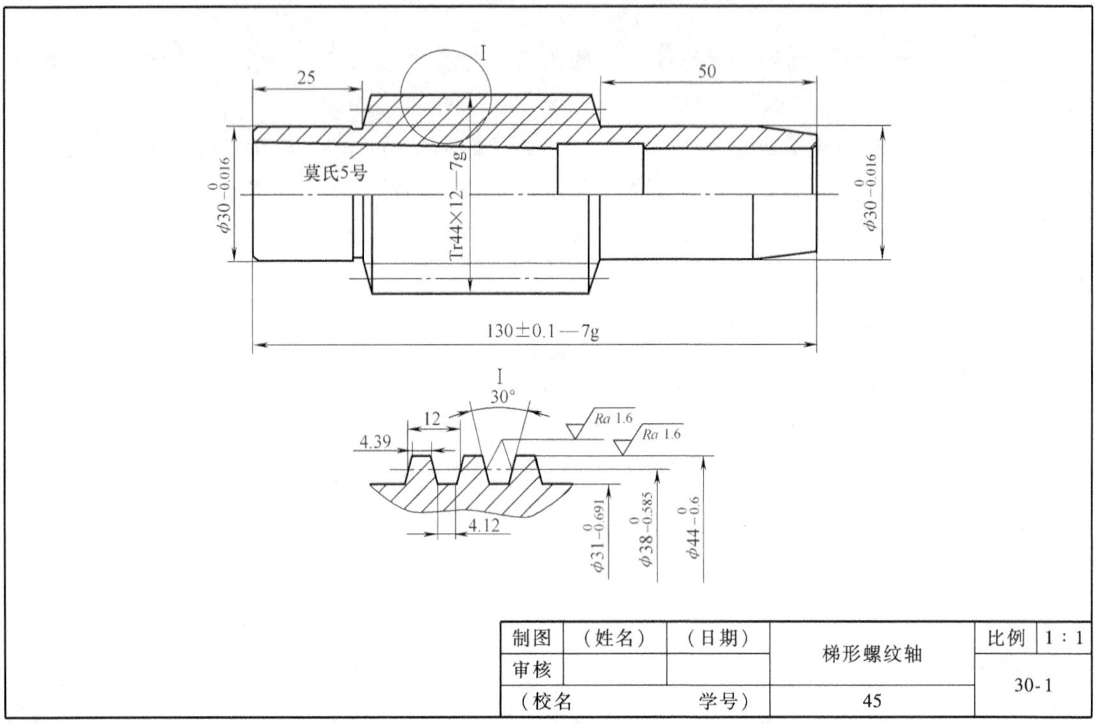


图 31-2　梯形螺纹轴

从图 31-2 来看，梯形螺纹的大经为 44mm，螺距为 12mm，小径为 31mm，则可算出牙高为 6.5mm，牙顶宽为 4.39mm，牙底宽为 4.12mm，牙型角为 30°，梯形螺纹长度为 55mm。

如果能如图 31-3 所示找出 $\phi$39mm 处的宽度为 6.27mm，则第一层的右借刀的螺纹起点 $Z$ 坐标为 16.635，左借刀的螺纹起点 $Z$ 坐标为 13.365（此层可适当每边留 0.1mm 的余量）。

$\phi$35mm 处的宽度为 5.2mm，第二层的右借刀的螺纹起点 $Z$ 坐标为 16.1mm，左借刀的螺纹起点 $Z$ 坐标为 13.9mm（此层可适当每边留 0.1mm 的余量）。

$\phi$31mm 处的宽度为 4.12mm，第三层的右借刀的螺纹起点 $Z$ 坐标为 15.56mm，左借刀的螺纹起点 $Z$ 坐标为 14.44mm。

这样就可避免在第二层和第三层车削时背吃刀量过大的缺点。

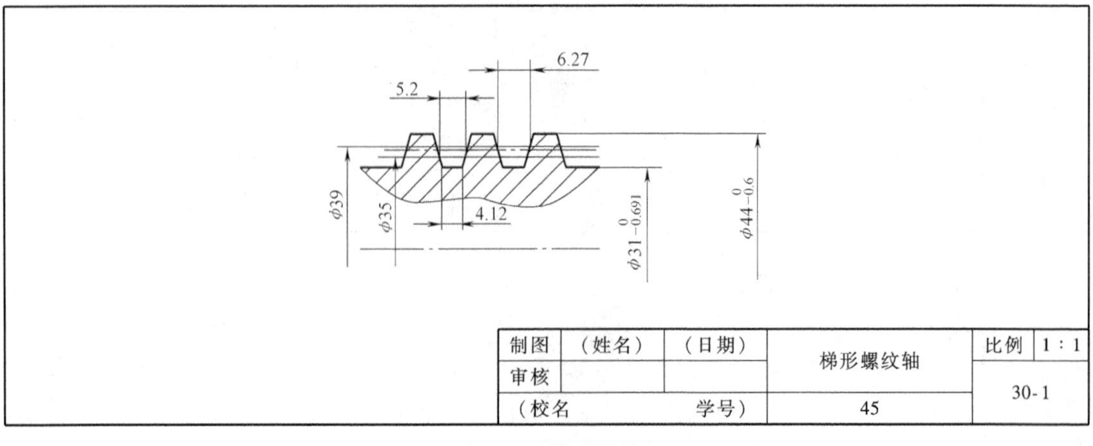


图 31-3　梯形螺纹

2. 编写加工程序（表 31-2）

表 31-2　梯形螺纹加工程序

| | |
|---|---|
| O0001; | |
| G99; | |
| T0101 M08; | |
| M03 S200; | |
| G00 X50 Z15; | 螺纹加工起点 |
| M98 P1001; | 调 1001 子程序车第一层中间 |
| G00 X50 Z15.56;　（Z16.625） | 右借刀螺纹起点 |
| M98 P1001; | 调 1001 子程序车第一层右借刀 |
| G00 X50 Z14.44　（Z13.375）; | 左借刀螺纹起点 |
| M98 P1001; | 调 1001 子程序车第一层左借刀 |
| G00 X50 Z15; | 螺纹加工起点 |
| M98 P1002; | 调 1002 子程序车第二层中间 |
| G00 X50 Z15.56　（Z16.0）; | 右借刀螺纹起点 |
| M98 P1002; | 调 1002 子程序车第二层右借刀 |
| G00 X50 Z14.44;　（Z14） | 左借刀螺纹起点 |
| M98 P1002; | 调 1002 子程序车第二层左借刀 |
| G00 X50 Z15; | 螺纹加工起点 |
| M98 P1003; | 调 1003 子程序车第三层中间 |
| G00 X50 Z15.56; | 右借刀螺纹起点 |
| M98 P1003; | 调 1003 子程序车第三层右借刀 |
| G00 X50 Z14.44; | 左借刀螺纹起点 |
| M98 P1003; | 调 1003 子程序车第三层左借刀 |
| G00 X100 Z100; | |
| M30; | |
| O1001; | 子程序 1001 |
| G00 X50; | |
| #1=43.8; | |
| N10 G92 X[#1] Z-60 F12; | |
| #1=#1-0.1; | |
| IF[#1GT39]GOTO10; | 第一层车至 $\phi$39mm |
| G00 X50 Z15; | |
| M99; | |
| O1002; | 子程序 1002 |
| G00 X50; | |
| #2=38.8; | |
| N20 G92 X[#2] Z-60 F12; | |
| #2=#2-0.1; | |
| IF[#1GT35]GOTO20; | 第一层车至 $\phi$35mm |
| G00 X50 Z15; | |
| M99; | |
| O1003; | 子程序 1003 |
| G00 X50; | |
| #3=34.8; | |
| N30 G92 X[#3] Z-60 F12; | |
| #3=#3-0.1; | |
| IF[#3GT31]GOTO30; | 第一层车至 $\phi$31mm |
| G00 X50 Z15; | |
| M99; | |

## （三）加工蜗杆

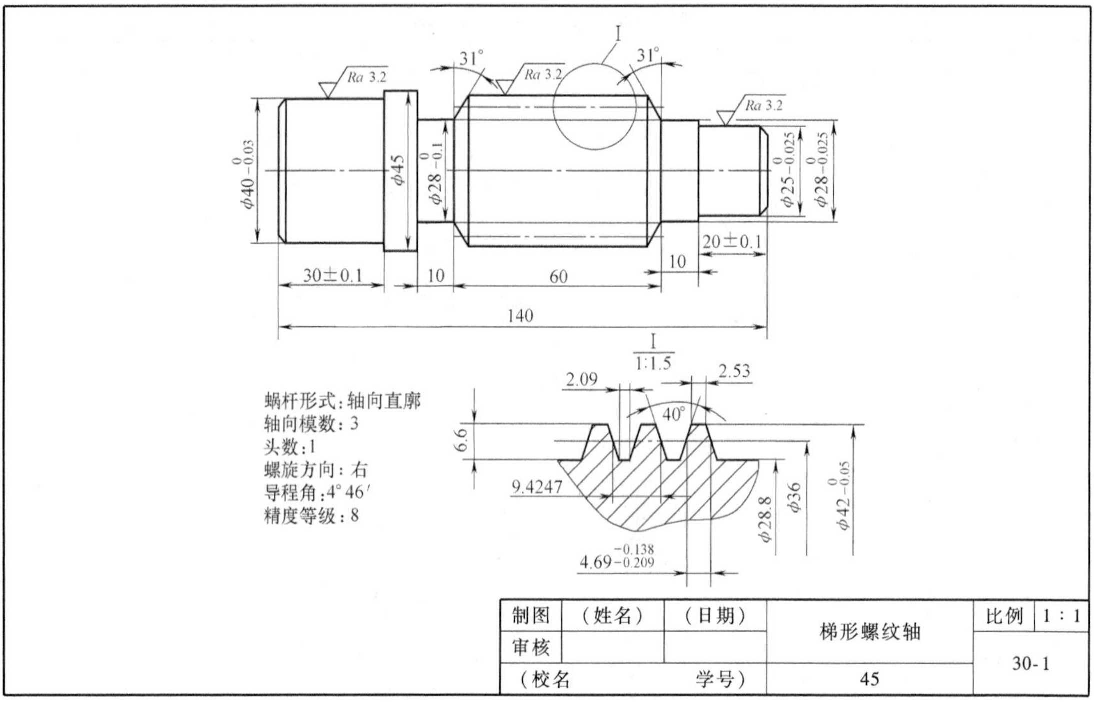


图 31-4　蜗杆轴（一）

1. 工艺分析

由图 31-4 可知，此零件为蜗杆轴，模数为 3，单头，右旋，大径 $D=42\text{mm}$，小径 $d=28.8\text{mm}$，算出全齿高为 6.6mm，法向齿厚为 4.69mm。因为导程大，切削很深，加工余量多。若用成形车刀加工，刀具的受力面会很大。因此在数车上用一般的方法加工难度很大。

用刀尖角小于齿廓角 40°的尖刀，刀尖圆弧半径为 0.4mm，粗车分三层加工，每层 $Z$ 方向正向借刀，留余量再进行精车。分层加工各部位尺寸如图 31-5 所示。

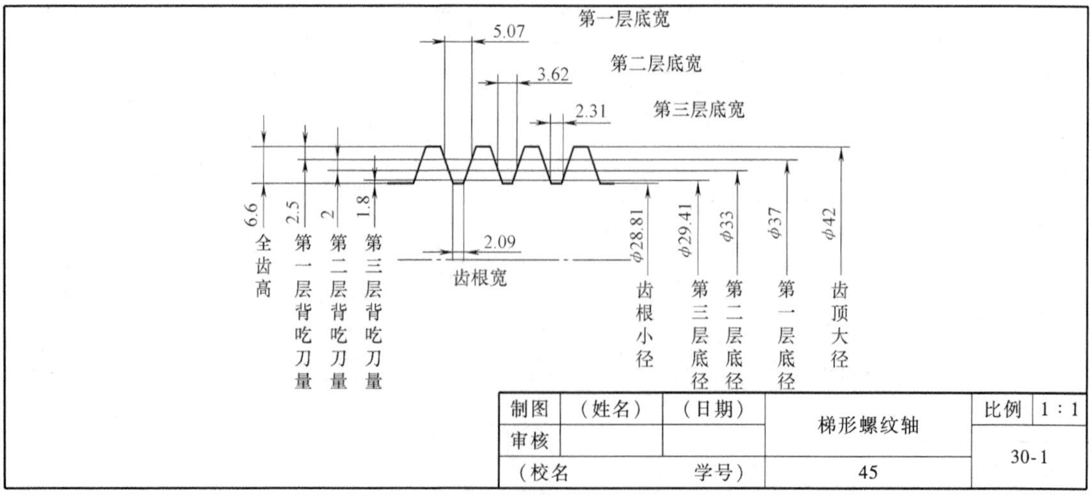


图 31-5　蜗杆轴（二）

从图 31-5 可看出表 31-3 中所列的加工参数，但由于选用的是 $R0.4$mm 的刀尖圆弧，每层底宽应减去刀宽 0.8mm，粗车分层时两边齿侧也应各留 0.2mm 余量。

**表 31-3　加工参数**　（单位：mm）

| 分层 | 起止直径 | 背吃刀量 | 底宽 | 刀宽 | 留余量 | 底径借刀量 |
|---|---|---|---|---|---|---|
| 第一层 | $\phi$42 车至 $\phi$37 | 2.5 | 5.07 | 0.8 | 0.4 | 3.87 |
| 第二层 | $\phi$37 车至 $\phi$33 | 2 | 3.62 | 0.8 | 0.4 | 2.42 |
| 第三层 | $\phi$33 车至 $\phi$29.41 | 1.8 | 2.31 | 0.8 | 0.4 | 1.11 |
| 精加工 | $\phi$42 车至 $\phi$28.8 | 6.6 | 2.09 | 0.8 | | 1.29 |

2. 编写加工程序（表 31-4、表 31-5）

**表 31-4　蜗杆加工程序**

| | |
|---|---|
| O1101; | |
| T0101 M08; | |
| M03 S200; | |
| M98 P2001; | 调子程序加工第一层 |
| M98 P2002; | 调子程序加工第二层 |
| M98 P2003; | 调子程序加工第三层 |
| G00 X50 Z10; | |
| G00 X42 Z10 | |
| #1=0; | |
| While[#1LT6.6] DO1; | |
| #1=#1+0.1; | |
| #2=TAN[20] * #1; | |
| #3=42-#1 * 2; | |
| #4=10-#2; | |
| G00 X#3 Z#4; | |
| G32 X#3 Z-75 F9.42; | 精车右侧面 |
| G00 X50; | |
| Z10; | |
| END1; | |
| #5=0; | |
| While[#5LT1.29] DO2; | 2.09-0.8=1.29 |
| #5=#5+0.1; | |
| #6=#2+#5; | |
| #7=10-#6; | |
| G00 X#3 Z#7; | |
| G32 X#3 Z-75 F9.42; | 精车底径 |
| G00 X50; | |

（续）

| | |
|---|---|
| Z10; | |
| END2; | |
| #8=0; | |
| While[#8LT6.6] DO3; | |
| #8=#8+0.1; | |
| #9=TAN[20] * #8; | |
| #10=28.8+#8 * 2; | |
| #12=#9+#6; | |
| #11=10-#12; | |
| G00 X#10 Z#11; | |
| G32 X#10 Z-75 F9.42; | 精车左侧面 |
| G00 X50; | |
| Z10; | |
| END3; | |
| G00 X150; | |
| Z20; | |
| M30; | |

**表 31-5　子程序**

| | |
|---|---|
| O2001; | 子程序车第一层 |
| T0101 M08; | |
| M03 S200; | |
| G00 X50 Z9.8; | |
| G00 X42 Z9.8; | |
| #1=0; | |
| While[#1LT2.5] DO1; | |
| #1=#1+0.1; | |
| #2=TAN[20] * #1; | |
| #3=42-#1 * 2; | |
| #4=10-#2; | |
| G00 X#3 Z#4; | |
| G32 X#3 Z-75 F9.42 | |
| G00 X50; | |
| Z10 | |
| END1; | |
| #5=0; | |
| While[#5LT3.87] DO2; | 5.07-1.2=3.87 |

（续）

| | |
|---|---|
| #5 = #5+0. 1; | |
| #6 = #2+#5; | |
| #7 = 10-#6; | |
| G00 X#3 Z#7; | |
| G32 X#3 Z-75 F9. 42; | |
| G00 X50; | |
| Z9. 8 | |
| END2; | |
| M99; | |
| O2002; | 子程序车第二层 |
| T0101 M08; | |
| M03 S200; | |
| G00 X50 Z9. 8; | |
| G00 X37 Z9. 8 | |
| #1 = 0; | |
| While[ #1LT2] DO1; | |
| #1 = #1+0. 1; | |
| #2 = TAN[ 20] * #1; | |
| #3 = 37-#1 * 2; | |
| #4 = 10-#2; | |
| G00 X#3 Z#4; | |
| G32 X#3 Z-75 F9. 42; | |
| G00 X50; | |
| Z10; | |
| END1; | |
| #5 = 0; | |
| While[ #5LT2. 42] DO2; | 3. 62-1. 2 = 2. 42 |
| #5 = #5+0. 1; | |
| #6 = #2+#5; | |
| #7 = 10-#6; | |
| G00 X#3 Z#7; | |
| G32 X#3 Z-75 F9. 42; | |
| G00 X50; | |
| Z9. 8; | |
| END2; | |
| M99; | |

（续）

| | |
|---|---|
| O2003; | 子程序车第三层 |
| T0101 M08; | |
| M03 S200; | |
| G00 X50 Z9.8; | |
| G00 X33 Z9.8; | |
| #1=0; | |
| While[#1LT1.8] DO1; | |
| #1=#1+0.1; | |
| #2=TAN[20] * #1; | |
| #3=33-#1 * 2; | |
| #4=10-#2; | |
| G00 X#3 Z#4; | |
| G32 X#3 Z-75 F9.42; | |
| G00 X50; | |
| Z10; | |
| END1; | |
| #5=0; | |
| While[#5LT1.11] DO2; | 2.31-1.2=1.11 |
| #5=#5+0.1; | |
| #6=#2+#5; | |
| #7=10-#6; | |
| G00 X#3 Z#7; | |
| G32 X#3 Z-75 F9.42; | |
| G00 X50; | |
| Z9.8; | |
| END2; | |
| M99; | |

## 四、实训小结

完成实训项目的实训报告。

# 附　　录

## 附录A　数控车工高级知识试卷及答案

### 试　卷　一

注　意　事　项

1. 请首先按要求在答题卡上填涂考生信息，在试卷上填写姓名。
2. 请用2B铅笔在答题卡上涂写您的答案。
3. 请勿折损答题卡，保持卡面清洁。
4. 考试时间为90分钟。

**一、单项选择题**（每题0.5分，共65分）

1. 标注尺寸的三要素是尺寸数字、尺寸界线和（　　）。

（A）尺寸线　（B）尺寸公差　（C）几何公差

2. 在齿轮的画法中，齿顶圆用（　　）表示。

（A）粗实线　（B）细实线　（C）点画线　（D）虚线

3. 测绘零件草图应在（　　）上完成。

（A）标准图纸　（B）坐标纸　（C）无要求纸张

4. 识读装配图的要求是了解装配图的名称、用途、性能、结构和（　　）。

（A）工作原理　（B）工作性质　（C）配合性质　（D）零件公差

5. 实物测绘以（　　）方法为主。

（A）徒手画法　（B）计算机绘图　（C）标尺画法　（D）工笔画法

6. $\phi50^{+0.025}_{0}$mm的孔与（　　）mm的轴相配合，配合间隙为0.01~0.045mm。

（A）$\phi50^{+0.04}_{0}$　（B）$\phi50^{+0.025}_{-0.045}$　（C）$\phi50^{+0.025}_{-0.010}$　（D）$\phi50^{-0.01}_{-0.02}$

7. 孔的形状精度主要有圆度和（　　）。

（A）垂直度　（B）平行度　（C）同轴度　（D）圆柱度

8. 38CrMoAl是（　　）钢。

（A）高速钢　（B）中碳钢　（C）合金钢　（D）不锈钢

9. 制订数控加工工艺时，为提高加工精度，尽量采用（　　）。

（A）精密专用夹具　（B）一次装夹多工序集中

（C）流水线作业法　（D）工序分散加工法

10. 编程人员对数控机床的性能、规格、刀具系统、（　　）、工件的装夹都充分理解时才能编出高质量的加工程序。

（A）自动换刀方式　（B）机床的操作　（C）切削工艺　（D）测量方法

11. 粗车时，一般（　　），最后确定一个合适的切削速度 $v$，就是车削用量的选择原则

（A）应首先选择尽可能小的背吃刀量 $a_p$，其次选择较小的进给量 $f$

（B）应首先选择尽可能小的背吃刀量 $a_p$，其次选择较大的进给量 $f$

（C）应首先选择尽可能大的背吃刀量 $a_p$，其次选择较小的进给量 $f$

（D）应首先选择尽可能大的背吃刀量 $a_p$，其次选择较大的进给量 $f$

12.（　　）是产生加工硬化的主要原因。

（A）刀尖圆弧半径大　（B）前角太大

（C）刀尖圆弧半径磨损后增大　（D）工件材料硬

13. 数控车床用径向尺寸较大的夹具时，采用（　　）与车床主轴连接。

（A）锥柄　（B）法兰　（C）外圆　（D）拉杆

14. 单动卡盘在找正、加工偏心工件时，若测得工件中心离中心轴线有距离，应该（　　）偏心孔轴线的卡爪再紧一些。

（A）先松远离轴心线的卡爪，后紧离轴心线近的卡爪

（B）紧靠近轴心线的卡爪

（C）松远离轴心线的卡爪

（D）先紧离轴心线近的卡爪，后松离轴心线远的卡爪

15. 在磨一个轴套时，先以内孔为基准磨外圆，再以外圆为基准磨内孔，这是遵守（　　）的原则。

（A）基准重合　（B）基准统一　（C）自为基准　（D）互为基准

16. 在主轴加工中选用支承轴颈作为定位基准磨削锥孔，符合（　　）原则。

（A）基准统一　（B）基准重合　（C）自为基准　（D）互为基准

17. 设计夹具时，定位元件的公差约等于工件公差的（　　）。

（A）1/2　（B）2 倍　（C）1/3　（D）1/5

18. 工件上用于定位的表面是确定工件位置的依据，称为（　　）面。

（A）定位基准　（B）加工基准　（C）测量基准　（D）设计基准

19. 采用自定心卡盘和顶尖装夹轴类元件时限制的自由度是（　　）个。

（A）3　（B）4　（C）5　（D）6

20. 刀具磨损过程的三个阶段中，作为切削加工应用的是（　　）阶段。

（A）初期磨损　（B）正常磨损　（C）急剧磨损。

21. 车削圆锥体时，刀尖（　　）工件回转轴线，加工后锥体表面素线将呈曲线。

（A）高于　（B）低于　（C）等高　（D）高于或低于

22. 切断实心工件时，切断刀主切削刃必须装得（　　）工件轴线。

（A）略高于　（B）等高于　（C）略低于。

23. 下列刀具材料中，最耐高温的是（　　）。

（A）高速钢　（B）硬质合金　（C）立方氮化硼　（D）金刚石

24. 刀具切削过程中产生积屑瘤后，刀具的实际前角（　　）。

（A）增大　（B）减小　（C）不变　（D）以上都不是

25. 对工件的（　　）有较大影响的是车刀的副偏角。

（A）表面粗糙度　（B）尺寸精度　（C）形状精度　（D）没有影响

26.（　　）均为多重复合循环指令。

（A）G96、G94、G90　（B）G92、G71、G90

（C）G71、G72、G73　（D）G32、G74、G75

27. 下列地址符中不可以作为宏程序调用指令中自变量符号的是（　　）。

（A）I　（B）K　（C）N　（D）H

28. 下面的宏程序语句中，（　　）是正确的。

（A）WHILE…DO1　（B）WHILE…GOTO　（C）IF…DO1　（D）IF…GOTO

29. 在（　　），需要手动返回机床参考点。

（A）机床电源接通开始工作之前

（B）机床停电后，再次接通数控系统的电源时

（C）机床在急停信号或超程报警信号解除之后，恢复工作时

（D）ABC 都是

30. 数控程序编辑和输入中常用的修改键是（　　）。

（A）INSRT　（B）DELET　（C）ALTER　（D）INPUT

31. 数控机床上绕主轴轴线旋转的坐标轴是（　　）。

（A）$X$ 轴　（B）$Z$ 轴　（C）$A$ 轴　（D）$C$ 轴

32. 数控零件加工程序的输入必须在（　　）工作方式下进行。

（A）手动　（B）手轮　（C）编辑　（D）自动

33. FANUC 系统数控车床用增量编程时，$X$ 轴、$Z$ 轴地址分别用（　　）表示。

（A）X、W　（B）U、V　（C）X、Z　（D）U、W

34. 数控车削进行刀尖圆弧半径补偿时，须输入刀具（　　）值。

（A）刀尖的半径　（B）刀尖的直径

（C）刀尖的半径和刀尖方位号　（D）长度

35. 数控车床车削外圆时由于刀具磨损，工件直径超大了 0.02mm，此时利用设置刀具偏置中的磨损进行补偿，输入的补偿值为（　　）。

（A）+0.02　（B）+0.01　（C）-0.02　（D）-0.01

36. 车不锈钢选择切削用量时，应选择（　　）。

（A）较大的 $v$、$f$　（B）较小的 $v$、$f$

（C）较大的 $v$、较小的 $f$　（D）较小的 $v$、较大的 $f$

37. 车削薄壁零件需要解决的是（　　）所造成的变形问题。

（A）切削热　（B）振动

（C）切削力　（D）夹紧力和切削力

38. 在程序中同样轨迹的加工部分，只需制作一段程序，把它称为（　　），其余相同的加工部分通过调用该程序即可。

（A）调用程序　（B）固化程序　（C）循环指令　（D）子程序

39. 车削小螺距螺纹应采用（　　）。

（A）直进法　（B）斜进法　（C）左右切削法。

40. 高速车削螺纹时，硬质合金车刀刀尖角应（　）螺纹的牙型角。

（A）大于　（B）等于　（C）小于

41. 用高速钢铰刀铰削塑性材料时，铰孔余量一般取（　）mm。

（A）0.08~0.12　（B）0.05~0.08　（C）0.15~0.20　（D）0.2~0.3

42.（　）需要解决的关键技术有刀具几何形状和冷却排屑问题。

（A）深孔加工　（B）车细长轴　（C）车偏心轴。

43. 铰孔是（　）加工孔的主要方法之一。

（A）粗　（B）半精　（C）精　（D）精细

44. 采用拟合法加工非圆曲线零件轮廓时，拟合线段的各连接点称为（　）。

（A）基点　（B）节点　（C）交点　（D）切点

45. 组合件加工中，应先车削（　），再根据装配关系的顺序，依次车削组合件中的其余零件。

（A）锥体配合　（B）偏心配合　（C）基准零件　（D）螺纹配合

46. 检验交错孔的孔心距，当孔心距精度要求较高时，可用心轴和（　）检验。

（A）卡钳　（B）游标卡尺　（C）百分表　（D）千分尺

47. 杠杆卡规是利用（　）放大原理制成的量具。

（A）杠杆-齿轮传动　（B）齿轮-齿条传动

（C）金属纽带传动　（D）蜗杆传动

48. 检查轴的圆柱素线直线度，可以使用（　）。

（A）圆度仪　（B）量规　（C）卡尺　（D）刀口形直尺

49. 零件的加工精度应包括（　）、几何形状精度和相互位置精度。

（A）表面粗糙度　（B）尺寸精度　（C）形状公差　（D）位置公差

50. 零件加工中，振动是影响（　）的主要原因。

（A）面轮廓度　（B）圆柱度　（C）圆度　（D）表面粗糙度

51. 位移速度与指令脉冲的频率（　）。

（A）相等　（B）相反　（C）成正比　（D）成反比

52. 欲加工第一象限的斜线（起始点在坐标原点），用逐点比较法直线插补，若偏差函数大于零，则说明加工点在（　）。

（A）坐标原点　（B）斜线上方　（C）斜线下方　（D）斜线上

53. 滚珠丝杠副分为（　）个等级，（　）最高。

（A）6，C　（B）6，H　（C）4，C　（D）4，H

54. 新工人进厂必须进行三级安全教育，即（　）教育。

（A）厂级、车间、个人　（B）车间、班组、个人

（C）厂级、车间、班组　（D）厂级、车间、师傅

55. 掉电保护电路的作用是（　）。

（A）防止强电干扰　（B）防止系统软件丢失

（C）防止 RAM 中保存的信息丢失　（D）防止电源电压波动

56. 某个程序在运行过程中，数控系统出现“软限位开关超程”报警，这属于（　）。

(A) 程序错误报警　(B) 操作报警
(C) 驱动报警　(D) 系统错误报警

57. 对于数控机床，最具机床精度特征的一项指标是（　）。
(A) 机床的运动精度　(B) 机床的传动精度
(C) 机床的定位精度　(D) 机床的几何精度

58. 针对动画中的车刀移动轨迹，为了实现刀尖圆弧半径补偿，相应的 G 代码应该取（　）。
(A) 外圆加工用 G42，内孔加工取 G41　(B) 外圆加工用 G42，内孔加工取 G42
(C) 外圆加工用 G41，内孔加工取 G41　(D) 外圆加工用 G41，内孔加工取 G42

59. 根据动画中的车刀移动轨迹，为了实现刀尖圆弧半径补偿，相应的刀尖方位号应该取（　）。
(A) 外圆加工用 3，内孔加工取 2　(B) 外圆加工用 4，内孔加工取 2
(C) 外圆加工用 3，内孔加工取 1　(D) 外圆加工用 4，内孔加工取 1

60. 数控机床出现故障后，常规的处理方法是（　）。
(A) 维持现状、调查现象、分析原因、确定检查方法和步骤
(B) 切断电源、调查现象、分析原因、确定检查方法和步骤
(C) 机床复位、调查现象、分析原因、确定检查方法和步骤

61. 图样上的字母（　）是指 A 型中心孔。
(A) A　(B) B　(C) C　(D) D

62. 图样上表示在加工完的零件上要求保留中心孔的符号是（　）。
(A) A　(B) B　(C) C

63. 在车刀基面中测量的角度是（　）。
(A) 前角　(B) 刃倾角　(C) 刀尖角　(D) 楔角

64. 当采用两销一面定位时，工件的转角误差（　）。
(A) 取决于圆柱销与孔的配合　(B) 取决于削边销与孔的配合
(C) 取决于两个销与孔的配合　(D) 和销、孔的配合没关系

65. 在其他切削参数相同的情况下，加工塑性材料的工件时，（　）主偏角的车刀更易断屑。
(A) 45°　(B) 90°　(C) 75°　(D) 60°

66. B 类宏程序在运算指令中，形式为“# i = ROUND [# j]”，代表的意义是(　)。
(A) 圆周率　(B) 四舍五入取整　(C) 舍去小数点　(D) 转换弧度

67. 步进电动机的转速是通过改变电动机的（　）而实现。
(A) 脉冲频率　(B) 脉冲速度　(C) 通电顺序　(D) 脉冲个数

68. 用杠杆千分表测量工件时，测杆轴线与工件表面夹角 $\alpha = 30°$，测量读数为 0.036mm，正确测量值应为（　）mm。
(A) 0.018　(B) 0.028　(C) 0.035　(D) 0.031

69. 修光刃可降低工件表面粗糙度值，修光刃长度为（　）。
(A) (0.5~0.8) $f$　(B) (1.2~1.5) $f$　(C) (1.7~2) $f$　(D) (2~3) $f$

70. 表面粗糙度对零件使用性能的影响不包括（　　）。

（A）对配合性质的影响　　（B）对摩擦、磨损的影响

（C）对零件耐腐蚀性的影响　　（D）对零件塑性的影响

71. 零件加工中，（　　）是影响工件表面质量的主要原因。

（A）刀具装夹误差　　（B）机床的几何精度

（C）刀具精度　　（D）刀痕和振动

72. 对于配有设计完善的位置伺服系统的数控机床，其定位精度和加工精度主要取决于（　　）。

（A）机床机械结构的精度　　（B）驱动装置的精度

（C）位置检测元器件的精度　　（D）计算机的运算速度

73. 对材料为38CrMoAlA的轴需氮化处理，其工艺路线为：锻造→正火→粗车→调质→精车→消除内应力处理→粗磨→半精磨→精磨，其渗氮处理可以安排在（　　）。

A. 粗磨之后，半精磨之前　　B. 消除内应力处理之后，粗磨之前

C. 精车之后，消除内应力之前　　D. 精磨之后

74. $\phi$（50+0.025）mm的孔与（　　）mm的轴相配合，配合间隙为0.01~0.045mm。

（A）$\phi50^{-0.01}_{-0.04}$　　（B）$\phi50^{-0.025}_{-0.045}$　　（C）$\phi50^{+0.025}_{-0.010}$　　（D）$\phi50^{-0.01}_{-0.02}$

75. 高速切削塑性金属材料时，若形成（　　），是因为没有采取适当的断屑措施。

（A）短切屑　　（B）挤裂切屑　　（C）带状切屑　　（D）崩碎切屑

76. 切削过程中切屑流向工件已加工表面，此时车刀刀尖位于主切削刃的（　　）点。

（A）最高　　（B）最低　　（C）任意

77. 刃磨硬质合金刀具应采用（　　）砂轮。

（A）刚玉系　　（B）碳化硅系　　（C）人造金刚石　　（D）立方氮化硼

78. 数控加工中选择刀具时一般应优先采用（　　）。

（A）标准刀具　　（B）专用刀具　　（C）复合刀具　　（D）都可以

79. 刀具的选择主要取决于工件的结构、工件的材料、工序的加工方法和（　　）。

（A）设备　　（B）加工余量

（C）加工精度　　（D）工件被加工表面的表面粗糙度值

80. 粗加工牌号为HT150的零件时，若选用硬质合金刀具，其牌号为（　　）。

（A）YG8　　（B）YG3　　（C）YT15

81. 刀具上刀尖圆弧半径增大会使背向力（　　）。

（A）减小　　（B）增大　　（C）不变

82. 国标中规定图样中除角度以外的尺寸的标注统一以（　　）为单位。

（A）cm　　（B）in　　（C）mm　　（D）m

83. 对于某些精度要求较高的凹曲面车削或大外圆弧面的批量车削，最宜选（　　）加工。

（A）尖形车刀　　（B）圆弧车刀　　（C）成形车刀　　（D）都可以

84. 粗加工钢件时，刀具材料应选用（　　）。

（A）YG3　　（B）YT5　　（C）YT30

85. 在ISO标准中，（　　）表示工件材料是铸铁。

（A）P　（B）M　（C）K　（D）S

86．在六个基本视图中，（　　）宽相等。

（A）俯、左、仰、右视图　（B）俯、前、后、仰视图

（C）俯、左、右、后视图。

87. 在 M20-6H / 6g 中，6H 是内螺纹公差代号，6g 是（　　）公差带代号。

（A）大径　（B）小径　（C）中径　（D）外螺纹

88. 夹紧力的方向应尽量（　　）于工件的主要定位基准面。

（A）垂直　（B）平行同向　（C）倾斜指向　（D）平行反向

89. 基准中最主要的是设计基准、装配基准、度量基准和（　　）。

（A）粗基准　（B）精基准　（C）定位基准　（D）原始基准

90. 夹紧工件时应考虑（　　）。

（A）专用夹具　（B）组合夹具

（C）夹紧力靠近支承点　（D）夹紧力不变

91. 毛坯制造时，如果（　　），应尽量利用精密铸造、精锻、冷挤压等新工艺，使切削余量大大减小，从而可缩短加工的机动时间。

（A）属于维修件　（B）批量较大　（C）在研制阶段　（D）要加工样品

92. 在数控机床上，考虑工件的加工精度要求．刚度和变形等因素，可按（　　）划分工序。

（A）粗．精加工　（B）所用刀具　（C）定位方式　（D）加工部位

93. 钻孔一般属于（　　）。

（A）精加工　（B）半精加工

（C）粗加工　（D）半精加工和精加工

94. 高精度孔加工完成后退刀时应（　　）。

（A）不停主轴退刀　（B）主轴停后退刀　（C）让刀后退刀

95. 切削时切削热大部分是由（　　）传散出去的。

（A）刀具　（B）工件　（C）切屑　（D））空气

96. 抗拉强度最高的是（　　）。

（A）HT200　（B）HT250　（C）HT300　（D）HT350

97. 塞规材料的硬度应（　　）工件材料

（A）等于　（B）高于　（C）低于。

98. 某一表面在一道工序中所切除的金属层深度为（　　）。

（A）加工余量　（B）切削深度　（C）工序余量　（D）总余量

99. 切削的三要素有进给量、背吃刀量和（　　）。

（A）切削厚度　（B）切削速度　（C）进给速度。

100. 一个尺寸链封闭环的数目（　　）。

（A）一定有两个　（B）可能有三个　（C）一定有三个　（D）只能有一个

101. 用硬质合金车刀精车时，为降低工件的表面粗糙度值，应尽量选择较小的（　　）。

（A）进给量　（B）切削厚度　（C）切削速度　（D）背吃刀量

102. 六个基本视图中，最常应用的是（　　）三个视图。
（A）主、右、仰　（B）主、俯、左　（C）主、左、后　（D）主、俯、后
103. 只将机件的某一部分向基本投影面投影所得的视图称为（　　）。
（A）基本视图　（B）局部视图　（C）斜视图　（D）旋转视图
104. 切断刀刀杆（　　）不平整对加工影响很大。
（A）顶面　（B）两侧面　（C）底面
105. 套的加工方法是：孔径较小的套一般采用（　　）方法。
（A）钻、铰　（B）钻、半精镗、精镗
（C）钻、扩、铰　（D）钻、精镗
106. 在表面粗糙度标注中，（　　）可不注明。
（A）Ry　（B）Ra　（C）Rz。
107. 使用齿厚游标卡尺可以测量蜗杆的（　　）。
（A）分度圆　（B）轴向齿厚　（C）法向齿厚　（D）周节
108. 梯形螺纹的（　　）一般用三针测量法测量。
（A）小径　（B）大径　（C）中径　（D）底径
109. 孔的精度主要有（　　）和同轴度。
（A）垂直度　（B）圆度　（C）平行度　（D）圆柱度
110. 零件配合的松紧程度取决于（　　）。
（A）公称尺寸　（B）极限尺寸　（C）基本偏差　（D）标准公差
111. 加工时采用了近似的加工运动或近似刀具的轮廓产生的误差称为（　　）。
（A）加工原理误差　（B）车床几何误差　（C）刀具误差　（D）调整误差
112. 数控机床的精度中影响数控加工批量零件合格率的主要原因是（　　）。
（A）定位精度　（B）几何精度　（C）重复定位精度　（D）主轴精度
113. 辅助功能中与主轴有关的 M 指令是（　　）。
（A）M06　（B）M09　（C）M08　（D）M05
114. 用于数控机床主轴功能的指令代码是（　　）。
（A）F 代码　（B）T 代码　（C）M 代码。
115. 程序“G32 X __ Z __ F __”；中 F 后面的数字为（　　）。
（A）螺距　（B）导程
（C）进给速度　（D）每分钟进给量
116. 在运算指令中，“#i=#j AND #k”代表的意义是（　　）。
（A）逻辑乘　（B）小数　（C）倒数和余数　（D）负数和正数
117. FAUNC 系统中，在主程序中调用子程序 O1010，其正确的指令是（　　）。
（A）M99 O1010　（B）M98 O1010　（C）M99 P1010　（D）M98 P1010
118. “M98 P21010”；表示调用（　　）次子程序。
（A）1　（B）2　（C）21　（D）10
119. 大批量生产强度要求较高的形状复杂的轴，其毛坯一般选用（　　）。
（A）砂型铸造的毛坯　（B）自由锻的毛坯　（C）模锻的毛坯　（D）轧制棒料
120. 零件的某一基本尺寸为 200mm，上极限偏差为+0.27mm，下极限偏差为+0.17mm，

则在程序中应用（　　）尺寸编入。

（A）200.17　（B）200.27　（C）200.22　（D）200

121.（　　）功能可使系统不执行带“/”的程序段。

（A）单段　（B）空运行　（C）跳步　（D）M01

122. 数控程序编制功能中常用的插入键是（　　）。

（A）INSRT　（B）ALTER　（C）DELET

123. 影响数控加工切屑形状的切削用量三要素中（　　）影响最大。

（A）切削速度　（B）进给量　（C）背吃刀量

124. 在未装夹工件前，为了检查（　　）可以进行空运行一次程序。

（A）程序　（B）机床的加工范围

（C）工件坐标系　（D）刀具、夹具选取与安装的合理性

125. 下列指令中表示撤销刀具补偿的是（　　）。

（A）T0202　（B）T0216　（C）T0200

126. 指行 FANUC 数控车系统指令“G50 X80 Z120;”后；将当前刀位点移动到工件坐标原点的正确格式是（　　）。

（A）G91 G00 X0 Z0　（B）G00 X-80；Z-120　（C）G00 U-80 W-120

127. FANUC 车床系统表示直径方向增量坐标的轴为（　　）。

（A）U　（B）V　（C）W　（D）C

128. 数控机床能成为当前制造业最重要的加工设备是因为（　　）。

（A）自动化程度高

（B）人对加工过程的影响减少到最低程度

（C）柔性大，适应性强

129. 数控车床液动卡盘夹紧力的大小靠（　　）调整。

（A）变量泵　（B）溢流阀　（C）换向阀　（D）减压阀

130. 数控机床长期不用时最重要的日常维护工作是（　　）。

（A）清洁　（B）干燥　（C）通电。

**二、是非题**（每题 0.5 分，共 35 分）

131. 对于紧固件、实心轴、键、销等零件，若剖切平面通过其轴线，这些零件可以不做剖切绘制。（　　）

132. 公差是最大极限尺寸与最小极限尺寸的差，所以只能是正值。（　　）

133. 机械加工工艺过程卡片以工序为单位，按加工顺序列出整个零件加工所经过的工艺路线．加工设备及时间定额等。（　　）

134. 为了保证加工精度，所有工件加工时必须限制其全部自由度。（　　）

135. 在同等切削条件下，手动夹紧的夹具比机动夹紧的夹具需要更大的夹紧力。（　　）

136. 当工件的定位基准与工序基准重合时，就可避免产生基准不重合误差。（　　）

137. 工件定位误差包括基准位移误差和基准不重合误差。（　　）

138. 专门为某一工件的某道工序设计的夹具称为专用夹具。（　　）

139. 硬质合金刀具在高温时氧化磨损与扩散磨损加剧。（　　）

140. 螺距越大，其螺旋升角也越大。（　　）

141. 安装切断刀时，主切削刃应略高于主轴中心。（　　）

142. 硬质合金是一种具有较高强度、韧性、耐磨性和红硬性的刀具材料。（　　）

143. 车端面装刀时，要严格保证车刀的刀尖对准工件的中心，否则车到工件中心时会使刀尖崩碎。（　　）

144. 编制好的加工程序可以手工输入数控装置，也可以通过通信方式传输到数控装置。（　　）

145. 数控机床操作面板上的"EMERGENCY STOP"按钮是紧急停止按钮。（　　）

146. 在数控机床上通常要经过首件试切来调试加工程序。（　　）

147. 数控车床上一般将工件坐标系原点设定在零件右端面或左端面中心上。（　　）

148. 使用数控车床的自动对刀装置对刀，数控系统能够自动输入刀具位置补偿值，操作者不必再输入。（　　）

149. 数控车床的接触式自动对刀装置上装有传感器，刀具运动中接触到对刀基准时能够自动停住。（　　）

150. 辅助功能 M00 指令为无条件程序暂停，执行该程序指令后，所有的运转部件停止运动，且所有的模态信息全部丢失。（　　）

151. 套类工件因受刀体强度、排屑状况的影响，所以每次背吃刀量要少一点，进给量要小一点。（　　）

152. 加工左旋螺纹，数控车床主轴必须用反转指令 M04。（　　）

153. G74 指令一般用于端面切槽加工和端面深孔钻削加工。（　　）

154. 原理误差是指采用近似的加工方法所引起的误差，加工中存在原理误差时，这种加工方法是可以修改的。（　　）

155. 车一对互配的内、外螺纹，配好后螺母调头却拧不进，分析原因是由于内、外螺纹的牙型角都倾斜而造成的。（　　）

156. 螺纹环、塞规是对螺纹进行综合精度检验的工具，它无法检测某项螺纹要素的实际具体数据。（　　）

157. 使用千分尺时，采取等温措施将千分尺和被测件保持同温，这样可以减小温度对测量结果的影响。（　　）

158. 一个长轴的技术要求中圆度公差值与圆柱度公差值相同，在零件检测中如果圆度精度合格，那么圆柱度精度一定合格。（　　）

159. 定位精度将直接影响工件的加工精度。（　　）

160. 柔性制造系统的物流子系统包括工件和刀具两个输送系统。（　　）

161. 几个 FMC 用计算机和输送装置连接起来可以组成 CIMS。（　　）

162. 数控装置内落入了灰尘或金属粉末，则容易造成元器件间绝缘电阻下降，从而导致故障的出现和元件损坏。（　　）

163. 系统功能故障表现为主轴不转动、液压变速不灵活、工件夹不紧等。（　　）

164. 重复定位精度是指在相同的操作方法和条件下，在完成规定操作次数过程中得到零件加工精度的一致程度。（　　）

165. 数控加工螺纹时，为了提高螺纹表面质量，最后精加工时应提高主轴转速。

166. 三视图的投影规律是主俯视图长对正、主左视图高平齐、俯左视图宽相等。（　　）

167. 零件表面粗糙度值越小，零件的耐磨性越差，越容易被腐蚀，影响工件配合性质，进而影响机器的工作精度。(　　)

168. 表面化学热处理的主要目的是提高零件的耐磨性和硬度。(　　)

169. 数控车刀刀尖圆弧半径补偿是对由于刀尖圆弧形成的实际轮廓和理论轮廓的差异进行补偿。(　　)

170. TCP/IP 网络传输协议是计算机的网络协议，不使用在数控机床中。(　　)

171. 安装在刀架上的外圆车刀高于工件中心时，切削时前角增大，后角减小。(　　)

172. 数控机床对刀具的要求是长的使用寿命、高的交换精度和快的交换速度。(　　)

173. 车削螺纹时，车刀的工作前面和后角发生变化是由于螺纹升角使切削平面和基面位置发生了变化。(　　)

174. 车细长轴时，为了减小径向切削力，应选用主偏角小于75°的车刀。(　　)

175. 一个完整的尺寸要素包括尺寸界线、尺寸线、尺寸数值。(　　)

176. 一面两销组合定位方法中，削边销的削边部分应垂直于两销的连线方向。(　　)

177. 增大刀具前角 $\gamma_o$ 能使切削力减小，产生的热量少，可提高刀具寿命。(　　)

178. 高速切削时，刀具的主要问题是磨损。(　　)

179. 高速车削淬硬钢零件时需要使用切削液。(　　)

180. 经试加工验证的数控加工程序就能保证零件加工合格。(　　)

181. 在编制加工程序时应正确选择刀具的起始位置，要避免刀具交换时碰工件或夹具。(　　)

182. 较长的轴类零件加工时，本着基面先行原则，要先加工中心孔，再以中心孔为精基准加工外圆和端面。(　　)

183. 中碳钢的含碳量在 0.25%～0.60%（质量分数）之间。(　　)

184. 对机器或部件上的零件先进行拆卸，再画出零件草图，然后通过尺寸测量和技术分析，按正确的比例绘制出完整的装配图和零件图，这个过程为装配体测绘。(　　)

185. 精加工时，进给量是按表面粗糙度的要求选择的，表面粗糙度值小应选较小的进给量。(　　)

186. 切断实心工件时，切断刀刀头长度应大于工件半径。(　　)

187. 加工螺距为 4mm 以上的螺纹时，一般采用直进法能提高螺纹精度。(　　)

188. 检查零件尺寸时应尽可能选择高精度的测量器具。(　　)

189. 孔、轴公差带由基本偏差的字母与标准公差等级数字表示。(　　)

190. 在 FANUC 0i 系统中，当变量#1＝987655537.342、#2＝987655539.0 时，条件判别式“IF［#1LT#2］GOTO 100”成立。(　　)

191. 准备功能也称为 M 功能。(　　)

192. 在执行主程序的过程中，有调用子程序的指令时，就执行子程序的指令，执行子程序以后，加工就结束了。(　　)

193. 系统操作面板上单程序段的功能为每按一次循环起动键，执行一个程序段。(　　)

194. 数控程序编制功能中常用的插入键是“INSRT”键。(　　)

195. 更换刀具时，一般应取消原来的补偿量。已进入刀具半径补偿后再改变补偿量可在需要的程序段内写上新的补偿号，在该程序段内就对原补偿号失效，并重新调该刀具的补

偿号对应的补偿量。(　　)

196. 数控车床采用多把刀具加工零件时，只需第一把刀对好刀建立工件坐标系即可。(　　)

197. 数控车床的刀具补偿功能有刀尖圆弧半径补偿与刀具位置补偿。(　　)

198. 开环系统只有输出环而没有检测反馈环。(　　)

199. 一般情况下操作数控机床时，操作者不可以戴手套。(　　)

200. 数控系统存储器电池的更换应在断电状态下进行。(　　)

# 试卷二

## 注意事项

1. 请首先按要求在答题卡上填涂考生信息，在试卷上填写姓名。
2. 请用 2B 铅笔在答题卡上涂写您的答案。
3. 请勿折损答题卡，保持卡面清洁。
4. 考试时间为 90 分钟。

**一、单项选择题**（每题 0.5 分，共 65 分）

1. 用于保证工件在夹具中的既定位置在加工过程中不发生变化的是夹具中的（　　）装置。

(A) 辅助　　(B) 定位　　(C) 夹紧　　(D) 以上均错

2. 定位基准是指（　　）。

(A) 机床上的某些点、线、面　　(B) 夹具上的某些点、线、面

(C) 工件上的某些点、线、面　　(D) 刀具上的某些点、线、面

3. 影响刀具寿命的因素有（　　）。

(A) 工件材料、刀具材料、刀具几何参数、切削用量

(B) 工件材料、刀具材料、刀具几何参数

(C) 工件材料、刀具材料、切削速度

4. 在切削脆性材料或用较低的切削速度和较小的背吃刀量切削塑性材料时一般发生（　　）磨损。

(A) 后面磨损　　(B) 前面磨损

(C) 前、后面同时磨损　　(D) 沟槽磨损

5. 在基准制的选择中应优先选用（　　）。

(A) 基孔制　　(B) 基轴制　　(C) 混合制　　(D) 配合制

6. 公差与配合的基本规定中，H7 符号中 H 代表基孔制，其上极限偏差为正值，下极限偏差为（　　）。

(A) 负值　　(B) 正值　　(C) 配合间隙值　　(D) 零

7. 硬度分类中，（　　）应用最为广泛，测定对象为一般淬火钢件。

(A) HRA　　(B) HRB　　(C) HRC　　(D) HRD

8. 测量基准是指工件在（　　）时所使用的基准。

（A）加工　（B）装配　（C）检验　（D）维修

9. 切削力可分解为主切削力 $F_c$、背向力 $F_p$ 和进给力 $F_f$，其中消耗功率最大的力是（　　）。

（A）进给力 $F_f$　（B）背向力 $F_p$　（C）主切削力 $F_c$　（D）不确定

10. 为确保和测量车刀几何角度，需要假想三个辅助平面，即以（　　）作为基准。

（A）已加工表面、待加工表面、切削表面　（B）前面、主后面、副后面

（C）切削平面、基面、正交平面，

11. 切削过程中，工件与刀具的相对运动按其所起的作用可分为（　　）。

（A）主运动和进给运动　（B）主运动和辅助运动

（C）辅助运动和进给运动。

12. 宏指令中当要变更运算的优先顺序时可以使用括号，括号最多可（　　）重嵌套。

（A）3　（B）5　（C）8　（D）10

13. 若程序中主轴转速为 S1000，当主轴转速修调旋钮打在“80”档时，主轴实际转速为（　　）。

（A）S800　（B）S8000　（C）S80　（D）S1000

14. 数控机床沿主轴轴线方向的坐标轴为（　　）。

（A）$X$ 轴　（B）$Z$ 轴　（C）$Y$ 轴　（D）$W$ 轴

15. FANUC-0i 系统数控车床车削一段起点为（$X$40，$Z$−20）、终点为（$X$50，$Z$−25）、半径为 5mm 的外圆凸圆弧面，正确的程序段是：（　　）。

（A）G98 G02 X40 Z-20 R5 F80;　（B）G98 G02 X50 Z-25 R5 F80;

（C）G98 G03 X40 Z-20 R5 F80;　（D）G98 G03 X50 Z-25 R5 F80;

16. 如果要求加工表面的加工余量小而均匀，在定位时应考虑选用该加工表面本身作为定位精基准，这符合（　　）原则。

（A）基准重合　（B）基准统一　（C）互为基准　（D）自为基准

17. 在 G71 循环中，预留精加工余量 $\Delta u$ 和 $\Delta w$ 的正负值判断是看刀具轨迹（　　）。

（A）$X$ 向单调增加 $\Delta u$ 为正，$Z$ 向单调增加 $\Delta w$ 为正

（B）$X$ 向单调减少 $\Delta u$ 为负，$Z$ 向单调减少 $\Delta w$ 为正

（C）$X$ 向单调增加 $\Delta u$ 为负，$Z$ 向单调增加 $\Delta w$ 为负

（D）$X$ 向单调减少 $\Delta u$ 为正，$Z$ 向单调减少 $\Delta w$ 为负

18. 工件夹紧的三要素是（　　）。

（A）夹紧力的大小、夹具的稳定性、夹具的准确性

（B）夹紧力的大小、夹紧力的方向、夹紧力的作用点

（C）工件变形小、夹具稳定可靠、定位准确

（D）夹紧力要大、工件稳定、定位准确

19. 加工一般金属材料用的高速钢刀具材料，常用牌号有 W18Cr4V 和（　　）两种。

（A）CrWMn　（B）9SiCr

（C）YG3　（D）W6Mo5Cr4V2

20. 螺纹的公称直径是指（　　）。

（A）螺纹的小径　　（B）螺纹的中径

（C）螺纹的大径　　（D）螺纹分度圆直径

21. （　　）需要解决的关键技术有刀具几何形状和冷却排屑问题。

（A）深孔加工　　（B）车细长轴　　（C）车偏心轴。

22. 对于非圆曲线加工，一般用直线和圆弧逼近，在计算节点时，要保证非圆曲线和逼近直线或圆弧之间的法向距离小于允许的程序编制误差，允许的程序编制误差一般取零件公差的（　　）。

（A）1/3～1/2　　（B）1/5～1/3　　（C）1/10～1/5　　（D）相等值

23. 依次执行 N100、N110、N120、N130 四个程序段：

N100 #103=40.3；

N110 G65 P1000 A20，B32 K0.75；

N120 G65 P2000；

N130 G90 X#103；

在 P1000 中执行了宏指令"#103=100+#1"，在 P2000 中执行了"#103=-#103"。当 N130 执行完毕后，*X* 轴所在位置是（　　）。

（A）60.3　　（B）40.3　　（C）-60.3　　（D）-40.3

24. FANUC 系统主程序与子程序的区别是规定子程序结束指令为（　　）。

（A）M98　　（B）M99　　（C）M17　　（D）M30

25. 宏指令的比较运算符中"EQ"表示（　　）。

（A）=　　（B）≠　　（C）≤　　（D）>

26. 在宏程序段"#1=#2 - #3 * COS [#4]；"中，优先进行的运算是（　　）。

（A）函数：COS [#4]　（B）乘：#3 * …　　（C）减：#2-…

27. 下列因素在圆锥面加工中对形状影响最大的是（　　）。

（A）工件材料　　（B）刀具质量　　（C）刀具安装　　（D）工件装夹

28. 用自定心卡盘夹持轴类零件，车削加工内孔出现锥度，其原因可能是（　　）。

（A）夹紧力太大，工件变形　　（B）刀具已经磨损

（C）工件没有找正　　（D）切削用量不当

29. 数控机床四轴三联动的含义是（　　）。

（A）四轴中只有三个轴可以运动

（B）有四个运动轴，其中任意三个轴可以联动

（C）四轴都可以联动

30. 在车削加工中心上不可以进行（　　）。

（A）铣削加工　　（B）钻孔　　（C）螺纹加工　　（D）磨削加工

31. 数控车床 *Z* 轴的正方向指向（　　）。

（A）操作者　　（B）主轴径向　　（C）床头箱　　（D）尾座

32. 对于一个设计合理、制造良好的闭环系统的数控机床，可达到的精度由（　　）决定。

（A）机床机械结构的精度　　（B）检测元件的精度

（C）计算机的运算速度

33. 数控机床轴线的重复定位误差为各测点重复定位误差中的（　　）。

（A）平均值　（B）最大值

（C）最大值与最小值之差　（D）最大值与最小值之和

34. 数控机床加工轮廓时，一般最好沿着轮廓（　　）进给。

（A）法向　（B）切向　（C）45°方向　（D）任意方向

35. 使用数控车恒线速度功能可在加工直径变化的零件时（　　）。

（A）提高尺寸精度　（B）保持表面粗糙度值一致

（C）增大表面粗糙度值　（D）提高形状精度

36. 下列程序中的 $d$ 表示（　　）。

G73 U（$\Delta i$）W（$\Delta k$）R（$d$）;

G73 P（$ns$）Q（$nf$）U（$\Delta u$）W（$\Delta w$）F（$f$）S（$s$）T（$t$）;

（A）$Z$ 方向上的精加工余量　（B）加工循环次数

（C）$Z$ 方向上的粗加工余量。

37. 车内孔要解决（　　）问题。

（A）车刀的刚性　（B）排屑

（C）车刀的刚性和排屑　（D）车刀的刚性和冷却

38. 加工锻造毛坯零件时，G73 指令粗加工后，使用（　　）指令进行精加工。

（A）G70　（B）G71　（C）G72　（D）G76

39. 对于圆锥螺纹，其半锥角 $\alpha<45°$时，螺纹（　　）以 $Z$ 轴方向的值指令；当 $\alpha>45°$时，以 $X$ 方向的值指令。

（A）导程　（B）螺距　（C）牙形　（D）锥角

40. 某轴类零件尺寸为 $\phi28_{-0.013}^{\ 0}$ mm，同时给出其轴线的直线度公差为 $\phi0.01$mm，同时遵守最大实体要求，则其最大实体尺寸为（　　）。

（A）$\phi28$　（B）$\phi28.01$　（C）$\phi27.987$　（D）$\phi27.977$

41. 在钻深孔时，为便于排屑和散热，加工中宜（　　）。

（A）连续进给

（B）重复进行进给和进给暂停的动作

（C）重复进行进给和退出的动作。

42. 铰孔是（　　）加工孔的主要方法之一。

（A）粗　（B）半精　（C）精　（D）精细

43. 采用拟合法加工非圆曲线零件轮廓时，拟合线段的各连接点称为（　　）。

（A）基点　（B）节点　（C）交点　（D）切点

44. 尺寸链按功能分为设计尺寸链和（　　）。

（A）封闭尺寸链　（B）装配尺寸链　（C）零件尺寸链　（D）工艺尺寸链

45. 依次执行“G65 P1000 A42 C73.28 R0.3”；和“G65 P2000 A37.5 C73.5 T10.3;”“两个程序段后，宏程序 O1000 内的#1 的值是（　　）。

（A）37.5　（B）73.5　（C）42　（D）73.28

46. 当采用两销一面定位时，工件的转角误差取决于（　　）。

（A）圆柱销与孔的配合　（B）削边销与孔的配合

（C）两个销与孔的配合　　（D）和销、孔的配合没关系

47. 测量薄壁零件时，容易引起测量变形的主要原因是（　　）选择不当。

（A）量具　　（B）测量基准　　（C）测量压力　　（D）测量方向

48. 成组加工一般都采用成组夹具，更换零件时，只要更换（　　），就可以继续加工。

（A）夹具　　（B）定位元件　　（C）夹紧装置　　（D）辅助装置

49. 国标规定可转位刀片共有16种精度，其中6种适合于车刀，代号为H、E、G、M、N、U，对刀尖位置要求较高的或数控车床常用（　　）级。

（A）H　　（B）U　　（C）M　　（D）N

50. 切断时，（　　）措施能够防止产生振动。

（A）减小前角　　（B）增大前角　　（C）提高切削速度　　（D）提高进给量

51. 螺纹代号为NPT的管螺纹，属于（　　）管螺纹。

（A）55°螺纹密封　　（B）55°非螺纹密封

（C）60°螺纹密封　　（D）60°非螺纹密封

52. 淬火、退火和正火在操作上的主要区别在于（　　）。

（A）热处理的温度不同　　（B）冷却速度不同

（C）处理环境不同　　（D）生产率不同

53. 用一夹一顶或两顶尖装夹轴类零件时，如果后顶尖轴线与主轴轴线不重合，工件会产生（　　）误差。

（A）圆度　　（B）跳动　　（C）圆柱度　　（D）同轴度

54. 为了改善磁尺的输出信号，常采用多间隙磁头进行测量，磁头间的间隙为（　　）。

（A）1个节距　　（B）1/2个节距　　（C）1/4个节距。

55. 新工人进厂必须进行三级安全教育，即（　　）教育。

（A）厂级、车间、个人　　（B）车间、班组、个人

（C）厂级、车间、班组　　（D）厂级、车间、师傅

56. 掉电保护电路的作用是（　　）。

（A）防止强电干扰　　（B）防止系统软件丢失

（C）防止RAM中保存的信息丢失　　（D）防止电源电压波动

57. 用杠杆千分尺测量工件时，测杆轴线与工件表面夹角 $\alpha=30°$，测量读数为0.036mm，其正确测量值为（　　）mm。

（A）0.025　　（B）0.031　　（C）0.045　　（D）0.047

58. 在车床上车外径为 $\phi$54mm、长度为930mm的工件时，选切削速度 $v=60$m/min，进给量 $f=0.3$mm/r，背吃刀量 $a_p=3$mm，若不考虑车刀起刀和退刀的距离，则一次工作行程所需的基本时间是（　　）min。

（A）6.76　　（B）7.76　　（C）8.76　　（D）9.86

59. 粗加工时，切削液以（　　）为主。

（A）煤油　　（B）切削油　　（C）乳化液　　（D）润滑油

60. 数控车床车削外圆时由于刀具磨损，工件直径超大了0.02mm，此时利用设置刀具偏置中的磨损进行补偿，输入的补偿值为（　　）。

（A）+0.02　　（B）+0.01　　（C）−0.02　　（D）−0.01

61. YG类的硬质合金刀具含（　　）越高，韧性越好，适于粗加工。

（A）钨　（B）钛　（C）钴　（D）钽

62. 关于“斜视图”，下列说法中错误的是（　　）。

（A）画斜视图时，必须在视图的上方标出视图的名称“*A*”，在相应的视图附近用箭头指明投影方向，并注上同样的字母

（B）斜视图一般按投影关系配置，必要时也可配置在其他适当位置。在不致引起误解时，允许将图形旋转摆正

（C）斜视图主要用来表达机件上倾斜部分的实形，所以其余部分就不必全部画出而用波浪线断开

（D）将机件向平行于任何基本投影面的平面投影所得的视图称为斜视图

63. 车铸件、锻件的大平面时，宜选用（　　）。

（A）90°偏刀　（B）45°偏刀　（C）75°左偏刀。

64. 按《数字控制机床位置精度的评定方法》（GB/T 17421.2—2000）规定，数控坐标轴定位精度的评定项目有三项，（　　）不是标准中所规定的。

（A）坐标的原点复归精度　（B）轴线的定位精度

（C）轴线的方向差值　（D）轴线的重复定位精度

65. 游标万能角度尺在（　　）测量范围内，不装角尺和直尺。

（A）0°~50°　（B）50°~140°　（C）140°~230°　（D）230°~320°

66. 工件材料较硬时，刀具后角宜取较（　　）值。

（A）大　（B）小

67. 图样中右下角标注$\sqrt{Ra12.5}$（√）是指图样中（　　）的加工面的表面粗糙度要求。

（A）未标注表面粗糙度值　（B）内孔及周边

（C）螺纹孔　（D）外圆

68. 车刀前面与切削平面间的夹角小于或等于90°时，前角为（　　）。

（A）正值　（B）零度　（C）负值　（D）正值或零度

69. 空间互相平行的两线段，在同一轴侧图投影中（　　）。

（A）根据具体情况，有时相互不平行，有时两者不平行

（B）互相不平行

（C）一定相互垂直

（D）一定相互平行

70. 工件六个自由度得到限制的定位称为（　　）

（A）完全定位　（B）不完全定位　（C）欠定位　（D）过定位

71. 在自定心卡盘上车削偏心工件时，应在一个卡爪上垫一块厚度为（　　）偏心距的垫片。

（A）1倍　（B）1.5倍　（C）2倍　（D）3倍

72. 数控加工程序编制的首要工作是（　　）。

（A）选择机床　（B）选择刀具　（C）工艺分析　（D）编排工序

73. 影响数控车床加工精度的因素很多，但（　　）不能提高加工精度。

（A）减小刀尖圆弧半径对加工的影响　（B）正确选择车刀类型
（C）控制刀尖中心高误差　（D）将绝对编程改变为增量编程

74. 金刚石刀具不能加工（　　）材料。
（A）铜　（B）铝　（C）石材　（D）铸铁

75. 车削内孔时出现内孔不圆整，其原因可能是（　　）。
（A）加工余量不均匀　（B）工件没有找正中心
（C）刀具已经磨损　（D）加工中振动

76. 梯形螺纹的（　　）一般用三针测量法测量。
（A）螺纹外径　（B）螺距　（C）中径　（D）小径

77. 切削过程中切屑流向工件的待加工表面，此时刀尖强度（　　）。
（A）较好　（B）较差　（C）一般

78. 在刀具磨损过程中，磨损比较缓慢、稳定的阶段称为（　　）。
（A）初期磨损阶段　（B）中期磨损阶段
（C）稳定磨损阶段　（D）缓慢磨损阶段

79. 为了消除焊接零件的应力，应采取（　　）热处理工艺。
（A）回火　（B）正火　（C）退火　（D）调质

80. 车削铸铁等脆性材料时，一般（　　）。
（A）不加切削液　（B）选用相应切削液　（C）选用乳化液

81. 加工一般金属材料用的高速钢，常用牌号有 W18Cr4V 和（　　）两种。
（A）CrWMn　（B）9SiCr
（C）W12Cr4V4Mo　（D）W6Mo5Cr4V2

82.（　　）刀具在数控车床上使用较广泛。
（A）焊接式　（B）整体式　（C）成形式　（D）机夹式

83. 数控车床上，刀尖圆弧在加工（　　）时会产生加工误差。
（A）端面　（B）外圆　（C）锥面和圆弧

84. 在切削用量相同的条件下，主偏角减小会使切削温度（　　）。
（A）增高　（B）降低　（C）不变

85. 切断刀主切削刃太宽，切削时容易产生（　　）。
（A）弯曲　（B）扭转　（C）刀痕　（D）振动

86. 普通螺纹牙深与（　　）相关。
（A）小径　（B）大径　（C）中径　（D）底径

87. 对切削抗力影响最大的是（　　）。
（A）工件材料　（B）背吃刀量　（C）刀具角度　（D）切削速度

88. 划线基准一般可用以下三种类型：以两个相互垂直的平面（或线）为基准；以一个平面和一条中心线为基准；以（　　）为基准。
（A）一条中心线　（B）两条中心线
（C）一条或两条中心线　（D）三条中心线

89. 画旋转视图时，倾斜部分应有适当的旋转轴线，先旋转后投影，旋转视图与原视图（　　）。

（A）必须对正　（B）可以对正，也可以不对正
（C）不再对正　（D）没有硬性规定

90. 在进行铰孔和浮动镗孔等加工时都是遵循（　）原则的。
（A）互为基准　（B）自为基准　（C）基准统一

91. 根据工件的加工要求，可允许进行（　）。
（A）欠定位　（B）过定位　（C）不完全定位　（D）不定位

92. 在数控车床上加工需磨削工序的轴类零件时，一般应采用（　）方法安装。
（A）卡盘卡住　（B）一夹一顶　（C）两顶尖

93. 用于三针测量法的量针最佳直径应该是使量针的（　）与螺纹中径处牙侧面相切。
（A）直径　（B）横截面　（C）斜截面

94. 采用基轴制，用于相对运动的各种间隙配合时孔的基本偏差应在（　）之间选择。
（A）S~U　（B）A~G　（C）H~N　（D）A~U

95. 数控加工程序编制的首要工作是（　）。
（A）选择机床　（B）选择刀具　（C）工艺分析　（D）编排工序

96. 在制订零件的机械加工工艺规程时，对单件生产，大都采用（　）。
（A）工序集中法　（B）工序分散法　（C）流水作业法　（D）其他

97. 第（　）变形区是切削力和切削热产生的主要根源。
（A）一　（B）二　（C）三　（D）四

98. 对工件进行热处理时，要求某一表面达到的硬度为60~65HRC，其意义为（　）。
（A）布氏硬度60~65　（B）维氏硬度60~65
（C）洛氏硬度60~65　（D）精度

99. 配合代号由（　）组成。
（A）基本尺寸与公差带代号
（B）孔的公差带代号与轴的公差带代号
（C）基本尺寸与孔的公差带代号
（D）基本尺寸与轴的公差带代号

100. 辅助功能中表示程序计划停止的指令是（　）。
（A）M00　（B）M01　（C）M02　（D）M30

101. 用于指令动作方式的准备功能的指令代码是（　）。
（A）F代码　（B）G代码　（C）T代码

102. 在切削用量三要素中，对切削力影响最大的是（　）。
（A）背吃刀量　（B）切削速度　（C）进给量

103. 在数控机床和普通机床上加工工件，精加工余量要大一些的机床是（　）。
（A）数控机床　（B）普通机床　（C）一样大　（D）不一定

104. 若零件上每个表面均要加工，则应选择加工余量（　）的表面作为粗基准。
（A）最小的　（B）最大的　（C）符合公差范围

105. 车外圆时，切削速度计算式中的直径 $D$ 是指（　）的直径。

（A）待加工表面　（B）加工表面　（C）已加工表面。

106. 精车球面时，应（　）。

（A）提高主轴转速　（B）提高进给速度　（C）提高中小滑板的进给量

107. 普通螺纹牙深（　）。

（A）与螺纹外径相关　（B）与螺距相关

（C）与螺纹外径和螺距相关　（D）与螺纹外径和螺距都无关

108. 在数控车床上车削螺纹时，防止乱扣的措施是（　）。

（A）选择正确的螺纹刀具　（B）正确安装螺纹刀具

（C）选择合理的切削参数　（D）每次在同一个 $Z$ 轴位置开始切削

109.（　）一般用于检验配合精度要求较高的圆锥工件。

（A）角度样板　（B）游标万能角尺度

（C）圆锥量规涂色　（D）以上都可以

110. 对于深孔件的尺寸精度，可以用（　）进行检验。

（A）内径千分尺或内径百分表　（B）塞规或内径千分尺

（C）塞规或内卡钳　（D）以上均可

111. 若孔、轴装配之后，实际满足极限间隙，则（　）。

（A）配合合格，孔、轴合格　（B）配合合格，孔、轴不一定合格

（C）配合合格，孔、轴合格　（D）配合合格，孔、轴不一定合格

112. 零件加工中，刀痕和振动是影响（　）的主要原因。

（A）刀具装夹误差　（B）机床的几何精度

（C）圆度　（D）表面粗糙度

113. 镗削精度高的孔时，精镗是在粗镗后，工件的温度达到（　）后进行的。

（A）热伸长　（B）热平衡　（C）热变形　（D）热膨胀

114. 数控车刀具号由 T 后面的两位或四位数指定，数控铣刀具号由 T 后面的（　）数字指定。

（A）一位　（B）两位　（C）四位　（D）两位或四位

115. 在数控加工中，刀具补偿功能除对刀具半径补偿外，在用同一把刀进行粗．精加工时，还可进行加工余量的补偿，设刀具半径为 $r$，精加工时半径方向余量为 $\Delta$，则最后一次粗加工进给的半径补偿量为（　）。

（A）$r$　（B）$r+\Delta$　（C）$\Delta$　（D）$2r+\Delta$

116. 数控机床加工程序是（　）。

（A）获得控制介质

（B）信息代码

（C）按规定格式描述零件几何形状和工艺参数指令集合

（D）工艺卡规定

117. FANUC 数控车系统中 G76 是（　）指令。

（A）螺纹切削多次循环　（B）端面循环

（C）钻孔循环　（D）外形复合循环

118. 数控机床的“回零”操作是指回到（　）。

（A）对刀点　（B）换刀点　（C）机床的零点　（D）编程原点

119. 采用固定循环编程，可以（　　）。

（A）加快切削速度，提高加工质量　（B）缩短程序的长度，提高程序可靠性

（C）减少换刀次数，提高切削速度　（D）减小背吃刀量，保证加工质量

120. 已知一锥体的起点坐标为（20，-10），终点坐标为（10，20），则绝对值坐标系下的直线插补程序是（　　）。

（A）G01 X10 Z20 F100;　（B）G90 G01 X-10 Z20 F100;

（C）G90 G01 X-10 Y30 F100;

121. 按了数控机床面板上的复位键后 CNC 系统复位，此键是（　　）。

（A）DELET　（B）CANCEL　（C）RESET。

122. 数控程序编制功能中常用的插入键是（　　）。

（A）INSRT　（B）ALTER　（C）DELET。

123. 手工输入数控程序时，必须最先输入的是（　　）。

（A）程序段号　（B）刀具号　（C）程序名　（D）G 代码

124. 在程序编制中，首件试切的作用是（　　）。

（A）检验零件图样的正确性

（B）检验零件工艺方案的正确性

（C）检验程序单或控制介质的正确性，并检查是否满足加工精度要求

（D）仅检验程序输入的正确性

125. 后置刀架车床使用正手外圆车刀加工外圆，刀尖补偿的刀尖方位号是（　　）。

（A）2　（B）3　（C）4　（D）5

126. 数控车床除可用 G54～G59 指令来设置工件坐标系外，还可用（　　）来确定工件坐标系原点位置。

（A）G50　（B）G92　（C）G49

127. 编程原点是在编程、加工时使用的（　　）的原点。

（A）标准坐标系　（B）机床坐标系

（C）右手直角笛卡儿坐标系　（D）工件坐标系

128. 数控机床的种类按运动轨迹划分可分为（　　）。

（A）两轴控制、三轴控制和连续控制

（B）点位控制、直线控制和连续控制

（C）两轴控制、三轴控制和多轴控制。

129. 数控机床出现故障后，常规的处理方法是（　　）。

（A）维持现状、调查现象、分析原因、确定检查方法和步骤

（B）切断电源、调查现象、分析原因、确定检查方法和步骤

（C）机床复位、调查现象、分析原因、确定检查方法和步骤

130. 数控机床使用环境条件中最重要的是（　　）。

（A）电源　（B）温度　（C）基础

**二、是非题**（每题 0.5 分，共 35 分）

131. 零件的每个尺寸，一般只在反映该结构最清晰的图形上标注一次。　（　　）

132. 形状公差有六个特征项目，位置公差有八个特征项目。（　）

133. 含碳量小于 0.6%（质量分数）的钢称为低碳钢。（　）

134. 加工过盈配合的零件时表面粗糙度值应该选较小值为好。（　）

135. 钨钛钴类硬质合金硬度高、耐磨性好、耐高温，因此可用来加工各种材料。（　）

136. 自定心卡盘装夹工件时一般不需找正，装夹速度快。（　）

137. 加工偏心工件时应保证偏心部分的中心与机床主轴的回转中心重合。（　）

138. 如果工件的六个自由度用六个支承点与工件接触使其完全消除，则该工件在空间的位置就完全确定。（　）

139. 车脆性材料时，一定要在车刀前面磨出断屑槽。（　）

140. 为了提高大前角车刀的强度，应对切削刃倒棱或钝圆。（　）

141. 刀具硬质合金材料按 ISO 标准可分为 K 类、P 类、M 类三种，分别对应国内的 YG 类、YT 类和 YW 类。（　）

142. YT 类硬质合金刀具适合加工铸铁、有色金属。（　）

143. 在 FANUC-0i 数控系统中公共变量是 1000 以上的变量。（　）

144. YT 类硬质合金中含钴量越高，刀片硬度越高，耐热性越好，但脆性越大。（　）

145. 机床进入自动加工状态，屏幕上显示的坐标是当前刀具刀位点在工件坐标系中的绝对坐标值。（　）

146. 数控零件加工程序的输入输出必须在 AUTO 方式下完成。（　）

147. G00 功能是刀具以设定的最大进给运动速度定位到目标点，其轨迹为一直线。（　）

148. 调用宏程序可以用 G65 也可以用 M98。（　）

149. 刀具磨损补偿值的设定方法之一是先测得误差值，然后将其输入到系统的刀具磨耗补偿单元中，系统就会将这个量累加到原先设定的补偿值中。（　）

150. 加工过程中要人工测量零件尺寸时，可在程序中编入 M00 指令，暂停程序运行。（　）

151. G76 螺纹切削循环中，每次切削的背吃刀量是平均分配的。（　）

152. 在面板的功能键中，用于程序编辑的键是“POS”键。（　）

153. 零件总长尺寸 $L_1$［（120±0.1）mm］由 $L_2$［（80±0.05）mm］和 $L_0$ 组成，若 $L_0$ 是间接形成的尺寸，则其尺寸及公差应为（40±0.05）mm。（　）

154. 螺纹环、塞规是对螺纹进行综合精度检验的工具，它无法检测某项螺纹要素的实际尺寸。（　）

155. 数控加工程序调试的目的：一是检查所编程序是否正确，二是把编程零点、加工零点和机床零点相统一。（　）

156. 数控机床在输入程序时，不论是何种数控系统，坐标值是整数都不必加入小数点。（　）

157. 车刀刀尖上都磨有半径不大的圆弧，在切削圆弧面时，决定工件尺寸的切削点是一个位置在变化的点。（　）

158. 为防止换刀时碰伤零件或夹具，换刀点常设置在被加工零件的外面，并有一定的

安全量。（　）

159. 若径向的车削量远大于轴向，则宜使用 G73 循环指令加工零件。（　）

160. 变螺距螺纹加工指令 G34 只能加工槽宽相等、牙宽变化的变螺距螺纹。（　）

161. 深孔精加工时可先扩镗孔，以保证孔径的直线度，最后用浮动镗刀辅以冷却和排屑措施精镗。（　）

162. 数控机床通电试车无需进行返回参考点的检查。（　）

163. 螺纹环、塞规可以检验螺纹的牙型。（　）

164. 内螺纹的小径可用游标卡尺或者千分尺测量。（　）

165. 深孔加工中出现孔尺寸超差的原因有钻头角度和位置不对、钻头引偏、进给量太大等。（　）

166. 柔性制造系统的信息流包括作业计划信息，加工系统信息和物流系统信息以及在线状态监控信息、故障信息。（　）

167. 在液压传动系统中，传递运动和动力的工作介质是汽油和煤油。（　）

168. 定期检查、清洗润滑系统，添加或更换润滑脂或润滑油，使丝杠、导轨等运动部件保持良好的润滑状态，目的是减小机械的磨损。（　）

169. 刀架反转行程过大时，可调整刀架编码盘并可靠锁紧。（　）

170. 长的使用寿命、高的硬度和足够的强度是数控机床对刀具的特殊要求。（　）

171. 刀具材料中，陶瓷比立方氮化硼的硬度高。（　）

172. 车刀的后角在精加工时取小值，粗加工时取大值。（　）

173. 对于特形面只能用成形车刀加工。（　）

174. 斜度是指大端与小端之比。（　）

175. 工件在夹具中与各定位元件接触，虽然没有夹紧，还可移动，但由于其已取得确定的位置，所以可以认为工件已定位。（　）

176. 一夹一顶装夹适用于工序较多．精度较高的回转体工件。（　）

177. 高速机床主轴的机械结构主要是齿轮传动。（　）

178. 外圆车刀切削部分一般由四个面、两条切削刃和一个刀尖组成。（　）

179. 在基轴制中，经常用钻头、铰刀、量规等定值刀具和量具，有利于生产和降低成本。（　）

180. 轴类零件加工时，本着基面先行原则，要先加工中心孔，再以中心孔为精基准加工外圆和端面。（　）

181. 精加工余量确定时应考虑热变形的影响。（　）

182. 往钢中添加适量的硫、铅等元素，可以减小切削力，提高刀具的寿命。（　）

183. 在钢中添加适量的硫、等元素，可以得到易切钢。（　）

184. 切削用量的选择原则为：粗加工时，一般以提高生产率为主，但也应考虑经济性和加工成本。（　）

185. 车削外圆柱面和套类工件时，通常选用相同的背吃刀量和进给量。（　）

186. 车螺纹前的底孔直径必须大于螺纹标准中规定的螺纹小径。（　）

187. 量块通常可以独立用于测量零件的尺寸。（　）

188. 优先选用基孔制，是因为选用基孔制可以减少孔用定值刀具和量具等的数目，而

用于加工轴的刀具多不是定值的。 （ ）

189. “G97 M03 S1200;”表示主轴正转转速为1200min/r。 （ ）

190. FAUNC系统中，程序段“M98 P51002;”的含义是将子程序号为1002的子程序连续调用5次。 （ ）

191. 在三维CAD造型软件中，曲面编辑主要通过布尔操作完成。 （ ）

192. 数控机床操作面板上有超调开关，加工时操作人员可随意调节主轴或进给的倍率。 （ ）

193. 使用RS232串行接口传送数控程序时，除了要将波特率设置正确以外，还需将相应的代码格式设置好。 （ ）

194. 在数控机床自动运行中不能切换显示画面。 （ ）

195. G41或G42程序段内，必须有G01功能及对应的坐标参数才有效，以建立刀补。 （ ）

196. 刀具补偿功能的执行包括刀补的建立、刀补的执行和刀补的取消三个阶段。 （ ）

197. 机床原点为机床上一个固定不变的极限点。 （ ）

198. 不可见螺纹孔的大径、小径和终止线都用虚线表示。 （ ）

199. 车床主轴松动和滑板松动都会引起车削时振动过大。 （ ）

200. 工件的装夹包括工件的定位和夹紧。 （ ）

## 试卷一答案

1. A；2. A；3. B；4. A；5. C；6. D；7. D；8. C；9. B；10. C；
11. D；12. C；13. B；14. D；15. D；16. A；17. C；18. A；19. C；20. B；
21. D；22. B；23. C；24. A；25. A；26. C；27. C；28. A；29. D；30. C；
31. D；32. C；33. D；34. C；35. C；36. C；37. D；38. D；39. A；40. C；
41. A；42. A；43. C；44. B；45. C；46. D；47. A；48. D；49. B；50. D；
51. C；52. B；53. A；54. C；55. C；56. A；57. C；58. C；59. A；60. A；
61. B；62. A；63. C；64. C；65. B；66. B；67. A；68. D；69. B；70. D；
71. D；72. C；73. A；74. D；75. C；76. B；77. B；78. A；79. D；80. A；
81. B；82. C；83. B；84. B；85. C；86. B；87. A；88. A；89. C；90. C；
91. B；92. A；93. C；94. C；95. C；96. D；97. B；98. C；99. B；100. D；
101. A；102. B；103. B；104. C；105. C；106. B；107. C；108. C；109. B；
110. C；111. A；112. C；113. D；114. C；115. B；116. A；117. D；118. B；
119. C；120. C；121. C；122. A；123. B；124. A；125. C；126. C；127. A；
128. B；129. D；130. C；131. √；132. √；133. √；134. ×；135. ×；136. √；
137. √；138. √；139. √；140. ×；141. ×；142. ×；143. √；144. √；145. √；
146. √；147. √；148. √；149. √；150. ×；151. √；152. ×；153. √；154. √；
155. √；156. √；157. √；158. ×；159. √；160. √；161. ×；162. √；163. ×；
164. √；165. ×；166. √；167. ×；168. ×；169. √；170. ×；171. √；172. √；
173. √；174. ×；175. √；176. ×；177. ×；178. √；179. ×；180. ×；181. √；
182. √；183. √；184. √；185. √；186. √；187. ×；188. ×；189. √；190. ×；
191. ×；192. ×；193. √；194. √；195. √；196. ×；197. √；198. √；199. √；
200. ×；

## 试卷二答案

1. C；2. C；3. A；4. A；5. A；6. D；7. C；8. C；9. C；10. C；
11. A；12. B；13. A；14. B；15. D；16. D；17. B；18. C；19. D；20. C；
21. A；22. C；23. C；24. B；25. A；26. A；27. C；28. C；29. B；30. D；
31. C；32. B；33. B；34. B；35. B；36. B；37. C；38. A；39. A；40. B；
41. C；42. C；43. B；44. B；45. C；46. C；47. C；48. B；49. C；50. B；
51. C；52. B；53. C；54. C；55. C；56. C；57. B；58. C；59. C；60. A；
61. C；62. D；63. B；64. A；65. D；66. B；67. A；68. D；69. D；70. A；
71. C；72. C；73. D；74. D；75. A；76. C；77. A；78. B；79. B；80. A；
81. D；82. D；83. C；84. B；85. D；86. B；87. B；88. B；89. C；90. B；
91. C；92. C；93. B；94. B；95. C；96. A；97. A；98. C；99. B；100. B；
101. B；102. A；103. B；104. A；105. A；106. A；107. B；108. D；109. C；

110. A；111. B；112. D；113. B；114. B；115. B；116. C；117. A；118. C；
119. B；120. A；121. C；122. A；123. C；124. C；125. B；126. A；127. D；
128. B；129. A；130. A；131. √；132. √；133. ×；134. √；135. √；136. √；
137. √；138. √；139. √；140. √；141. √；142. ×；143. ×；144. ×；145. √；
146. ×；147. ×；148. √；149. √；150. √；151. ×；152. ×；153. ×；154. √；
155. ×；156. ×；157. √；158. √；159. ×；160. ×；161. √；162. ×；163. ×；
164. √；165. √；166. √；167. ×；168. √；169. √；170. ×；171. ×；172. ×；
173. ×；174. ×；175. √；176. √；177. ×；178. ×；179. ×；180. √；181. √；
182. √；183. √；184. √；185. ×；186. √；187. ×；188. √；189. ×；190. √；
191. ×；192. ×；193. √；194. ×；195. √；196. √；197. √；198. √；199. √；
200. √；

# 附录 B　高级工及技师考证实操试题

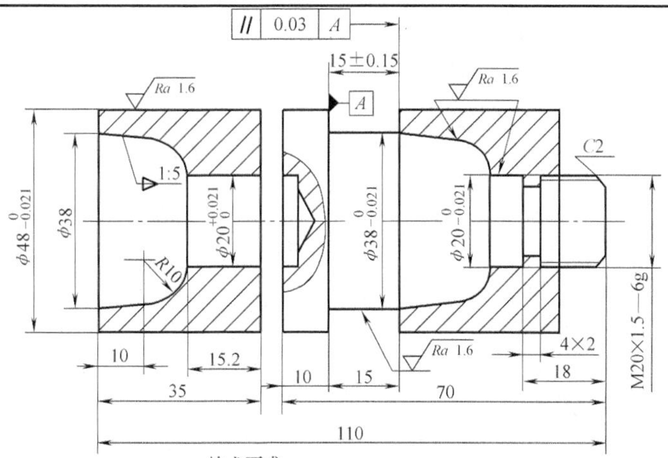


技术要求

1.未注倒角C0.5。

2.涂色检查球孔及锥孔各自接触面积不得小于60%。

3.锥面与圆锥过渡光滑。

Ra 3.2 (√)

| | | | | | |
|---|---|---|---|---|---|
| 制图 | （姓名） | （日期） | 二件配组合件 | 比例 | 1∶1 |
| 审核 | | | | 72 | |
| （校名 | | 学号） | 45 | | |

附录图 1　高级工考证实操试题（一）

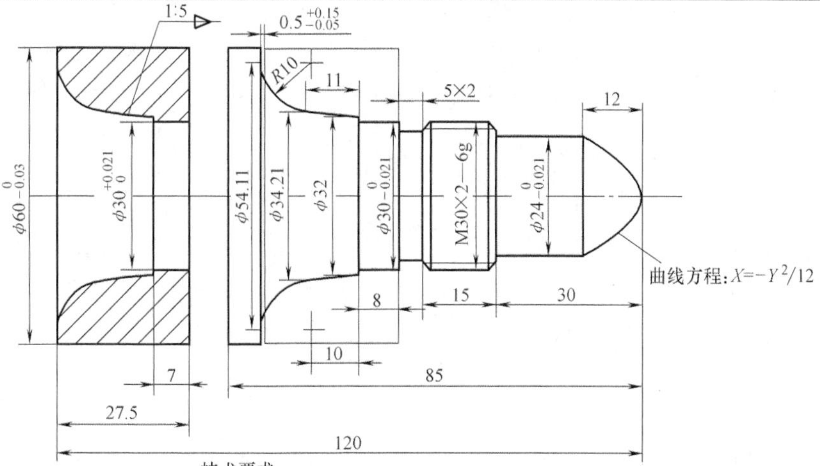


技术要求

1.未注倒角C0.5。

2.涂色检查球孔及锥面各自接触面积不得小于60%。

3.锥面与圆弧面过渡光滑。

Ra 3.2 (√)

| | | | | | |
|---|---|---|---|---|---|
| 制图 | （姓名） | （日期） | 二件配组合件 | 比例 | 1∶1 |
| 审核 | | | | 73 | |
| （校名 | | 学号） | 45 | | |

附录图 2　高级工考证实操试题（二）

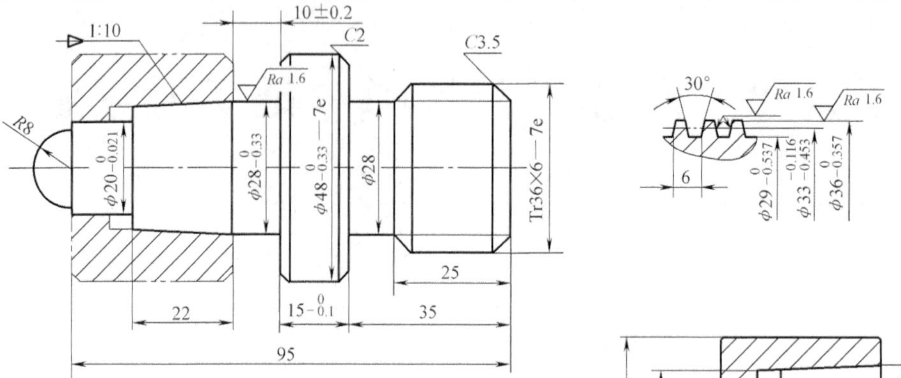


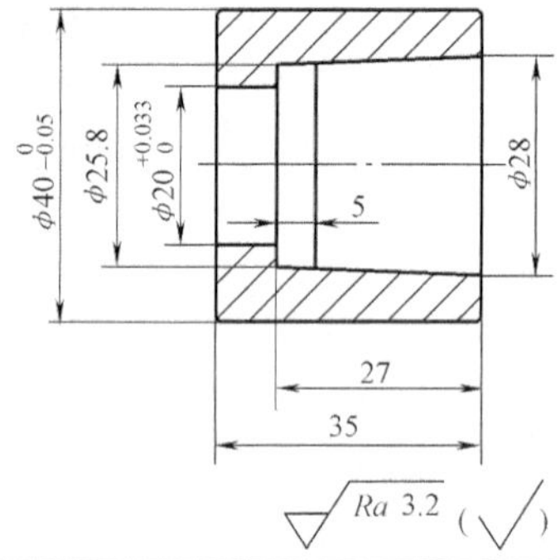


技术要求

1.锥度配合着色大于60%。
2.轴两端允许有中心孔A3.15。
3.锐边倒角C0.5。
4.不允许使用砂纸抛光。

| 制图 | （姓名） | （日期） | 二件配组合件 | 比例 | 1∶1 |
|---|---|---|---|---|---|
| 审核 | | | | 74 | |
| （校名 | | 学号） | 45 | | |

附录图 3　高级工考证实操试题（三）

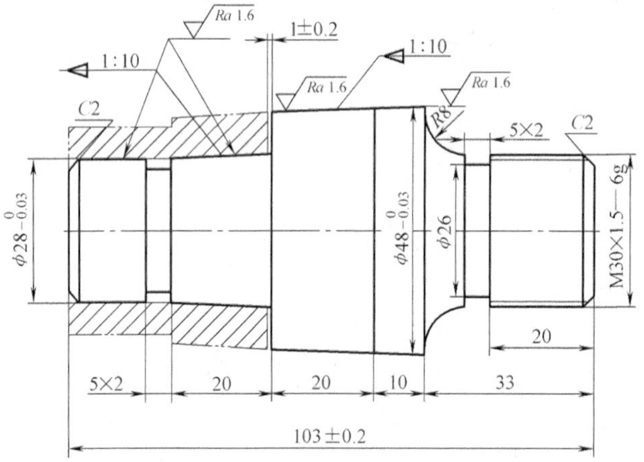


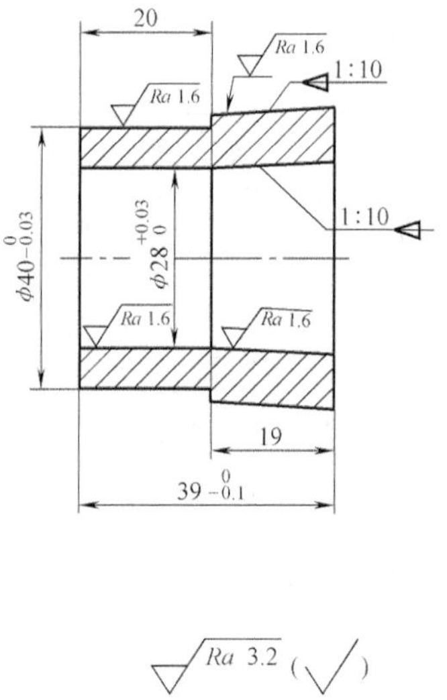


技术要求

1. 锥度部分着色大于60%。
2. 轴两端允许打中心孔A3.15。
3. 锐边倒角C0.3。
4. 不允许用砂纸抛光。

| 制图 | （姓名） | （日期） | 二件配组合件 | 比例 | 1∶1 |
|---|---|---|---|---|---|
| 审核 | | | | 75 | |
| （校名 | | 学号） | 45 | | |

附录图 4　高级工考证实操试题（四）

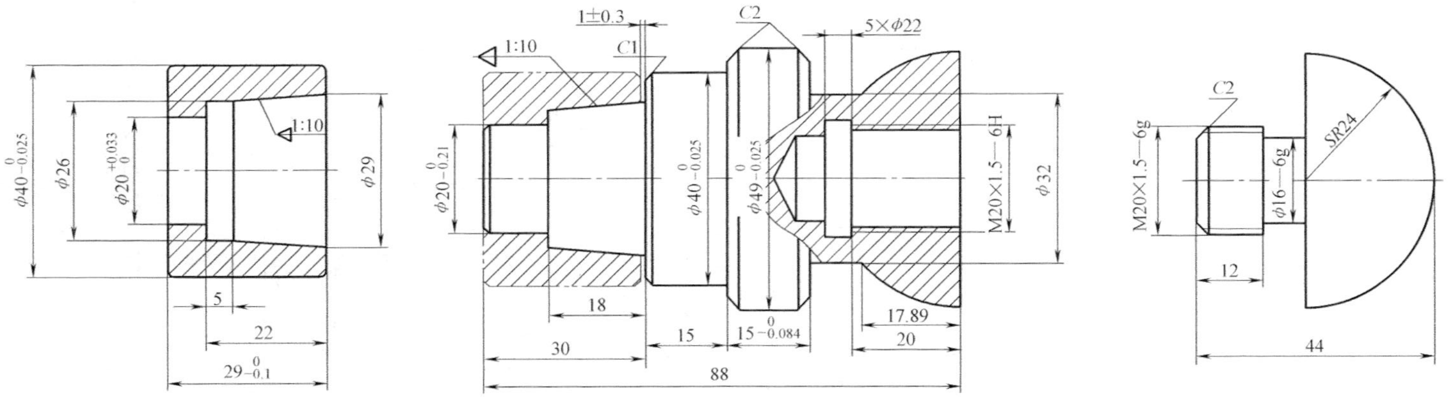


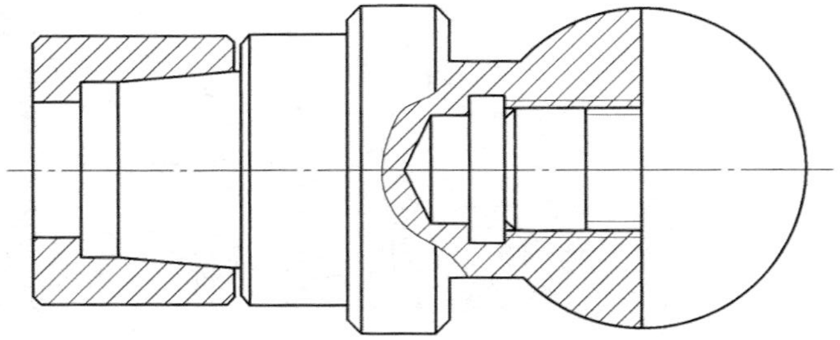

技术要求

1. 锥度部位着色接触面积大于60%。
2. 锐角倒角C0.3。
3. 不允许用砂纸抛光。

| 制图 | （姓名） | （日期） | 三件配组合件 | 比例 | 1：1 |
|---|---|---|---|---|---|
| 审核 | | | | 76 | |
| （校名 | 学号） | | 45 | | |

附录图5　高级工考证实操试题（五）

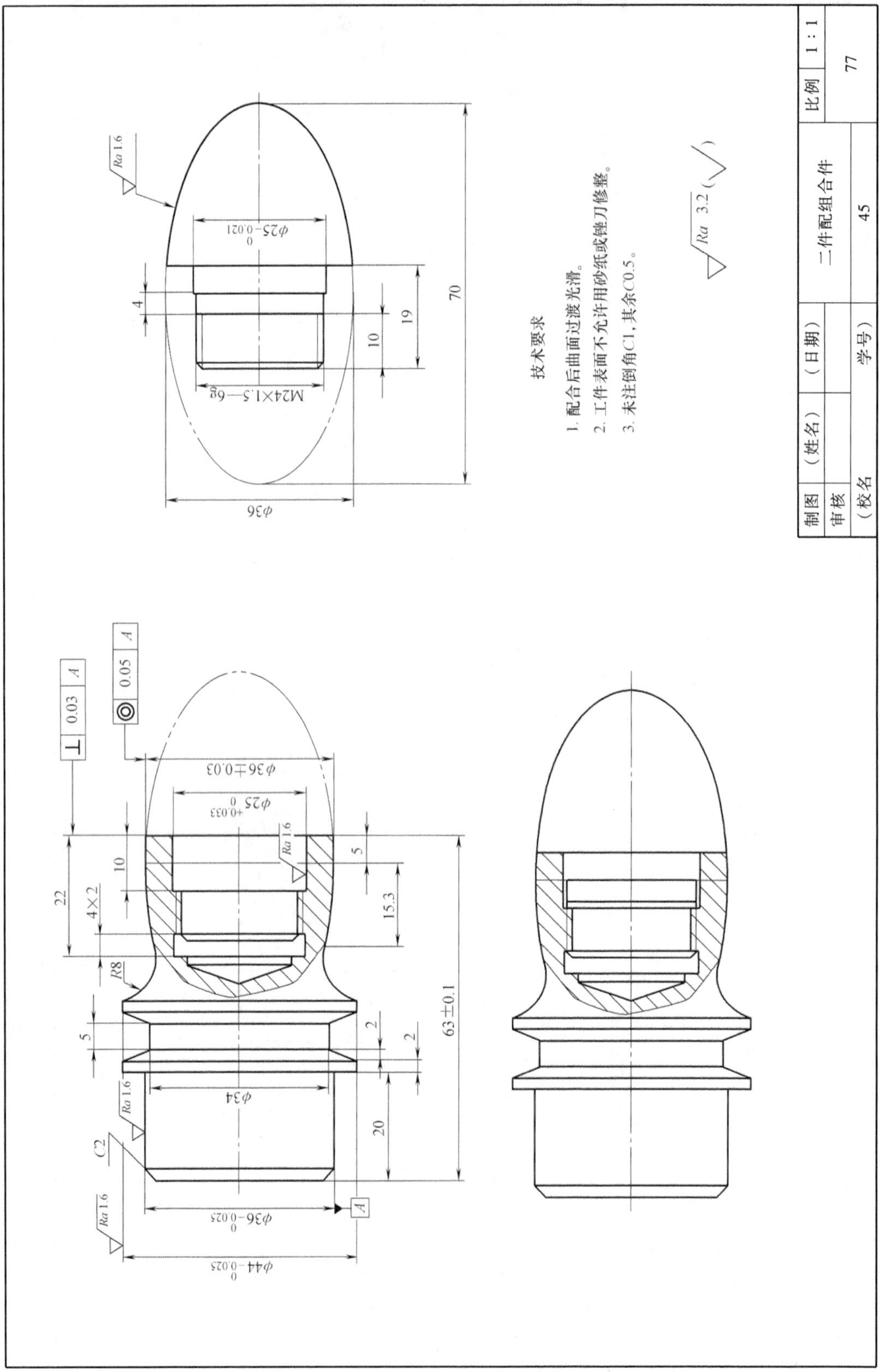


附录图 6　高级工考证实操试题（六）

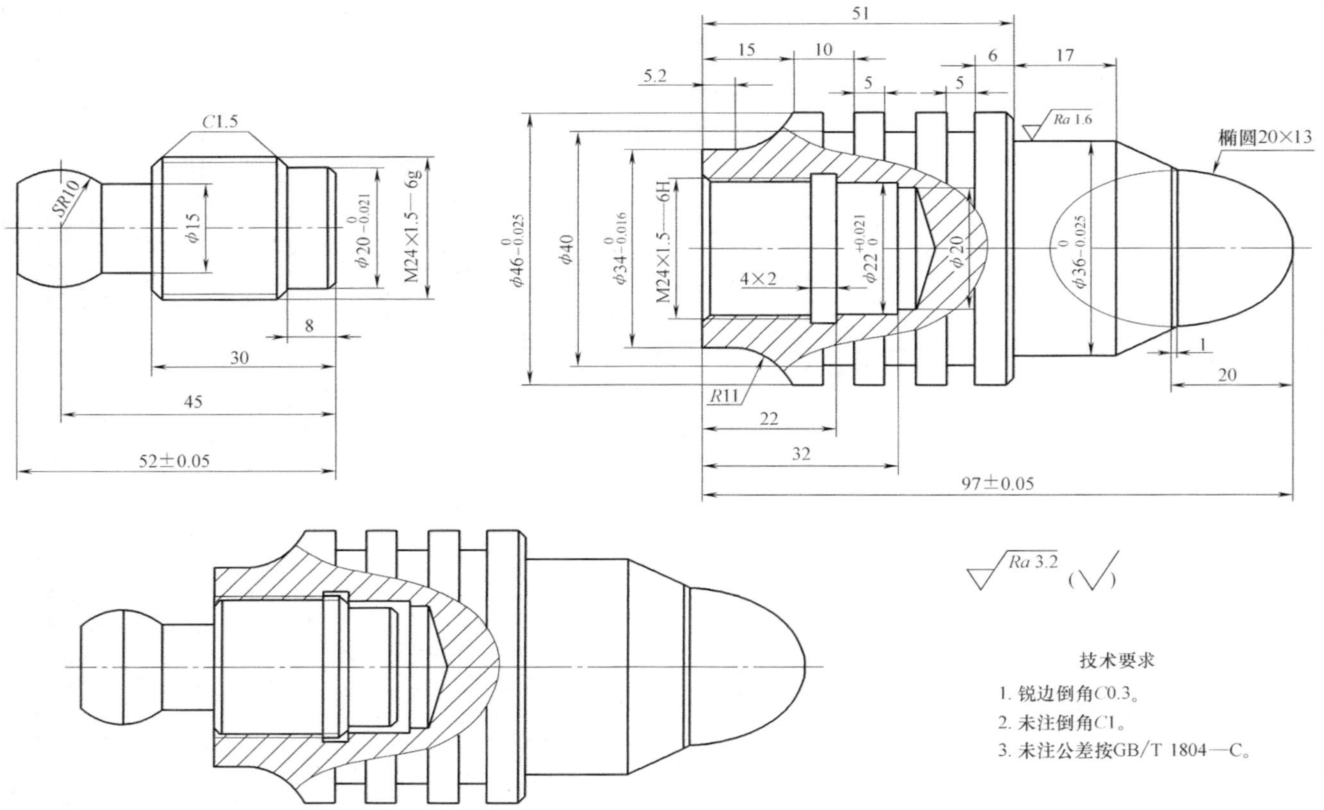


$\sqrt{Ra\ 3.2}$ ( $\sqrt{}$ )

技术要求

1. 锐边倒角C0.3。
2. 未注倒角C1。
3. 未注公差按GB/T 1804—C。

| | | | | | |
|---|---|---|---|---|---|
| 制图 | （姓名） | （日期） | 二件配组合件 | 比例 | 1∶1 |
| 审核 | | | | 78 | |
| （校名 | | 学号） | 45 | | |

附录图 7　高级工考证实操试题（七）

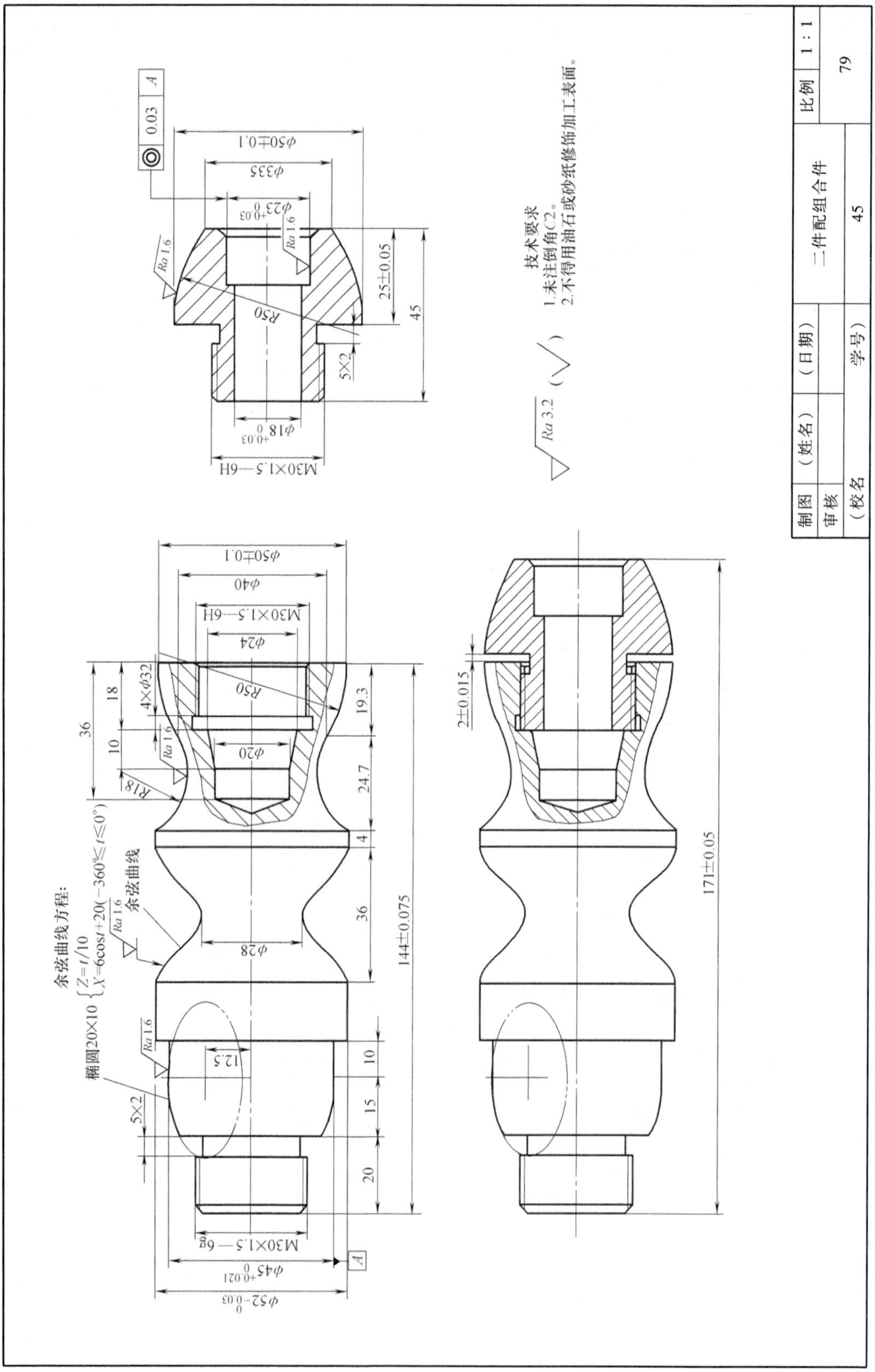


附录图 8　技师考证实操试题（一）

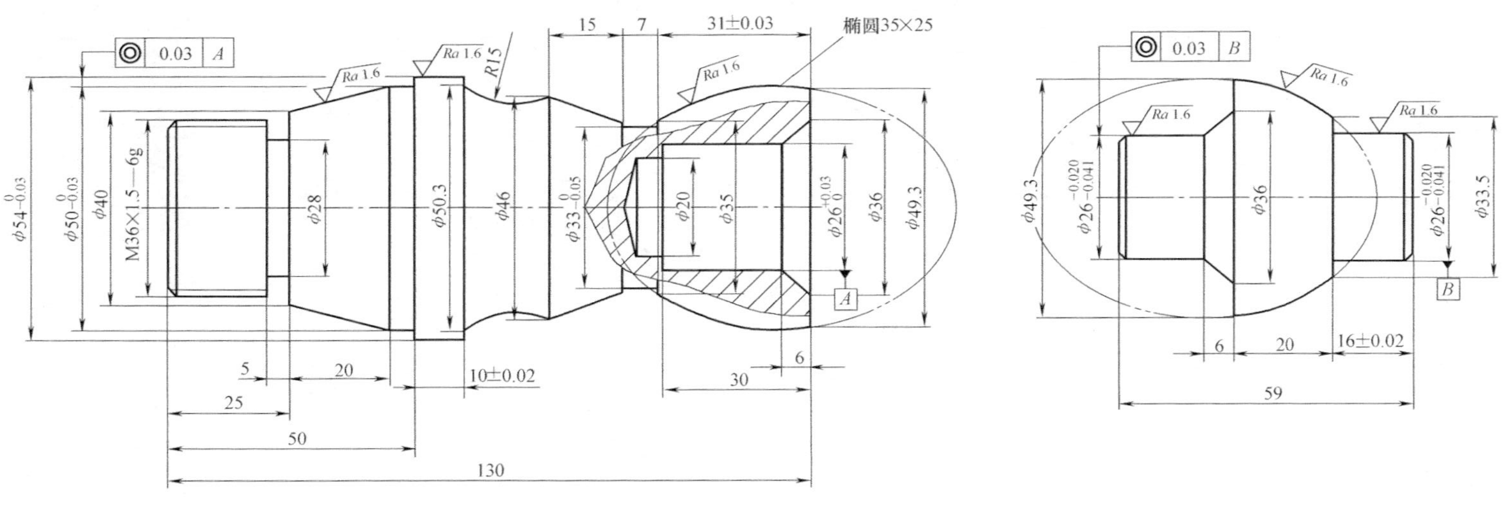


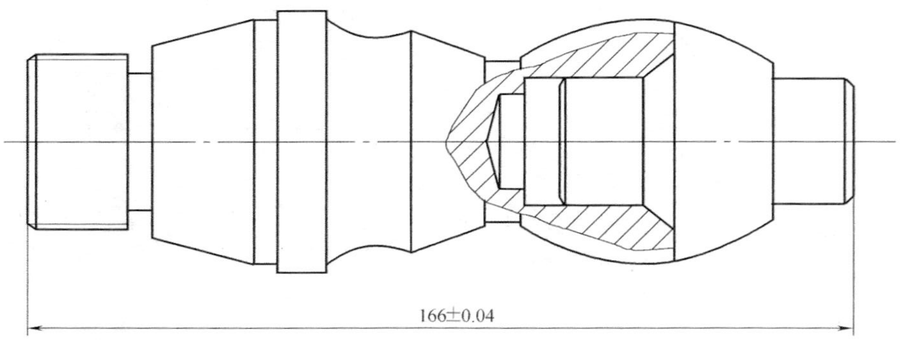


$\sqrt{Ra\ 3.2}$ ($\sqrt{}$)

技术要求

1.未注倒角C1,锐边去毛刺。
2.不得用油石或砂纸修饰加工表面。

| | | | | | |
|---|---|---|---|---|---|
| 制图 | （姓名） | （日期） | 二件配组合件 | 比例 | 1 : 1 |
| 审核 | | | | 80 | |
| （校名 | 学号） | | 45 | | |

附录图 9　技师考证实操试题（二）

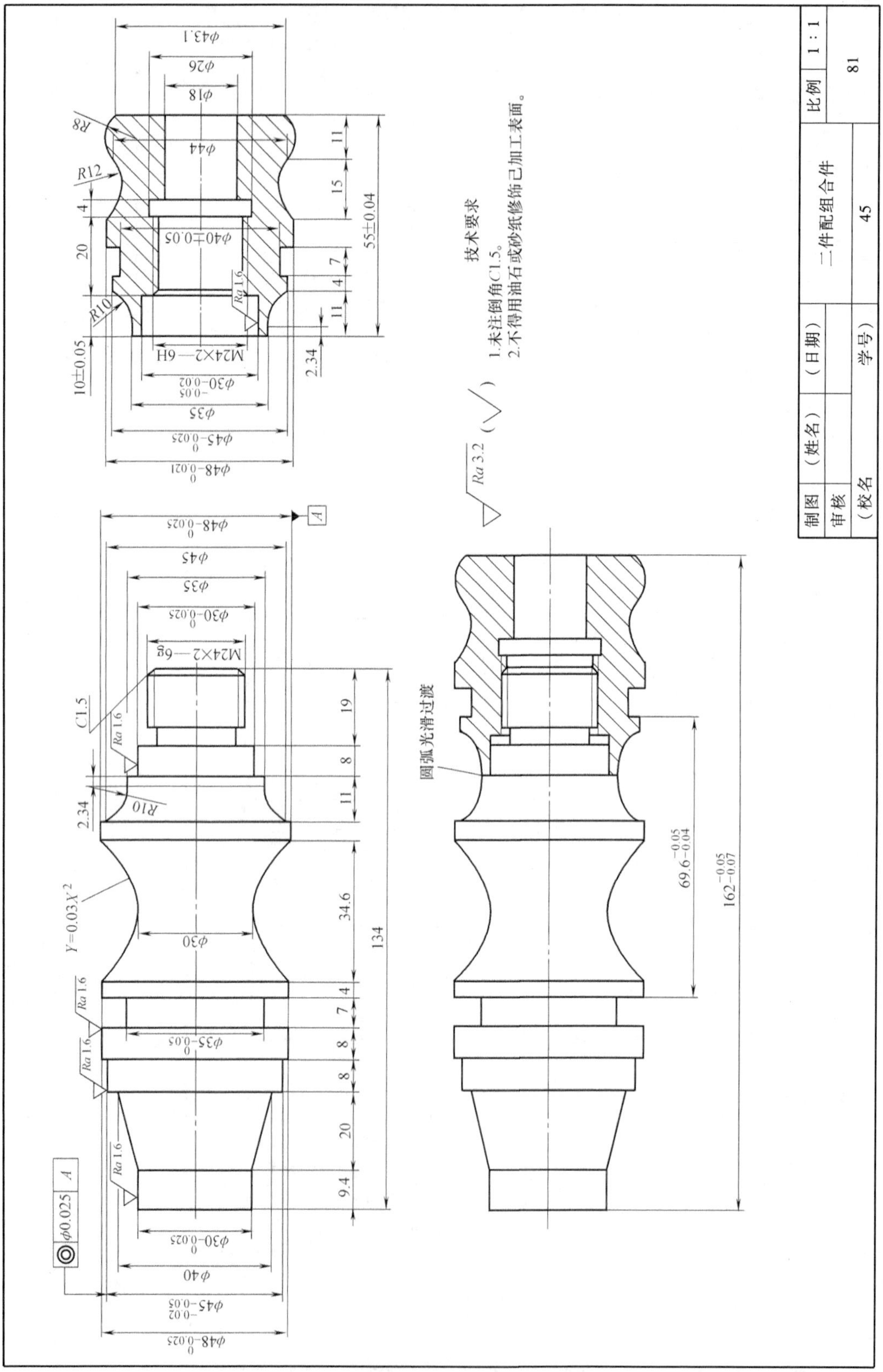


附录图 10　技师考证实操试题（三）

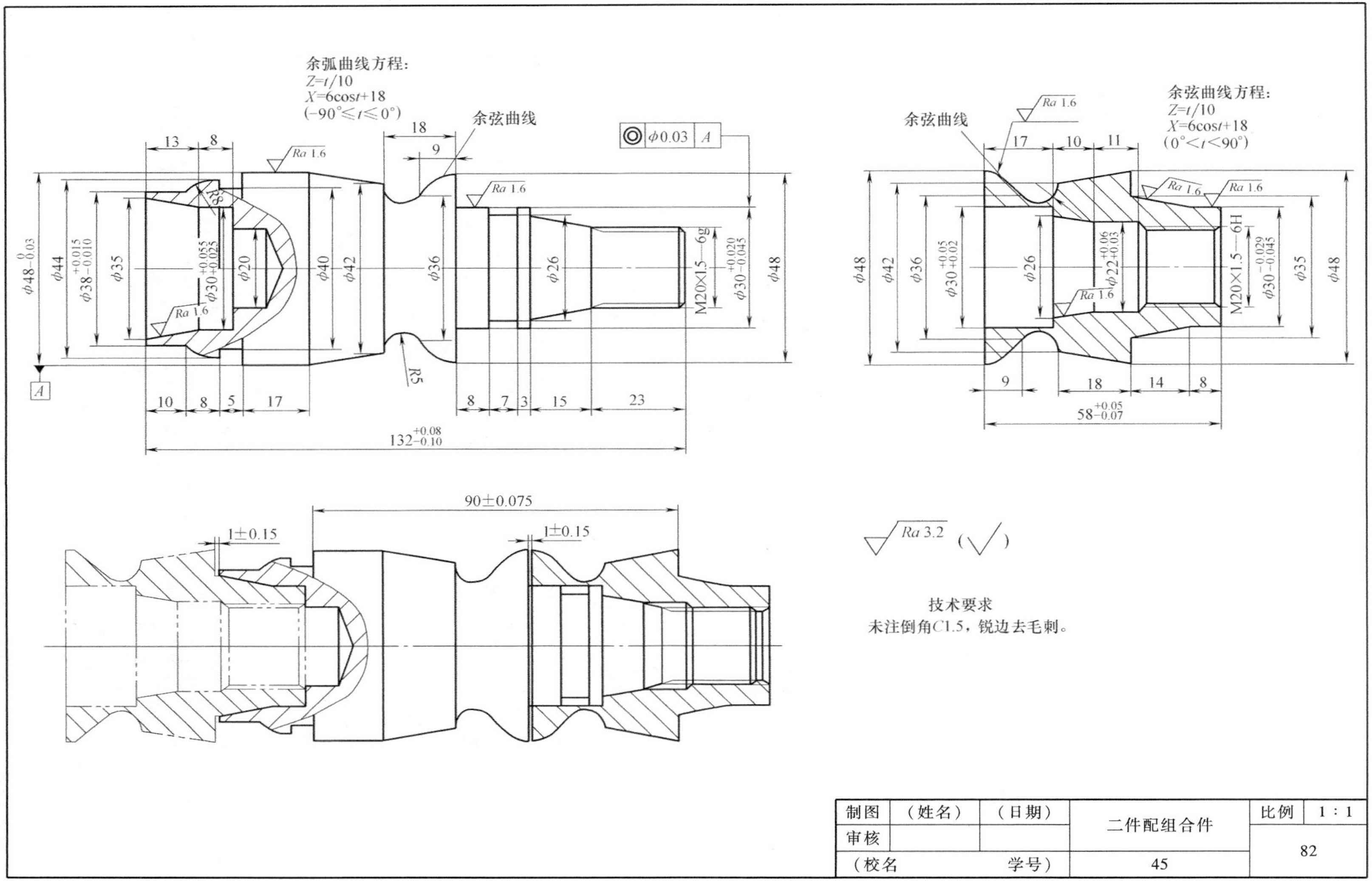


附录图 11　技师考证实操试题（四）

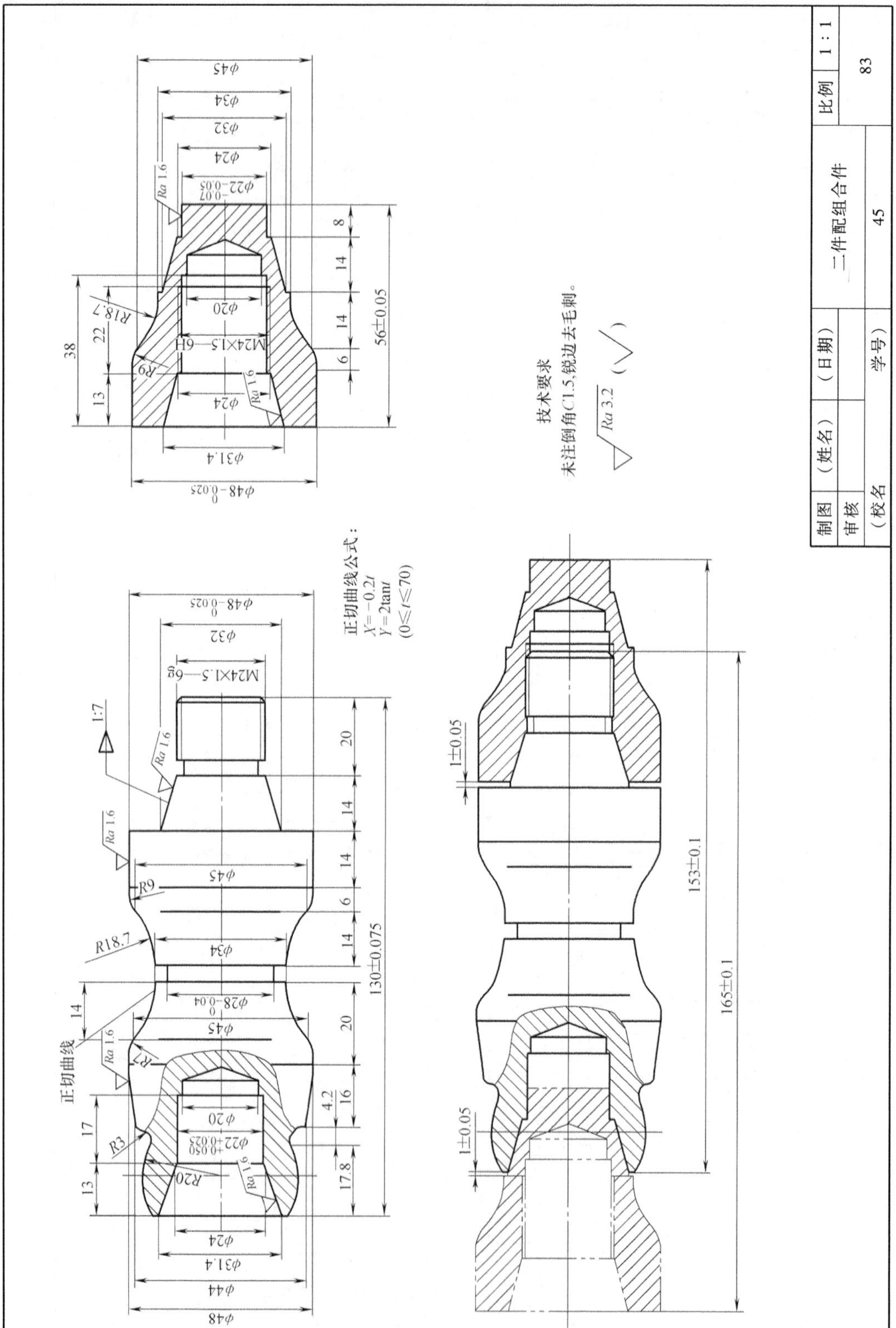


附录图12　技师考证实操试题（五）

# 附录C　学时分配与教学建议

| 训练编 | 项目 | 学时 | 说明及教学建议 |
| --- | --- | --- | --- |
| 基础训练90学时 | 项目一 | 8 | 简单介绍编程的基本代码和格式 |
| | 项目二 | 4 | 现场讲解安全文明和安全操作的内容,并进行安全考试 |
| | 项目三 | 4 | 现场讲解机床面板和基本操作 |
| | 项目四 | 4 | 讲解和练习对刀的方法,以及程序的编辑和输入方法 |
| | 项目五 | 6 | 建议采用手动和自动的方法进行车削外圆和端面练习 |
| | 项目六 | 6 | 注意讲解 G02/G03 和 G41/G42 指令的判断与应用 |
| | 项目七 | 6 | 引导学生选择应用 G90、G94 指令 |
| | 项目八 | 8 | 讲解 G71 指令的格式和编程方法,并选择一个零件进行训练 |
| | 项目九 | 8 | 讲解 G72 指令的格式和编程方法,并选择一个零件进行训练 |
| | 项目十 | 8 | 讲解 G75 指令的格式和编程方法,并选择一个零件进行训练 |
| | 项目十一 | 12 | 采用比较法讲解 G32、G92、G76 指令加工螺纹的格式和编程方法,并选择一个零件进行训练 |
| | 项目十二 | 8 | 讲解 G73 指令的格式和编程方法,并选择一个零件进行训练 |
| | 项目十三 | 8 | 引导学生先钻孔、扩孔,再镗孔 |
| 中级综合训练60学时 | 项目十四 | 12 | 讲解和分析工艺,并选择一个零件进行训练,提醒学生采用顶尖支承工件 |
| | 项目十五 | 12 | 讲解和分析工艺,并选择一个零件进行训练,提醒学生采用顶尖支承工件 |
| | 项目十六 | 12 | 讲解和分析工艺,并选择一个零件进行训练,提醒学生采用顶尖支承工件 |
| | 项目十七 | 12 | 讲解和分析工艺,并选择一个零件进行训练,提醒学生车不通孔时采用不通孔车刀,并注钻孔的深度 |
| | 项目十八 | 12 | 提高学生的学习兴趣和学以致用的能力 |
| 高级技能训练64学时 | 项目十九 | 8 | 引导学生加强尺寸精度的控制,并进行内孔、外圆的综合训练 |
| | 项目二十 | 8 | 引导学生加强对同轴度的控制和 G71、G73 指令的综合应用 |
| | 项目二十一 | 16 | 讲解 B 类宏程序的编写与加工操作 |
| | 项目二十二 | 8 | 讲解和分析工艺,并选择一个零件进行训练,进一步巩固 B 类宏程序的编写与加工操作 |
| | 项目二十三 | 24 | 注意提醒学生用 G73 指令套用 B 类宏程序加工内孔时退刀的空间。建议此项目中的三个拓展练习都要进行 |
| 高级综合训练86学时 | 项目二十四 | 12 | 引导学生对组合件零件加工进行分析和对组合件加工尺寸的控制 |
| | 项目二十五 | 12 | 引导学生对组合件零件加工进行分析和对组合件加工尺寸的控制 |
| | 项目二十六 | 12 | 提醒学生注意组合件的加工顺序和装夹 |
| | 项目二十七 | 12 | 提醒学生注意椭圆内孔加工时的退刀空间不足的程序处理和椭圆配合的控制 |
| | 项目二十八 | 12 | 引导学生进行工艺分析和工序的确定 |
| | 项目二十九 | 12 | 让学生自主进行工艺分析和工序的确定,并进行检查 |
| | 项目三十 | 12 | 让学生自主进行工艺分析和工序的确定,并进行检查 |
| | 项目三十一 | 2 | 选择性地了解和训练,不纳入实训考核 |

# 参 考 文 献


[1] 王晋波. 数控车工技能实训与考级［M］. 北京：电子工业出版社，2008.

[2] 林岩. 数控车工技能实训［M］. 北京：化学工业出版社，2007.

[3] 沈建峰，虞俊. 数控车工（高级）［M］. 北京：机械工业出版社，2006.

[4] 杨琳. 数控车床加工与编程［M］. 北京：中国劳动社会保障出版社，2009.